练习2-3

运用“网格工具”绘制液态背景

视频文件

第2章\练习2-3　运用“网格工具”绘制液态背景.avi

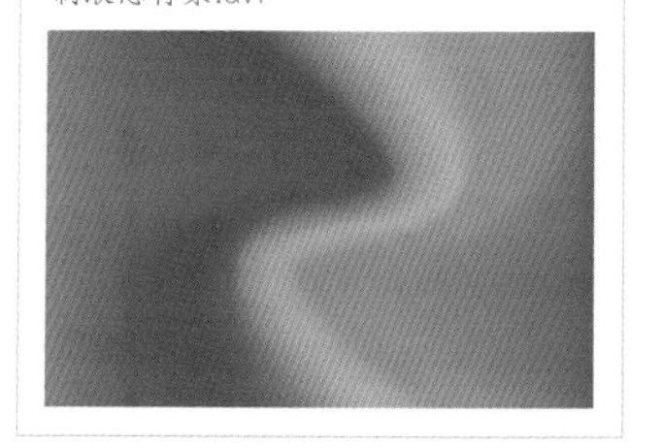

练习2-6

利用“透明度”面板制作梦幻线条效果

视频文件

第2章\练习2-6　利用“透明度”面板制作梦幻线条效果.avi

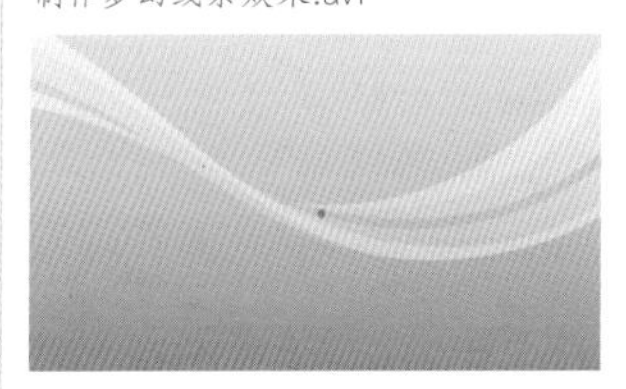

案例

CASE

训练2-1

利用单色填充绘制意向图形

视频文件

第2章\训练2-1　利用单色填充绘制意向图形.avi

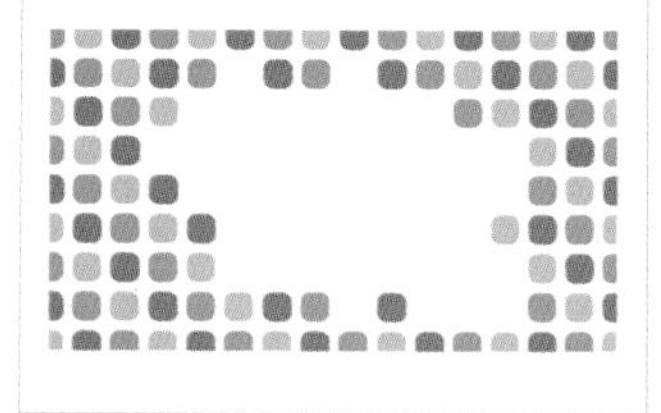

训练2-2

利用“渐变工具”制作立体小球效果

视频文件

第2章\训练2-2　利用“渐变工具”制作立体小球效果.avi

训练2-3

利用“网格工具”制作海浪效果

视频文件

第2章\训练2-3　利用“网格工具”制作海浪效果.avi

练习3-1

利用“钢笔工具”制作水珠

视频文件

第3章\练习3-1　利用“钢笔工具”制作水珠.avi

练习3-3

利用“圆角矩形工具”制作墙壁效果

视频文件

第3章\练习3-3　利用“圆角矩形工具”制作墙壁效果.avi

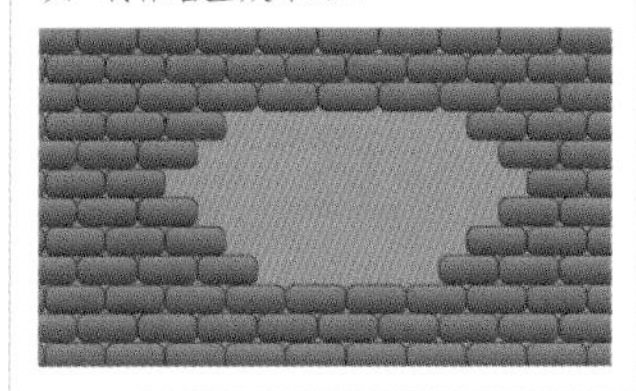

训练3-1

利用“钢笔工具”绘制五彩线条

视频文件

第3章\训练3-1　利用“钢笔工具”绘制五彩线条.avi

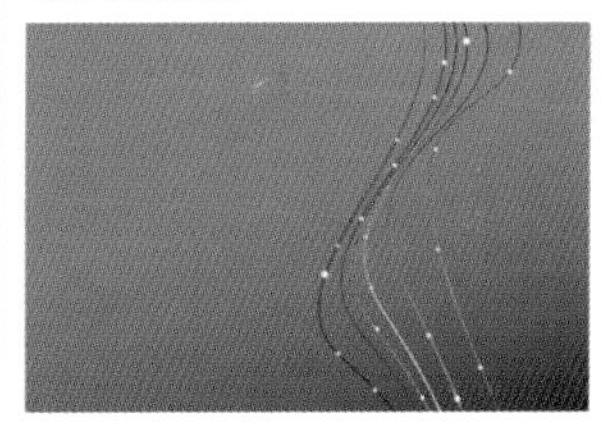

训练3-2

利用“剪刀工具”制作巧克力

视频文件

第3章\训练3-2　利用“剪刀工具”制作巧克力.avi

训练3-3

利用“矩形工具”绘制钢琴键

视频文件

第3章\训练3-3　利用“矩形工具”绘制钢琴键.avi

练习4-3

利用“直接选择工具”制作信封

视频文件

第4章\练习4-3　利用“直接选择工具”制作信封.avi

练习6-7

利用“鱼眼”命令制作立体球

视频文件

第6章\练习6-7 利用“鱼眼”命令制作立体球.avi

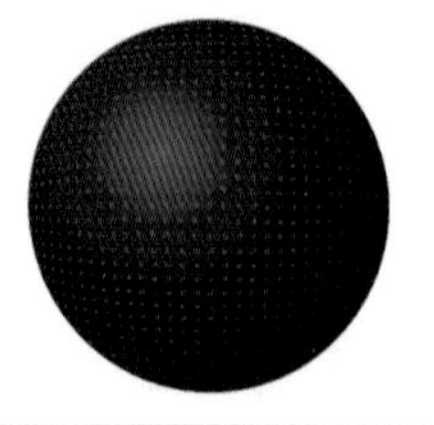

训练6-1

利用“混合”命令制作旋转式曲线

视频文件

第6章\训练6-1 利用“混合”命令制作旋转式曲线.avi

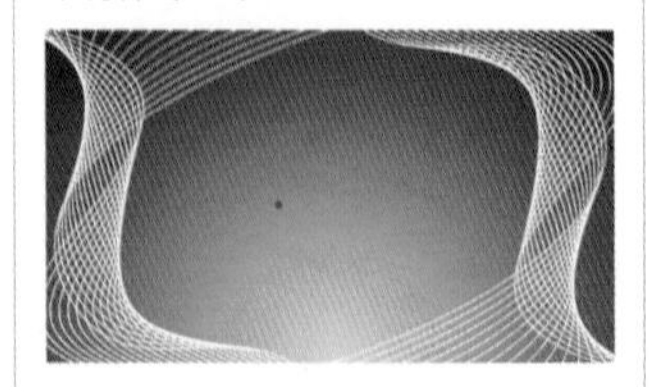

训练6-2

利用“替换混合轴”命令制作心形背景

视频文件

第6章\训练6-2 利用“替换混合轴”命令制作心形背景.avi

训练6-3

利用“用网格建立”命令制作五彩缤纷的图案

视频文件

第6章\训练6-3 利用“用网格建立”命令制作五彩缤纷的图案.avi

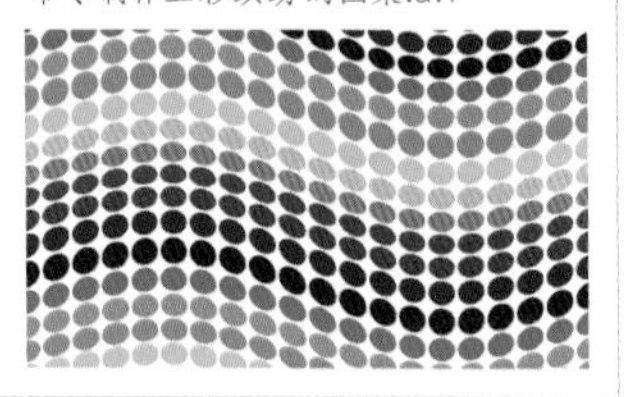

练习7-1

利用“创建轮廓”命令制作立体字

视频文件

第7章\练习7-1 利用“创建轮廓”命令制作立体字.avi

练习7-5

利用“偏移路径”命令制作艺术字

视频文件

第7章\练习7-5 利用“偏移路径”命令制作艺术字.avi

训练7-1

利用“凸出和斜角”命令制作凹槽立体字

视频文件

第7章\训练7-1 利用“凸出和斜角”命令制作凹槽立体字.avi

训练7-2

利用混合功能制作彩条文字

视频文件

第7章\训练7-2 利用混合功能制作彩条文字.avi

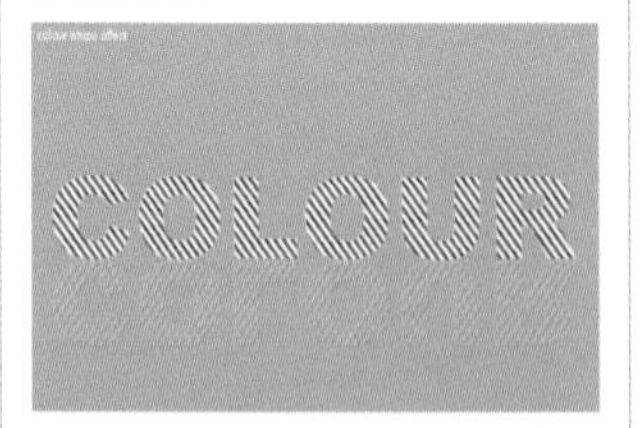

训练7-3

利用“路径文字工具”制作文字放射效果

视频文件

第7章\训练7-3 利用“路径文字工具”制作文字放射效果.avi

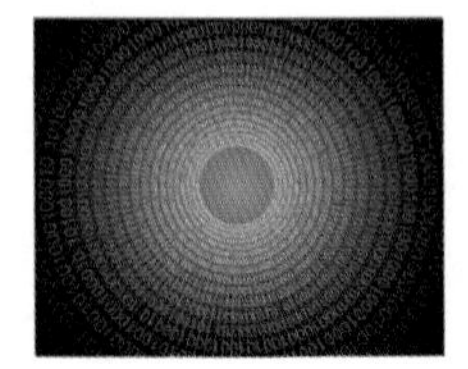

训练8-1

利用“混合”命令制作电脑网络插画

视频文件

第8章\训练8-1 利用“混合”命令制作电脑网络插画.avi

训练8-2

利用“扭转”命令制作叠影影像插画

视频文件

第8章\训练8-2 利用“扭转”命令制作叠影影像插画.avi

练习9-1

贴图的使用方法

视频文件

第9章\练习9-1 贴图的使用方法.avi

训练10-3

大促主题轮播图设计

视频文件

第10章\训练10-3 大促主题轮播图设计.avi

11.1

简洁音乐播放器界面设计

视频文件

第11章\11.1 简洁音乐播放器界面设计.avi

11.2

银行卡管理界面设计

视频文件

第11章\11.2 银行卡管理界面设计.avi

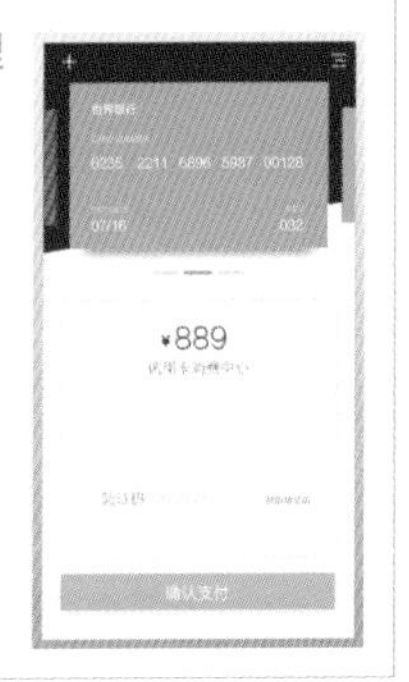

11.3

平板电脑应用界面设计

视频文件

第11章\11.3 平板电脑应用界面设计.avi

训练11-1

社交应用界面设计

视频文件

第11章\训练11-1 社交应用界面设计.avi

训练11-2

娱乐应用界面设计

视频文件

第11章\训练11-2 娱乐应用界面设计.avi

12.1

企业宣传册封面设计

视频文件

第12章\12.1 企业宣传册封面设计.avi

12.2

城市宣传册封面设计

视频文件

第12章\12.2 城市宣传册封面设计.avi

训练12-1

时尚科技书籍封面设计

视频文件

第12章\训练12-1 时尚科技书籍封面设计.avi

训练12-2

时尚杂志封面设计

视频文件

第12章\训练12-2 时尚杂志封面设计.avi

13.1

环保手提袋设计

视频文件

第13章\13.1 环保手提袋设计.avi

13.2

进口巧克力包装设计

视频文件

第13章\13.2 进口巧克力包装设计.avi

13.3

花椒调味料包装设计

视频文件

第13章\13.3 花椒调味料包装设计.avi

13.4

果味饼干包装设计

视频文件

第13章\13.4 果味饼干包装设计.avi

训练13-1

红酒包装设计

视频文件

第13章\训练13-1 红酒包装设计.avi

训练13-2

保健米醋包装设计

视频文件

第13章\训练13-2 保健米醋包装设计.avi

14.1

美食主题海报设计

视频文件

第14章\14.1 美食主题海报设计.avi

14.2

宠物保健主题海报设计

视频文件

第14章\14.2 宠物保健主题海报设计.avi

14.3

甜蜜蛋糕海报设计

视频文件

第14章\14.3 甜蜜蛋糕海报设计.avi

14.4

爱牙主题海报设计

视频文件

第14章\14.4 爱牙主题海报设计.avi

14.5

促销主题海报设计

视频文件

第14章\14.5 促销主题海报设计.avi

训练14-1

音乐海报设计

视频文件

第14章\训练14-1 音乐海报设计.avi

训练14-2

4G网络宣传招贴设计

视频文件

第14章\训练14-2 4G网络宣传招贴设计.avi

零基础学 Illustrator CS6

全视频教学版

水木居士 陈跃琴 ◎ 编著

人民邮电出版社
北京

图书在版编目（CIP）数据

零基础学Illustrator CS6 : 全视频教学版 / 水木居士，陈跃琴编著. -- 北京 : 人民邮电出版社，2019.11
ISBN 978-7-115-51680-0

Ⅰ. ①零… Ⅱ. ①水… ②陈… Ⅲ. ①图形软件
Ⅳ. ①TP391.412

中国版本图书馆CIP数据核字(2019)第148280号

内 容 提 要

这是一本全面介绍 Illustrator CS6 应用技巧的书，从软件基本应用讲起，配合大量练习，详细介绍了 Illustrator CS6 的功能和特性。全书共 14 章，以循序渐进的方法讲解 Illustrator CS6 的基本操作，单色、渐变与图案填充，基本绘图工具的使用，图形的选择、变换与变形，画笔工具与符号艺术，修剪、混合与封套扭曲，文字的格式化处理，图表的设计应用，效果菜单的应用等，并安排了 5 章实战案例，深入剖析了利用 Illustrator 进行网店宣传广告设计、移动用户界面设计、精品封面装帧设计、商业产品包装设计和商业海报招贴设计的方法和技巧，使读者尽可能多地掌握设计中的关键技术与设计理念。

随书提供教学资源，包含书中案例的素材文件、案例文件和多媒体教学视频，读者可以边学习边练习。本书适合 Illustrator 的初级用户，以及想要从事平面广告设计、工业设计、UI 设计、产品包装造型、海报设计等工作的人员及电脑美术爱好者阅读，也可作为社会培训学校、大中专院校相关专业的教学参考书。

◆ 编　　著　水木居士　陈跃琴
　责任编辑　张丹阳
　责任印制　马振武
◆ 人民邮电出版社出版发行　　北京市丰台区成寿寺路 11 号
　邮编　100164　　电子邮件　315@ptpress.com.cn
　网址　http://www.ptpress.com.cn
　天津市豪迈印务有限公司印刷
◆ 开本：700×1000　1/16
　印张：15　　　　　　彩插：2
　字数：351 千字　　　2019 年 11 月第 1 版
　印数：1 – 2 800 册　　2019 年 11 月天津第 1 次印刷

定价：59.00 元

读者服务热线：(010)81055410　印装质量热线：(010)81055316
反盗版热线：(010)81055315
广告经营许可证：京东工商广登字 20170147 号

Adobe 公司推出的 Illustrator CS6 软件集矢量图形绘制、文字处理、图形高质量输入于一体，自推出之日起就深受广大平面设计人员的青睐。Adobe Illustrator CS6 已经成为出版、多媒体和在线图像的开放性工业标准插画软件。

本书是作者从多年的教学实践中汲取宝贵经验编写而成的，主要是为准备学习 Illustrator 的初学者、平面广告设计者以及爱好者编写的，针对这些群体的实际需要，本书以讲解软件应用为主，全面、系统地讲解了矢量绘图过程中所用到的和常用的工具、命令的功能以及使用方法。

本书主要内容

全书内容按照由浅入深的顺序安排，将每个实例与知识点的应用相结合，讲解 Illustrator 的基础内容与进阶提高内容，让读者在学习基础知识的同时掌握这些知识在实战中的应用技巧。第 10 章 ~ 第 14 章内容为商业性质的综合性操作实例，每一个实例都渗透了设计理念、创意思想和 Illustrator 的操作技巧，不仅详细介绍了实例的制作技巧和不同效果的实现方法，还为读者提供了一个较好的“临摹”蓝本，只要读者能够耐心地按照书中的步骤去完成每一个实例的制作，就会提高 Illustrator 的实践技能，提高艺术审美能力，同时也能从中获取一些深层次的设计理论。

本书 4 大特色

1. **全新写作模式**。命令讲解 + 详细文字讲解 + 练习，使读者能够以全新的感受掌握软件应用方法和技巧。

2. **实用的结构安排**。课堂练习 + 课后训练，为学生量身打造，力求通过课堂练习深入教授软件功能，通过课后训练拓展学生的实际操作能力。

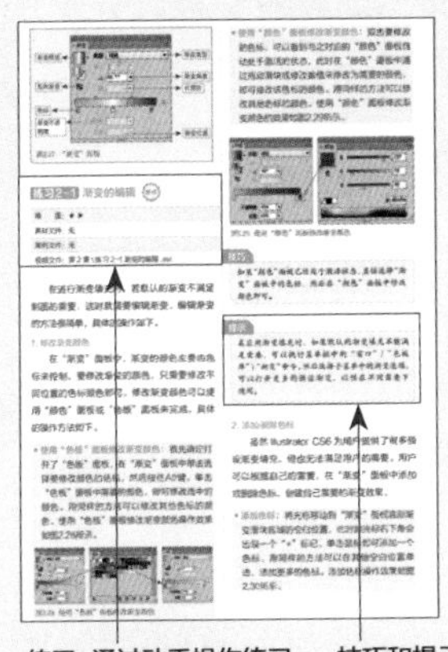

练习：通过动手操作练习，让读者边学边练，快速掌握软件使用方法。

技巧和提示：针对软件的难点及操作过程中的技巧进行重点讲解。

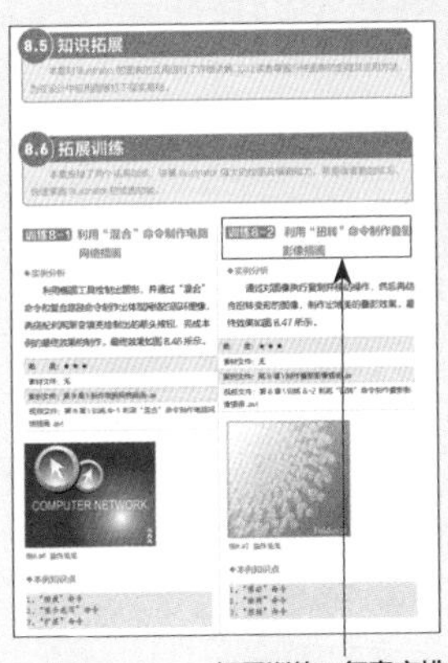

拓展训练：每章安排拓展训练，帮助读者巩固所学知识。

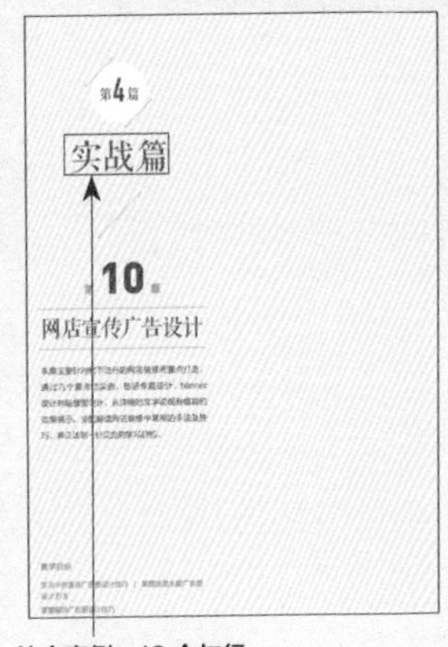

综合案例：18 个与行业应用相关的综合案例，强化所学技术。

3. **丰富的特色段落**。作者根据多年的教学经验，将 Illustrator 中常见的问题及解决方法以提示和技巧的形式展现出来，并以技术看板的形式将全书重点知识罗列出来，让读者轻松掌握核心技法。

4. **实用性强，易于获得成就感**。本书为每个重点知识都安排了一个案例，每个案例给出一个小提示或介绍一个小技巧，案例典型，任务明确，活学活用，帮助读者在最短的时间内掌握操作技巧，并应用在实践工作中解决问题，从而产生成就感。

本书由水木居士、陈跃琴等人编著，在此感谢所有创作人员为本书付出的努力。在创作的过程中，由于时间仓促，疏漏之处在所难免，希望广大读者批评指正。

编 者

2019 年 9 月

资源与支持
RESOURCES AND SUPPORT

本书由数艺社出品，“数艺社”社区平台（www.shuyishe.com）为您提供后续服务。

配套资源

书中案例的素材文件 + 案例文件

配套教学视频

资源获取请扫码

“数艺社”社区平台，为艺术设计从业者提供专业的教育产品。

与我们联系

我们的联系邮箱是 szys@ptpress.com.cn。如果您对本书有任何疑问或建议，请您发邮件给我们，并请在邮件标题中注明本书书名及 ISBN，以便我们更高效地做出反馈。

如果您有兴趣出版图书、录制教学课程，或者参与技术审校等工作，可以发邮件给我们；有意出版图书的作者也可以到“数艺社”社区平台在线投稿（直接访问 www.shuyishe.com 即可）。如果学校、培训机构或企业想批量购买本书或数艺社出版的其他图书，也可以发邮件联系我们。

如果您在网上发现针对数艺社出品图书的各种形式的盗版行为，包括对图书全部或部分内容的非授权传播，请您将怀疑有侵权行为的链接通过邮件发给我们。您的这一举动是对作者权益的保护，也是我们持续为您提供有价值的内容的动力之源。

关于数艺社

人民邮电出版社有限公司旗下品牌“数艺社”，专注于专业艺术设计类图书出版，为艺术设计从业者提供专业的图书、U 书、课程等教育产品。出版领域涉及平面、三维、影视、摄影与后期等数字艺术门类，字体设计、品牌设计、色彩设计等设计理论与应用门类，UI 设计、电商设计、新媒体设计、游戏设计、交互设计、原型设计等互联网设计门类，环艺设计手绘、插画设计手绘、工业设计手绘等设计手绘门类。更多服务请访问“数艺社”社区平台 www.shuyishe.com。我们将提供及时、准确、专业的学习服务。

目录
CONTENTS

第1篇
入门篇

第1章 Illustrator CS6的基本操作

第2章 单色、渐变与图案填充

第 3 章 基本绘图工具的使用

第2篇 提高篇

第 4 章 图形的选择、变换与变形

第 5 章 画笔工具与符号艺术

第 6 章 修剪、混合与封套扭曲

第3篇
精通篇

第7章 文字的格式化处理

第8章 图表的设计应用

第 9 章 效果菜单的应用

第4篇 实战篇

第 10 章 网店宣传广告设计

第 11 章 移动用户界面设计

第 12 章 精品封面装帧设计

第 13 章 商业产品包装设计

第 14 章 商业海报招贴设计

第1篇

入门篇

第1章

Illustrator CS6的基本操作

本章主要介绍 Illustrator CS6 的基本操作，将首先对 Illustrator 的工作环境进行讲解，然后介绍 Illustrator CS6 的参考功能，包括视图的预览与查看，标尺、参考线、网格、对齐、分布、锁定与隐藏等的使用方法。通过对本章的学习，读者能够快速掌握文件的基本操作，认识 Illustrator CS6 的工作界面，为进一步学习 Illustrator CS6 软件操作奠定基础。

教学目标

了解 Illustrator CS6 的工作界面 | 了解各个工具的基本功能

掌握新建文档的方法 | 了解视图预览与缩放

掌握标尺、参考线和网格的使用方法 | 掌握智能参考线的使用技巧

掌握对象的对齐和分布方法 | 掌握对象的隐藏与锁定方法

1.1 Illustrator CS6 的基本概念

本节重点介绍位图、矢量图、分辨率及文件格式。

1.1.1 区分位图和矢量图

平面设计软件制作的图像类型大致分为两种：矢量图与位图。Illustrator CS6 可以置入多种类型的文件，包括矢量图。Illustrator CS6 在处理矢量图方面的能力是其他软件不能及的。下面对这两种图像逐一进行介绍。

1. 位图图像

- **位图图像的优点：** 位图能够制作出色彩和色调变化丰富的图像，可以逼真地表现自然界的景象，同时也可以很容易地在不同软件之间交换文件。
- **位图图像的缺点：** 它无法制作真正的3D图像，并且图像缩放和旋转时会产生失真的现象，同时文件较大，对内存和硬盘空间的需求也较高，用数码相机和扫描仪获取的图像都属于位图。

图 1.1、图 1.2 所示为位图及其放大后的效果。

图1.1 位图放大前

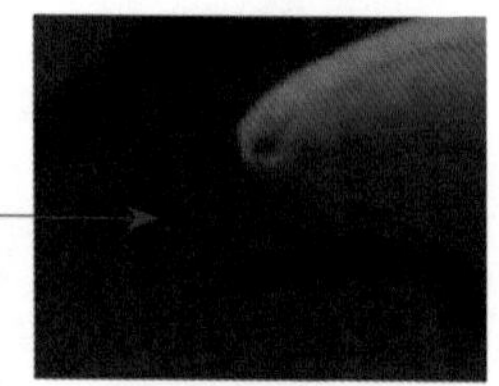

图1.2 位图放大后

2. 矢量图像

- **矢量图像的优点：** 矢量图像也可以说是向量式图像，用数学的矢量方式来记录图像内容，以线条和色块为主。例如一条线段的数据只需要记录两个端点的坐标、线段的粗细和色彩等，因此它的文件所占的空间较小，也可以很容易地进行放大、缩小或旋转等操作，并且不会失真，精确度较高并可以制作3D图像。
- **矢量图像的缺点：** 不易制作色调丰富或色彩变化太多的图像，而且绘制出来的图形不是很逼真，无法像照片一样精确地表现自然界的景象，同时也不易在不同的软件间交换文件。

图1.3、图1.4所示为一个矢量图放大前后的效果。

图1.3 矢量图放大前　　图1.4 矢量图放大后

提示

因为计算机的显示器是通过网格上的“点”显示来成像的，因此矢量图形和位图在屏幕上都是以像素显示的。

1.1.2 分辨率

分辨率是指在单位长度内含有的点(即像素) 的多少。需要注意的是分辨率并不单指图像的分辨率，它有很多种，可以分为以下几种类型。

1. 图像分辨率

图像分辨率：是指每英寸图像含有多少个像素，图像分辨率的单位为 pixels/inch，例如 72pixels/inch 就表示该图像每英寸含有 72 个像素。

在 Illustrator CS6 中也可以用厘米为单位来计算图像分辨率，用不同的单位计算出来的图像分辨率是不同的，一般情况下，图像分辨率的大小以英寸为单位。

在数字化图像中，分辨率的大小直接影响图像的质量，图像分辨率越高，图像就越清晰，所产生的文件就越大，在工作中所需的内存就越大，CPU 处理时间就越长。所以在创作图像时，不同用途的图像就需要设定适当的分辨率，例如要打印输出的图像分辨率就需要高一些，若仅在屏幕上显示使用就可以低一些。

2. 设备分辨率

设备分辨率：是指每单位输出长度上所产生的点数。它和图像分辨率的不同之处在于图像分辨率可以更改，而设备分辨率则不可更改。比如显示器、扫描仪和数码相机这些硬件设备各自都有一个固定的分辨率。

设备分辨率的单位是 dots/inch，即每英寸上所产生的点数。设备分辨率越高，每英寸上产生的点就越多，输出的图像就越细腻，颜色过渡就越平滑。例如，72 dots/inch 分辨率的设备总共可产生 5184（72×72）个点。如果用较低的分辨率扫描或创建图像，以后只能单纯地扩大图像分辨率，不能提高图像的品质。

显示器、打印机、扫描仪等硬件设备的分辨率用每英寸上可产生的点数来表示。显示器的分辨率就是显示器上每单位长度显示的点的数目，以点 / 英寸（dots/inch）为度量单位。打印机分辨率是激光照排机或打印机每英寸上产生的油墨点数（dots/inch）。网频也称网线，是打印灰度图像或分色时每英寸打印的点数或半调网屏中每英寸的单元线数，单位是线 / 英寸（lines/inch）。

1.1.3 文件格式简介

图像的格式决定了图像的特点和用途，不同格式的图像在实际应用中区别非常大，不同的用途需要使用不同的图像格式，下面来讲解不同格式的含义及应用。

1.AI格式

它是一种矢量图形文件的输出格式，适用于 Adobe 公司的 Illustrator 软件，与 PSD 格式文件相同，AI 文件也是一种分层文件，用户可以对图形内所存在的层进行操作，所不同的是 AI 格式文件是基于矢量输出，可在任何尺寸大小下按最高分辨率输出，而 PSD 文件是基于位图输出。与 AI 格式类似，基于矢量输出的格式还有 EPS、WMF、CDR 等。

2.PDF格式

PDF（Portable Document Format） 是 Adobe Acrobat 所使用的格式，设计这种格式是为了能够在大多数主流操作系统中查看该文件。

尽管 PDF 格式被看作保存包含图像和文本图层的格式，但是它也可以包含光栅信息。这种图像数据常常使用 JPEG 压缩格式，同时它也支持 ZIP 压缩格式。以 PDF 格式保存的数据可以通过万维网（World Wide Web）传送，或传送到其他 PDF 文件中。以 Photoshop PDF 格式保存的文件可以是位图、灰度、索引颜色、RGB、CMYK 以及 Lab 颜色模式，但不支持 Alpha 通道。

3.FXG格式

在 Illustrator CS6 中，可以将图形文件存储为 Flash XML 图形 (FXG) 格式。

FXG 是基于 MXML（ Flex 框架使用的基于 XML 的编程语言）子集的图形文件格式。存储为 FXG 格式时，图像的总像素必须少于 6 777 216，并且长度或宽度应限制在 8 192 像素范围内。

4. EPS格式

PostScript 可以保存数学概念上的矢量对象和光栅图像数据。把 PostScript 定义的对象和光栅图像存放在组合框或页面边界中，就成为了 EPS（Encapsulated PostScript）文件。

EPS 文件格式是 Photoshop 可以保存的其他非自身图像格式中比较独特的一个，因为它可以包容光栅信息和矢量信息。

Photoshop 保存下来的 EPS 文件可以支持除多通道之外的任何图像模式。尽管 EPS 文件不支持 Alpha 通道，但它的另外一种存储格式 DCS（Desktop Color Separations）可以支持 Alpha 通道和专色通道。EPS 格式支持剪切路径并用来在页面布局程序或图表应用程序中为图像制作蒙版。

Encapsulated PostScript 文件大多用于印刷以及在 Photoshop 和页面布局应用程序之间交换图像数据。当保存 EPS 文件时，Photoshop 将出现一个“EPS 选项”对话框，如图 1.5 所示。

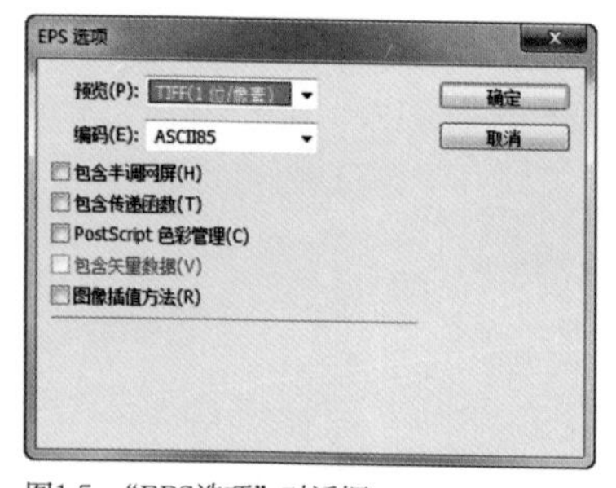

图1.5 “EPS选项”对话框

在保存 EPS 文件时指定的“预览”方式决定了要在目标应用程序中查看的低分辨率图像。选择“TIFF”，可在 Windows 和 Mac OS 系统之间共享 EPS 文件。8 位预览所提供的显示品质比 1 位预览高，但文件也更大。也可以选择“无”。在编码中 ASCII 是最常用的格式，尤其是在 Windows 环境中，但是它所用的文件也是最大的。“二进制”的文件比 ASCII 要小一些，但很多应用程序和打印设备都不支持。该格式在 Macintosh 平台上应用较多。JPEG 编码使用 JPEG 压缩，这种压缩方法要损失一些数据。

5.SVG格式

它的英文全称为 Scalable Vector Graphics，意思为可缩放的矢量图形。它是基于 XML（Extensible Markup Language），由 World Wide Web Consortium（W3C）联盟开发的。严格来说，它应该是一种开放标准的矢量图形语言，用户可以直接用代码来描绘图像，可以用任何文字处理工具打开 SVG 图像，通过改变部分代码来使图像具有互交功能，并可以随时插入 HTML，通过浏览器来观看。

SVG 格式可以任意放大图形，但绝不会以牺牲图像质量为代价；字在 SVG 图像中保留可编辑和可搜寻的状态；平均来讲，SVG 文件比 JPEG 和 GIF 格式的文件要小很多，因而下载也很快。

1.2 Illustrator CS6 操作界面

Illustrator CS6 为用户提供了非常人性化的操作界面，与 Photoshop 等 Adobe 公司生产的相关软件界面几乎相同。如果你对 Photoshop 软件熟悉的话，对于 Illustrator CS6 的界面操作也可以轻松掌握。

1.2.1 启动Adobe Illustrator CS6

在成功地安装了 Illustrator CS6 后，在操作系统的程序菜单中会自动生成 Illustrator CS6 的快

捷方式。在屏幕的底部单击“开始”|“程序”|“Adobe Illustrator CS6” 命令，就可以启动Adobe Illustrator CS6，程序的启动画面如图1.6所示。

图1.6 启动Illustrator CS6界面

选择一个合适的新建命令后，即可打开Illustrator CS6 软件。Illustrator CS6 的工作界面由标题栏、菜单栏、控制栏、工具箱、浮动面板、草稿区、绘图区、状态栏等组成，它是创建、编辑、处理图形、图像的操作平台，如图 1.7 所示。

图1.7 Illustrator CS6 工作界面

1.2.2 标题栏

Illustrator CS6 的标题栏位于工作区的顶部，呈灰色，主要显示软件图标Ai和软件名称，如图 1.8 所示。如果当前编辑的文档处于最大化显示状态，在软件名称右侧还将显示当前图像文件的名称、缩放比例及颜色模式等信息。其右侧的 3 个按钮主要用来控制界面的大小。

图1.8 标题栏

- **（最小化）按钮：** 单击此按钮，可以使Illustrator CS6窗口处于最小化状态，此时只在Windows的任务栏中显示由该软件图标、软件名称等组成的按钮，单击该按钮，又可以使Illustrator CS6窗口还原为刚才的显示状态。
- **（最大化）按钮：** 单击此按钮，可以使Illustrator CS6窗口最大化显示，此时（最大化）按钮变为（还原）按钮；单击（还原）按钮，可以使最大化显示的窗口还原为原状态，（还原）按钮再次变为（最大化）按钮。
- **（关闭）按钮：** 单击此按钮，可以关闭Illustrator CS6软件，退出该应用程序。

技巧

当 Illustrator CS6 窗口处于非最大化状态时，在标题栏范围内按住鼠标左键拖动，可在屏幕中任意移动窗口的位置。在标题栏中双击鼠标可以使Illustrator CS6 窗口在最大化与原状态之间切换。

1.2.3 菜单栏

菜单栏位于 Illustrator CS6 工作界面的上部，如图 1.9 所示。菜单栏通过各个命令菜单提供对 Illustrator CS6 的绝大多数操作以及窗口的定制，包括“文件”“编辑”“对象”“文字”“选择”“效果”“视图”“窗口”和“帮助”9 个菜单命令。

文件(F) 编辑(E) 对象(O) 文字(T) 选择(S) 效果(C) 视图(V) 窗口(W) 帮助(H)

图1.9 Illustrator CS6的菜单栏

Illustrator CS6 为用户提供了不同的菜单命令显示效果，以方便用户使用，不同的显示标记含有不同的意义，分别介绍如下。

- **子菜单：** 在菜单栏中，有些命令的后面有指向右的黑色三角形箭头▸，当光标在该命令上稍停片刻后，便会出现一个子菜单。例如，执行菜单栏中的“对象”|“路径”命令，可以看到“路径”命令下一级子菜单。
- **执行命令：** 在菜单栏中，有些命令被选择后，在前面会出现对号标记✓，表示此命令为当前执行的命令。例如，“窗口”菜单中已经打开的面板名称前会出现对号标记☑。

- **快捷键**：在菜单栏中，菜单命令还可使用快捷键的方式来选择。在菜单栏中有些命令后面有英文字母组合，如菜单栏中的“文件”|“新建”命令的后面有“Ctrl + N ”字母组合，表示的就是“新建”命令的快捷键，如果想执行“新建”命令，直接按键盘上的Ctrl + N组合键，即可启用“新建”命令。
- **对话框**：在菜单栏中，有些命令的后面有“……”标志，表示选择此命令后将打开相应的对话框。例如，执行菜单栏中的“文件”|“文档设置”命令，将打开“文档设置”对话框。

1.2.4 工具箱

工具箱在初始状态下一般位于窗口的左端，当然也可以根据自己的习惯拖动到其他的地方去。利用工具箱所提供的工具，可以进行选择、绘画、取样、编辑、移动、注释和度量等操作，还可以更改前景色和背景色、使用不同的视图模式。

在工具箱中没有显示出全部工具，有些工具被隐藏起来了。只要细心观察，会发现有些工具图标中有一个小三角的符号，这表明在该工具图标中还有与之相关的其他工具，如图1.10所示。要打开这些工具，有两种方法。

- **方法1**：将光标移至含有多个工具的图标上，按住鼠标左键不放，此时会出现一个工具选择菜单，然后拖动光标至想要选择的工具图标处释放鼠标左键即可。
- **方法2**：在含有多个工具的图标上按住鼠标左键并将光标移动到“拖出”三角形上，释放鼠标左键，即可将该工具条从工具箱中单独分离出来。如果要将一个已分离出来的工具条重新放回工具箱中，可以单击右上角的“关闭”按钮。

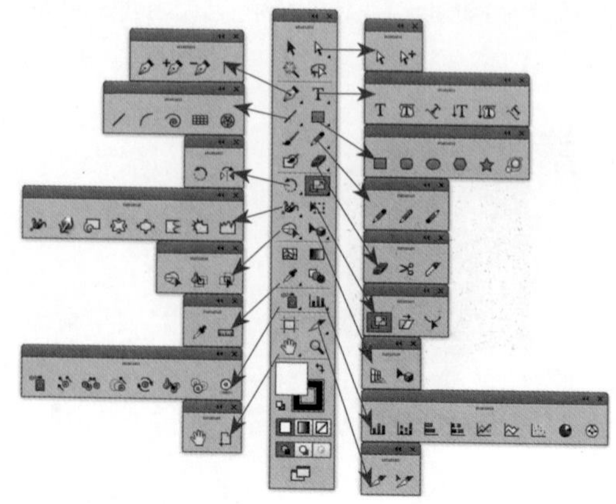

图1.10 工具箱展开效果

工具箱中的工具，除了直接单击鼠标选择，还可以应用快捷键来选择。

技巧

在任意情况下，按住空格键都可以直接切换到抓手工具，在界面中拖动可以移动画板的位置。

在工具箱的最下方，还有几个按钮，主要是用来设置填充和描边的，还有用来查看图像的，按钮图标及名称如图 1.11 所示。

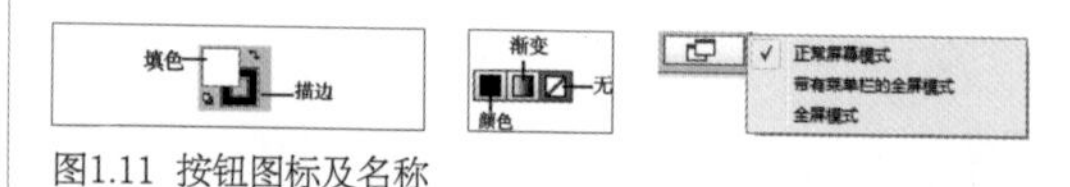

图1.11 按钮图标及名称

1.2.5 控制栏 重点

控制栏位于菜单栏的下方，用于对相应的工具进行各种属性设置。在工具箱中选择一个工具，控制栏中就会显示该工具对应的属性，比如在工具箱中选择了“画笔工具”🖌时，控制栏的显示效果如图 1.12 所示。

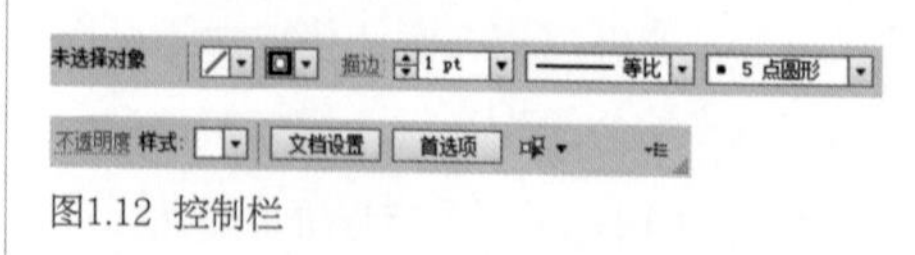

图1.12 控制栏

1.2.6 浮动面板

浮动面板在大多数软件中比较常见，它能够控制各种工具的参数，完成颜色选择、图像编辑、图层设定、信息导航等各种操作，浮动面板给用户带来了太多的方便。

Illustrator CS6 为用户提供了 30 多种浮动面板，其中最主要的浮动面板包括信息、动作、变换、图层、图形样式、外观、对齐、导航器、属性、描边、字符、段落、渐变、画笔、符号、色板、路径查找器、透明度、链接、颜色、颜色参考和魔棒等面板。下面简要介绍各个面板的作用。

1. “信息”面板

该面板主要用来显示当前对象的大小、位置和颜色等信息。执行菜单栏中的“窗口”|“信息”命令，可打开或关闭该面板，“信息”面板如图 1.13 所示。

2. “动作”面板

Illustrator CS6 为用户提供了很多默认的动作，使用这些动作可以快速为图形对象创建特殊效果。首先选择要应用动作的对象，然后选择某个动作，单击面板下方的“播放当前所选动作”按钮 ▶，即可应用该动作。

执行菜单栏中的“窗口”|“动作”命令，可以打开或关闭“动作”面板。“动作”面板如图 1.14 所示。

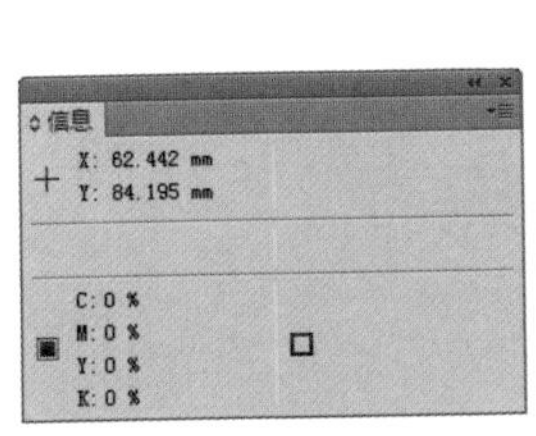

图1.13 “信息”面板

图1.14 “动作”面板

3. “变换”面板

“变换”面板在编辑过程中应用广泛，在精确控制图形时是一般工具所不能比的。它不但可以移动对象位置、调整对象大小、旋转和倾斜对象，还可以设置变换的内容，比如仅变换对象、仅变换图案或同时变换两者。

执行菜单栏中的“窗口”|“变换”命令，可打开或关闭“变换”面板。“变换”面板如图1.15 所示。

4. “图层”面板

默认情况下，Illustrator CS6 提供了一个图层，所绘制的图形都位于这个层上。对于复杂的图形，可以借助“图层”面板创建不同的图层来操作，这样更有利于编辑复杂的图形。利用图层还可以进行复制、合并、删除、隐藏、锁定和显示设置等多种操作。

执行菜单栏中的“窗口”|“图层”命令，可以打开或关闭“图层”面板。“图层”面板如图 1.16 所示。

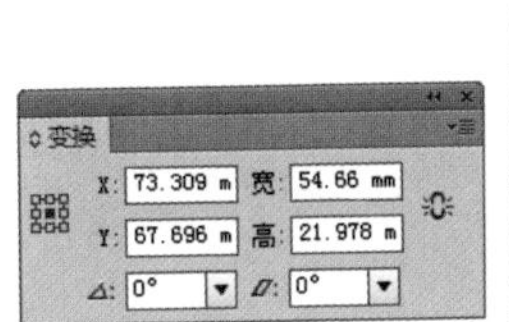

图1.15 “变换”面板

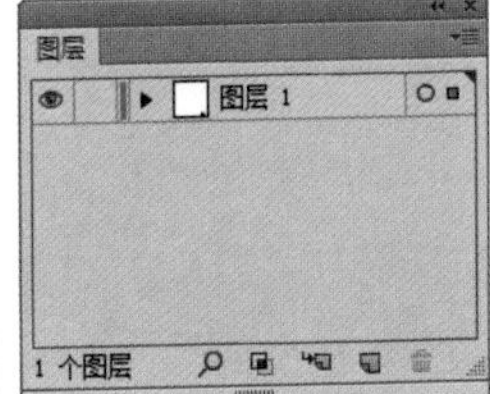

图1.16 “图层”面板

5. “图形样式”面板

“图形样式”面板为用户提供了多种默认的样式效果，只需要选择图形，单击这些样式即可应用。样式可以包括填充、描边和各种特殊效果。当然，用户也可以利用菜单命令来编辑图形，然后单击“新建图形样式”按钮，创建属于自己的图形样式。

执行菜单栏中的“窗口”|“图形样式”命令，打开或关闭“图形样式”面板。“图形样式”面板如图 1.17 所示。

6. “外观”面板

“外观”面板是图形编辑工具的重要组成

部分，它不但显示填充和描边的相关信息，还显示使用的效果、透明度等信息，可以直接选择相关的信息进行再次修改。使用它还可以将图形的外观清除、简化至基本外观、复制所选项目和删除所选项目等。

执行菜单栏中的“窗口”|“外观”命令，可以打开或关闭“外观”面板。“外观”面板如图 1.18 所示。

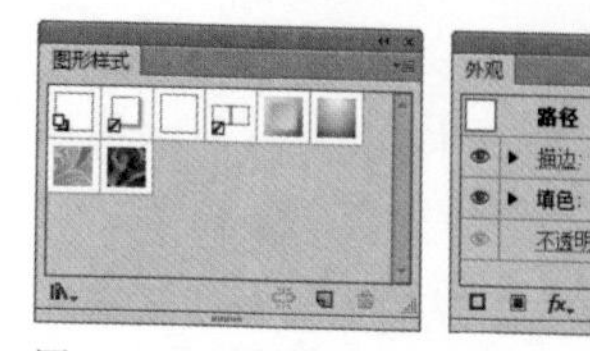

图1.17 “图形样式”面板 图1.18 “外观”面板

7.“对齐”面板

“对齐”面板主要用来控制图形的对齐和分布。它不但可以控制多个图形的对齐与分布，还可以控制 1 个或多个图形相对于画板的对齐与分布。如果指定分布的距离，并单击某个图形，可以控制其他图形与该图形的分布间距。

执行菜单栏中的“窗口”|“对齐”命令，可以打开或关闭“对齐”面板。“对齐”面板如图 1.19 所示。

8.“导航器”面板

利用“导航器”面板，不但可以缩放图形，还可以快速导航局部图形。只需要在“导航器”面板中单击需要查看的位置或直接拖动红色方框到需要查看的位置，即可快速查看局部图形。

执行菜单栏中的“窗口”|“导航器”命令，即可打开或关闭“导航器”面板。“导航器”面板如图 1.20 所示。

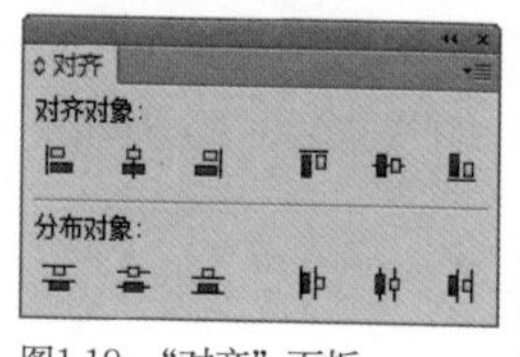

图1.19 “对齐”面板

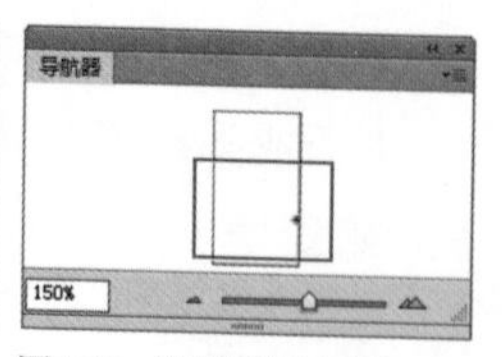

图1.20 “导航器”面板

9.“属性”面板

“属性”面板不但可以为图形的印刷输出设置叠印效果，还可以配合“切片工具”创建图像映射，即超链接效果，将带有图像映射的图形输出为 Web 格式后，可以直接单击该热点打开相关的超链接。

执行菜单栏中的“窗口”|“属性”命令，可以打开或关闭“属性”面板。“属性”面板如图 1.21 所示。

10.“描边”面板

利用“描边”面板，可以设置描边的粗细、端点形状、转角连接类型、描边位置等，还可以设置描边为实线还是虚线，并可以设置不同的虚线效果。

执行菜单栏中的“窗口”|“描边”命令，可以打开或关闭“描边”面板。“描边”面板如图 1.22 所示。

图1.21 “属性”面板

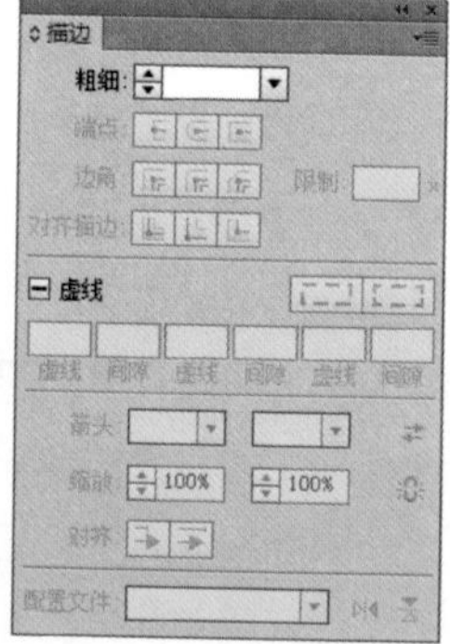

图1.22 “描边”面板

11.“字符”面板

“字符”面板用来对文字进行格式化处理，包括设置文字的字体、大小、行距、水平缩放、竖直缩放、旋转和基线偏移等各种字符属性。

执行菜单栏中的“窗口”|“文字”|“字符”命令，可以打开或关闭“字符”面板。“字符”面板如图 1.23 所示。

12. “段落”面板

“段落”面板用来对段落进行格式化处理，包括设置段落对齐、左 / 右缩进、首行缩进、段前 / 段后间距、中文标点溢出、重复字符处理和避头尾法则类型等。

执行菜单栏中的“窗口”|“文字”|“段落”命令，可以打开或关闭“段落”面板。“段落”面板如图 1.24 所示。

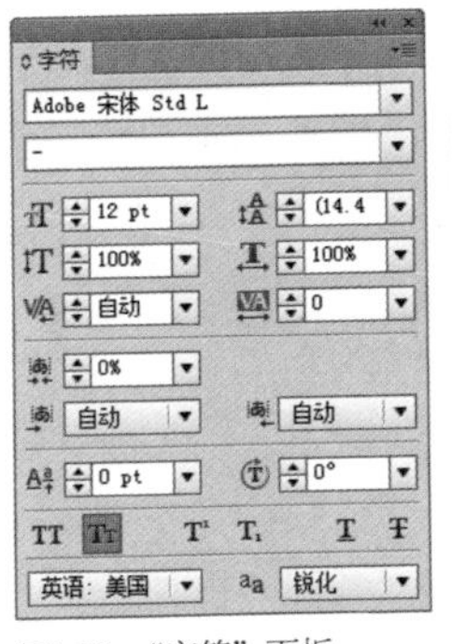

图1.23 “字符”面板

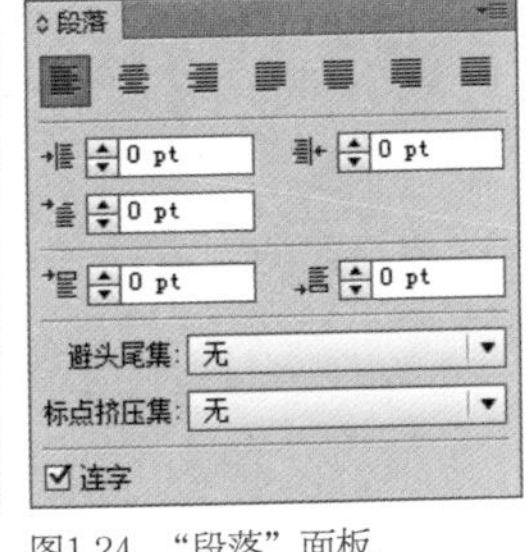

图1.24 “段落”面板

13. “渐变”面板

两种或多种颜色或同一种颜色的不同深浅度逐渐混合变化的过程就是渐变。“渐变”面板是编辑渐变色的地方，可以根据自己的需要创建各种各样的渐变，然后通过“渐变工具”修改渐变的起点、终点和角度位置。

执行菜单栏中的“窗口”|“渐变”命令，可以打开或关闭“渐变”面板。“渐变”面板如图 1.25 所示。

14. “画笔”面板

Illustrator CS6 为用户提供了 5 种画笔效果，包括书法画笔、散点画笔、毛刷画笔、图案画笔和艺术画笔。利用这些画笔，可以轻松绘制出美妙的图案。

执行菜单栏中的“窗口”|“画笔”命令，可以打开或关闭“画笔”面板。“画笔”面板如图 1.26 所示。

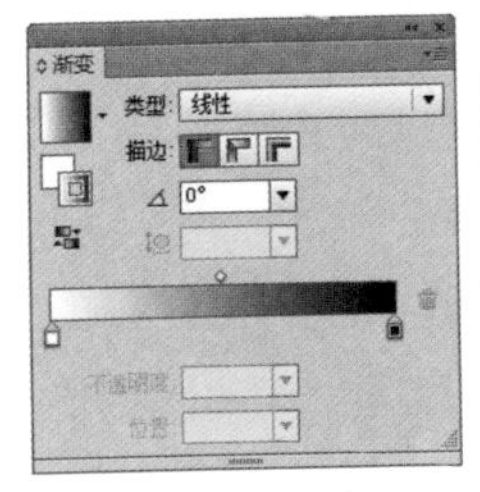

图1.25 “渐变”面板

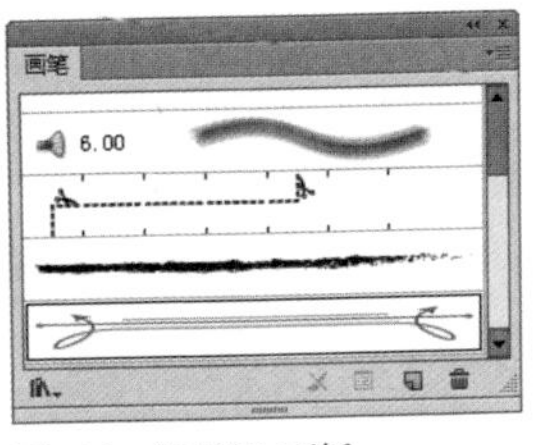

图1.26 “画笔”面板

15. “符号”面板

符号是一种特别的图形，它可以被重复使用，而且不会增大图像的体积。在“符号”面板中选择需要的符号后，可以使用“符号喷枪工具”在文档中喷洒出符号实例；也可以直接将符号从“符号”面板中拖动到文档中，或在选择符号后单击“符号”面板下方的“置入符号实例”按钮，将符号添加到文档中。同时，用户也可以根据自己的需要，创建属于自己的符号或删除不需要的符号。

执行菜单栏中的“窗口”|“符号”命令，可以打开或关闭“符号”面板。“符号”面板如图 1.27 所示。

16. “色板”面板

“色板”面板用来存放印刷色、特别色、渐变和图案，有利于更好地重复使用颜色、渐变和图案。使用“色板”面板可以填充图形或为图形描边，也可以创建属于自己的颜色。

执行菜单栏中的“窗口”|“色板”命令，可以打开或关闭“色板”面板。“色板”面板如图 1.28 所示。

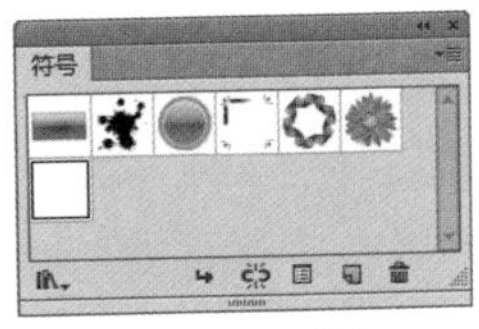

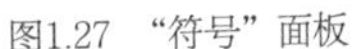
图1.27 “符号”面板

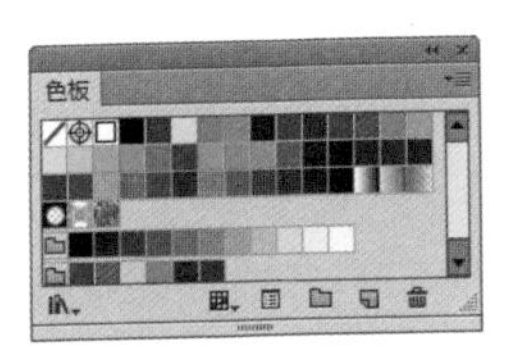

图1.28 “色板”面板

17.“路径查找器”面板

“路径查找器”面板中的各按钮相当实用，是进行复杂图形创作的利器，许多复杂的图形利用“路径查找器”面板中的相关命令可以轻松搞定。其中的各命令可以对图形进行相加、相减、相交、分割、修边、合并等操作，是一个使用率相当高的面板。

执行菜单栏中的“窗口”|“路径查找器”命令，可以打开或关闭“路径查找器”面板。“路径查找器”面板如图 1.29 所示。

18.“透明度”面板

利用“透明度”面板可以为图形设置混合模式、不透明度、隔离混合、反相蒙版和剪切等，该功能不但可以在矢量图中使用，还可以直接应用于位图图像。

执行菜单栏中的“窗口”|“透明度”命令，可以打开或关闭“透明度”面板。“透明度”面板如图 1.30 所示。

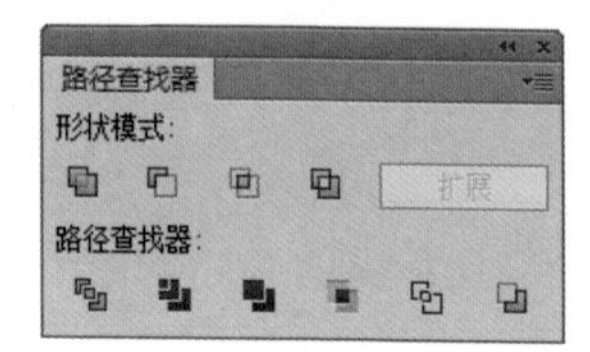

图1.29 “路径查找器”面板

图1.30 “透明度”面板

19.“链接”面板

“链接”面板用来显示所有链接或嵌入的文件，通过这些链接来记录和管理转入的文件，如重新链接、转至链接、更新链接和编辑原稿等，还可以查看链接的信息，以更好地管理链接文件。

执行菜单栏中的“窗口”|“链接”命令，可以打开或关闭“链接”面板。“链接”面板如图 1.31 所示。

20.“颜色”面板

当“色板”面板中没有需要的颜色时，就要用到“颜色”面板了。“颜色”面板是编辑颜色的地方，主要用来填充图形和为图形描边，利用“颜色”面板也可以创建新的色板。

执行菜单栏中的“窗口”|“颜色”命令，可以打开或关闭“颜色”面板。“颜色”面板如图 1.32 所示。

图1.31 “链接”面板

图1.32 “颜色”面板

21.“颜色参考”面板

“颜色参考”面板集“色板”与“颜色”面板功能于一身，可以直接选择颜色，也可以编辑需要的颜色，同时，该面板还提供了淡色/暗色、冷色/暖色、亮光/暗光这些常用的颜色，以及中性、儿童素材、网站、肤色、自然界等具有不同色系的颜色，以满足不同的图形需要。

执行菜单栏中的“窗口”|“颜色参考”命令，可以打开或关闭“颜色参考”面板。“颜色参考”面板如图 1.33 所示。

22.“魔棒”面板

“魔棒”面板要配合“魔棒工具”使用，在“魔棒”面板中可以勾选要选择的选项，包括描边颜色、填充颜色、描边粗细、不透明度和混合模式，还可以根据需要设置不同的容差值，以选择不同范围内的对象。

执行菜单栏中的“窗口”|“魔棒”命令，可以打开或关闭“魔棒”面板。“魔棒”面板如图 1.34 所示。

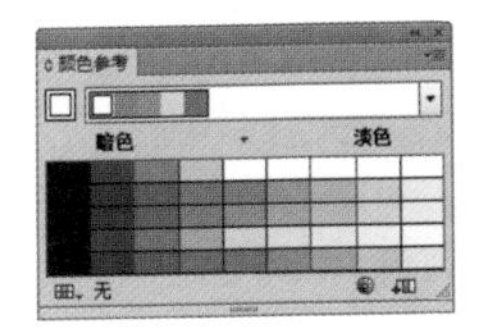

图1.33 “颜色参考”面板

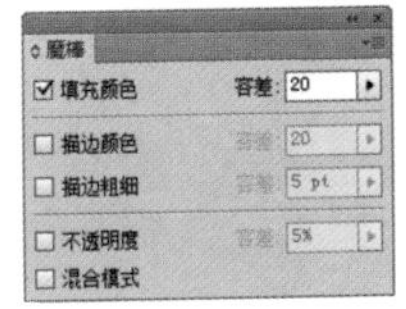

图1.34 “魔棒”面板

1.2.7 操作浮动面板 

默认情况下，面板以面板组的形式出现，位于 Illustrator CS6 界面的右侧，是 Illustrator CS6 对当前图像的颜色、图层、描边以及其他重要参数进行操作的地方。浮动面板都有几个相同的地方，如标签名称、折叠 / 展开、关闭和面板菜单等，在面板组中，单击标签名称可以显示相关的面板内容，单击折叠 / 展开按钮，可以将面板内容折叠或展开，单击关闭按钮，可以将浮动面板关闭，单击菜单按钮，可以打开该面板的面板菜单，如图 1.35 所示。

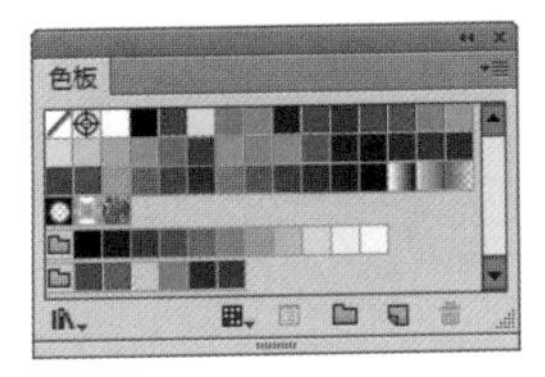

图1.35 浮动面板

Illustrator CS6的浮动面板可以任意分离、移动和组合。浮动面板的各种操作方法如下。

1. 打开或关闭面板

在“窗口”菜单中选择不同的命令，可以打开或关闭不同的浮动面板，也可以单击浮动面板右上方的关闭按钮来关闭该浮动面板。

> **提示**
>
> 从“窗口”菜单中可以打开所有的浮动面板。在菜单中，菜单命令前标有对号✓表示该面板已被打开，无对号✓表示该面板已被关闭。

2. 显示面板内容

在多个面板组中，如果想查看某个面板的内容，直接单击该面板的标签名称，即可显示该面板的内容。其操作过程如图 1.36 所示。

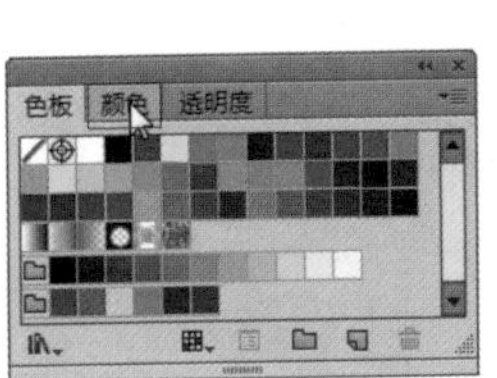

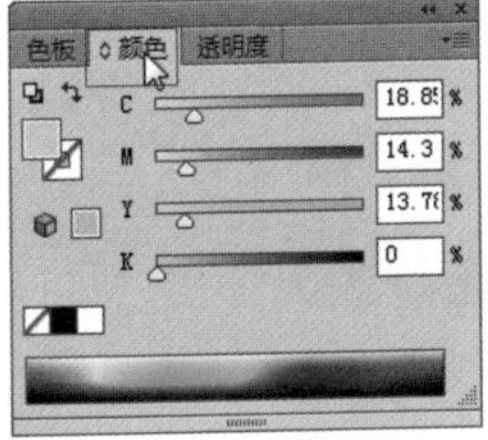

图1.36 显示面板内容的操作过程

3. 移动面板

在某一浮动面板标签名称上或顶部的空白区域中按住鼠标左键拖动，可以将其移动到工作区中的任意位置，以满足不同用户的操作需要。

4. 分离面板

在面板组中，在某个标签名称处按住鼠标左键向该面板组以外的位置拖动，即可将该面板分离成独立的面板。操作过程如图 1.37 所示。

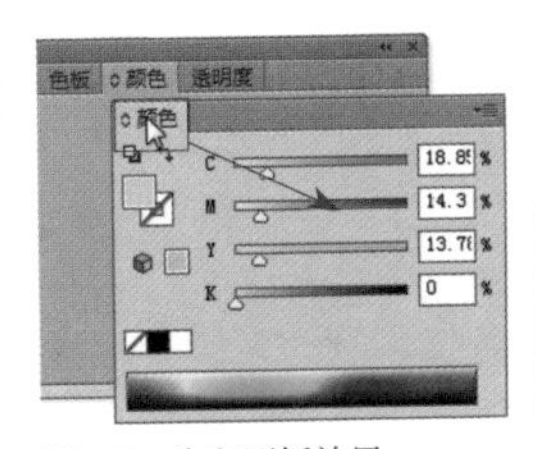

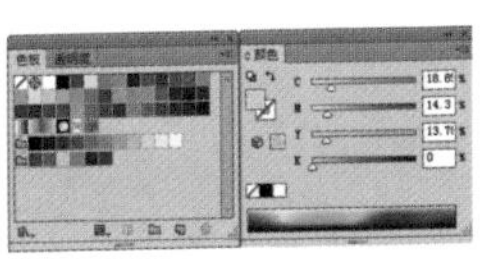

图1.37 分离面板效果

5. 组合面板

在一个独立面板的标签名称位置按住鼠标左键，然后将其拖动到另一个浮动面板上，当另一个面板周围出现蓝色的方框时释放鼠标左键，即可将面板组合在一起，操作方法及效果如图 1.38 所示。

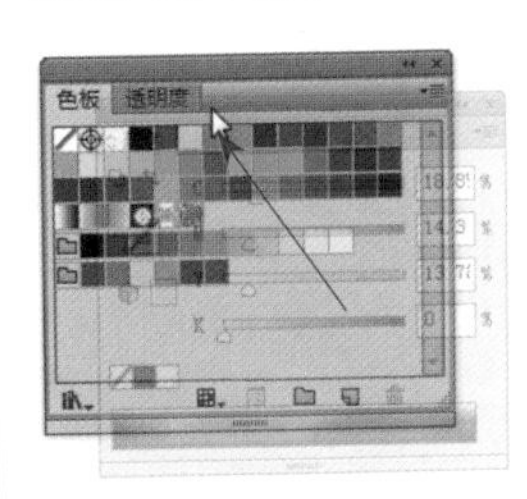

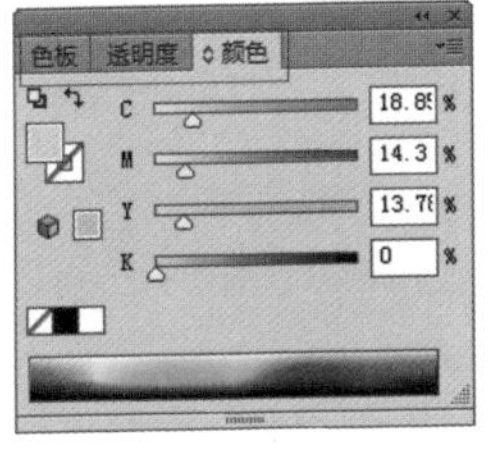

图1.38 组合面板效果

6. 停靠面板组

为了节省空间，还可以将组合的面板停靠在右侧边缘位置，在浮动面板组中边缘的空白位置按住鼠标左键拖动，将其移动到边缘位置，当看到变化时，释放鼠标左键，即可将该面板组停靠在边缘位置。操作过程如图 1.39 所示。

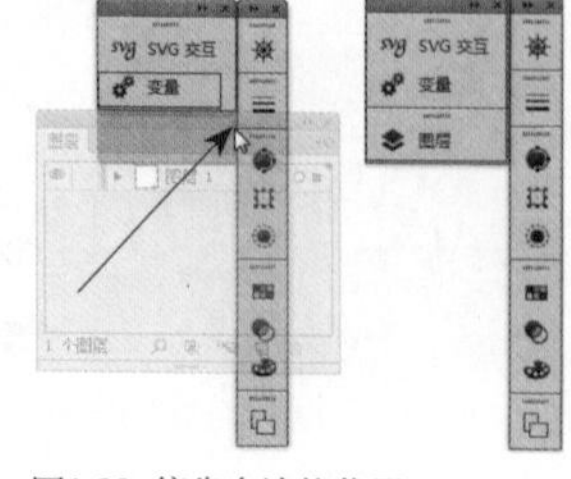

图1.39 停靠在边缘位置

7. 折叠面板组

单击“折叠为图标”按钮，可以将面板组折叠起来，以节省空间，如果想展开面板组，可以单击“展开面板”按钮，将面板组展开，如图 1.40 所示。

图1.40 面板组折叠效果

1.2.8 状态栏

状态栏位于 Illustrator CS6 绘图区界面的底部，用来显示当前图像的各种参数信息以及当前所用工具的信息。

单击状态栏中的按钮，会弹出一个菜单，如图 1.41 所示。从中可以选择要提示的信息项。其中的主要内容如下。

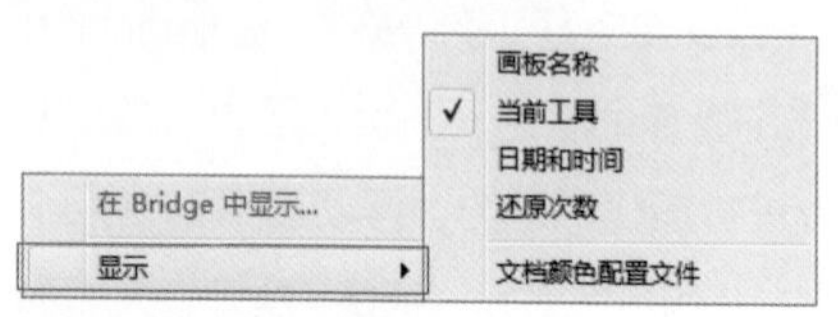

图1.41 状态栏以及选项菜单

- “画板名称”：显示当前文件的名称。
- “当前工具”：显示当前正在使用的工具。
- “日期和时间”：显示当前文档编辑的日期和时间。
- “还原次数”：显示当前操作中的还原与重做次数。
- “文档颜色配置文件”：显示当前文档的颜色模式配置。

1.3 建立新文档

要设计图形，首先需要创建新的文档，在 Illustrator CS6 中，不但可以使用“文件”|“新建”命令创建新文档，还可以从模板创建新文档。

练习1-1 使用“新建”命令

难　　度：★
素材文件：无
效果文件：无
视频文件：第 1 章 \ 练习 1-1 使用“新建”命令 .avi

启动 Illustrator CS6 后，选择“文件”|“新建”命令，将打开“新建文档”对话框，如图 1.42 所示，设置相关的参数后，单击“确定”按钮，即可创建一个新的文档。

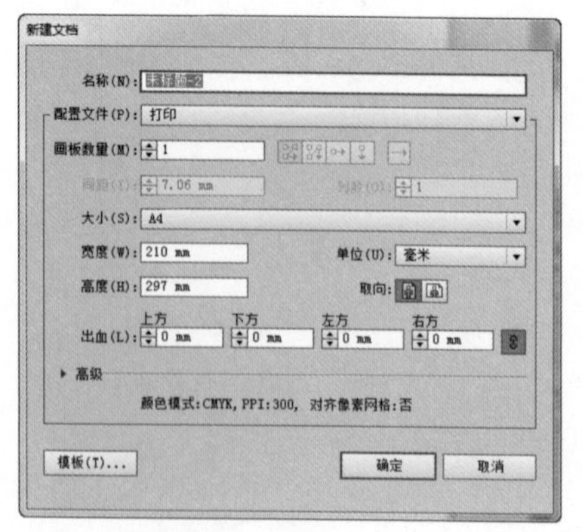

图1.42 “新建文档”对话框

练习1-2 从模板创建新文档 

难　　度：★

素材文件：无

效果文件：无

视频文件：第 1 章 \ 练习 1-2 从模板创建新文档 .avi

选择“文件”|“从模板新建”命令，如图1.43所示，将打开“从模板新建”对话框，如图1.44所示，选择一个要作为模板的文档后，单击“新建”按钮即可从模板创建新文档。

图1.43 选择“从模板新建”命令

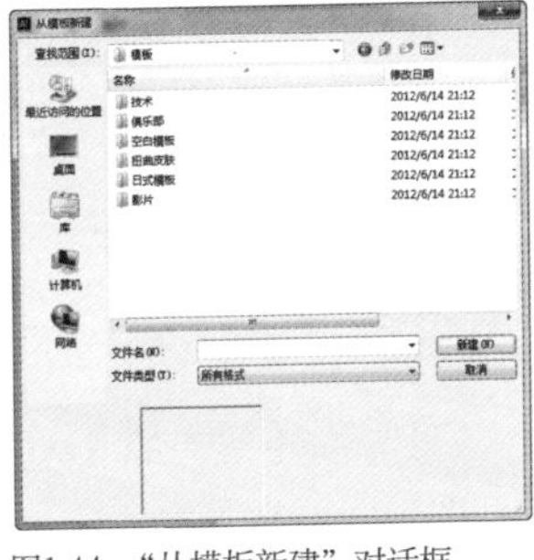

图1.44 “从模板新建”对话框

1.4 视图查看技巧

在进行绘图和编辑时，Illustrator CS6 为用户提供了多种视图预览和查看的方法。不但可以用不同的方式预览图形，还可以利用相关的工具和命令查看图形，如缩放工具、抓手工具和导航器面板等。

1.4.1 缩放工具 重点

在绘制或编辑图形时，往往需要将图形放大许多倍来绘制局部细节或进行精细调整，有时也需要将图形缩小来查看整体效果，这时就可以应用“缩放工具” 来进行操作。

选择工具箱中的“缩放工具”，将它移至需要放大的图形位置上，光标呈 状时，单击鼠标可以放大该位置的图形对象。如果要缩小图形对象，可以在使用“缩放工具” 时按住 Alt 键，光标呈 状时，单击鼠标可以缩小该位置的图形对象。

如果需要快速将图形局部放大，可以使用“缩放工具” 在需要放大的位置按住鼠标左键拖动到另外一处来绘制矩形框，如图 1.45 所示。释放鼠标左键后，即可将该区域放大，放大后的效果如图 1.46 所示。

图1.45 拖动鼠标绘制矩形框

图1.46 放大效果

1.4.2 缩放命令 

除了使用上面讲解的缩放工具缩放图形外，还可以直接应用缩放命令缩放图形，使用相关的缩放命令快捷键，可以更加方便实际操作。

- 执行菜单栏中的“视图”|“放大”命令，或按 Ctrl + +组合键，可以以当前图形显示区域为中心放大图形。
- 执行菜单栏中的“视图”|“缩小”命令，或按 Ctrl + –组合键，可以以当前图形显示区域为中心缩小图形。
- 执行菜单栏中的“视图”|“画板适合窗口大

小”命令，或按Ctrl + 0组合键，将以画板大小最合适的形式显示。

- 执行菜单栏中的“视图”|“全部适合窗口大小”命令，或按Alt + Ctrl + 0组合键，将以最适合窗口大小的形式显示完整的图形效果。
- 执行菜单栏中的“视图”|“实际大小”命令，或按Ctrl + 1组合键，图形将以100%的比例显示完整图形效果。

1.4.3 抓手工具 重点

在编辑图形时，如果需要调整图形对象的视图位置，可以选择工具箱中的“抓手工具”。将光标移至界面中，它的形状会变为，按住鼠标左键，它的形状上变为，此时，拖动光标到达适当位置后，释放鼠标左键即可将要显示的区域移动到适当的位置，这样可以将图形移动到需要的位置，方便查看或修改图形的各个部分。具体的操作过程及效果如图 1.47、图 1.48 所示。

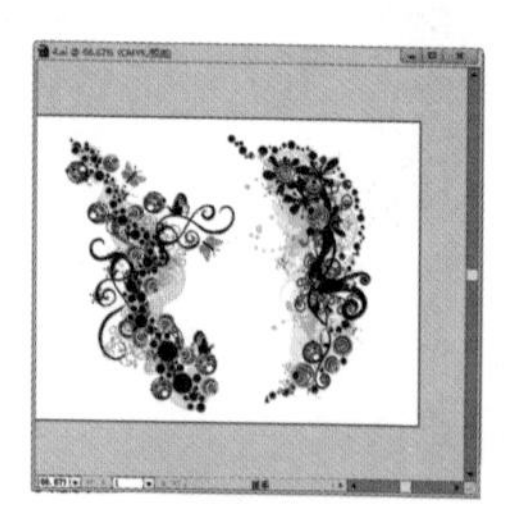

图1.47 拖动过程

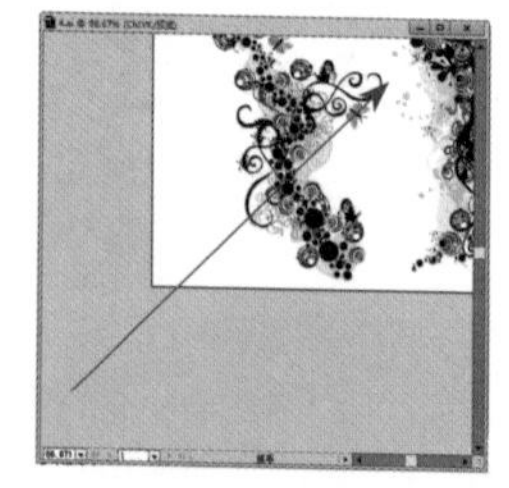

图1.48 拖动后的效果

1.4.4 “导航器”面板 

使用“导航器”面板可以对图形进行快速的定位和缩放。执行菜单栏中的“窗口”|“导航器”命令，即可打开“导航器”面板，如图1.49所示。

“导航器”面板中红色的方框叫视图框，当视图框较大时，着重从整体查看图形对象，图形显示得较小；视图框较小时，着重从局部细节上查看对象，图形显示得较大。

> **技巧**
>
> 默认状态下，视图框的颜色为红色，如果想修改视图框的颜色，可以从“导航器”面板菜单中选择“面板选项”命令，打开“面板选项”对话框进行修改。如果只想查看工作区中绘图区内的图形，不查看绘图区外草稿区的图形，可以在弹出式菜单中选择“仅查看画板内容”命令。

如果需要放大视图，可以在“导航器”面板左下方的比例框中输入视图比例，如“66.67%”，然后按 Enter 键即可；也可以拖动比例框右面的缩放滑块来改变视图比例；还可以单击缩放滑块左右两端的缩小、放大按钮来缩放图形。

图1.49 “导航器”面板

在“导航器”面板中，还可以通过移动视图框来查看图形的不同位置。将光标移到“导航器”面板中的代理预览区域中，光标将变成状，单击鼠标即可将视图框的中心移动到鼠标单击处。当然，也可以将光标移动到视图框内，光标将变成状，按住鼠标左键拖动，光标将变成状，拖动视图框到合适的位置即可。利用“导航器”面板显示图形的不同效果如图 1.50 所示。

图1.50 利用“导航器”面板显示图形的不同效果

1.5 使用标尺

标尺不但可以用来显示当前鼠标指针所在位置的坐标，还可以更准确地查看图形的位置，以便精确地移动或对齐图形对象。

1.5.1 显示标尺 重点

执行菜单栏中的“视图”|“标尺”|“显示标尺”命令，即可启动标尺，此时“显示标尺”命令将变成“隐藏标尺”命令。标尺有两个，其中一个在文档窗口的顶部，叫水平标尺，另外一个在文档窗口的左侧，叫竖直标尺，如图 1.51 所示。

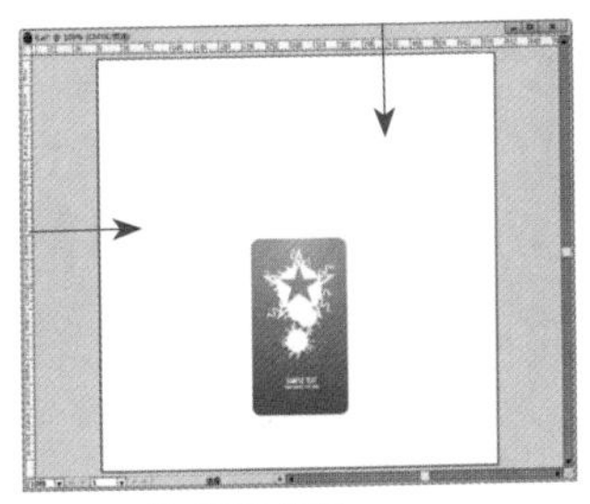

图1.51 显示标尺效果

1.5.2 调整标尺原点 

Illustrator 提供的两个标尺相当于一个平面直角坐标系。顶部标尺相当于这个坐标系的 X 轴，左侧标尺相当于这个坐标系的 Y 轴，虽然标尺上没有说明有负坐标值，但是实际上有正负之分，水平标尺零点往右为正，往左为负，竖直标尺零点往上为正，往下为负。

使用鼠标时在标尺上会出现一条虚线，称为指示线，表示这时光标所指示的当前位置。当移动光标时，标尺上的指示线也随之改变。

标尺原点也叫标尺零点，类似于数学中的原点，标尺的默认原点在画板的左上角位置。水平标尺和竖直标尺的交界处与文档窗口的左上角处形成了一个框，叫原点框。如果要修改标尺原点的位置，可以将光标移动到原点框内，按住鼠标左键拖动，将出现两条十字交叉的线，在适当的位置释放鼠标左键，即可修改标尺原点的位置，如图 1.52 所示。

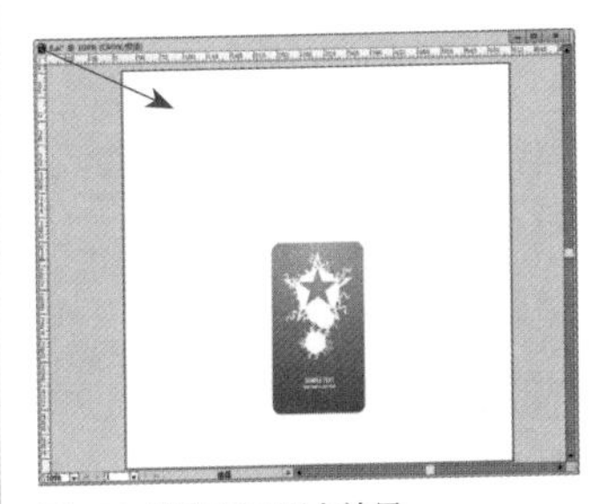

图1.52 修改标尺原点效果

1.5.3 调整标尺单位 

如果想快速地修改水平和竖直标尺的单位，可以在水平或竖直标尺上单击鼠标右键，从弹出的快捷菜单中选择需要的单位即可。

1.6 参考线和网格

Illustrator CS6 提供了很多处理图形的参考工具，包括标尺、参考线和网格。它们都用于精确定位图形对象，这些命令大多在“视图”菜单中。这些工具对图形不做任何修改，但是在处理图形时可以用来参考。熟练应用它们可以提高处理图形的工作效率。在实际应用中，有时一个参考命令不够灵活，可以同时应用多个参考功能来完成图形的创建。本节详细讲解参考线和网格的使用方法。

1.6.1 建立标尺参考线 

参考线是精确绘图时用来作为参考的线，它只是显示在文档画面中以方便对齐图像，并不参加打印。可以移动或删除参考线，也可以锁定参考线，以免不小心移动它。它的优点在于可以任意设定它的位置。

创建参考线时，可以直接从标尺中拖动来创建，也可以将现有的路径，比如矩形、椭圆等图形制作成参考线，利用这些路径创建的参考线有助于在 1 个或多个图形周围设计和创建其他图形对象。

提示

文字路径不能用来制作参考线。

创建标尺参考线的方法很简单，将光标移动到水平标尺位置，按住鼠标左键向下拖动可拉出一条线，拖动到目标位置后释放鼠标左键，即可创建一条水平参考线。将光标移动到竖直标尺位置，按住鼠标左键向右拖动可拉出一条线，拖动到目标位置后释放鼠标左键，即可创建一条竖直参考线，创建出的水平和竖直参考线如图 1.53 所示。

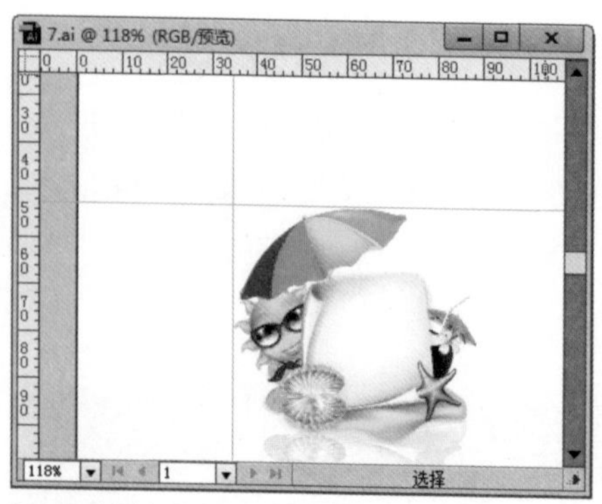

图1.53 创建标尺参考线

技巧

从标尺中拖动创建参考线时，如果在按住 Alt 键的同时拖动，可以从水平标尺中创建竖直参考线，从竖直标尺中创建水平参考线。

1.6.2 移动参考线的位置 

创建完参考线后，如果对现有的参考线位置不满意，可以利用“选择工具”来移动参考线的位置。将光标放置在参考线上，光标的右下角将出现一个方块，变为状，按住鼠标左键拖动到合适的位置，释放鼠标左键即可移动该参考线，如图 1.54 所示。

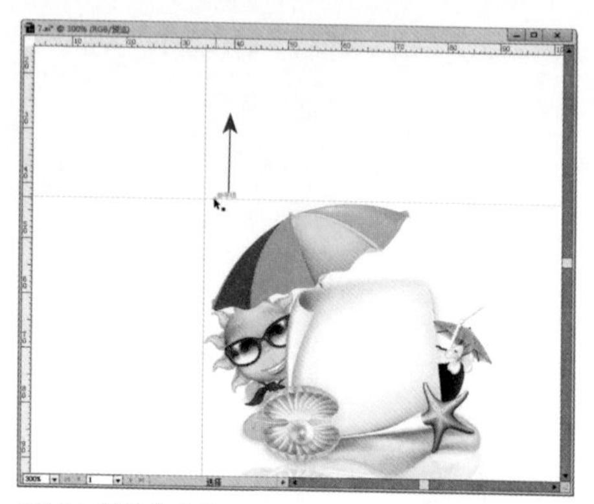

图1.54 移动参考线

提示

如果想精确移动参考线，可以使用“变换”面板中的“X”（水平）、“Y”（竖直）坐标值来精确移动参考线。

1.6.3 显示和隐藏参考线 

将参考线隐藏后，如果想再次应用参考线，可以将隐藏的参考线再次显示出来。执行菜单栏中的“视图”|“参考线”|“显示参考线”命令，即可显示隐藏的参考线。此时，“显示参考线”命令将变为“隐藏参考线”命令。

当创建完参考线后，如果暂时用不到参考线，又不想将其删除，为了不影响操作，可以将参考线隐藏。执行菜单栏中的“视图”|“参考线”|“隐藏参考线”命令，即可将其隐藏。此时，“隐藏参考线”命令将变为“显示参考线”命令。

1.6.4 锁定与解锁参考线 

为了避免在操作中误移动或删除参考线，可以将参考线锁定，对锁定的参考线将不能再进行编辑操作。具体的操作方法如下。

- **锁定或解锁参考线**：执行菜单栏中的“视图”|“参考线”|“锁定参考线”命令，该命令的左侧会出现对号✓，表示锁定了参考线；再次应用该命令，取消显示命令左侧的对号✓，将解锁参考线。
- **锁定或解锁某层上的参考线**：在“图层”面板中双击该图层的名称，在打开的“图层选项”对话框中勾选“锁定”复选框，如图1.55所示，即可将该层上的参考线锁定，但是它也将该图层上的其他所有对象锁定了。用同样的方法，取消勾选“锁定”复选框，即可解锁该层上的参考线。

技巧

除了使用“图层选项”来锁定参考线，也可以在“图层”面板中单击该层名称左侧的空白框，出现锁形标志时即可将其锁定。

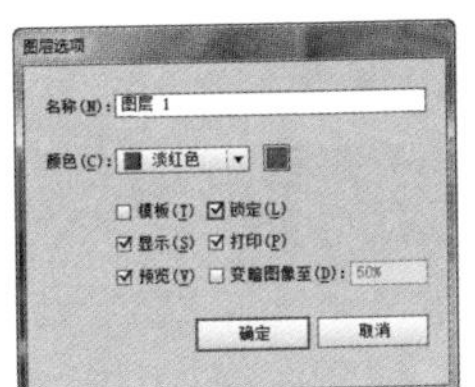

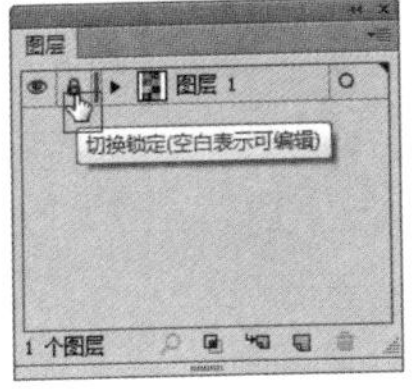

图1.55 “图层选项”对话框

提示

使用“图层选项”锁定或解锁参考线，只对当前层中的参考线起作用，不会影响其他层中的参考线。因为锁定了该层参考线的同时也锁定了该层的其他所有图形，所以该方法对于锁定参考线来说不太实用。

1.6.5 删除参考线

当创建了多条参考线后，如果想清除其中的某条或多条参考线，可以使用以下方法进行操作。

- **清除指定参考线**：选择要清除的参考线后，按键盘上的Delete键，即可将指定的参考线删除。
- **清除所有参考线**：要清除所有参考线，可以执行菜单栏中的“视图”|“参考线”|“清除参考线”命令，即可将所有参考线清除。

1.6.6 智能参考线 

智能参考线是 Illustrator 为图形对象显示的临时的贴紧参考线，它为图形对象的创建、对齐、编辑和变换带来了极大的方便。当移动、选择、旋转、比例缩放、倾斜对象时，智能参考线将出现不同的提示信息，以方便操作。

执行菜单栏中的“视图”|“智能参考线”命令，即可启用智能参考线。当移动光标经过图形对象时，Illustrator 将在光标处显示相应的图形信息，比如位置、路径、锚点、交叉等，这些信息的提示大大方便了用户的操作。

启用智能参考线后，将光标移动到路径上时，Illustrator 使用会自动在光标位置显示“路径”字样，当光标移动到路径的锚点上时，则会显示“锚点”字样，而且在路径上将以“×”来显示当前光标所在的位置。图 1.56 所示为光标移动到路径上的显示效果。

图1.56 智能显示效果

当移动图形对象时，智能参考线会根据要对齐的图形有不同的横线、竖线、交叉、中心点等信息提示，根据这些提示可以更加精确的对齐图形，如图 1.57 所示。

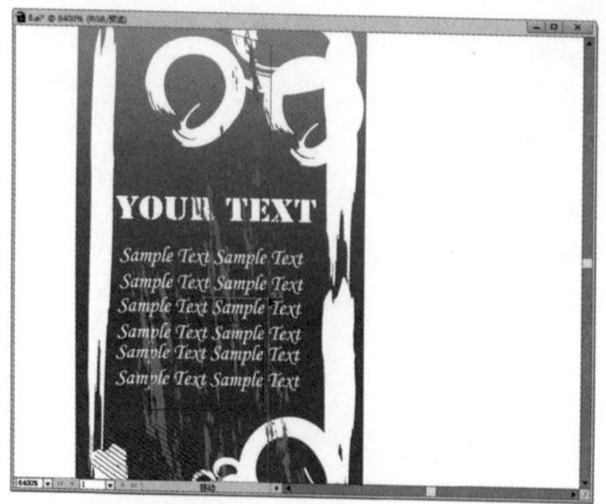

图1.57 水平移动效果

除了上面讲解的智能效果，智能应用还有很多，这里就不再赘述了，读者可以自行操作，感受一下智能参考线的强大之处。

1.6.7 显示和隐藏网格

网格能有效地帮助确定图形的位置和大小，以便在操作中对齐物体，方便准确地进行图形位置摆放的操作。它可以显示为直线，也可以以点线来显示，它不会被打印出来，只是作为一种辅助元素出现。

1. 显示网格

执行菜单栏中的“视图”|“显示网格”命令，即可启用网格。此时，“显示网格”命令将变成“隐藏网格”命令。网格以灰色显示，网格的显示效果如图1.58所示。

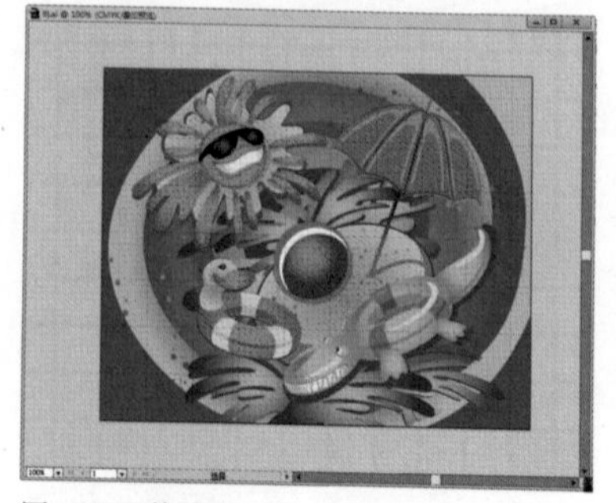
图1.58 网格效果

2. 隐藏网格

执行菜单栏中的“视图”|“隐藏网格”命令，即可隐藏网格。此时，“隐藏网格”命令将变成“显示网格”命令。

1.6.8 对齐网格

执行菜单栏中的“视图”|“对齐网格”命令，即可启用网格的吸附功能，在该命令的左侧将出现一个对号标志✓，在绘制图形和移动图形时，图形将自动沿网格吸附，以方便对图形进行对齐操作。取消显示对号标志✓即可取消网格的对齐。

1.7 对齐与分布操作

在制作图形过程中经常需要将图形对齐，在前面的章节中介绍了参考线和网格的应用，它们能够准确确定对象的绝对定位，但是对于大量图形的对齐与分布来说，应用起来就显得麻烦了许多。Illustrator CS6 为用户提供了“对齐”面板，利用该面板中的相关命令，可以轻松完成对图形的对齐与分布处理。

要使用“对齐”面板，可以执行菜单栏中的“窗口”|“对齐”命令，打开如图1.59所示的“对齐”面板。利用该面板中的相关命令，可以对图形进行对齐和分布处理。

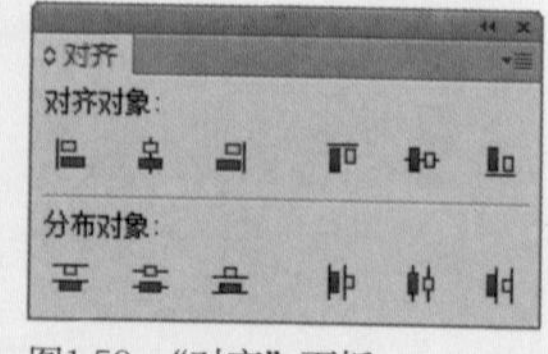

图1.59 “对齐”面板

如果想显示更多的对齐选项，可以在“对齐”面板菜单中选择“显示选项”命令，将“对齐”面板中的其他选项全部显示出来，如图1.60所示。

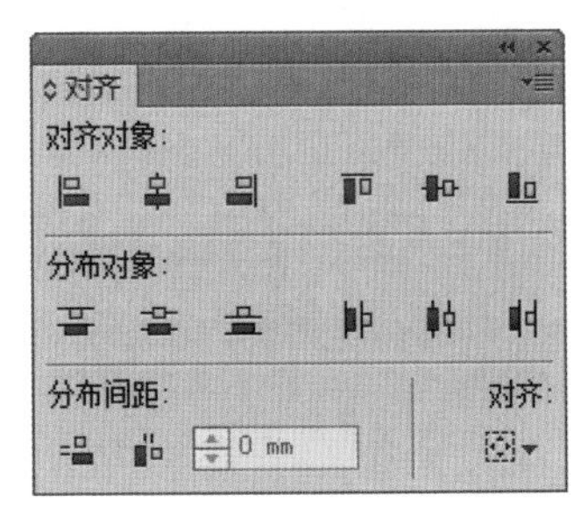

图1.60 显示其他选项

练习1-3 对齐对象 重点

难　　度：★★
素材文件：无
案例文件：无
视频文件：第 1 章\练习 1-3 对齐对象 .avi

“对齐对象”命令组主要用来设置图形的对齐，包括水平左对齐、水平居中对齐、水平右对齐、竖直顶对齐、竖直居中对齐和竖直底对齐 6 种对齐方式，对齐命令一般需要至少两个对象才可以使用。

在文档中选择要进行对齐操作的多个图形对象，然后在“对齐”面板中单击需要使用的对齐按钮即可将图形对齐。各种对齐效果如图1.61所示。

水平对齐原始图形

水平左对齐　水平居中对齐

水平右对齐

竖直对齐原始图形

竖直顶对齐

竖直居中对齐

竖直底对齐

图1.61 各种对齐效果

练习1-4 分布对象 

难　　度：★★
素材文件：无
案例文件：无
视频文件：第 1 章\练习 1-4 分布对象 .avi

“分布对象”命令组主要用来设置图形的分布，以确保图形以指定的位置分布，包括竖直顶分布、竖直居中分布、竖直底分布、水平左分布、水平居中分布和水平右分布 6 种分布方式。分布一般至少有 3 个对象才可以使用。

在文档中选择要进行分布操作的多个图形对象，然后在“对齐”面板中单击需要使用的分布按钮即可对图形进行分布处理。各种分布效果如图 1.62 所示。

竖直分布原始图形

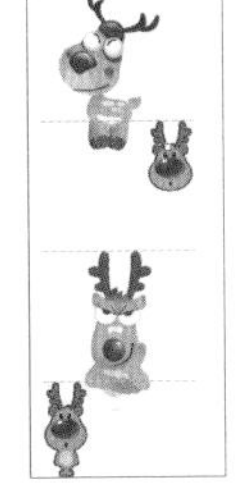

竖直顶分布

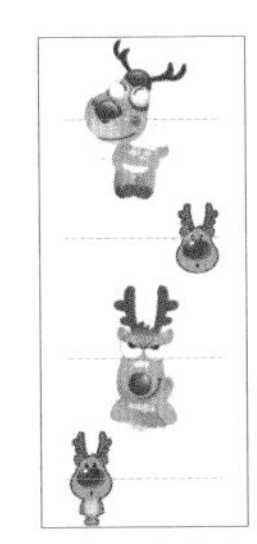

竖直居中分布

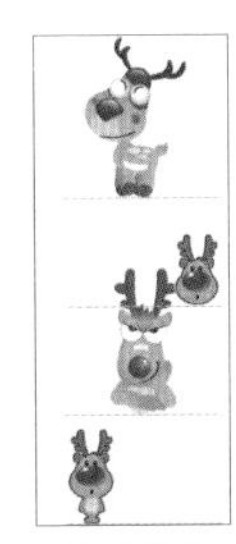

竖直底分布

图1.62 各种分布效果

水平分布原始图形

水平左分布

水平居中分布

水平右分布

图1.62 各种分布效果（续）

技巧

在分布图形时，如果选择“对齐画板”命令，还可以使图形以当前的画板（即绘图区）为基准分布。

练习1-5 分布间距 

难　　度：★★★
素材文件：无
案例文件：无
视频文件：第1章\练习1-5 分布间距.avi

“分布间距”与“分布对象”命令组的使用方法相同，只是分布的依据不同，分布间距主要是对图形的间距进行分布对齐，包括竖直分布间距和水平分布间距。

下面以水平分布间距为例讲解分布间距的应用方法。分布间距分为两种方法：自动法和指定法。

1. 自动法

在文档中选择要进行分布操作的多个图形对象，然后在“对齐”面板中单击“水平分布间距”按钮，图形将按照平均的间距分布。分布前后的效果如图1.63所示。

图1.63 分布前后的效果

2. 指定法

所谓指定法，就是自己指定一个间距，让图形按指定的间距分布。在文档中选择要进行分布操作的图形对象，然后在“对齐”面板中选择“对齐关键对象”命令，在间距文本框中输入一个数值，比如“20mm”，接着将光标移动到文档中，在任意一个图形上单击，确定分布的关键对象，最后单击“水平分布间距”按钮，图形将以单击的图形为基准，以20mm为分布间距分布。分布前后的效果如图1.64所示。

图1.64 分布前后的效果

提示

自动法和指定法不但可以应用在“分布间距”命令组中，还可以应用在“分布对象”命令组中，操作的方法是一样的。在分布间距时，如果选择“对齐画板”命令，还可以使图形的间距以当前的画板（即绘图区）为基准分布。

1.8 锁定与隐藏对象

在Illustrator中设计图形时，如果设计的图形过于复杂，则在选择或修改时往往会出现误操作，这时可以利用Illustrator提供的锁定与隐藏对象命令，将暂时不需要修改的图形对象锁定或隐藏，以方便选择或修改操作。

1.8.1 锁定对象 

在处理图形的过程中，由于有时图形对象过于复杂，经常会出现误操作，这时，可以应用锁定命令将其锁定，以避免对其进行误操作。

要锁定图形对象，可以执行菜单栏中的“对象”|“锁定”子菜单中的相关命令，锁定需要锁定的图形对象。“锁定”子菜单包括 3 个命令：“所选对象”“上方所有图稿”和“其他图层”。下面讲解它们的使用方法。

1. 所选对象

该命令主要锁定文档中选择的图形对象。如果想锁定某些图形对象，首先要选择这些对象，然后执行菜单栏中的“对象”|“锁定”|“所选对象”命令，即可将文档中选择的图形对象锁定。

2. 上方所有图稿

该命令可以将选择的图形的上方所有图形对象锁定。首先在文档中选择位于要锁定的图形对象下方的图形，然后执行菜单栏中的“对象”|“锁定”|“上方所有图稿”命令，即可将该层上方的所有图形对象锁定。

3. 其他图层

该命令可以将位于其他图层上的所有图形对象锁定。当创建的图形对象位于不同的图层上时，使用该命令非常方便锁定其他图形对象。选择不需要锁定的图形对象，然后执行菜单栏中的“对象”|“锁定”|“其他图层”命令，即可将该层以外的其他层上的所有对象锁定。

如果想取消对图形对象的锁定，可以执行菜单栏中的“对象”|“全部解锁”命令，即可取消对所有对象的锁定。

1.8.2 隐藏对象 

如果觉得锁定图形对象后编辑仍然不方便，如图层之间颜色的互相干扰、遮挡住了后面图层的对象等，可以执行菜单栏中的“对象”|“隐藏”子菜单中的相关命令，将图形隐藏。“隐藏”子菜单中也包含 3 个命令：“所选对象”“上方所有图稿”和“其他图层”。这 3 个命令与“锁定”子菜单中的 3 个命令相同，使用方法也一样，所以这里不再赘述，详细的使用方法可参考锁定对象的相关说明。图 1.65 所示为使用“所选对象”命令隐藏图形前后的效果。

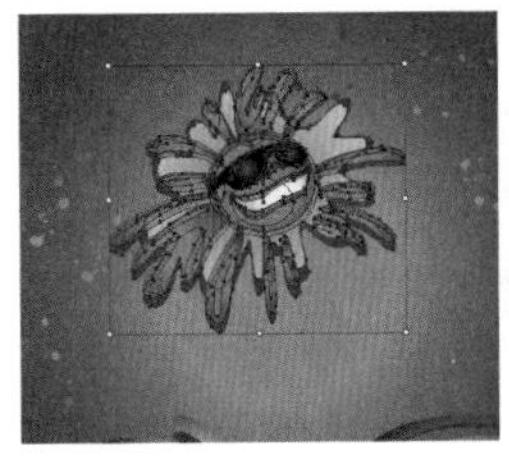

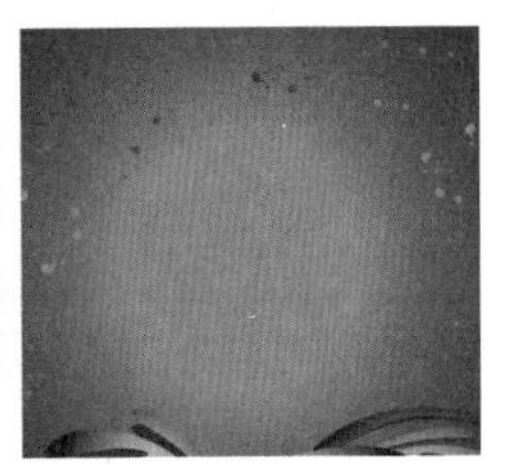

图1.65 隐藏图形前后的效果

提示

虽然隐藏的图形在文档中是看不到的，但当打印图形对象或使用复杂的滤镜等效果工具时，应该将不需要的隐藏对象显示出来，并将其删除，以提高工作效率。

如果想将隐藏的图形对象再次显示出来，执行菜单栏中的“对象”|“显示全部”命令，即可将所有隐藏的图形对象再次显示出来。

1.9 知识拓展

本章详细介绍了 Illustrator 的操作界面，并对 Illustrator CS6 的辅助功能进行了讲解，熟练掌握这些功能可以提高今后创作的效率。

第 **2** 章

单色、渐变与图案填充

图形对象的着色是美化图形的基础，图形的颜色好坏在整个图形中起重要作用，本章将详细讲解Illustrator CS6 颜色的控制及填充，包括单色、渐变和图案填充，各种颜色面板的使用及设置方法，图形的描边技术。根据用途选择不同的颜色模式可以更好地输出图形。通过对本章的学习，读者能够熟练掌握各种颜色的控制及设置方法，掌握图形的填充技巧。

教学目标

了解图形颜色模式 ｜ 学习各种颜色的设置方法

掌握局部定义图案的方法

掌握单色、渐变和透明度的填充技巧

2.1 单色填充和描边

单色填充也叫实色填充，它是颜色填充的基础，一般可以使用“颜色”和“色板”面板来编辑用于填充的单色。对图形对象的填充分为两个部分：一是内部填充；二是描边填色。在设置颜色前要先确认填充的对象，确定是内部填充还是描边填色。确认的方法很简单，可以通过工具栏底部相关区域来设置，也可以通过“颜色”面板来设置。通过单击“填色”或“描边”按钮，将其设置为当前状态，然后设置颜色即可。

在设置颜色区域中，单击“互换填色和描边”按钮，可以将填充颜色和描边颜色相互交换；单击“默认填色和描边”按钮，可以将填充颜色和描边颜色设置为默认的黑白颜色；单击“颜色”按钮，可以为图形填充单色；单击“渐变”按钮，可以为图形填充渐变色；单击“无”按钮，可以将填充或描边设置为无色效果。各设置按钮如图 2.1 所示。

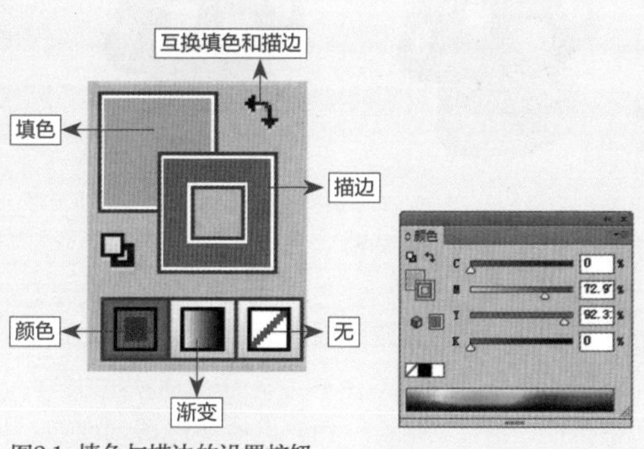

图2.1 填色与描边的设置按钮

2.1.1 单色填充的应用

在文档中选择要填色的图形对象，然后在工具箱中单击“填色”图标，将其设置为当前状态，双击该图标打开“拾色器”对话框，在该对话框中设置要填充的颜色，然后单击“确定”按钮即可为图形填充单色，操作过程如图 2.2 所示。

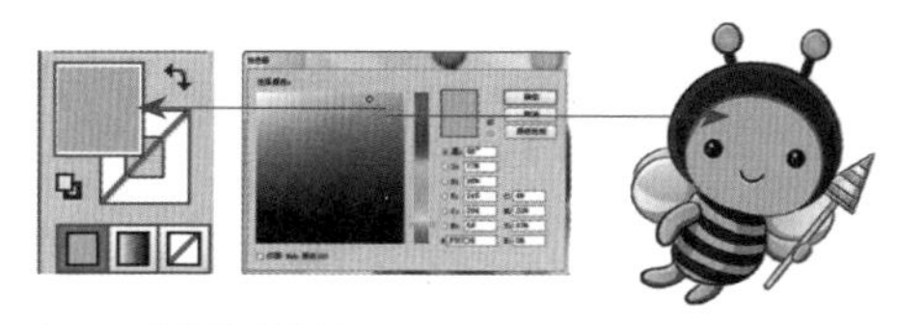

图2.2 单色填充效果

2.1.2 描边的应用

在文档中选择要进行描边的图形对象，然后在工具箱中单击“描边”图标，将其设置为当前状态，接着双击该图标打开“拾色器”对话框，在该对话框中设置要描边的颜色，最后单击“确定”按钮，即可对以新设置的颜色对图形进行描边处理，操作过程如图 2.3 所示。

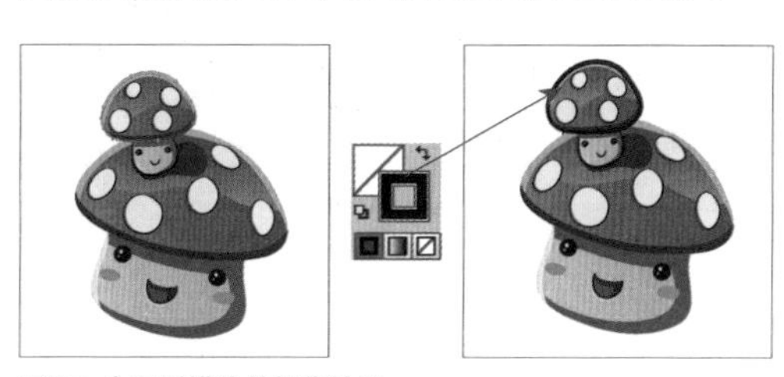

图2.3 为图形描边的操作效果

2.1.3 “描边”面板 重点

除了使用颜色对描边进行填色外，还可以使用“描边”面板设置描边的其他属性，如描边的粗细、端点、斜接限制、连接、对齐描边、虚线、箭头、缩放、对齐和配置文件等。执行菜单栏中的“窗口”|“描边”命令，即可打开如图 2.4 所示的“描边”对话框。

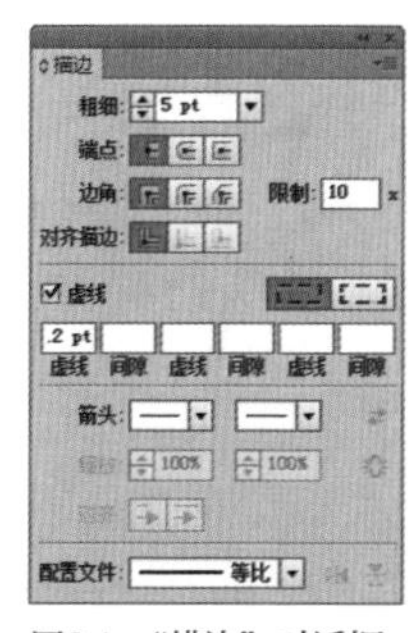

图2.4 “描边”对话框

"描边"面板各选项的含义说明如下。

- **"粗细"**：设置描边的宽度。可以从右侧的下拉列表中选择一个数值，也可以直接输入数值来确定描边线条的宽度。不同粗细值显示的图形描边效果如图2.5所示。

粗细值为1pt

粗细值为5pt

图2.5 不同粗细值的描边效果

- **"端点"**：设置描边路径的端点形状。分为平头端点、圆头端点和方头端点3种。要设置描边路径的端点，首先选择要设置端点的路径，然后单击需要使用的端点按钮即可。不同端点的路径显示效果如图2.6所示。

图2.6 不同端点的路径显示效果

- **"边角"**：设置路径转角的连接效果，可以通过数值来控制，也可以直接单击右侧的"斜接连接"按钮、"圆角连接"按钮和"斜角连接"按钮来修改。要设置图形的转角连接效果，首先选择要设置转角的路径，然后单击需要使用的连接按钮即可。不同连接效果如图2.7所示。

图2.7 不同连接效果

- **"对齐描边"**：设置填色与路径之间的相对位置。包括使描边居中对齐、使描边内侧对齐和使描边外侧对齐3个选项。选择要设置对齐描边的路径，然后单击需要使用的对齐按钮即可。不同的描边对齐效果如图2.8所示。

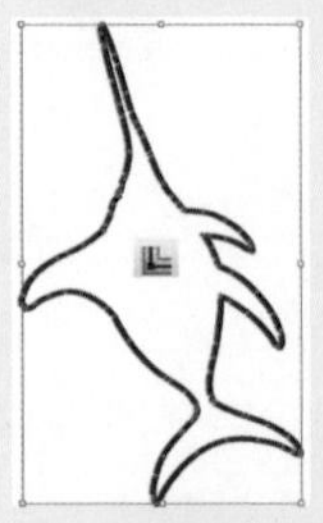

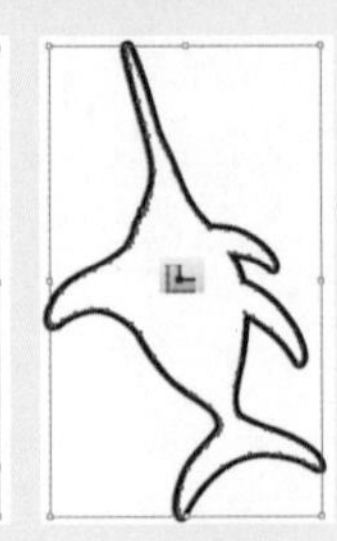

图2.8 不同的描边对齐效果

- **"虚线"**：勾选该复选框，可以使实线路径显示为虚线效果，并可以通过下方的文本框输入虚线的长度和间隔的长度，利用这些可以设置出不同的虚线效果。应用虚线前后的效果如图2.9所示。

图2.9 应用虚线前后的效果对比

- **"箭头"**：单击下拉按钮，设置路径起点为←，终点的箭头为→，单击按钮可以互换起点和终点的箭头。应用箭头后的效果如图2.10所示。

图2.10 应用箭头后的效果

- **"缩放"**：点击按钮设置箭头起始处和结束处的缩放因子。设置缩放100%和150%的效果如图2.11所示。

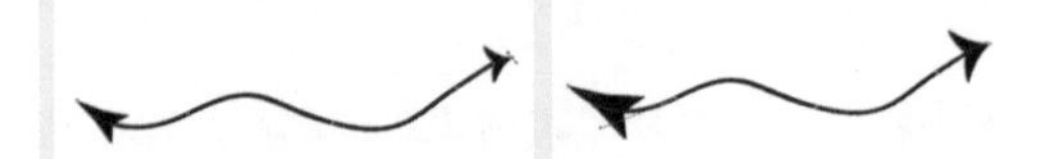

图2.11 缩放100% 和缩放150%的效果

- **"对齐"**：单击按钮设置将箭头提示扩展到路径终点外，单击按钮设置将箭头提示放置于路径终点处，应用后的效果如图2.12所示。

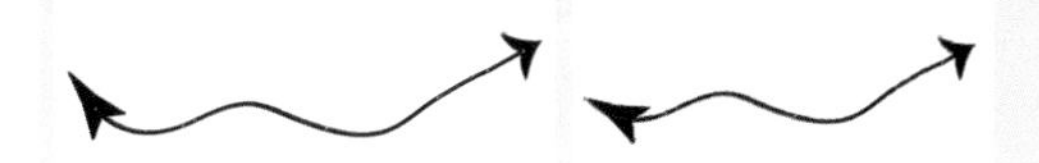

图2.12 终点外和终点上

- **“配置文件”：** 单击下拉按钮▼，选取路径样式，单击按钮可以纵向翻转，单击按钮可以横向翻转。应用配置文件后的效果如图2.13所示。

图2.13 应用配置文件后的效果

2.2 “颜色”面板

“颜色”面板可以通过修改为不同的颜色值，精确地指定所需要的颜色。执行菜单栏中的“窗口”|“颜色”命令，即可打开如图2.14所示的“颜色”面板。单击“颜色”面板右上角的按钮，会弹出“颜色”面板菜单，可以在其中选择不同的颜色模式。

在“颜色”面板中，可以通过单击“填色”或“描边”来确定设置颜色的对象，通过拖动颜色滑块或修改颜色值来精确设置颜色，也可以直接在下方的色谱中吸取一种颜色，如果不想设置颜色，可以单击“无”颜色区，将选择的对象的颜色设置为无。

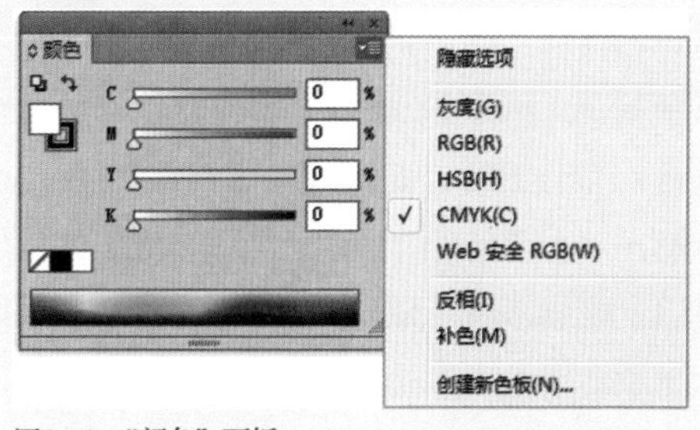

图2.14 “颜色”面板

Illustrator CS6有4种颜色模式：灰度模式、RGB模式（即红、绿、蓝）、HSB模式（即色相、饱和度、亮度）和CMYK模式（即青、洋红、黄、黑）。这4种颜色模式各有不同的功能和用途，不同的颜色模式对于图形的显示和打印效果各不相同，有时甚至差别很大，所以有必要对颜色模式有个清楚的认识。下面分别讲述“颜色”面板菜单中4种颜色模式的含义及用法技巧。

2.2.1 灰度模式

灰度模式属于非色彩模式。它只包含256个不同的亮度级别，并且仅有一个Black通道。在图像中看到的各种色调都是由256种不同强度的黑色表示的。

灰度模式简单地说就是白色到黑色之间的过渡颜色。在灰度模式中把从白色到黑色之间的过渡色分为100份，以百分数来计算，设白色为0%，黑色为100%，其他灰度级用介于0%和100%之间的百分数来表示。各灰度级其实表示图形灰色的亮度级。在出版、印刷等许多地方都要用到的黑白图（即灰度图）就是灰度模式的一个极好的例子。

在“颜色”面板菜单中选择“灰度”命令，即可将“颜色”面板的颜色显示切换到灰度模式，如图2.15所示。可以通过拖动滑块或修改参数来设置灰度颜色，也可以在色带中吸取颜色，但在这里设置的所有颜色只有黑、白、灰。

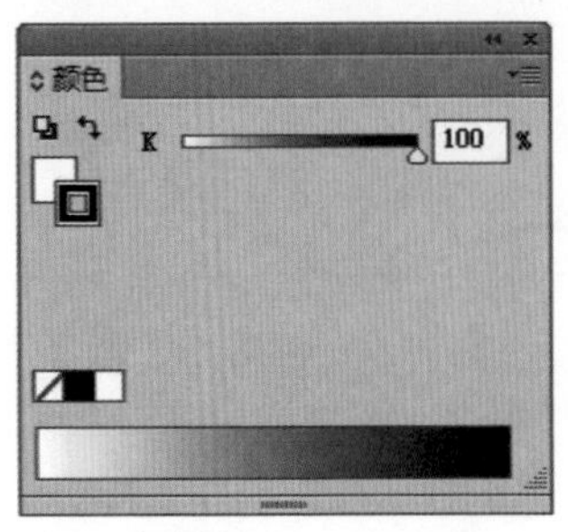

图2.15 灰度模式

2.2.2 RGB模式

RGB是光的色彩模型，俗称三原色，有3个颜色通道：红、绿、蓝。每种颜色都有256个亮度级（0~255）。将每一个色带分成256份，用0～255这256个整数表示颜色的深浅，其中0代表颜色最深，255代表颜色最浅。所以RGB模式所能显示的颜色有256×256×256，即16 777 216种颜色，远远超出了人眼所能分辨的颜色的范围。如果用二进制数表示每一条色带的颜色，需要用8位二进制数来表示，所以RGB模式需要用24位二进制数来表示，这也就是常说的24位色。RGB模型也被称为加色模式，因为当提高红、绿、蓝色光的亮度级时，色彩会变得更亮。所有显示器、投影仪和其他传递与过滤光的设备，包括电视、电影放映机都依赖于加色模型。

任何一种色光都可以由RGB三原色混合得到，R、G、B3个值中任何一个发生变化都会导致合成的色彩发生变化。电视彩色显像管就是根据这个原理得来的，但是这种表示方法并不适合人的视觉特点，所以产生了其他的色彩模式。

在“颜色”菜单中选择“RGB”命令，即可将“颜色”面板的颜色显示切换到RGB模式，如图2.16所示。可以通过拖动滑块或修改参数来设置颜色，也可以在色带中吸取颜色。RGB模式在网页中应用得较多。

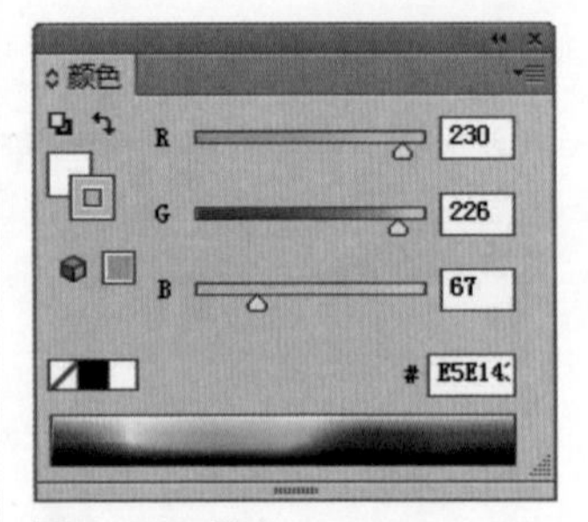

图2.16 RGB模式

2.2.3 HSB模式

HSB色彩空间是根据人的视觉特点，用色相（Hue）、饱和度（Saturation）和亮度（Brightness）来表达色彩。色相为颜色的相貌，即颜色的样子，比如红、蓝等直观的颜色。饱和度表示的是颜色的强度或纯度，即颜色的深浅程度。亮度是颜色的相对明度和暗度。

我们常把色调和饱和度统称为色度，用它来表示颜色的类别与深浅程度。由于人的视觉对亮度比对色彩浓淡更加敏感，为了便于处理和识别色彩，常采用HSB色彩空间。它能把色调、饱和度和亮度的变化情形表现得很清楚，它比RGB色彩空间更加适合人的视觉特点。在图像处理和计算机视觉中，大量的算法都可以在HSB色彩空间中方便地使用，它们可以分开处理而且相互独立。因此，HSB色彩空间可以大大简化图像分析和处理的工作量。

在“颜色”菜单中选择“HSB”命令，即可将“颜色”面板的颜色显示切换到HSB模式，如图2.17所示。可以通过拖动滑块或修改参数来设置颜色，注意*H*数值在0～360范围内，*S*和*B*数值都在0～100范围内。也可以在色带中吸取颜色。HSB模式更易于调整同种颜色中不同饱和度的颜色。

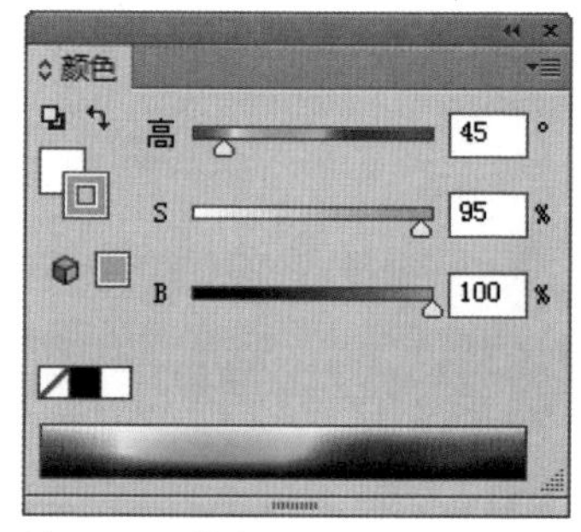

图2.17 HSB模式

2.2.4 CMYK模式

CMYK 模式主要应用于图像的打印输出，该模式是基于商业打印的油墨吸收光线，当白光落在油墨上时，一部分光被油墨吸收了，没有被吸收的光就返回到眼睛中。青色（C）、洋红（M）和黄色（Y）这 3 种色素能组合起来吸收所有的颜色以产生黑色，因此它属于减色模式，所有商业打印机使用的都是减色模式。但是所有的打印油墨都包含了一些不纯的东西，因此这 3 种油墨实际产生了一种浑浊的棕色，必须结合黑色油墨才能产生真正的黑色。组合这些油墨来产生颜色被称为四色印刷打印。CMYK 色彩模型中色彩的混合正好和 RGB 色彩模式相反。

当使用 CMYK 模式编辑图像时，应当十分小心，因为通常都习惯于编辑 RGB 图像，在 CMYK 模式下编辑时需要一些新的方法，尤其是编辑单个色彩通道时。在 RGB 模式中查看单色通道时，白色表示高亮度色，黑色表示低亮度色；在 CMYK 模式中正好相反，当查看单色通道时，黑色表示高亮度色，白色表示低亮度色。

在“颜色”菜单中选择“CMYK”命令，即可将“颜色”面板的颜色显示切换到 CMYK 模式，如图 2.18 所示。可以通过拖动滑块或修改参数来设置颜色，注意 *C*、*M*、*Y*、*K* 数值都在 0 ~ 100 范围内。也可以在色带中吸取颜色。

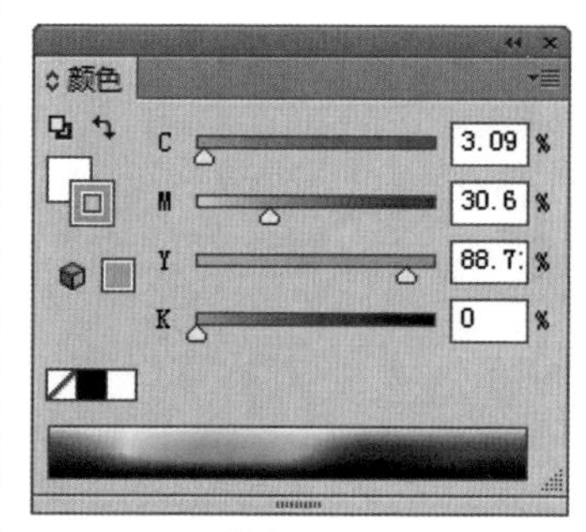

图2.18 CMYK模式

2.3 “色板”面板

“色板”面板主要用来存放颜色，包括颜色、渐变和图案等。有了“色板”面板，图形填充和描边变得更加方便。执行菜单栏中的“窗口”|“色板”命令，即可打开如图 2.19 所示的“色板”面板。

单击“色板”面板右上角的 ☰ 按钮，会弹出“色板”面板菜单，利用相关的菜单命令，可以对“色板”面板进行更加详细的设置。

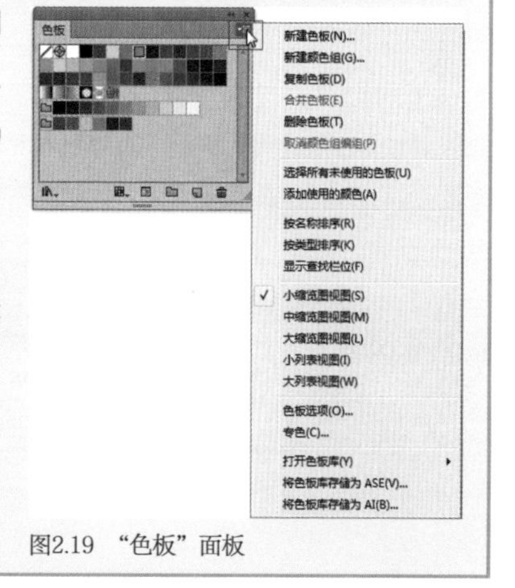

图2.19 “色板”面板

“色板”面板在默认状态下显示了多种颜色信息，如果想使用更多的预设颜色，可以从“色板”面板菜单中选择“打开色板库”命令，从子菜单中选择更多的颜色，也可以单击“色板”面板左下角的“色板库”菜单按钮，从中选择更多的颜色。

默认状态下“色板”面板显示了所有的颜色信息，包括颜色、渐变、图案和颜色组，如果想单独显示不同的颜色信息，单击“显示‘色板类型’菜单”按钮，从中选择相关的菜单命令即可。

2.3.1 色板的新建 重点

新建色板就是在“色板”面板中添加新的颜色块。如果在当前“色板”面板中没有找到需要的颜色，这时可以应用“颜色”面板或其他方式创建新的颜色，为了以后使用方便，可以将新建的颜色添加到“色板”面板中，创建属于自己的色板。

新建色板有两种操作方法：一种是使用“颜色”面板，用拖动的方法来添加颜色；另一种是使用“新建色板”按钮来添加颜色。

1. 用拖动法添加颜色

首先打开“颜色”面板并设置好需要的颜色，然后拖动该颜色到“色板”面板中，可以看到色板的周围产生了一个蓝色的边框，并在光标的右下角出现了一个“田”字形的标记，释放鼠标左键即可将该颜色添加到“色板”面板中。操作效果如图 2.20 所示。

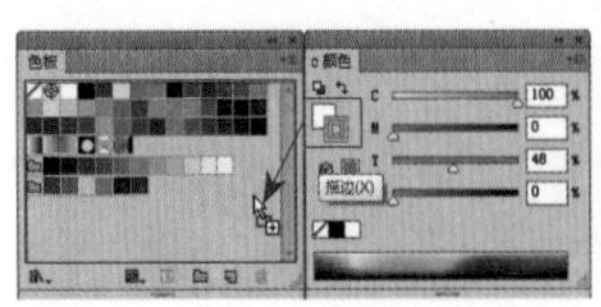

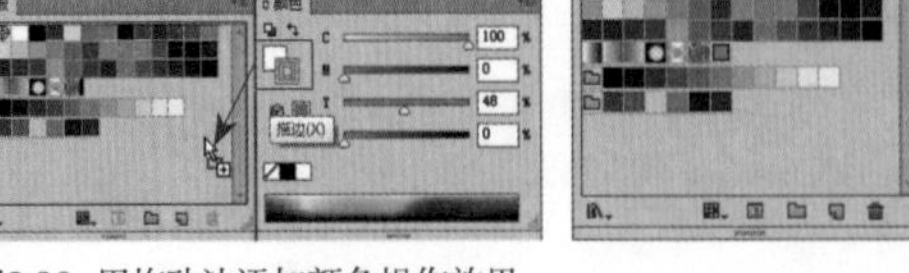

图2.20 用拖动法添加颜色操作效果

2. 使用“新建色板”按钮添加颜色

在“色板”面板中，单击底部的“新建色板”按钮，如图 2.21 所示，将打开如图 2.22 所示的“新建色板”对话框，在该对话框中设置需要的颜色，然后单击“确定”按钮，即可将颜色添加到“色板”面板中。

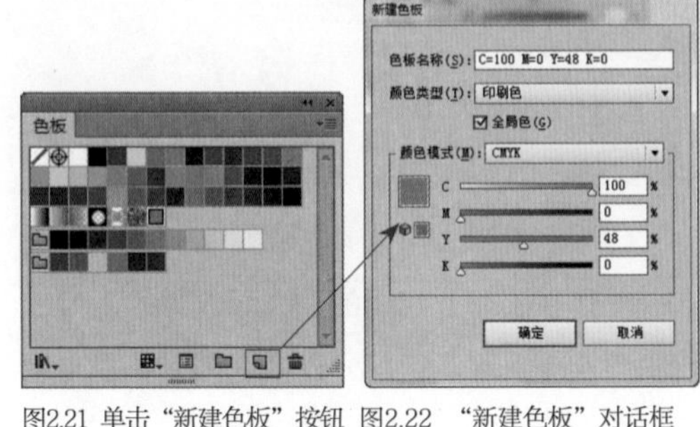

图2.21 单击“新建色板”按钮 图2.22 “新建色板”对话框

“新建色板”对话框各选项的含义说明如下。

- “色板名称”：设置新颜色组名称。
- “颜色类型”：设置新颜色的类型，包括印刷色和专色。
- “全局色”：勾选该复选框，在新颜色的右下角将出现一个小的三角形。使用全局色为不同的图形填充后，修改全局色将影响所有使用该颜色的图形对象。
- “颜色模式”：设置颜色的模式，并可以通过下方的滑块或数值来修改颜色。

2.3.2 颜色组的新建

颜色组可以将一些相关的颜色或经常使用的颜色放在一个组中，以方便后面的操作。颜色组中只能包括单一颜色，不能添加渐变和图案。颜色组可以通过两种方法来创建，下面来详细讲解这两种颜色组的创建方法。

1. 从色板颜色创建颜色组

在“色板”面板中选择要组成颜色组的颜色块，然后单击“色板”面板底部的“新建颜色组”按钮，将打开“新建颜色组”对话框，输入新颜色组的名称，接着单击“确定”按钮，即可从色板颜色创建颜色组。操作过程如图2.23所示。

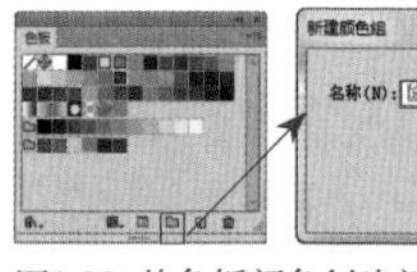
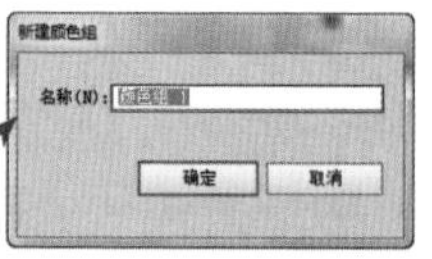

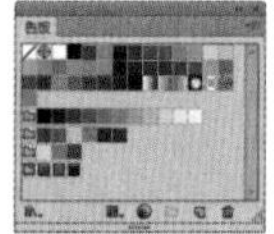

图2.23 从色板颜色创建颜色组操作效果

2. 从现有对象创建颜色组

在 Illustrator CS6 中，还可以利用现有的矢量图形，创建新的颜色组。首先单击选择现有的矢量图形，然后单击“色板”面板底部的“新建颜色组”按钮，将打开“新建颜色组”对话框，为新颜色组命名后选中“选定的图稿”单选按钮，最后单击“确定”按钮，即可从现有对象创建颜色组。操作效果如图 2.24 所示。

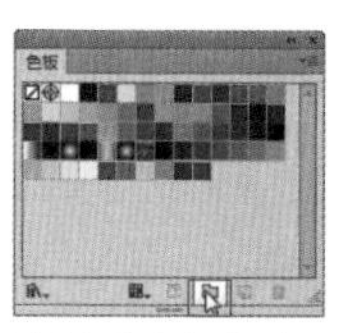
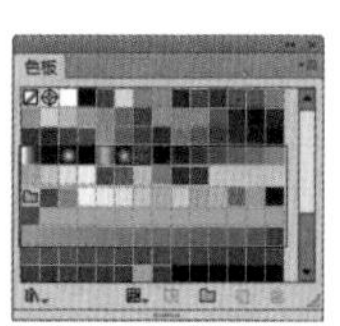

图2.24 从现有对象创建颜色组操作效果

在如图 2.25 所示的“新建颜色组”对话框中有多个选项，决定了新颜色组的属性，各选项的含义说明如下。

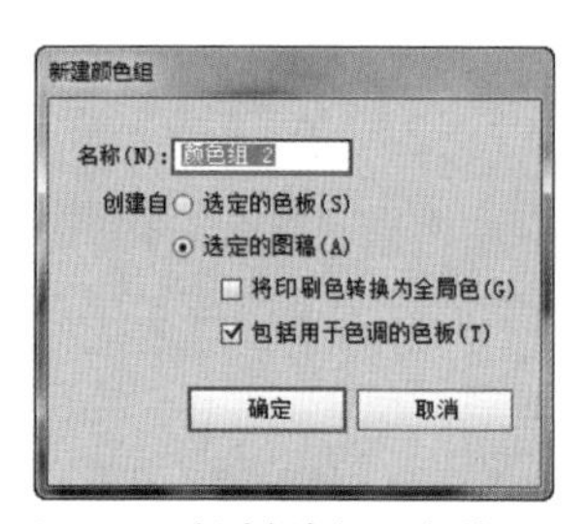

图2.25 “新建颜色组”对话框

- **“名称”**：设置新颜色组的名称。
- **“创建自”**：指定创建的颜色组中的颜色的来源。选中“选定的色板”单选按钮，表示以当前选择的色板中的颜色为基础创建颜色组；选中“选定的图稿”单选按钮，表示以当前选择的矢量图形为基础创建颜色组。
- **“将印刷色转换为全局色”**：勾选该复选框，可将所有创建的颜色组的颜色转换为全局色。
- **“包括用于色调的色板”**：勾选该复选框，可将用于色调的颜色也转换为颜色组中的颜色。

技巧

可以像新建色板那样，将颜色从“颜色”面板中拖动添加到颜色组中。如果想修改颜色组中的颜色，可以双击某个颜色，打开“色板选项”对话框来修改该颜色。如果想修改颜色组中所有的颜色，可以双击颜色组图标，打开“编辑颜色”对话框，对其进行修改。

2.3.3 删除色板

对于多余的颜色，可以将其删除。在“色板”面板中选择要删除的 1 个或多个颜色，然后单击“色板”面板底部的“删除色板”按钮，也可以选择“色板”面板菜单中的“删除色板”命令，在打开的询问对话框中单击“是”按钮，即可将选择的色板颜色删除。操作效果如图 2.26 所示。

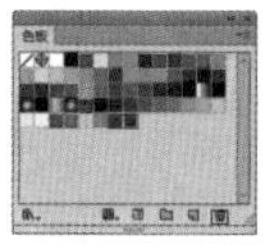

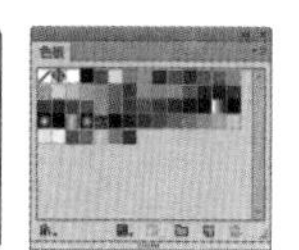

图2.26 删除色板操作效果

2.4 渐变填充控制

渐变填充是实际制图中使用率相当高的一种填充方式，它与单色填充最大的不同就是单色为 1 种颜色，而渐变则由两种或两种以上的颜色组成。

执行菜单栏中的“窗口”|“渐变”命令，即可打开如图 2.27 所示的“渐变”面板。该面板主要用来编辑渐变颜色。

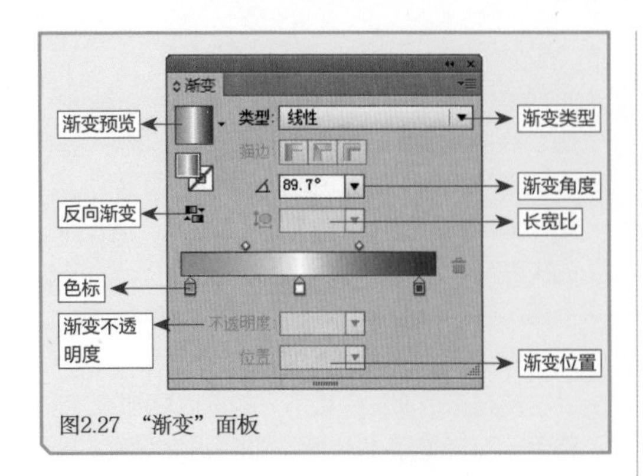

图2.27 “渐变”面板

练习2-1 渐变的编辑 

难　　度：★★
素材文件：无
案例文件：无
视频文件：第 2 章 \ 练习 2-1 渐变的编辑 .avi

在进行渐变填充时，若默认的渐变不满足制图的需要，这时就需要编辑渐变。编辑渐变的方法很简单，具体的操作如下。

1. 修改渐变颜色

在“渐变”面板中，渐变的颜色主要由色标来控制，要修改渐变的颜色，只需要修改不同位置的色标颜色即可。修改渐变颜色可以使用“颜色”面板或“色板”面板来完成，具体的操作方法如下。

- **使用“色板”面板修改渐变颜色：**首先确定打开了“色板”面板，在“渐变”面板中单击选择要修改颜色的色标，然后按住Alt键，单击“色板”面板中需要的颜色，即可修改选中的颜色。用同样的方法可以修改其他色标的颜色。使用“色板”面板修改渐变颜色操作效果如图2.28所示。

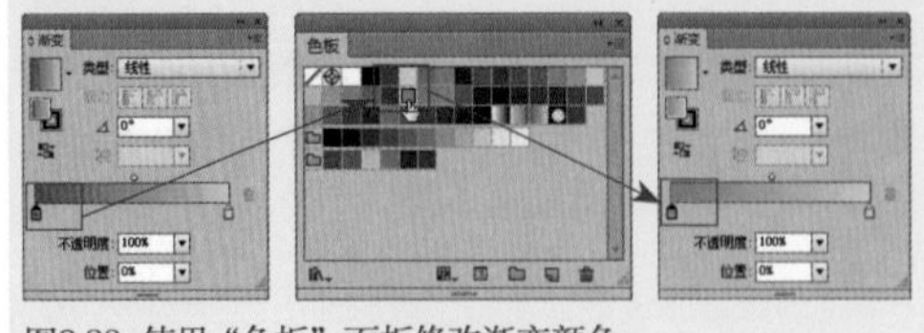

图2.28 使用“色板”面板修改渐变颜色

- **使用“颜色”面板修改渐变颜色：**双击要修改的色标，可以看到与之对应的“颜色”面板自动处于激活的状态，此时在“颜色”面板中通过拖动滑块或修改数值来修改为需要的颜色，即可修改该色标的颜色。用同样的方法可以修改其他色标的颜色。使用“颜色”面板修改渐变颜色的效果如图2.29所示。

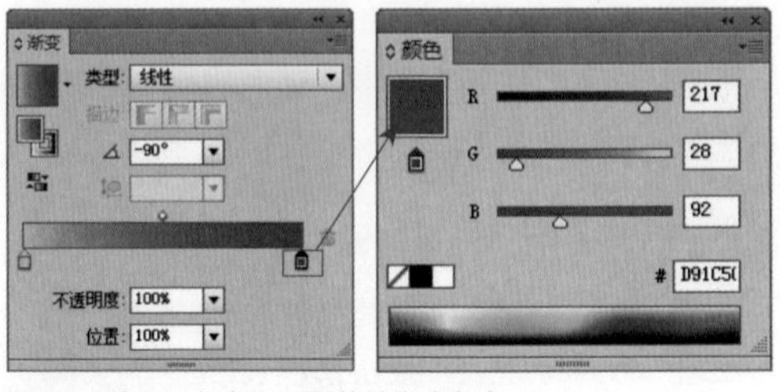

图2.29 使用“颜色”面板修改渐变颜色

技巧

如果“颜色”面板已经处于激活状态，直接选择“渐变”面板中的色标，然后在“颜色”面板中修改颜色即可。

提示

在应用渐变填充时，如果默认的渐变填充不能满足需要，可以执行菜单栏中的“窗口”|“色板库”|“渐变”命令，然后选择子菜单中的渐变选项，可以打开更多的预设渐变，以供在不同需要下使用。

2. 添加/删除色标

虽然 Illustrator CS6 为用户提供了很多预设渐变填充，但也无法满足用户的需要。用户可以根据自己的需要，在“渐变”面板中添加或删除色标，创建自己需要的渐变效果。

- **添加色标：**将光标移动到“渐变”面板底部渐变滑块区域的空白位置，此时的光标右下角会出现一个“+”标记，单击鼠标即可添加一个色标，用同样的方法可以在其他空白位置单击，添加更多的色标。添加色标操作效果如图2.30所示。

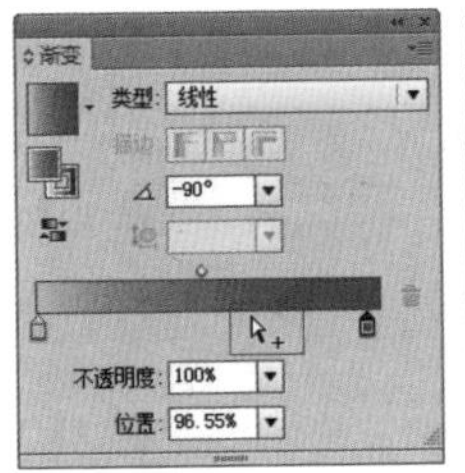
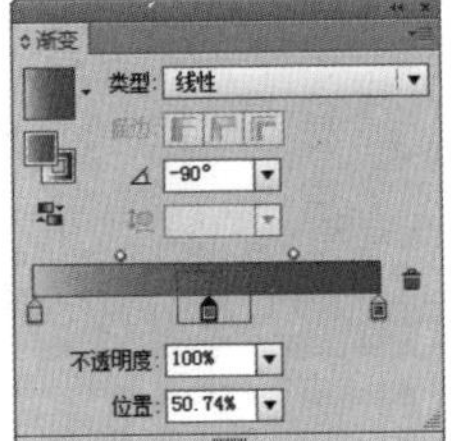

图2.30 添加色标

提示

添加完色标后，可以使用编辑渐变颜色的方法修改新添加的色标的颜色，以编辑需要的颜色的渐变效果。

- **删除色标**：要删除不需要的色标，可以将光标移动到该色标上，然后按住鼠标左键向"渐变"面板的下方拖动该色标，当"渐变"面板中该色标的颜色消失时释放鼠标左键，即可将该色标删除。删除色标的效果如图2.31所示。

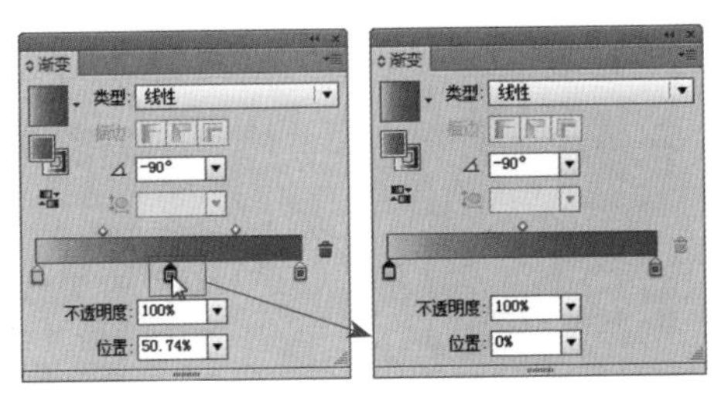

图2.31 删除色标

3. 修改渐变类型

渐变包括两种类型，一种是线性；另一种是径向。线性即渐变颜色以线性的方式排列；径向即渐变颜色以圆形径向的形式排列。如果要 修改渐变的填充类型，只需要选择填充渐变的图形，在"渐变"面板的"类型"下拉列表中选择相应的选项即可。径向渐变和线性渐变填充效果分别如图 2.32、图 2.33 所示。

图2.32 径向渐变填充

图2.33 线性渐变填充

练习2-2 渐变角度和位置的调整

难　　度：★★★
素材文件：无
案例文件：无
视频文件：第 2 章 \ 练习 2-2 渐变角度和位置的调整 .avi

渐变填充的角度和位置将决定渐变填充的效果，渐变的角度和位置可以利用"渐变"面板来修改，也可以使用"渐变工具"来修改。

1. 利用"渐变"面板修改

- **修改渐变的角度**：选择要修改渐变角度的图形对象，在"渐变"面板中的"角度"文本框中输入新的角度值"60"，然后按Enter键即可。修改角度效果如图2.34所示。

图2.34 修改渐变角度

- **修改渐变位置**：在"渐变"面板中，选择要修改位置的色标，可以从"位置"文本框中看到当前色标的位置。输入新的数值，即可修改选中的色标的位置。修改渐变位置的效果如图2.35所示。

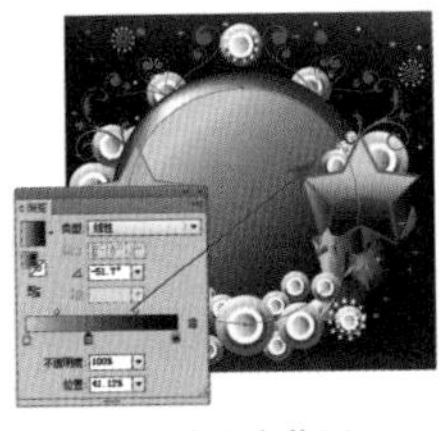
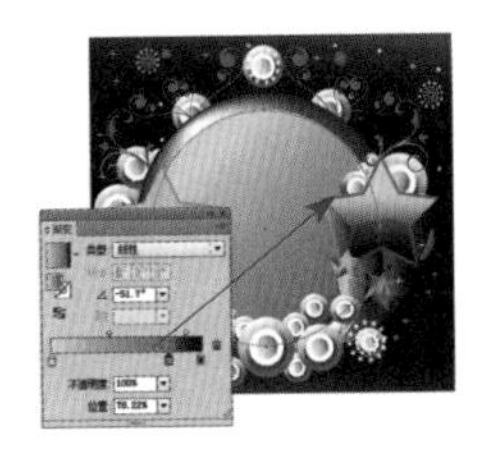

图2.35 修改渐变位置

2. 利用"渐变工具"修改

渐变工具主要用来对图形进行渐变填充，利用该工具不仅可以填充渐变，还可以通过确定不同的起点和终点，填充不同的渐变效果。与使用"渐变"面板来修改渐变的角度和位置相比，使用"渐变工具"的最大好处是比较直观，而且修改方便。

要使用“渐变工具”■修改渐变填充，首先要选择填充渐变的图形，然后在工具箱中选择“渐变工具”■，在合适的位置按住鼠标左键确定渐变的起点，接着在不释放鼠标左键的情况下拖动鼠标确定渐变的方向，达到满意效果后释放鼠标左键，确定渐变的终点，这样就可以修改渐变填充了。修改渐变效果如图 2.36 所示。

图2.36 修改渐变

2.5 渐变网格填充

渐变网格填充类似于渐变填充，但比渐变填充具有更大的灵活性，它可以在图形上以创建网格的形式进行多种颜色的填充，而且不受任何其他颜色的限制。渐变填充具有一定的顺序性和规则性，而渐变网格则打破了这些规则，它可以任意在图形的任何位置填充渐变颜色，并可以使用直接选择工具修改这些渐变颜色的位置和效果。

2.5.1 渐变网格填充的创建 难点

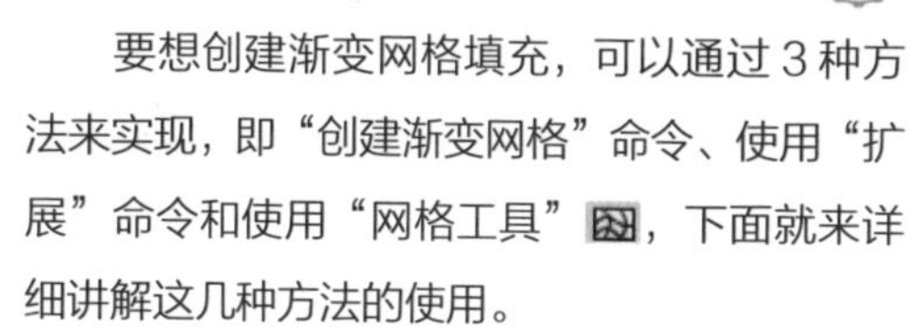

要想创建渐变网格填充，可以通过 3 种方法来实现，即“创建渐变网格”命令、使用“扩展”命令和使用“网格工具”■，下面就来详细讲解这几种方法的使用。

1. 使用“创建渐变网格”命令

该命令可以为选择的图形创建渐变网格，首先选择一个图形对象，然后执行菜单栏中的“对象”|“创建渐变网格”命令，打开“创建渐变网格”对话框，在该对话框中可以设置渐变网格的相关信息。创建渐变网格效果如图 2.37 所示。

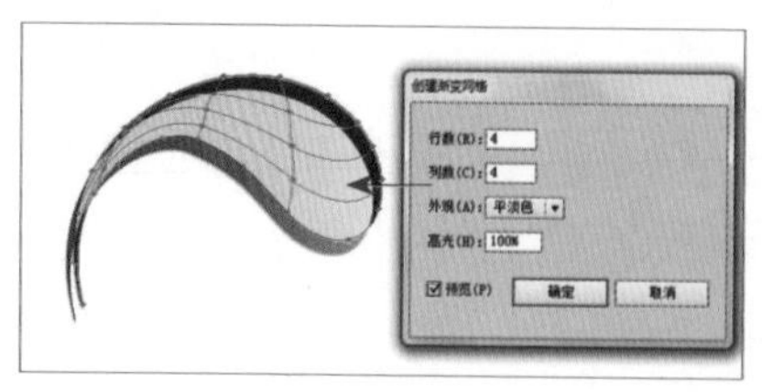

图2.37 创建渐变网格效果

“创建渐变网格”对话框各选项的含义说明如下。

- **“行数”**：设置渐变网格的行数。
- **“列数”**：设置渐变网格的列数。
- **“外观”**：设置渐变网格的外观效果。可以从右侧的下拉菜单中选择，包括“平淡色”“至中心”和“至边缘”3个选项。
- **“高光”**：设置颜色的淡化程度，数值越大，高光越亮，越接近白色。取值范围为 0%~100%。

2. 使用“扩展”命令

使用“扩展”命令可以将渐变填充的图形对象转换为渐变网格对象。首先选择一个具有渐变填充的图形对象，然后执行菜单栏中的“对象”|“扩展”命令，打开“扩展”对话框，在“扩展”选项组中可以选择要扩展的对象、填充或描边。接着在“将渐变扩展为”选项组中选中“渐变网格”单选按钮，单击“确定”按钮，即可

将渐变填充转换为渐变网格填充。使用“扩展”命令操作效果如图 2.38 所示。

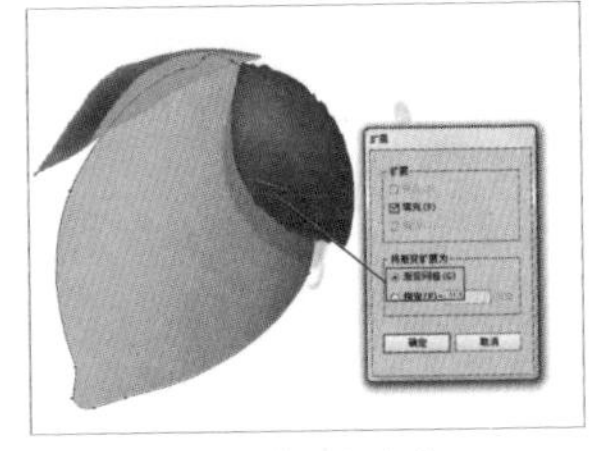

图2.38 使用“扩展”命令

3. 使用网格工具

使用网格工具创建渐变网格填充不同于前两种方法，它创建渐变网格更加方便和自由，它可以在图形中的任意位置单击创建渐变网格。

在工具箱中选择“网格工具”，首先在工具箱中的填充颜色位置设置好要填充的颜色，然后将光标移动到要创建渐变网格的图形上，此时光标将变成状，单击鼠标即可在当前位置创建渐变网格，并为其填充设置好的填充颜色。多次单击可以添加更多的渐变网格。使用网格工具添加渐变网格效果如图 2.39 所示。

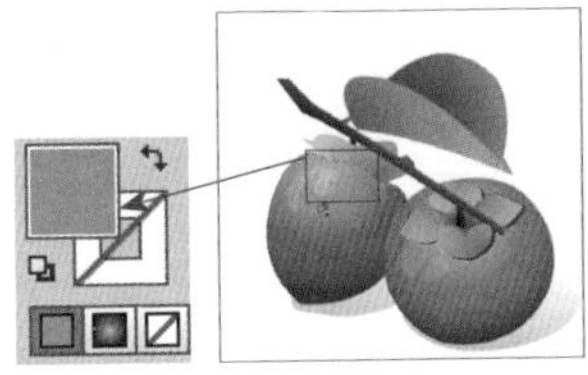

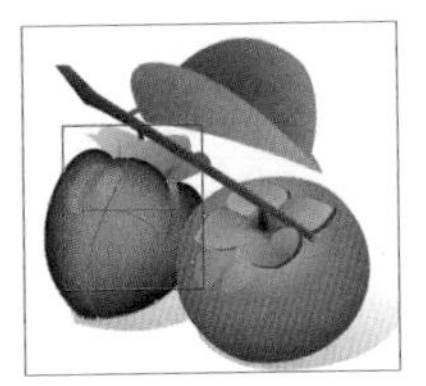

图2.39 使用网格工具添加渐变网格

2.5.2 渐变网格的编辑

前面讲解了渐变网格填充的创建方法，创建渐变网格后，如果对渐变网格的颜色和位置不满意，还可以对其进行详细的编辑调整。

在编辑渐变网格前，要先了解渐变网格的组成部分，这样更有利于编辑操作。选择渐变网格后，网格上会显示很多的点，与路径上显示的相同，这些点叫锚点；如果这个锚点为曲线点，还将在该点旁边显示出控制柄效果；创建渐变网格后，还会出现网格线组成的网格区域。渐变网格的组成部分如图 2.40 所示。熟悉这些元素后，就可以轻松编辑渐变网格了。

图2.40 渐变网格的组成

1. 选择和移动锚点和网格区域

要想编辑渐变网格，首先要选择渐变网格的锚点或网格区域。使用“网格工具”可以选择锚点，但不能选择网格区域。所以一般都使用“直接选择工具”来选择锚点或网格区域，其使用方法与编辑路径的方法相同，只需要在锚点上单击，即可选择该锚点，选择的锚点将显示为黑色实心效果，而没有选中的锚点将显示为空心效果。选择网格区域的方法更加简单，只需要在网格区域中单击鼠标，即可将其选中。

使用“直接选择工具”在需要移动的锚点上按住鼠标左键拖动，到达合适的位置后释放鼠标左键，即可将该锚点移动。用同样的方法可以移动网格区域。移动锚点的操作效果如图 2.41 所示。

图2.41 移动锚点的位置

2. 为锚点或网格区域着色

创建的渐变网格的颜色还可以再次修改，首先使用“直接选择工具”选择锚点或网格区域，然后确定工具箱中填充颜色为当前状态，单击“色板”面板中的某种颜色，即可为该锚点或网格区域填色。也可以使用“颜色”面板编辑颜色来填充。为锚点和网格区域着色效果如图 2.42 所示。

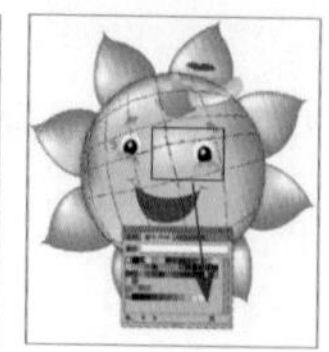

图2.42 为锚点和网格区域着色

练习2-3 运用“网格工具”绘制液态背景

难　　度：★★
素材文件：无
案例文件：第 2 章 \ 液态背景 .ai
视频文件：第 2 章 \ 练习 2-3 运用“网格工具”绘制液态背景 .avi

01 选择工具箱中的“矩形工具”，在绘图区中单击，弹出“矩形”对话框，设置矩形的参数。设置填充色为蓝色（C：100，M：7，Y：0，K：0），描边为无。效果如图2.43所示。

02 选择工具箱中的“网格工具”，在矩形的边缘处单击，建立网格，如图2.44所示。

图2.43 填充颜色

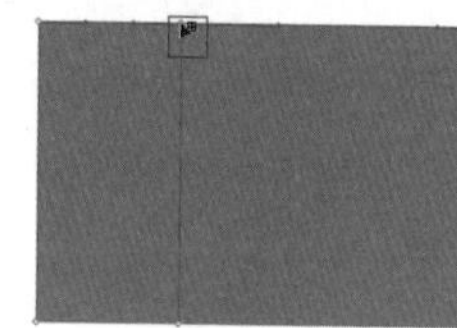

图2.44 建立网格

03 选择工具箱中的“直接选择工具”，选择锚点，对其进行调整，如图2.45所示。

04 用同样的方法，使用“网格工具”，在边缘处再单击两次，对其进行调整，至达到满意效果为止，如图2.46所示。

图2.45 调整锚点

图2.46 调整锚点

05 选择工具箱中的“直接选择工具”，选择左侧网格上第1条线的两个对称锚点为其填充深蓝色（C：100，M：50，Y：0，K：0），填充效果如图2.47所示。

06 单击左侧第2条线对称的两个锚点，填充为浅蓝色（C：54，M：15，Y：0，K：0），再单击矩形右侧边缘的两个对称锚点，填充为深蓝色（C：100，M：50，Y：0，K：0），填充效果如图2.48所示。

图2.47 填充效果

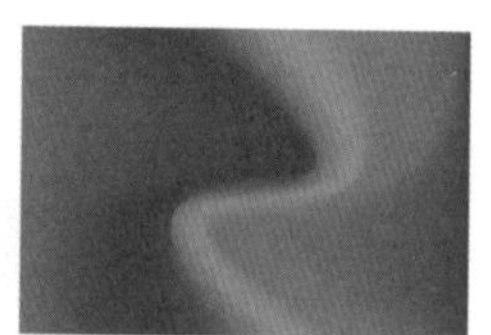

图2.48 填充效果

07 选择工具箱中的“直接选择工具”，单击网格上的锚点，进行修改，使其过渡得更加均匀、柔和，最终效果如图2.49所示。

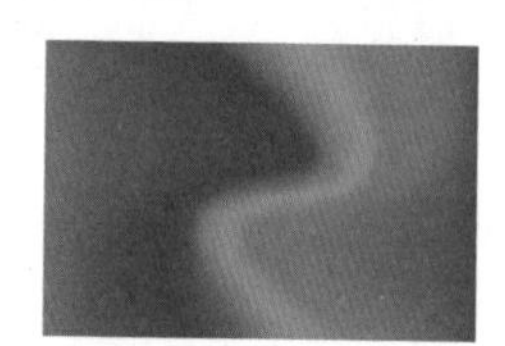

图2.49 最终效果

2.6 图案填充

图案填充是一种特殊的填充，在“色板”面板中 Illustrator CS6 为用户提供了两种图案。图案填充与渐变填充不同，它不但可以用来填充图形的内部区域，也可以用来填充路径描边。图案填充会自动根据图案和所要填充对象的范围决定图案的拼贴效果。图案填充是一种非常简单但又相当有用的填充方式。除了使用预设的图案填充，还可以创建自己需要的图案填充。

执行菜单栏中的“窗口”|“色板”命令，打开“色板”面板。在前面已经讲解过“色板”面板的使用方法，这里单击“显示‘色板类型’菜单”按钮，选择“显示图案色板”命令，则“色板”面板中只显示图案，如图 2.50 所示。

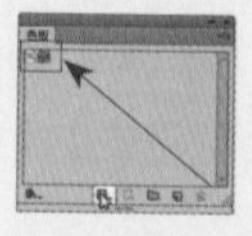

图2.50 “色板”面板

使用图案填充图形的操作方法十分简单。首先选中要填充的图形对象，然后在“色板”面板中单击要填充的图案的图标，即可为选中的图形对象填充图案。图案填充效果如图 2.51 所示。

图2.51 图案填充效果

练习2-4 定义图案

难　　度：★★
素材文件：无
案例文件：无
视频文件：第 2 章 \ 练习 2-4 定义图案 .avi

Illustrator CS6 为用户提供了两种图案，这远远不能满足用户的需要。此时，用户可以根据自己的需要，创建属于自己的图案。

定义图案就是将图形定义为图案，只需要选择定义图案的图形，然后应用相关命令，就可以将整个图形定义为图案了。将整图定义为图案的操作方法如下。

01 选择工具箱中的“矩形工具”，在按住Shift键的同时在文档中拖动绘制一个正方形。然后设置正方形的填充颜色为鲜红色（C：23，M：100，Y：100，K：0），描边颜色为深红色（C：48，M：100，Y：100，K：23），如图2.52所示。

02 选择工具箱中的文字工具，在文档中单击并输入一个“喜”字，并将其填充为黄色（C：10，M：21，Y：88，K：0），并设置合适的大小和字体，将其放置在正方形的中心对齐位置，如图2.53所示。

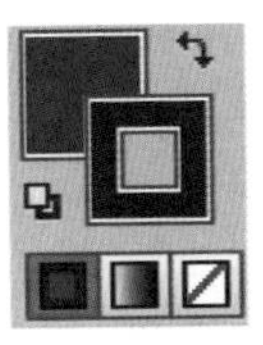

图2.52 填充颜色

图2.53 输入文字

03 在文档中将正方形和文字全部选中，然后将其拖动到“色板”面板中，当光标变成状时，释放鼠标左键，即可创建一个新图案。创建新图案的操作效果如图2.54所示。

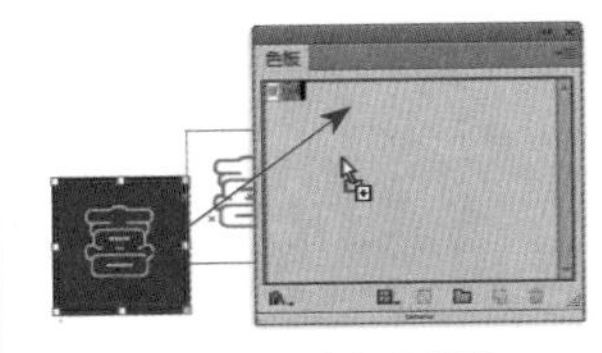
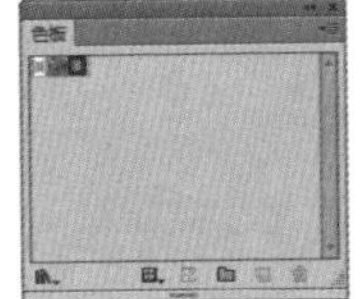

图2.54 创建新图案操作效果

练习2-5 编辑图案

难　　度：★★
素材文件：无
案例文件：无
视频文件：第 2 章 \ 练习 2-5 编辑图案 .avi

可以像对图形对象一样，对图案进行缩放、旋转、倾斜和扭曲等多种操作，它与图形的操作方法相同，其实在前面也讲解过，这里再详细说明一下。下面就以用前面创建的图案填充后旋转一定角度来讲解图案的编辑。

01 利用“矩形工具”在文档中绘制一个矩形，然后为其填充前面创建的“喜”字图案，如图2.55所示。

02 将矩形选中，执行菜单栏中的“对象”|“变换”|“旋转”命令，打开“旋转”对话框，如图2.56所示。

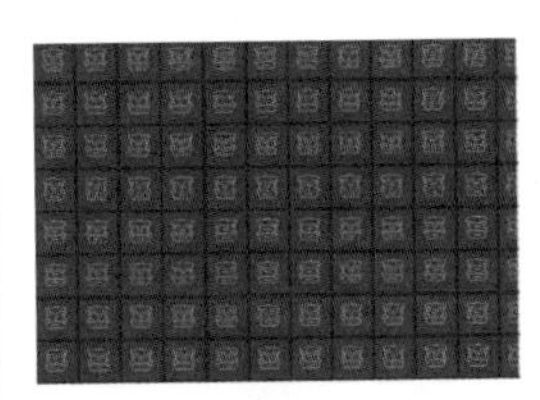

图2.55 填充图案

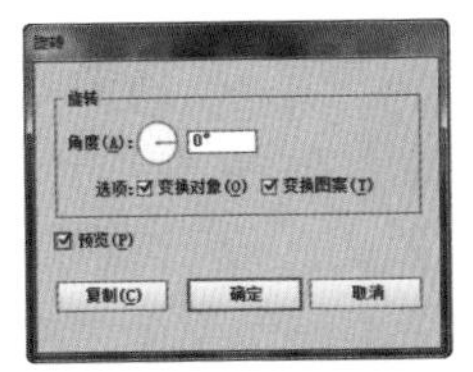

图2.56 “旋转”对话框

03 在“旋转”对话框中，设置“角度”的值为45°，分别勾选“变换对象”复选框、“变换图案”复选框，再同时勾选“变换对象”和“变换图案”复选框，观察图形旋转的不同效果，单击“复制”按钮可以复制对象，如图2.57所示。

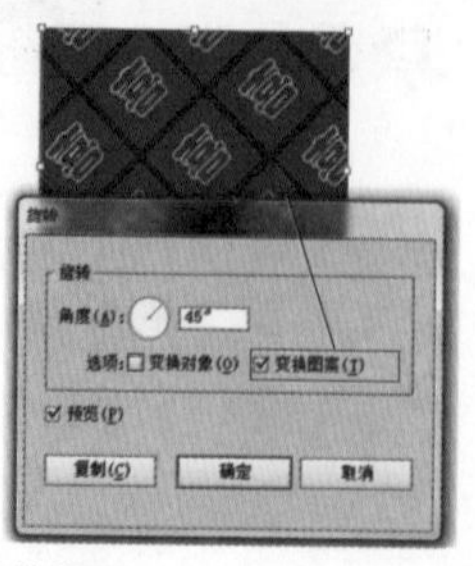

图2.57 勾选不同复选框的图案旋转效果

2.7 “透明度”面板

在 Illustrator CS6 中，可以通过“透明度”面板来调整图形的透明度。可以将一个对象的填色、描边或对象组从 100% 的不透明变更为 0% 的完全透明。当降低对象的透明度时，其下方的图形会透过该对象显示出来。

2.7.1 图形透明度的设置

要设置图形的透明度，首先选择一个图形对象，然后执行菜单栏中的“窗口”|“透明度”命令，打开“透明度”面板，在“不透明度”文本框中输入新的数值，以设置图形的透明程度。设置图形透明度操作如图 2.58 所示。

图2.58 设置图形透明度

练习2-6 利用“透明度”面板制作梦幻线条效果

难　　度：★★
素材文件：无
案例文件：效果\第 2 章\梦幻线条 .ai
视频文件：第 2 章\练习 2-6 利用“透明度”面板制作梦幻线条效果 .avi

01 新建1个颜色模式为RGB的画布，选择工具箱中的“矩形工具”，在绘图区中单击，弹出“矩形”对话框，设置矩形的“宽度”为150mm，“高度”为100mm，描边为无，如图2.59所示。

02 为所创建的矩形填充浅黄色（R：250，G：235，B：106）到黄色（R：255，G：192，B：0）再到橙色（R：243，G：114，B：0）的线性渐变，如图2.60所示。

图2.59 “矩形”对话框

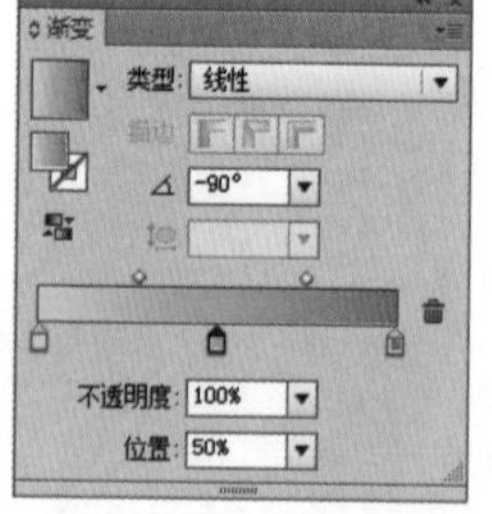

图2.60 “渐变”面板

03 为所创建的矩形填充渐变，填充效果如图2.61所示。

04 选择工具箱中的“钢笔工具”，在背景矩形上绘制1根封闭式的线条，填充为白色，以同样的方法，以第1根线条的弧度为基础，继续绘制长短不一的线条，如图2.62所示。

图2.61 填充效果

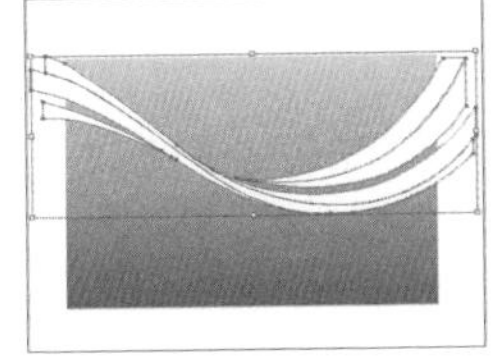

图2.62 绘制线条

05 选择工具箱中的“选择工具”，选择其中的1根线条，打开“透明度”面板，将“不透明度”改为60%，以同样的方法将其他线条的“不透明度”改为不同的数值，如图2.63所示。

06 选择工具箱中的“选择工具”，选择其中的1根线条，如图2.64所示。

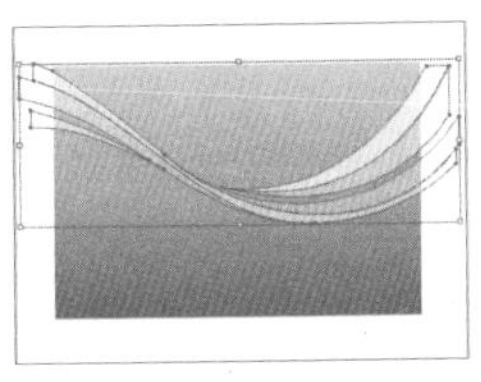

图2.63 更改透明度

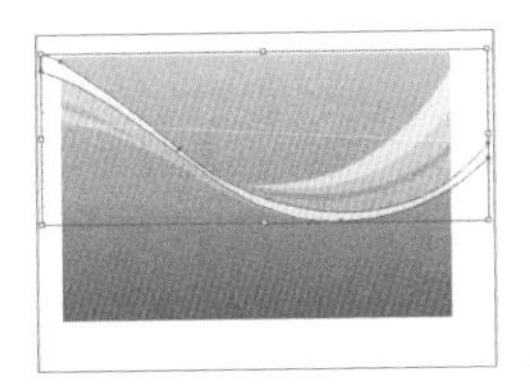

图2.64 选择图形

07 按Ctrl + C组合键，将线条复制，按Ctrl + B组合键，将复制的线条粘贴在原图形的后面，将其填充为浅黄色（R：250，G：235，B：106）到黄色（R：255，G：192，B：0）再到橙色（R：243，G：114，B：0）的线性渐变，如图2.65所示。

08 以同样的方法将每根线条都复制并填充，如图2.66所示。

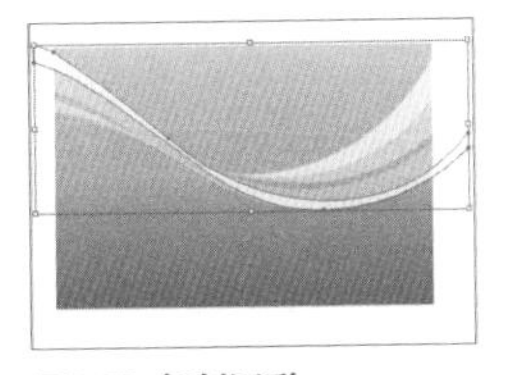

图2.65 复制图形

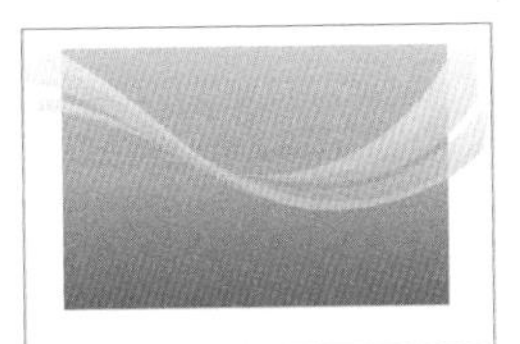

图2.66 复制图形并填充

09 选择工具箱中的“选择工具”，选择底部矩形，按Ctrl + C组合键，将矩形复制，按Ctrl + F组合键，将复制的矩形粘贴在原图形的前面，最后按Ctrl + Shift +]组合键将其置于顶层，如图2.67所示。

10 将图形全部选中，执行菜单栏中的“对象”|“剪切蒙版”|“建立”命令，为所选对象创建剪切蒙版，将多出来的部分剪掉，最终效果如图2.68所示。

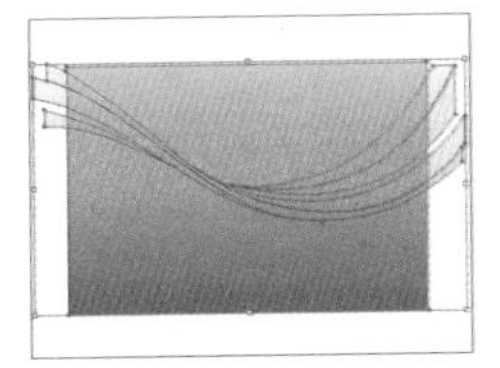

图2.67 复制矩形

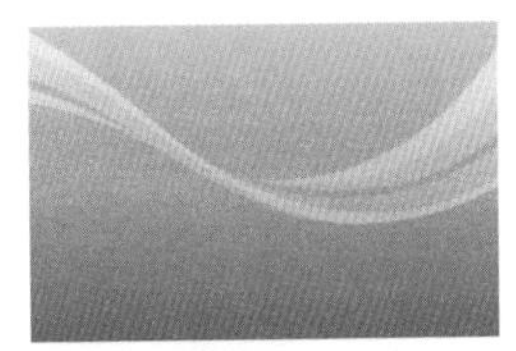

图2.68 最终效果

2.7.2 建立不透明度蒙版

调整不透明度参数值的方法只能修改整个图形的透明程度，而不能局部调整图形的透明程度。如果想调整局部透明度，就需要应用不透明度蒙版。不透明度蒙版可以通过一个蒙版图形来制作出透明过渡效果。用作蒙版的图形的颜色决定了透明的程度，如果蒙版为黑色，则添加蒙版后将完全不透明；如果蒙版为白色，则添加蒙版后将完全透明；如果蒙版为介于白色与黑色之间的颜色，将根据其灰度的级别显示为半透明状态，灰色级别越高则越不透明。

01 首先在要添加蒙版的图形对象上绘制一个蒙版图形，并将其放置到合适的位置，这里为了更好地说明颜色在蒙版中的应用，特意使用了黑白渐变填充蒙版图形，然后将两个图形全部选中，效果如图2.69所示。

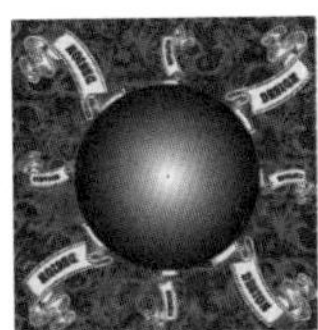

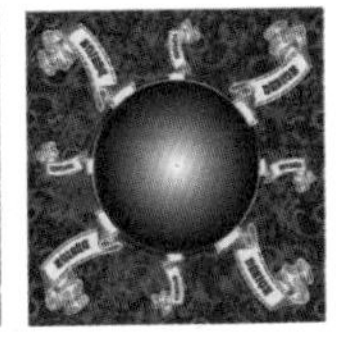

图2.69 要添加蒙版的图形及蒙版图形

02 单击“透明度”面板右上角的按钮，打开“透明度”面板菜单，在弹出的菜单中选择“建立不透明度蒙版”命令，即可为图形创建不透明度蒙版，如图2.70所示。

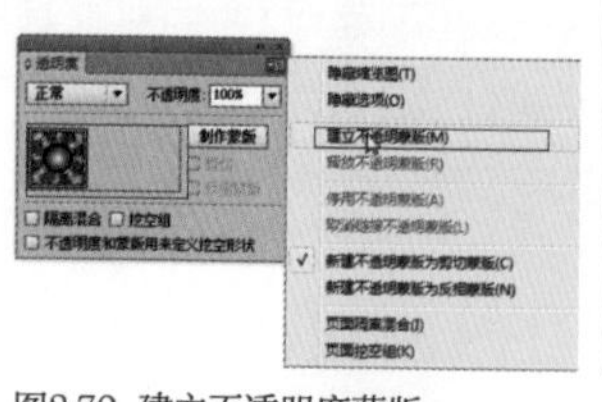

图2.70 建立不透明度蒙版

2.7.3 不透明度蒙版的修改 

制作不透明度蒙版后，如果不满意蒙版效果，还可以在不释放不透明度蒙版的情况下，对蒙版图形进行编辑修改。下面来看一下创建不透明度蒙版后“透明度”面板中的相关选项，如图 2.71 所示。

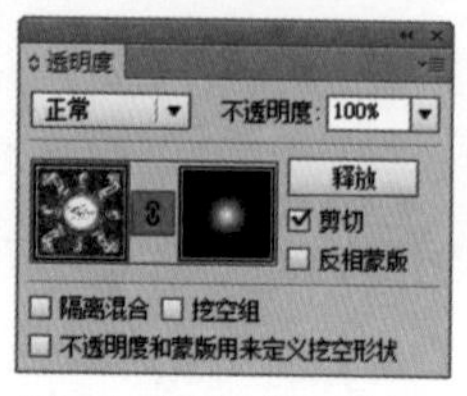

图2.71 “透明度”面板

“透明度”面板中各选项的含义说明如下。

- “原图”：显示要添加蒙版的图形，单击该区域将选择原图形。
- “指示不透明蒙版链接到图稿”：该按钮用来链接蒙版与原图形，以便在修改时同时修改。单击该按钮可以取消链接。链接和不链接时修改图形大小的效果如图2.72所示。

图2.72 链接和不链接时修改图形大小的效果

- “蒙版图形”：显示用作蒙版的图形，单击该区域可以选择蒙版图形，选择效果如图2.73所示；如果在按住Alt键的同时单击该区域，将选择蒙版图形，并且只显示蒙版图形效果，选择效果如图2.74所示。选择蒙版图形后，可以利用相关的工具对蒙版图形进行编辑，比如放大、缩小和旋转等操作，也可以使用“直接选择工具”修改蒙版图形的路径。

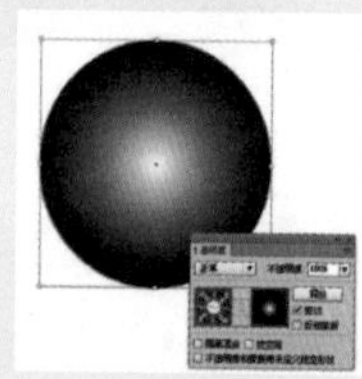

图2.73 单击选择效果 图2.74 按住Alt键单击

- “剪切”：勾选该复选框，可以将蒙版以外的图形全部剪切掉；如果不勾选该复选框，蒙版以外的图形也将显示出来。
- “反相蒙版”：勾选该复选框，可以对蒙版进行反相处理，即使原来透明的区域变成不透明的。

2.8 知识拓展

本章首先讲解了单色填充和描边，然后讲解了“颜色”和“色板”面板的使用方法，最后详细讲解了渐变填充、渐变网格填充、透明度填充和图案填充的应用，应着重掌握渐变的编辑方法及图案的定义方法。

2.9 拓展训练

颜色在设计中起着非常重要的作用，本章主要对颜色填充进行了详细的讲解，并根据实际应用安排了 3 个不同类型的拓展训练，以帮助读者快速掌握颜色填充的技巧。

训练2-1 利用单色填充绘制意向图形

◆实例分析

本例主要讲解利用局部填充完成意向图形的绘制。最终效果如图 2.75 所示。

难　　度：★★
素材文件：无
案例文件：第 2 章\意向图形 .ai
视频文件：第 2 章\训练 2-1 利用单色填充绘制意向图形 .avi

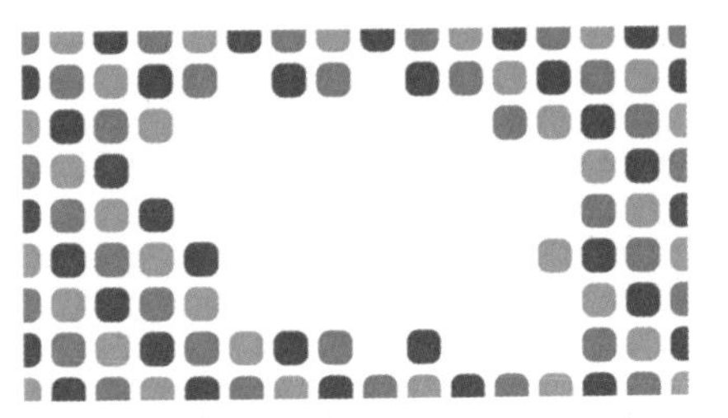

图2.75 最终效果

◆本例知识点

1. “圆角矩形工具”
2. “移动”命令
3. “剪切蒙版”命令

训练2-2 利用“渐变工具”制作立体小球效果

◆实例分析

本例主要讲解利用填充渐变完成立体小球效果的制作。最终效果如图 2.76 所示。

难　　度：★★★
素材文件：无
案例文件：第 2 章\立体小球效果 .ai
视频文件：第 2 章\训练 2-2 利用“渐变工具”制作立体小球效果 .avi

图2.76 最终效果

◆本例知识点

1. “渐变工具”
2. “椭圆工具”
3. “钢笔工具”

训练2-3 利用“网格工具”制作海浪效果

◆实例分析

本例主要讲解利用网格与渐变制作海浪效果。最终效果如图 2.77 所示。

难　　度：★★
素材文件：无
案例文件：第 2 章\海浪效果 .ai
视频文件：第 2 章\训练 2-3 利用“网格工具”制作海浪效果 .avi

图2.77 最终效果

◆本例知识点

1. “网格工具”
2. “直接选择工具”
3. “透明度”面板

第 3 章

基本绘图工具的使用

本章将首先介绍路径和锚点的概念，接着讲解如何利用钢笔工具绘制路径，然后介绍基本图形的绘制，包括直线、弧线、螺旋线，介绍几何图形的绘制，包括矩形、椭圆和多边形等，介绍自由绘图工具的使用，包括铅笔、平滑、橡皮擦、刻刀、透视网格等工具的使用技巧。本章不仅将讲解基本的绘图方法，而且将详细讲解各工具的参数设置，这对于精确绘图有很大的帮助。通过对本章的学习，读者能够掌握各种绘图工具的使用技巧，并利用简单的工具绘制出精美的图形。

教学目标

了解路径和锚点的含义 | 掌握钢笔工具的不同使用技巧

掌握简单线条形状的绘制方法 | 掌握简单几何图形的绘制方法

掌握自由绘图工具的使用方法

3.1 认识路径和锚点

路径和锚点（节点）是矢量绘图中的重要概念。任何一种矢量绘图软件的绘图基础都是建立在对路径和节点的操作之上的。Illustrator 最吸引人之处就在于它能够把非常简单的、常用的几何图形组合起来并做色彩处理，生成具有奇妙形状和丰富色彩的图形。这一切得以实现是因为引入了路径和锚点的概念。本节重点介绍 Illustrator CS6 中的各种路径和各种锚点。

3.1.1 关于路径

在 Illustrator CS6 中，使用绘图工具绘制所有对象，无论是单一的直线、曲线对象还是矩形、多边形等几何形状，甚至是使用文本工具录入的文本对象，都可以称为路径，这是矢量绘图中一个相当特殊但又非常重要的概念。绘制一条路径之后，可通过改变它的大小、形状、位置和颜色来对它进行编辑。

路径由 1 条或多条线段或曲线组成，Illustrator CS6 中的路径根据使用的习惯以及不同的特性可以分为 3 种类型：开放路径、封闭路径和复合路径。

1. 开放路径

开放路径是指像直线或曲线那样的图形对象，它们的起点和终点没有连在一起。如果要填充一条开放路径，则程序将会在两个端点之间绘制一条假想的线并且填充该路径，如图 3.1 所示。

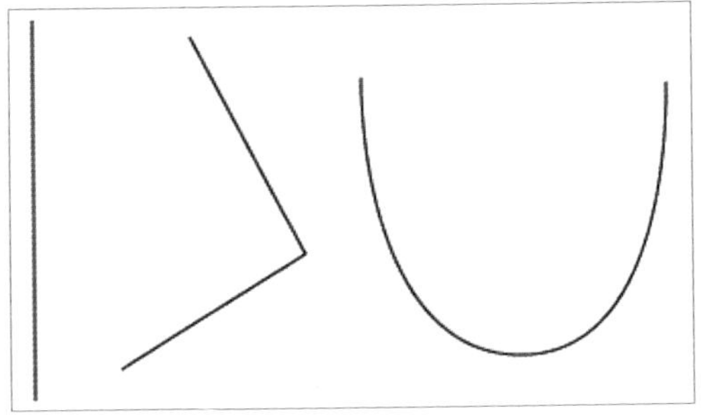

图3.1 开放路径效果

2. 封闭路径

封闭路径是指起点和终点相互连接着的图形对象，如矩形、椭圆和圆、多边形等，如图 3.2 所示。

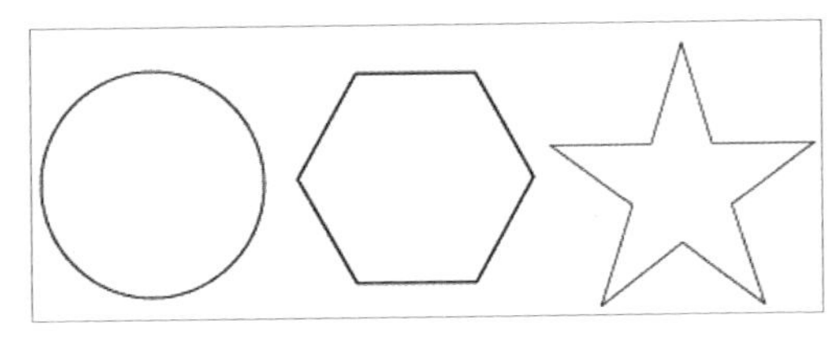

图3.2 封闭路径效果

3. 复合路径

复合路径是一种较为复杂的路径对象，它由两个或多个开放或封闭的路径组成，可以利用菜单栏中的“对象”|“复合路径”|“建立”命令来制作复合路径，也可以利用菜单栏中的“对象”|“复合路径”|“释放”命令将复合路径释放。

3.1.2 认识锚点 

锚点也叫节点，是控制路径外观的重要组成部分，通过移动锚点，可以修改路径的形状，使用“直接选择工具”选择路径时，将显示该路径的所有锚点。在 Illustrator 中，根据锚点属性的不同，可以将它们分为两种，分别是角点和平滑点，如图 3.3 所示。

1. 角点

角点是指能够使通过它的路径的方向发生突然改变的锚点。如果在锚点处两条直线相交成了一个明显的角度，这种锚点就叫作角点，角点的两侧没有控制柄。

2. 平滑点

在 Illustrator CS6 中曲线对象使用得最多的锚点就是平滑点，平滑点不会突然改变方向，在平滑点某一侧或两侧将出现控制柄，而且控制柄是独立的，可以单独操作以改变路径曲线，有时平滑点的一侧是直线，另一侧是曲线。

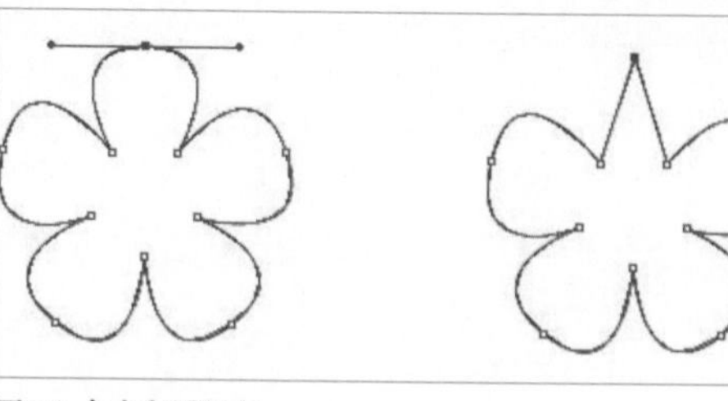
图3.3 角点和平滑点

3.2 钢笔工具的使用

钢笔工具是 Illustrator 里功能最强大的工具之一，利用钢笔工具可以绘制各种各样的图形。钢笔工具可以轻松绘制直线和相当精确的平滑、流畅曲线。

3.2.1 运用钢笔工具绘制直线

利用钢笔工具绘制直线是相当简单的，首先从工具箱中选择“钢笔工具”，把光标移到绘图区中，在任意位置单击一点作为起点，然后移动光标到适当位置单击确定第 2 点，两点间就出现了一条直线段，如果继续单击鼠标，则又在落点与上一次单击的点之间画出了一条直线，如图 3.4 所示。

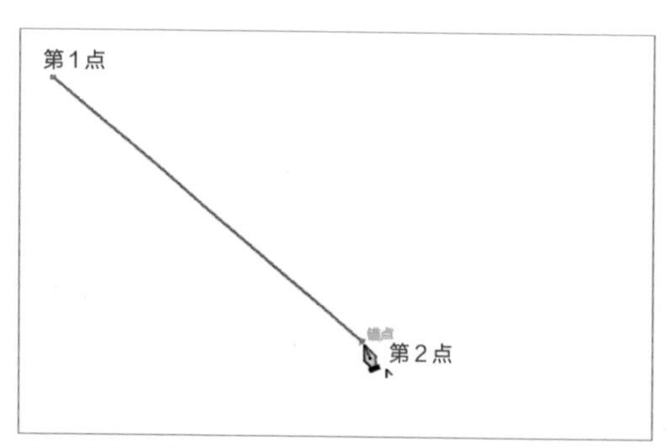

图3.4 绘制直线

3.2.2 运用钢笔工具绘制曲线 重点

选择钢笔工具，在绘图区中单击鼠标确定起点，然后移动光标到合适的位置，按住鼠标左键向所需的方向拖动绘制第 2 点，即可得到一条曲线，用同样的方法可以继续绘制更多的曲线。如果想使起点也是曲线点，可以在绘制起点时按住鼠标左键拖动，将起点也绘制成曲线点。在拖动绘制曲线时，将出现两个控制柄，控制柄的长度和斜度将决定线段的形状。绘制过程如图 3.5 所示。

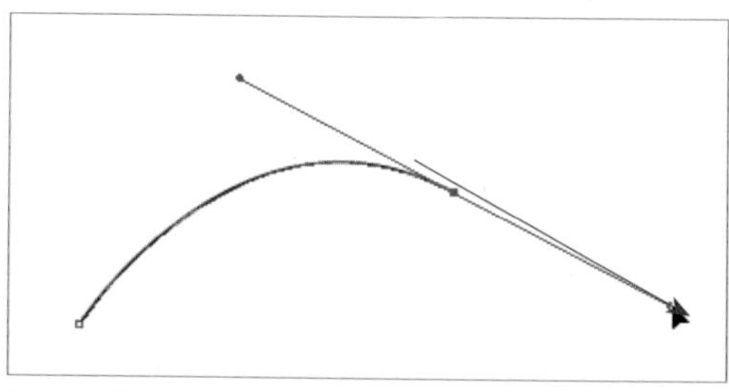
图3.5 绘制曲线

3.2.3 运用钢笔工具绘制封闭图形

下面利用钢笔工具来绘制一个封闭的心形，首先在绘图区中单击绘制起点；然后在适当的位置拖动，绘制出第 2 个曲线点，即心形的左肩部；接着再次单击鼠标绘制心形的第 3 点；在心形的右肩部拖动，绘制第 4 点；将光标移动到起点上，当放置正确时在光标的旁边会出现一个小的圆形，变为状，单击鼠标封闭该路径。绘制过程如图 3.6 所示。

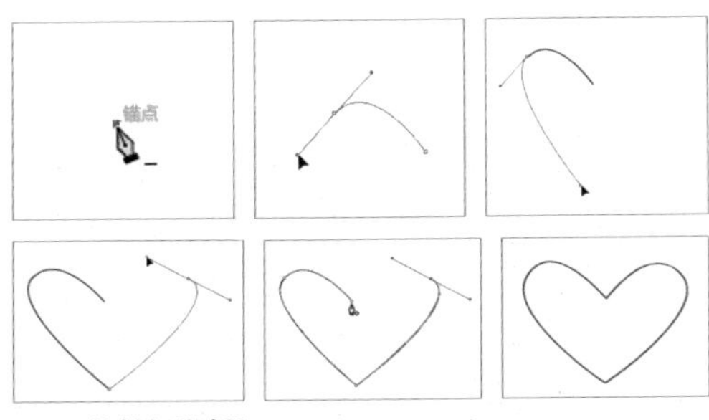

图3.6 绘制心形过程

3.2.4 钢笔工具的其他功能 重点

钢笔工具不但可以绘制直线和曲线，还可以在绘制过程中添加和删除锚点、重绘路径和连接路径，具体的操作介绍如下。

1. 添加删除锚点

在绘制路径的过程中，或选择一个已经绘制完成的路径图形，选择钢笔工具，将光标靠近路径线段，当钢笔光标的右下角出现一个加号，变为状时单击鼠标，即可在此处添加一个锚点，操作过程如图 3.7 所示。如果要删除锚点，可以将光标移动到路径锚点上，当光标右下角出现一个减号，变为状时单击鼠标，即可将该锚点删除。

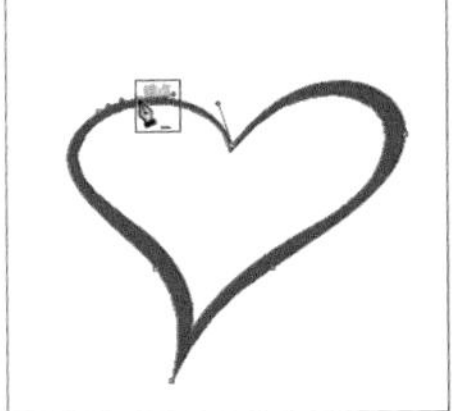

图3.7 添加锚点过程

2. 重绘路径

在绘制路径的过程中，若不小心中断了绘制，此时再次绘制路径将独立于刚才的路径，不再是一个路径，如果想从刚才的路径点重新绘制下去，就可以应用重绘路径的方法来继续绘制。

首先选择“钢笔工具”，然后将光标移动到要重绘的路径锚点处，当光标变成状时单击鼠标，此时可以看到该路径变成了选中状态，接着就可以继续绘制路径了。操作过程如图 3.8 所示。

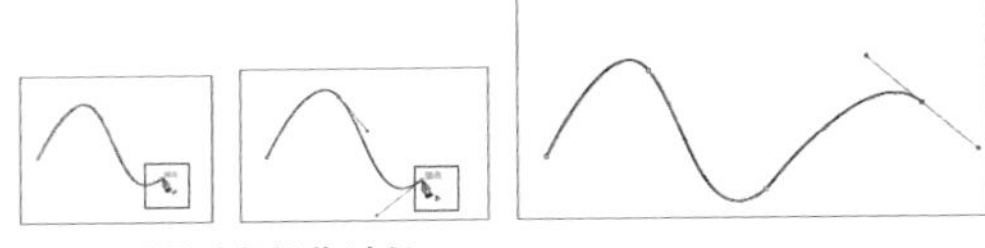

图3.8 重绘路径操作过程

3. 连接路径

在绘制路径的过程中，利用钢笔工具还可以将两条独立的开放路径连接成一条路径。首先选择“钢笔工具”，然后将光标移动到要连接的路径锚点处，当光标变成状时单击鼠标，接着将光标移动到另一条路径的要连接的起点或终点的锚点上，当光标变成状时，单击鼠标即可将两条独立的路径连接起来，连接时系统会根据两个锚点最近的距离生成一条连接线。操作过程如图 3.9 所示。

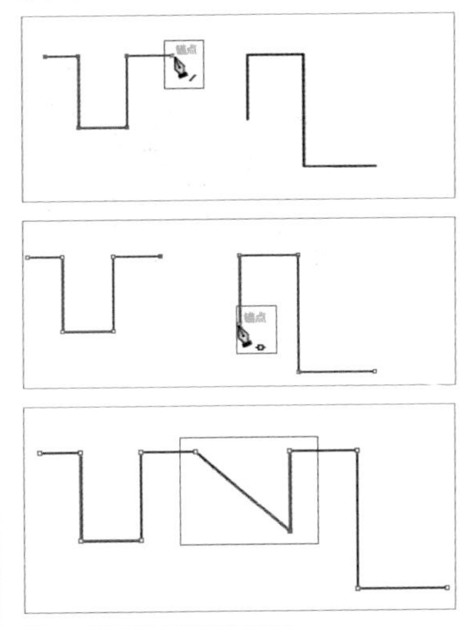

图3.9 连接路径的操作过程

练习3-1 利用“钢笔工具”制作水珠

难　　度：★★

素材文件：无

案例文件：第 3 章\制作水珠 .ai

视频文件：第 3 章\练习 3 1 利用“钢笔工具”制作水珠 .avi

01 选择工具箱中的“矩形工具”，绘制1个与画板大小相同的矩形，选择工具箱中的“渐变工具”，在图形上拖动，为其填充绿色（R：44，G：148，B：0）到黑色的径向渐变，如图3.10所示。

02 选择工具箱中的“钢笔工具”，绘制1个水滴图形，选择工具箱中的“渐变工具”，在图形上拖动，为其填充绿色（R：44，G：148，B：0）到黑色的线性渐变，如图3.11所示。

图3.10 绘制矩形

图3.11 绘制图形

03 选中水滴图形，执行菜单栏中的“效果”|“风格化”|“外发光”命令，在弹出的对话框中将“模式”更改为叠加，“颜色”更改为白色，“不透明度”更改为50%，“模糊”更改为3，完成之后单击“确定”按钮，如图3.12所示。

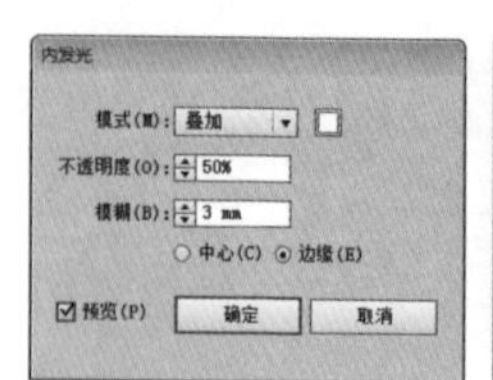

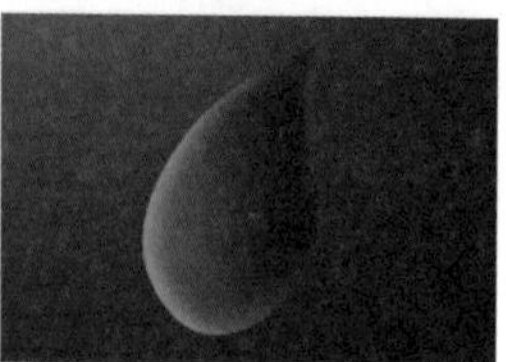

图3.12 设置外发光

04 选择工具箱中的“钢笔工具”，绘制两个图形，设置“填色”为白色，“描边”为无，如图3.13所示。

图3.13 绘制图形

05 选中矩形，执行菜单栏中的“效果”|“风格化”|“投影”命令，在弹出的对话框中将“模式”更改为叠加，“不透明度”更改为30%，“X位移”更改为0.2，“Y位移”更改为0.71，“模糊”更改为0.71，完成之后单击“确定”按钮，如图3.14所示。

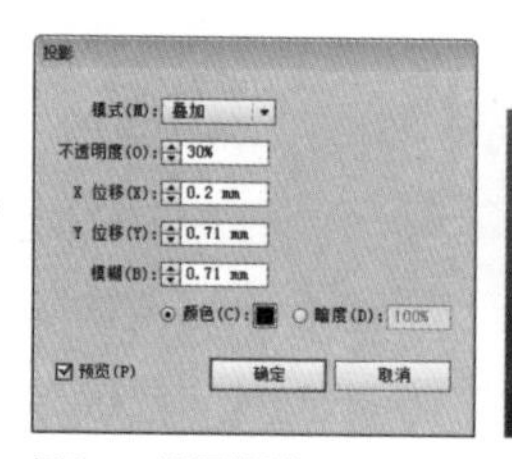

图3.14 设置投影

3.3 绘制简单的线条形状

Illustrator CS6 为用户提供了简单线条形状的绘制工具，包括“直线段工具”、“弧形工具”和“螺旋线工具”，利用这些工具，可以轻松地绘制各种简单的线条形状。

3.3.1 绘制直线段 重点

直线段工具主要用来绘制不同的直线，可以使用直接绘制的方法来绘制直线段，也可以利用“直线段工具选项”对话框来精确绘制直线段，具体的操作方法介绍如下。

在工具箱中选择“直线段工具”，然后在绘图区的适当位置按下鼠标左键确定直线的起点，接着在按住鼠标左键不放的情况下向所需要的位置拖动，当到达满意的位置时释放鼠标左键即可绘制一条直线段。绘制过程如图 3.15 所示。

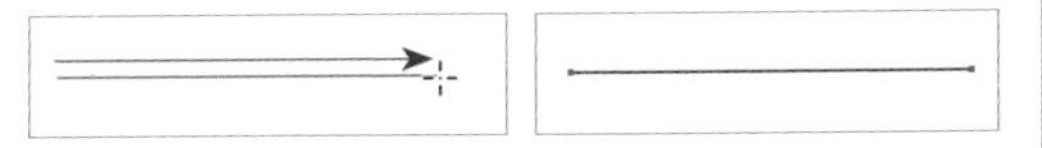

图3.15 绘制直线段过程

也可以利用“直线段工具选项”对话框精确绘制直线。首先选择“直线段工具”，在绘图区内单击确定起点，将弹出如图 3.16 所示的“直线段工具选项”对话框，在其中的“长度”文本框中输入直线的长度值，在“角度”文本框中输入所绘直线的角度，如果勾选“线段填色”复选框，绘制的直线段将具有内部填充的属性，完成后单击“确定”按钮，即可绘制出直线段。

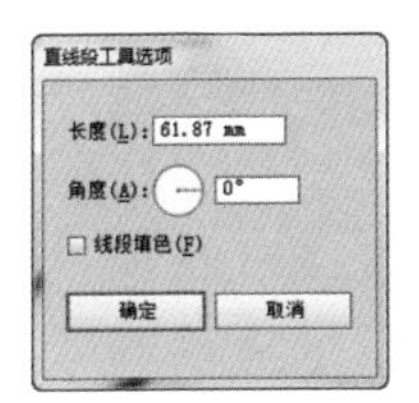

图3.16 “直线段工具选项”对话框

3.3.2 绘制弧线段

弧形工具的绘制方法与绘制直线段的方法相同，利用弧形工具可以绘制任意的弧线。具体的操作方法介绍如下。

在工具箱中选择“弧形工具”，然后在绘图区的适当位置按下鼠标左键确定弧线的起点，接着在按住鼠标左键不放的情况下向所需要的位置拖动，当到达满意的位置时释放鼠标左键即可绘制一条弧线。绘制过程如图 3.17 所示。

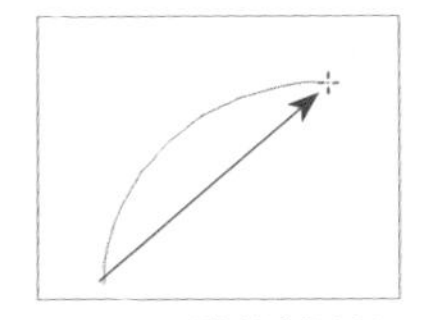
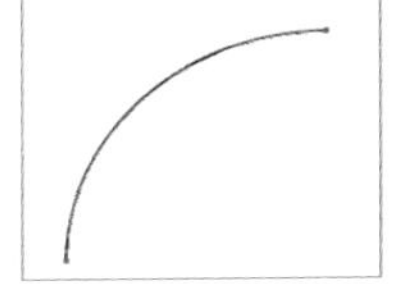

图3.17 弧线绘制过程

也可以利用“弧线段工具选项”对话框精确绘制弧线。首先选择“弧形工具”，在绘图区内单击确定起点，将弹出如图 3.18 所示的“弧线段工具选项”对话框。在“X 轴长度”文本框中输入弧线的水平长度值；在“Y 轴长度”文本框中输入弧线的竖直长度值；在基准点图标上可以设置弧线的基准点。在“类型”下拉列表中选择弧线为开放路径或封闭路径；在“基线轴”下拉列表中选择弧线方向，指定 *X* 轴（水平）或 *Y* 轴（竖直）作为基准线；在“斜率”文本框中指定弧线倾斜的方向，负值表示偏向“凹”方，正值表示偏向“凸”方，也可以直接拖动下方的滑块来确定斜率；如果勾选“弧线填色”复选框，绘制的弧线将自动填充颜色。完成后单击“确定”按钮，即可绘制出弧线。

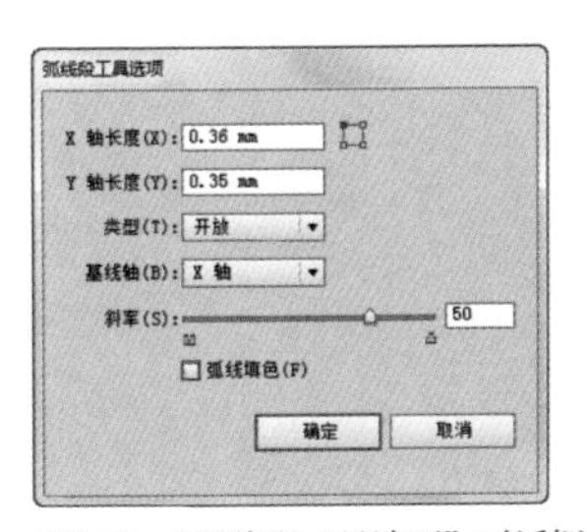

图3.18 “弧线段工具选项”对话框

3.3.3 绘制螺旋线

螺旋线工具可以根据设定的条件数值，绘制螺旋状的图形。在工具箱中选择“螺旋线工具”，然后在绘图区的适当位置按下鼠标左键确定螺旋线的中心点，接着在按住鼠标左键不放的情况下向外拖动，当到达满意的位置时释放鼠标左键即可绘制一条螺旋线。绘制过程如图 3.19 所示。

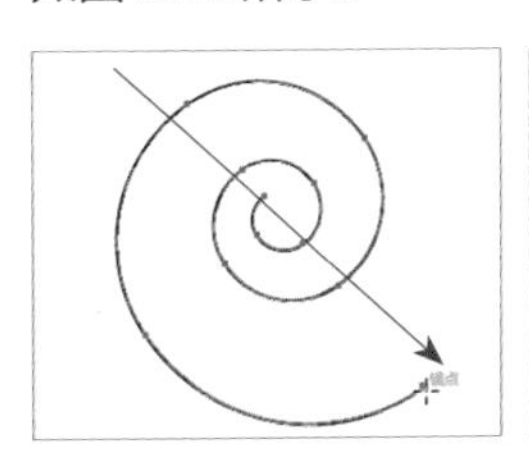
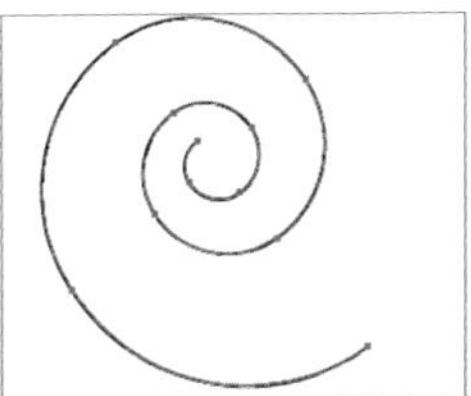

图3.19 螺旋线绘制过程

也可以利用“螺旋线”对话框精确绘制螺旋线。首先选择“螺旋线工具”，在绘图区内单击确定螺旋线的中心点，将弹出如图 3.20 所示的“螺旋线”对话框。在“半径”文本框中输入螺旋线的半径值，用来指定螺旋线中心点至最外侧点的距离；在“衰减”文本框中输入螺旋线的衰减值，指定螺旋线的每一圈与前一圈相比，减小的比例。在“段数”文本框中输入螺旋线的区段数，螺旋线的每一整圈包含 4 个区段，也可单击上、下箭头来修改段数值。在“样式”选项中设置螺旋线的方向，包括顺时针和逆时针。

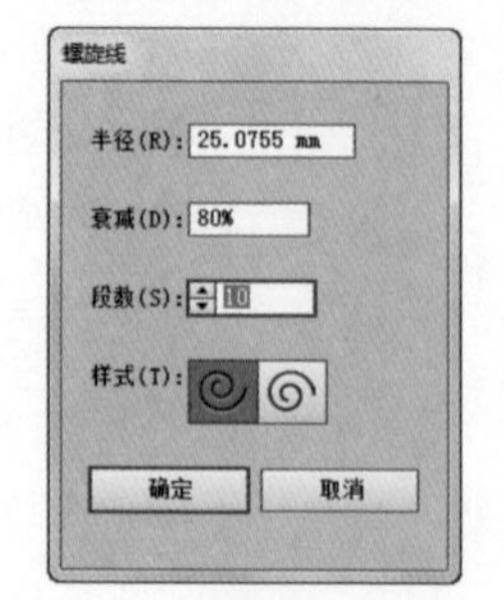

图3.20 “螺旋线”对话框

3.4 绘制网格

IllustratorCS6 为用户提供了两种绘制网格的图形工具，包括“矩形网格工具”和“极坐标网格工具”，利用这两种网格工具，可以轻松地绘制出读者所需要的网格效果。

3.4.1 绘制矩形网格

矩形网格工具可以根据设定的条件数值快速绘制矩形网格。在工具箱中选择“矩形网格工具”，然后在绘图区的适当位置按下鼠标左键确定矩形网格的起点，接着在按住鼠标左键不放的情况下向需要的位置拖动，当到达满意的位置时释放鼠标左键即可绘制一个矩形网格。绘制过程如图 3.21 所示。

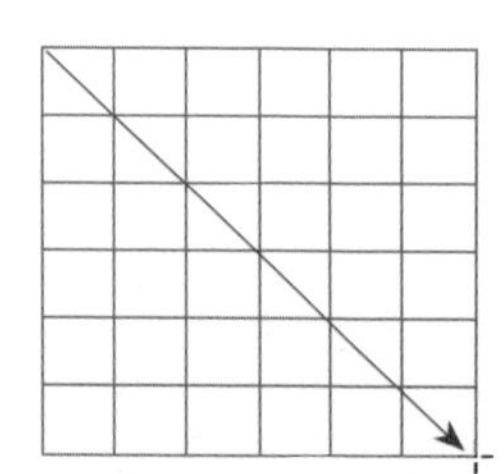
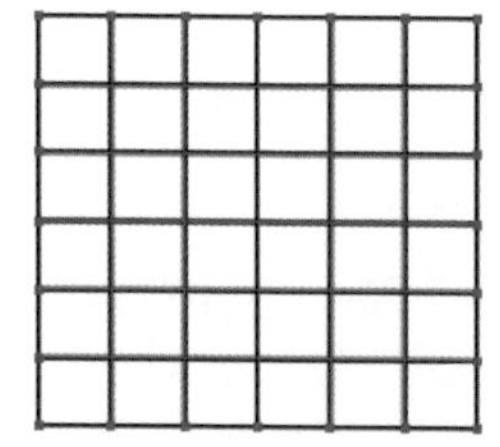
图3.21 矩形网格绘制过程

也可以利用“矩形网格工具选项”对话框精确绘制网格。首先选择“矩形网格工具”，在绘图区内单击确定网格的起点，将弹出如图 3.22 所示的“矩形网格工具选项”对话框。

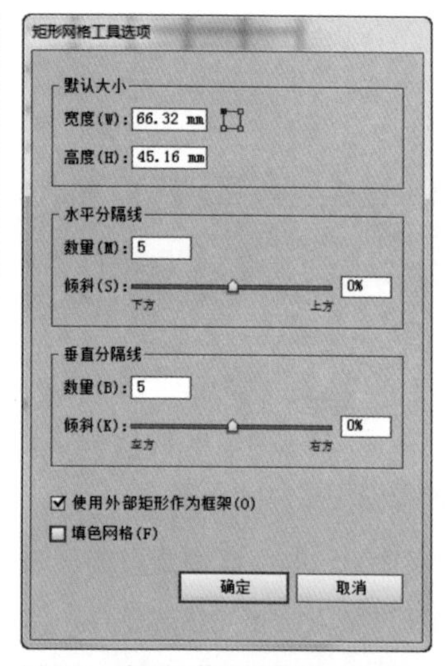

图3.22 “矩形网格工具选项”对话框

“矩形网格工具选项”对话框各选项说明如下。

- **“默认大小”**：设置网格整体的大小。“宽度”用来指定整个网格的宽度，“高度”用来指定整个网格的高度。
- **基准点**：设置绘制网格时的参考点，就是确定起点位于网格的哪个角。

- **“水平分隔线”**：在“数量”文本框中输入在网格上、下边线之间出现的水平分隔线数目，“倾斜”用来决定水平分隔线向上方或下方的偏移量。
- **“垂直分隔线”**：在“数量”文本框中输入在网格左、右边线之间出现的竖直分隔线数目，“倾斜”用来决定竖直分隔线向左方或右方的偏移量。
- **“使用外部矩形作为框架”**：将外矩形作为框架使用，决定是否用一个矩形对象取代上、下、左、右的线段。
- **“填色网格”**：勾选该复选框，使用当前的填色颜色填满网格线，否则填充色就会被设定为无。

3.4.2 绘制极坐标网格

极坐标网格工具的使用方法与矩形网格工具相同。在工具箱中选择“极坐标网格工具”，然后在绘图区的适当位置按下鼠标左键确定极坐标网格的起点，接着在按住鼠标左键不放的情况下向需要的位置拖动，当到达满意的位置时释放鼠标左键即可绘制一个极坐标网格。绘制过程如图 3.23 所示。

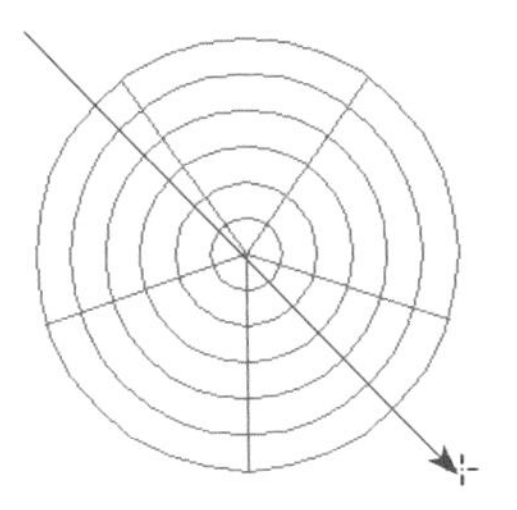
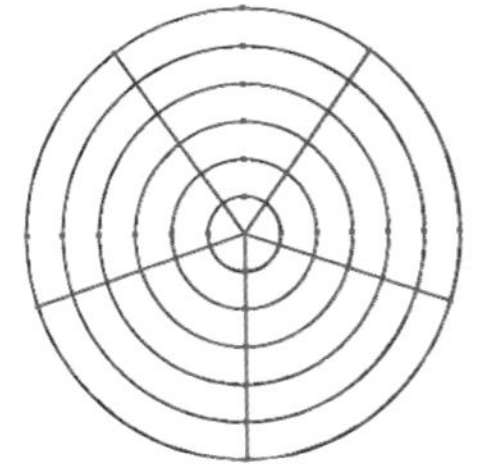

图3.23 极坐标网格绘制过程

也可以利用“极坐标网格工具选项”对话框精确绘制极坐标网格。首先选择“极坐标网格工具”，在绘图区内单击确定极坐标网格的起点，将弹出如图 3.24 所示的“极坐标网格工具选项”对话框。

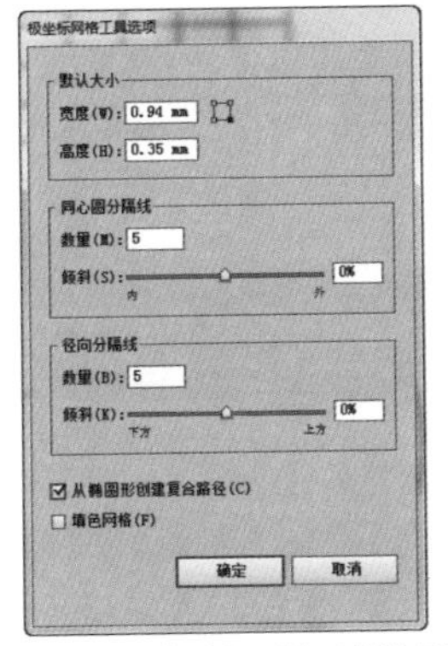

图3.24 “极坐标网格工具选项”对话框

“极坐标网格工具选项”对话框各选项说明如下。

- **“默认大小”**：设置极坐标网格的大小。“宽度”用来指定极坐标网格的宽度，“高度”用来指定极坐标网格的高度。
- **基准点**：设置绘制极坐标网格时的参考点，就是确定起点位于极坐标网格的哪个角点位置。
- **“同心圆分隔线”**：在“数量”文本框中输入在网格中出现的同心圆分隔线数目，然后在“倾斜”文本框中输入向内或向外偏移的数值，以决定同心圆分隔线向网格内侧或外侧的偏移量。
- **“径向分隔线”**：在“数量”文本框中输入在网格圆心和圆周之间出现的径向分隔线数目。然后在“倾斜”文本框中输入向下方或向上方偏移的数值，以决定径向分隔线向网格的顺时针或逆时针方向的偏移量。
- **“从椭圆形创建复合路径”**：根据椭圆形建立复合路径，可以将同心圆转换为单独的复合路径，而且每隔一个圆就填色。勾选与不勾选该复选框的填充效果对比如图3.25所示。

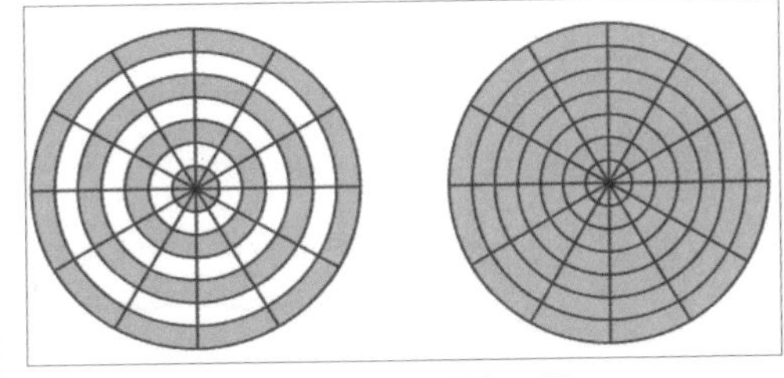

图3.25 勾选与不勾选复选框的填充效果对比

- “填色网格”：勾选该复选框，将使用当前的填色颜色填满网格，否则填充色就会被设定为无。

3.5 绘制简单的几何图形

IllustratorCS6 为用户提供了几种简单的几何图形工具，利用这些工具可以轻松绘制几何图形，包括“矩形工具”▣、“圆角矩形工具”▢、“椭圆工具”⬭、“多边形工具”⬢、“星形工具”☆和“光晕工具”◎。

练习3-2 绘制矩形和圆角矩形 

难　　度：★

素材文件：无

案例文件：无

视频文件：第 3 章 \ 练习 3-2 绘制矩形和圆角矩形 .avi

矩形工具主要用来绘制长方形和正方形，是最基本的绘图工具之一，可以使用以下几种方法来绘制矩形。

1. 使用拖动法绘制矩形

在工具箱中选择“矩形工具”▣，此时光标将变成了十字形，然后在绘图区中适当位置按下鼠标左键确定矩形的起点，接着在按住鼠标左键不放的情况下向需要的位置拖动，当到达满意的位置时释放鼠标左键即可绘制一个矩形。绘制过程如图 3.26 所示。当使用矩形工具绘制矩形，拖动鼠标时，第 1 次单击的起点的位置并不发生变化，当向不同方向拖动不同距离时，可以得到不同形状、不同大小的矩形。

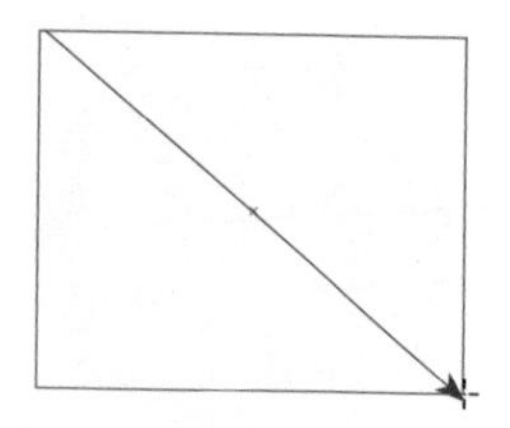

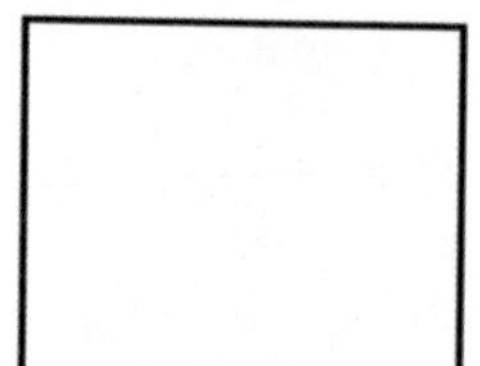

图3.26 直接拖动绘制矩形

2. 精确绘制矩形

在绘图过程中，很多情况下需要绘制尺寸精确的图形。如果需要绘制尺寸精确的矩形或正方形，用拖动鼠标的方法显然不行。这时就需要使用“矩形”对话框来精确绘制矩形。

首先在工具箱中选择“矩形工具”▣，然后将光标移动到绘图区合适的位置单击，会弹出如图 3.27 所示“矩形”对话框，在“宽度”文本框中输入合适的宽度值，在“高度”文本框中输入合适的高度值，最后单击“确定”按钮即可创建一个精确的矩形。

图3.27 “矩形”对话框

3. 绘制圆角矩形

“圆角矩形工具”▢的使用方法与矩形工具相同，直接拖动鼠标可绘制具有一定圆角的矩形或正方形。绘制过程如图 3.28 所示。

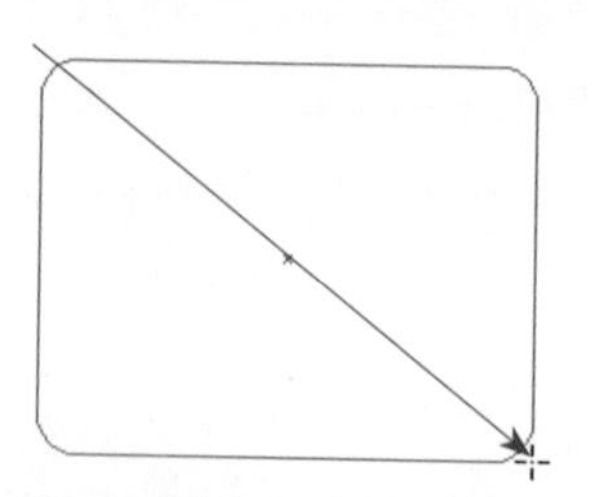

图3.28 直接拖动绘制圆角矩形

当然，也可以像精确绘制矩形一样精确绘制圆角矩形。首先在工具箱中选择“圆角矩形工具”，然后将光标移动到绘图区合适的位置单击，会弹出如图3.29所示“圆角矩形”对话框，在“宽度”文本框中输入数值，指定圆角矩形的宽度，在“高度”文本框中输入数值，指定圆角矩形的高度，在“圆角半径”文本框中输入数值，指定圆角矩形的圆角半径大小。最后单击“确定”按钮即可创建一个精确的圆角矩形。

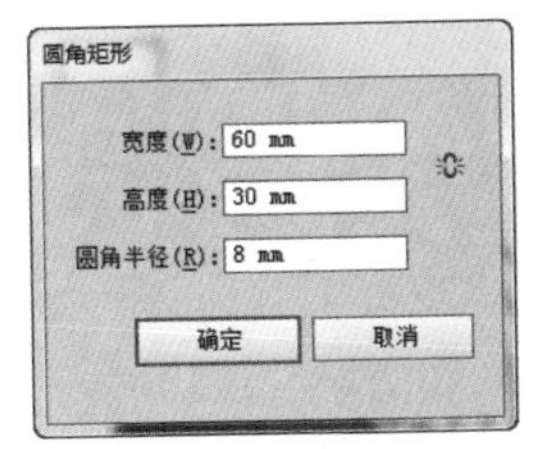

图3.29 “圆角矩形”对话框

练习3-3 利用“圆角矩形工具”制作墙壁效果

难　　度：★★

素材文件：无

案例文件：第3章\制作墙壁效果.ai

视频文件：第3章\练习3-3 利用“圆角矩形工具”制作墙壁效果.avi

01 选择工具箱中的“圆角矩形工具”，在绘图区中单击，弹出“圆角矩形”对话框，设置圆角矩形“宽度”为13 mm，“高度”为6 mm，“圆角半径”为2 mm，描边为棕色（C：9，M：7，Y：7，K：0），如图3.30所示。

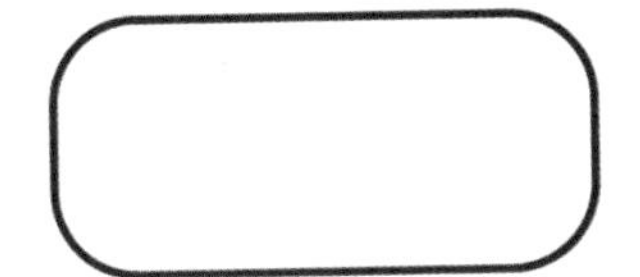

图3.30 绘制圆角矩形并描边

02 在“渐变”面板中设置渐变颜色为黄色（C：0，M：40，Y：61，K：19）到深黄色（C：0，M：50，Y：80，K：68）的线性渐变，如图3.31所示。

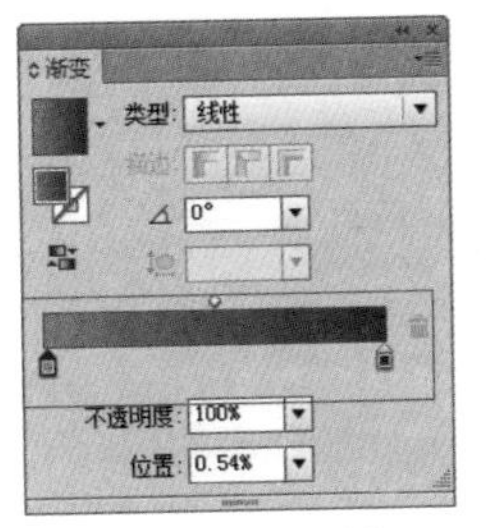

图3.31 “渐变”面板

03 将光标移至圆角矩形左上角，按住左键拖动至圆角矩形右下角，为其填充渐变，填充效果如图3.32所示。

04 选中圆角矩形，执行菜单栏中的“对象”|“变换”|“移动”命令，弹出“移动”对话框，在出现的“移动”对话框中设置“水平”移动距离为13.1mm，如图3.33所示。

图3.32 填充渐变

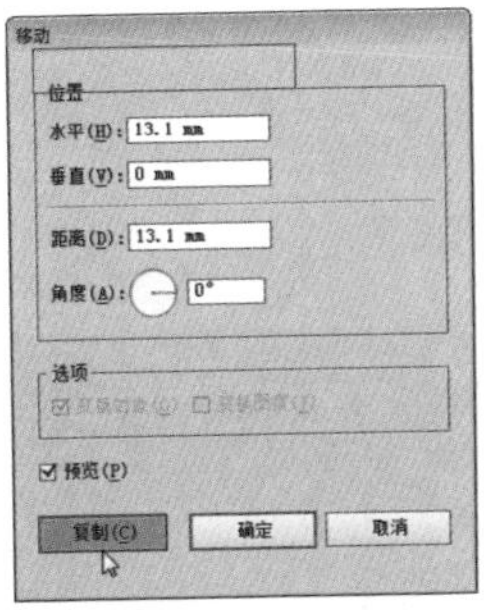

图3.33 “移动”对话框

05 单击“移动”对话框中的“复制”按钮，水平复制1个圆角矩形，按9次Ctrl + D组合键多重复制，如图3.34所示。

图3.34 多重复制

06 将圆角矩形全选，用同样的方法执行菜单栏中的“移动”命令，弹出“移动”对话框，将参数“水平”改为7 mm，“垂直”改为6.1 mm，如图3.35所示。

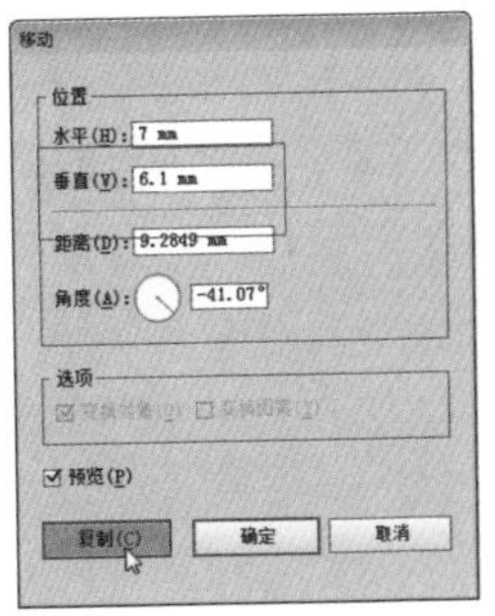

图3.35 “移动”对话框

07 单击“复制”按钮，复制一组圆角矩形，如图3.36所示。

图3.36 复制圆角矩形

08 将两组圆角矩形选中并在按住Alt键的同时再按住Shift键，竖直向下复制两组圆角矩形，再按Ctrl + D组合键5次多重复制，墙壁的大致轮廓就做好了，如图3.37所示。

图3.37 多重复制

09 选择工具箱中的“选择工具”，在按住Shift键的同时多次单击图形，选择中间的多个圆角矩形，如图3.38所示。

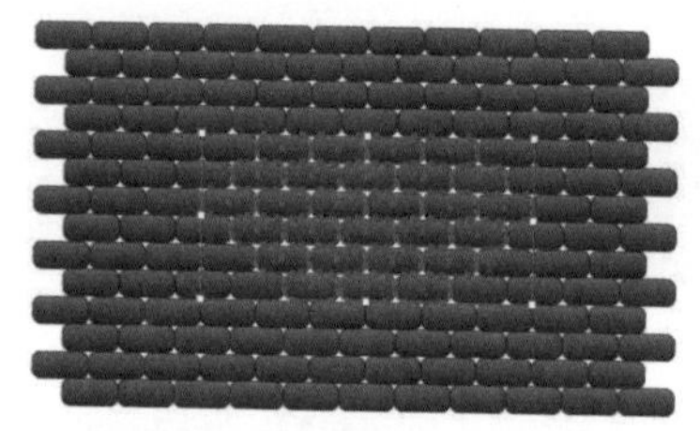

图3.38 选中多个圆角矩形

10 按Delete键将其删除，如图3.39所示。

图3.39 删除图形

11 选择工具箱中的“矩形工具”，在界面中单击，在出现的“矩形”对话框中设置矩形“宽度”为132 mm，“高度”为78 mm。将填充色设置为土黄色（C：25，M：40，Y：65，K：0），如图3.40所示。

图3.40 填充圆角矩形

12 选中图形。按Ctrl + Shift + [组合键将图形置于底层，按Ctrl + C组合键，将其复制，再按Ctrl + F组合键，将复制的矩形粘贴在原图形的前面，最后按Ctrl + Shift +]组合键将其置于顶层，如图3.41所示。

图3.41 将圆角矩形置于顶层

13 将图形全部选中，执行菜单栏中的“对象”|“剪切蒙版”|“建立”命令，为所选对象创建剪切蒙版，最终效果如图3.42所示。

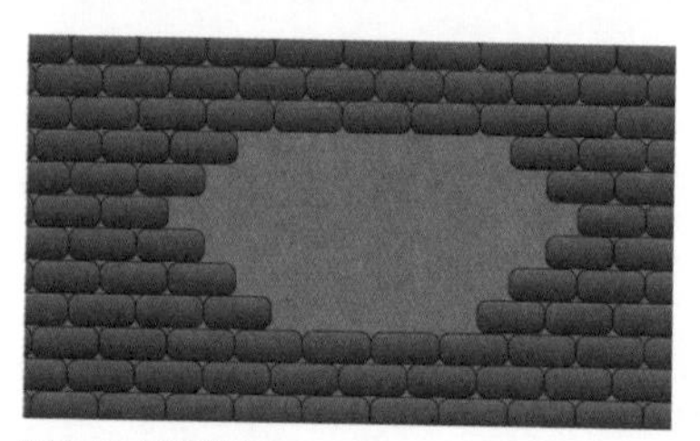

图3.42 最终效果

练习3-4 绘制椭圆

难　　度：★
素材文件：无
案例文件：无
视频文件：第 3 章\练习 3-4 绘制椭圆 .avi

椭圆工具的使用方法与矩形工具相同，直接拖动鼠标可绘制一个椭圆或圆形。绘制过程如图 3.43 所示。

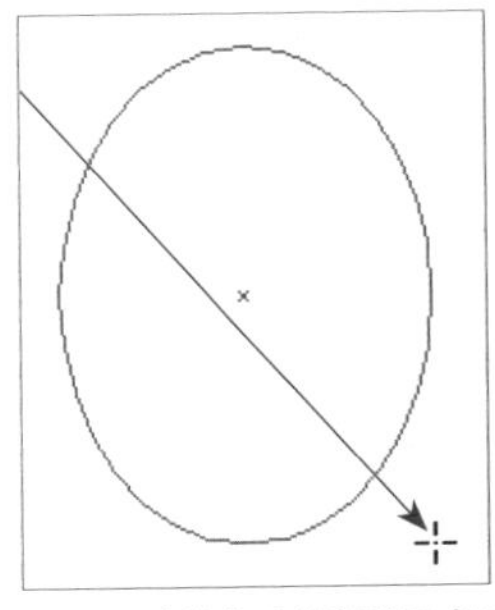

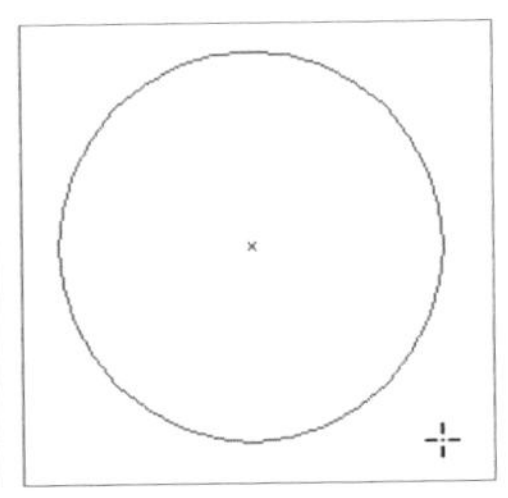

图3.43 直接拖动绘制椭圆或圆

当然，也可以像精确绘制矩形一样精确绘制椭圆或圆。首先在工具箱中选择“椭圆工具”，然后将光标移动到绘图区合适的位置单击，会弹出如图 3.44 所示的“椭圆”对话框。在“宽度”文本框中输入数值，指定椭圆的宽度值，即横轴长度；在“高度”文本框中输入数值，指定椭圆的高度值，即纵轴长度。如果输入的宽度值和高度值相同，绘制出来的就是圆形。最后单击“确定”按钮即可创建一个精确的椭圆。

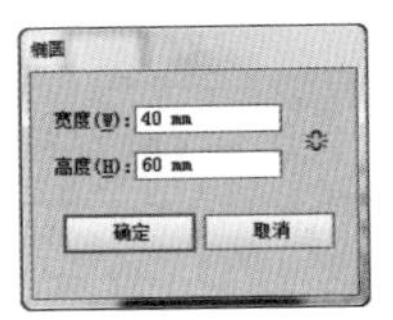

图3.44 “椭圆”对话框

3.5.1 绘制多边形 重点

利用多边形工具可以绘制各种多边形效果，如三角形、五边形、十边形等。多边形的绘制与其他图形稍有不同，拖动时按下鼠标左键的点为多边形的中心点。

在工具箱中选择“多边形工具”，然后在绘图区适当位置按下鼠标左键并向外拖动，即可绘制一个多边形，其中按下鼠标左键的点是图形的中心点，释放鼠标左键的位置为多边形的一个角点，拖动的同时可以转动多边形角点的位置。绘制过程如图 3.45 所示。

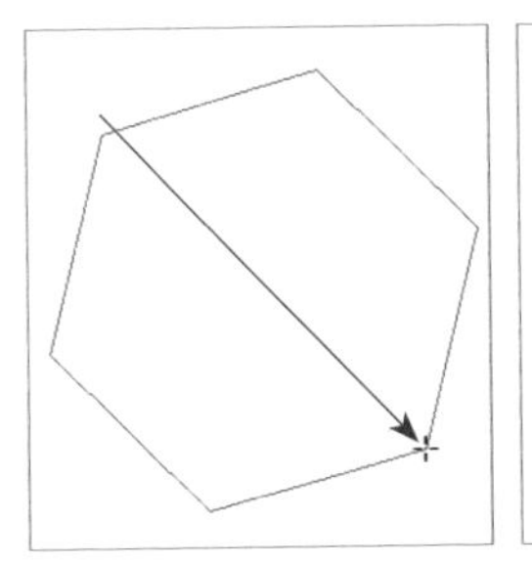

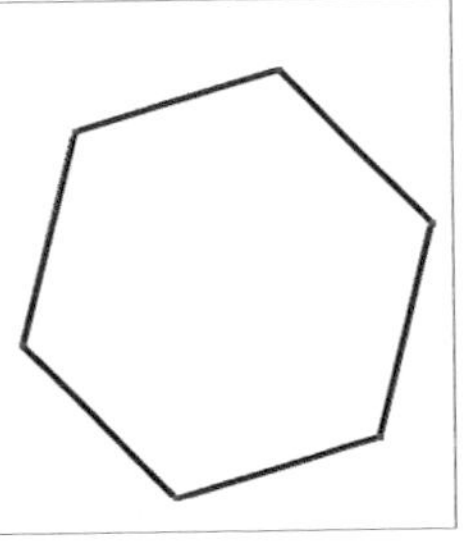

图3.45 绘制多边形效果

可以用输入数值的方法绘制精确的多边形。选中多边形工具之后，单击屏幕的任意位置，将会弹出如图 3.46 所示的“多边形”对话框。在“半径”文本框中输入数值，指定多边形的半径大小；在“边数”文本框中输入数值，指定多边形的边数。

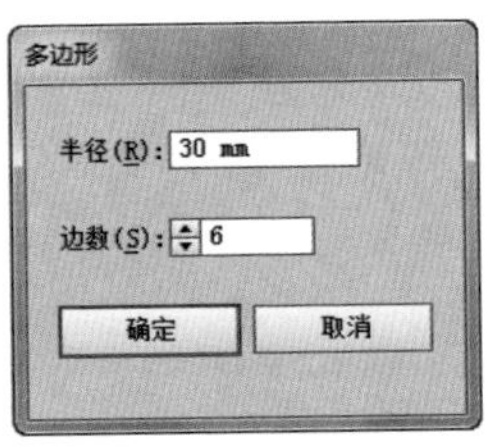

图3.46 “多边形”对话框

3.5.2 绘制星形

利用星形工具可以绘制各种星形效果，使用方法与多边形工具相同，直接拖动即可绘制一个星形。在绘制星形时，如果按住 ~ 键、Alt + ~ 组合键或 Shift + ~ 组合键，可以绘制出不同的多个星形效果，其效果分别如图 3.47、图 3.48、图 3.49 所示。

图3.47 按住 ~ 键

图3.48 按住 Shift + ~ 组合键

图3.49 按住 Alt + ~ 组合键

可以使用“星形”对话框精确绘制星形。

在工具箱中选择“星形工具”，然后在绘图区适当位置单击，则会弹出如图3.50所示的“星形”对话框。在“半径1”文本框中输入数值，指定星形中心点到星形最外部点的距离；在“半径2”文本框中输入数值，指定星形中心点到星形内部点的距离；在“角点数”文本框中输入数值，指定星形的角点数目。

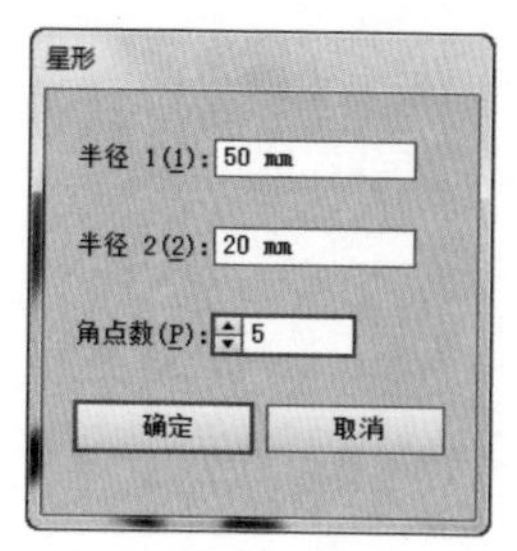

图3.50 “星形”对话框

3.5.3 绘制光晕

光晕工具可以模拟相机拍摄时产生的光晕效果。光晕的绘制与其他图形的绘制很不相同，首先选择“光晕工具”，然后在绘图区的适当位置按住鼠标左键拖动绘制出光晕效果，达到满意效果后释放鼠标左键，接着在合适的位置单击鼠标，确定光晕的方向，这样就可绘制出光晕效果，如图3.51所示。

图3.51 绘制光晕的效果

如果想精确绘制光晕，可以在工具箱中选择“光晕工具”，然后在绘图区的适当位置单击鼠标，弹出如图3.52所示的“光晕工具选项”对话框，对光晕进行详细的设置。

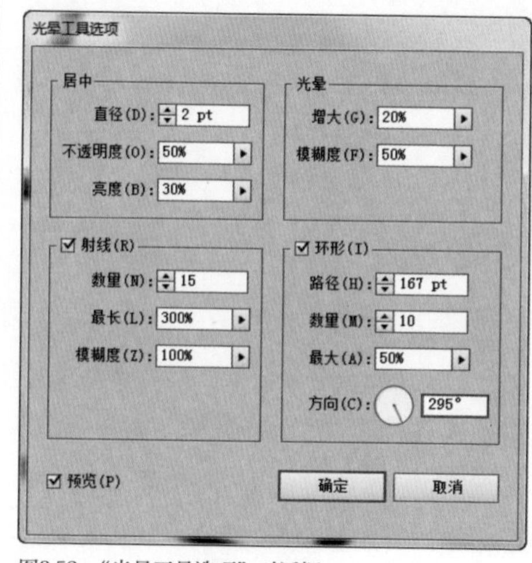

图3.52 “光晕工具选项”对话框

“光晕工具选项”对话框各选项说明如下。

- **“居中”**：设置光晕中心的光环。“直径”用来指定光晕中心光环的大小。“不透明度”用来指定光晕中心光环的不透明度，值越小越透明。“亮度”用来指定光晕中心光环的明亮程度，值越大，光环越亮。
- **“光晕”**：设置光环外部的光晕。“增大”用来指定光晕的大小，值越大，光晕也就越大。“模糊度”用来指定光晕的羽化柔和程度，值越大越柔和。
- **“射线”**：勾选该选项，可以设置光环周围的光线。“数量”用来指定射线的数目。“最长”用来指定射线的最长值，以此来确定射线的变化范围。“模糊度”用来指定射线的羽化柔和程度，值越大越柔和。
- **“环形”**：设置外部光环及尾部方向的光环。“路径”用来指定尾部光环的偏移数值。“数量”用来指定光环的数量。“最大”用来指定光环的最大值，以此来确定光环的变化范围。
- **“方向”**：设置光环的方向，可以直接在文本框中输入数值，也可以拖动其右侧的指针来调整光环的方向。

3.6 自由绘图工具

除了前面讲过的线条绘制和几何图形绘制，还可以选择以自由形式来绘制图形。自由绘图工具包括“铅笔工具”、“平滑工具”、“路径橡皮擦工具”、“橡皮擦工具”、“剪刀工具”、“刻刀”、“透视网格工具”，利用这些工具可以自由绘制各种比较随意的图形效果。

3.6.1 铅笔工具的应用

使用铅笔工具能够绘制自由宽度和形状的曲线，能够创建开放路径和封闭路径。就如同在纸上用铅笔绘图一样。这对速写或建立手绘外观很有帮助，当绘制完路径后，还可以随时对其进行修改。与钢笔工具相比，尽管铅笔工具所绘制的曲线不如钢笔工具精确，但铅笔工具能绘制的形状更为多样，使用方法更为灵活，容易掌握。可以说使用铅笔工具就可完成大部分精度要求不是很高的几何图形的绘制。

另外，使用铅笔工具时还可以设置它的保真度、平滑度及填充与描边，有了这些设置，使用铅笔工具绘图会更加随意和方便。

1. 设置铅笔工具的参数

设置铅笔工具参数的方法和前面讲过的工具不太相同，要打开“铅笔工具选项”对话框必须双击工具箱里的“铅笔工具”图标。“铅笔工具选项”对话框如图 3.53 所示。

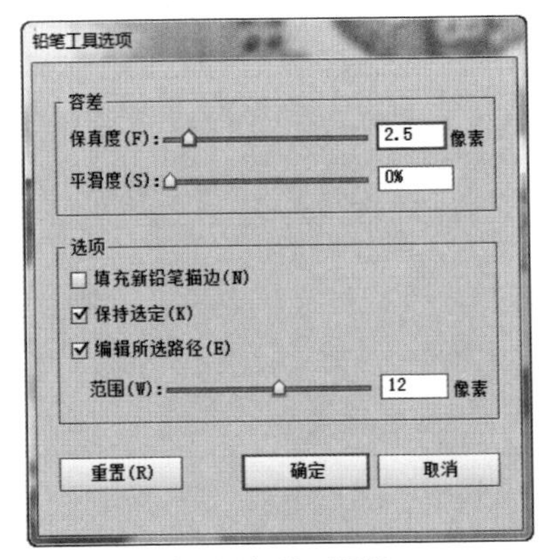

图3.53 “铅笔工具选项”对话框

“铅笔工具选项”对话框各选项说明如下。

- **“保真度”**：设置铅笔工具绘制曲线时路径上各点的精确度，值越小，所绘曲线越粗糙；值越大，路径越平滑且越简单。取值范围为0.5~20像素。
- **“平滑度”**：指定铅笔工具所绘制曲线的光滑度。平滑度的范围为0%到100%，值越大，所绘制的曲线越平滑。
- **“填充新铅笔描边”**：勾选该复选框，在使用铅笔绘制图形时，系统会根据当前填充颜色为铅笔绘制的图形填色。
- **“保持选定”**：勾选该复选框，将使铅笔工具绘制的曲线处于选中状态。
- **“编辑所选路径”**：勾选该复选框，则可编辑选中的曲线的路径，可使用铅笔工具来改变现有选中的路径，并可以在范围设置文本框中设置编辑范围。当铅笔工具与该路径之间的距离接近设置的数值时，即可对路径进行编辑修改。

2. 绘制开放路径

在工具箱中选择“铅笔工具”，然后将光标移动到绘图区中，此时光标将变成状，按住鼠标左键根据自己的需要拖动，当达到要求时释放鼠标左键，即可绘制一条开放路径，如图 3.54 所示。

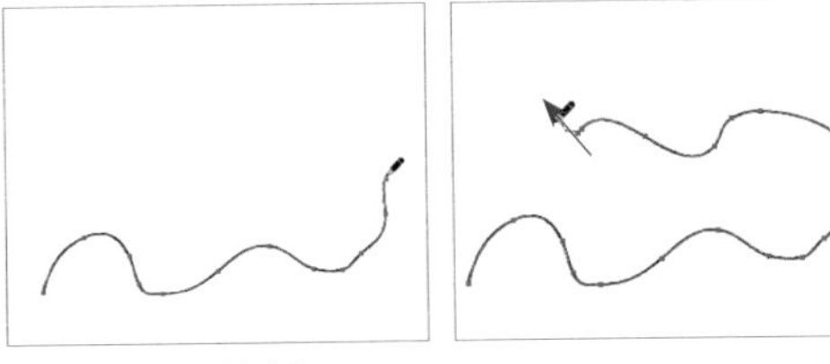

图3.54 绘制开放路径

3. 绘制封闭路径

选择铅笔工具，在绘图区中按住鼠标左键拖动开始路径的绘制，当达到自己希望的形状时，返回起点处并按住 Alt 键，可以看到铅笔光标的右下角出现了一个圆形，释放鼠标左键即可绘制一个封闭的图形。绘制封闭路径过程如图3.55所示。

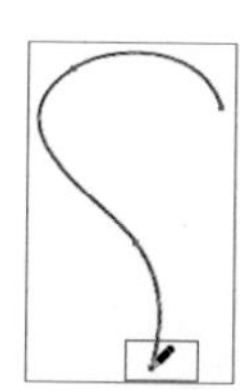
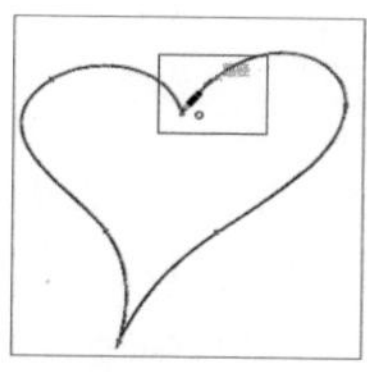

图3.55 绘制封闭路径过程

技巧

如果此时铅笔工具并没有返回起点位置，在中途按住 Alt 键并释放鼠标左键，系统会在起点与当前铅笔位置间自动连接一条线来将其封闭。

4. 编辑路径

如果对绘制的路径不满意，还可以使用铅笔工具本身来快速修改绘制的路径。首先要确定路径处于选中状态，将光标移动到路径上，当光标变成状时，按住鼠标左键按自己的需要重新绘制图形，绘制完成后释放鼠标左键即可看到路径的修改效果。操作效果如图 3.56 所示。

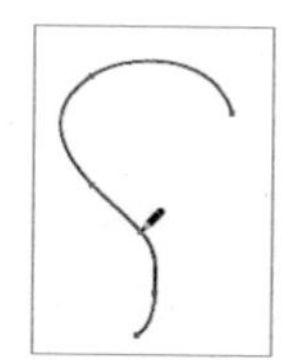
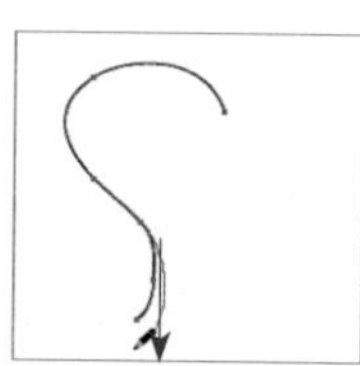
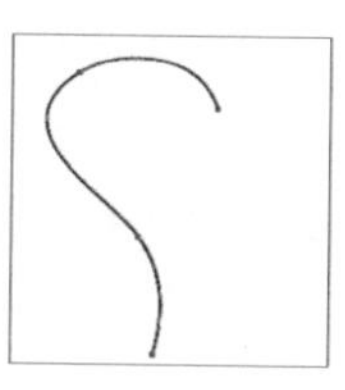

图3.56 编辑路径效果

5. 转换封闭路径与开放路径

利用铅笔工具还可以将封闭的路径转换为开放路径，或将开放路径转换为封闭路径。首先选择要修改的封闭路径，然后选择铅笔工具，当光标在封闭路径上变成状时，按住鼠标左键向路径的外部或内部拖动，当到达满意的位置后，释放鼠标左键即可将封闭路径转换为开放的路径。操作效果如图 3.57 所示。

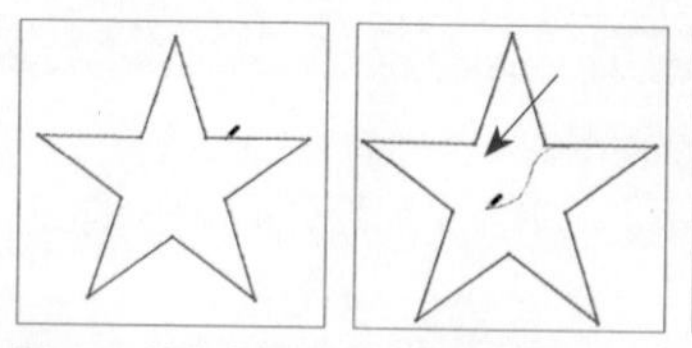

图3.57 转换为开放路径操作效果

提示

这里为了让读者能够清楚地看到路径的断开效果，故意将路径锚点移动了一些。

如果要将开放的路径封闭起来，可以先选择要封闭的开放路径，然后将光标移动到开放路径的其中一个锚点上，当光标变成状时，按住鼠标左键拖动到另一个开放的锚点上，释放鼠标左键即可将开放的路径封闭起来。操作过程如图 3.58 所示。

图3.58 转换为封闭路径操作效果

3.6.2 平滑工具的应用

平滑工具可以将锐利的曲线路径变得更平滑。平滑工具主要是在原有路径的基础上，根据用户拖动出的新路径自动平滑化原有路径，而且可以多次拖动以平滑化路径。

在使用平滑工具前，可以通过“平滑工具选项”对话框对平滑工具进行相关的设置。双击工具箱中的“平滑工具”，将弹出“平滑工具选项”对话框，如图 3.59 所示。

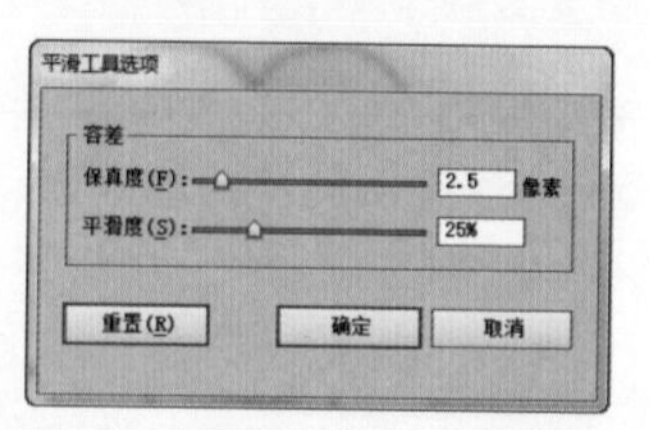

图3.59 “平滑工具选项”对话框

“平滑工具选项”对话框各选项说明如下。

- **“保真度”：** 设置平滑化时路径上各点的精确度，值越小，路径越粗糙；值越大，路径越平滑且越简单。取值范围为0.5~20像素。
- **“平滑度”：** 指定平滑工具所修改路径的光滑度。平滑度的范围为0%到100%，值越大，修改的路径越平滑。

要对路径进行平滑化处理，首先选择要处理的路径图形，然后使用“平滑工具”在图形上按住鼠标左键拖动，如果一次不能达到满意效果，可以多次拖动将路径平滑化。平滑化路径效果如图 3.60 所示。

图3.60 平滑化路径效果

3.6.3 路径橡皮擦工具的应用

使用“路径橡皮擦工具”可以擦去画笔路径的全部或其中一部分，也可以将一条路径分割为多条路径。

要擦除路径，首先要选中当前路径，然后使用“路径橡皮擦工具”在需要擦除的路径位置按下鼠标左键，在不释放鼠标左键的情况下拖动鼠标擦除路径，到达满意的位置后释放鼠标左键，即可将该段路径擦除。擦除路径效果如图 3.61 所示。

图3.61 擦除路径效果

技巧

使用“路径橡皮擦工具”在开放的路径上单击，可以在单击处将路径断开，分割为两个路径。

3.6.4 橡皮擦工具的应用

Illustrator CS6 中的橡皮擦工具与现实生活中的橡皮擦在使用上基本相同，主要用来擦除图形，但橡皮擦只能擦除矢量图形，对于导入的位图是不能使用橡皮擦进行擦除处理的。

在使用橡皮擦工具前，可以首先设置橡皮擦的相关参数，比如橡皮擦的角度、圆度和直径等。在工具箱中双击“橡皮擦工具”按钮，将弹出“橡皮擦工具选项”对话框，如图 3.62 所示。

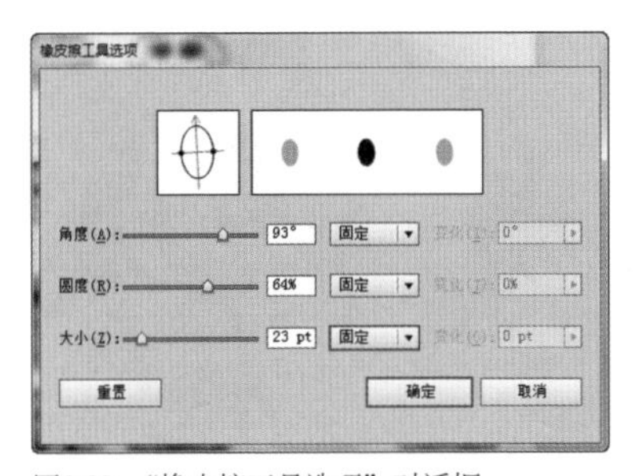

图3.62 “橡皮擦工具选项”对话框

“橡皮擦工具选项”对话框各选项说明如下。

- **调整区：** 通过该区可以直观地调整橡皮擦的外观。拖动图中的小黑点，可以修改橡皮擦的圆度，拖动箭头可以修改橡皮擦的角度，如图3.63所示。

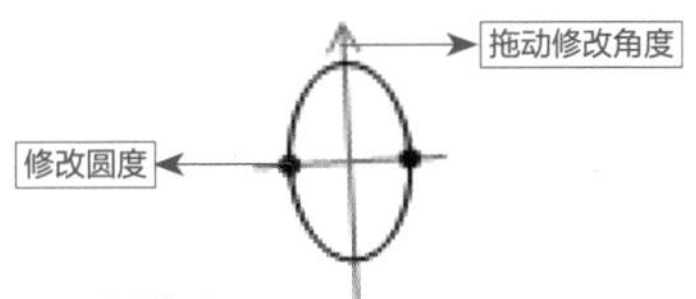

图3.63 调整区

- **预览区：** 用来预览橡皮擦的设置效果。
- **“角度”：** 在右侧的文本框中输入数值，可以修改橡皮擦的角度值。它与“调整区”中的角度修改相同，只是调整的方法不同。从下拉列表中可以选择角度的变化模式，“固定”表示以设定的角度来擦除；“随机”表示在擦除时角度会出现随机的变化。其他选项需要搭配绘图板来设置绘图笔刷的压力、光笔轮等效果，以产生不同的擦除效果。另外，通过修改“变化”值，可以设置角度的变化范围。

- **“圆度”：** 设置橡皮擦的圆度，与“调整区”中的圆度相同，只是调整的方法不同。它也有随机和变化的设置，与“角度”用法一样，这里不再赘述。
- **“大小”：** 设置橡皮擦的大小。其他选项与“角度”用法一样。

设置完成后，如果要擦除图形，可以在工具箱中选择“橡皮擦工具”，然后在合适的位置按下鼠标左键拖动，擦除完成后释放鼠标左键即可将光标经过的图形擦除。擦除效果如图 3.64 所示。

图3.64 擦除图形效果

技巧

在使用“橡皮擦工具”时，如果按住 Alt 键，可以拖动出一个矩形框，以矩形框的形式擦除图形。按住 Shift 键，可以沿水平、竖直或 45 度方向拖动。

3.6.5 剪刀工具的应用

剪刀工具主要用来将选中的路径分割开来，可以将一条路径分割为两条或多条路径，也可以将封闭的路径剪成开放的路径。

下面来将一条路径分割为两条独立的路径。在工具箱中选择“剪刀工具”，将光标移动到路径线段或锚点上，在需要断开的位置单击鼠标，然后移动光标到另一个要断开的路径线段或锚点上，再次单击鼠标，这样就可以将一个图形分割为两个独立的图形。分割后的图形如图 3.65 所示。

图3.65 分割图形效果

提示

为了方便读者观察，这里对完成的效果图进行了移动操作。

3.6.6 刻刀的应用

刻刀与剪刀工具都是用来分割路径的，但刻刀可以将一条封闭的路径分割为两条独立的封闭路径，而且刻刀只应用在封闭的路径中，对于开放的路径则不起作用。

要分割图形，首先选择“刻刀”，然后在适当位置按住鼠标左键拖动，可以清楚地看到刻刀的拖动轨迹，分割完成后释放鼠标左键，可以看到图形自动处于选中状态，并可以看到刻刀划出的切割线条效果。这就完成了对路径的分割，利用选择工具可以单独移动分割后的图形。分割图形效果如图 3.66 所示。

图3.66 分割图形效果

3.6.7 透视网格工具 

透视网格工具用来启用网格功能，支持在真实的透视图平面上直接绘图。可以在精确的 1 点、2 点、3 点透视中使用透视网格绘制形状和场景。

首先单击"透视网格工具"打开透视网格，选择"矩形工具"并在透视网格中绘出一个矩形，在绘制的时候会发现矩形会自动根据透视网格改变透视效果，如图 3.67 所示。

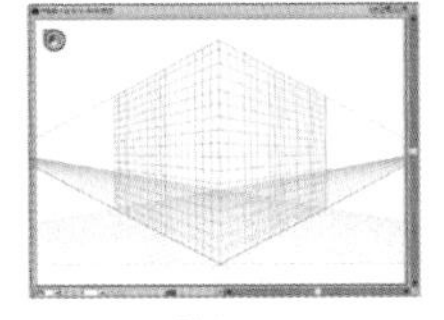 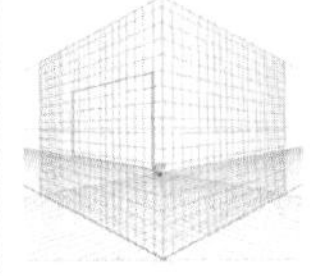 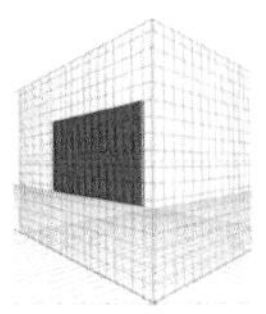

图3.67 透视图

3.7 知识拓展

本章主要讲解了 Illustrator 绘图工具的使用，这些工具都是最基本的绘图工具，非常简单易学，但在设计中却占有重要的地位，是整个设计的基础内容，只有掌握了这些最基础的内容，才能举一反三，设计出更出色的作品。

3.8 拓展训练

本章通过 3 个拓展训练，让读者朋友对基本绘图工具加深了解，并对这些基本绘图工具进行扩展应用，掌握这些知识并应用在实战中，可以让你的作品更加出色。

训练3-1 利用"钢笔工具"绘制五彩线条

◆实例分析

本例讲解五彩线条的绘制方法。通过对"钢笔工具"与"扩展"命令的应用，绘制出五彩线条效果。最终效果如图 3.68 所示。

难　　度：★★★
素材文件：无
案例文件：第 3 章\绘制五彩线条 .ai
视频文件：第 3 章\训练 3-1 利用"钢笔工具"绘制五彩线条 .avi

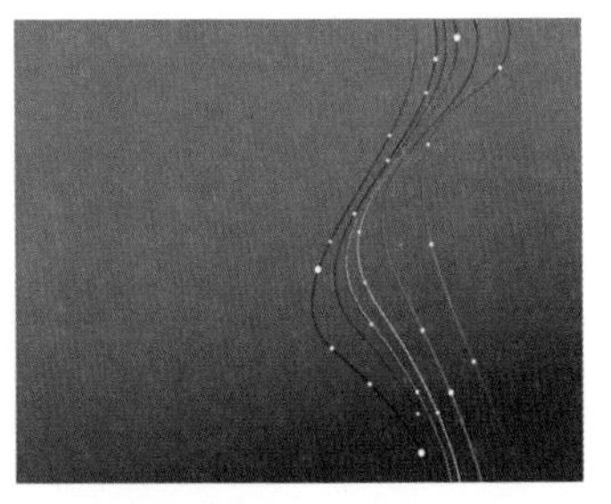

图3.68 最终效果

◆本例知识点

1．"钢笔工具"
2．"渐变"面板
3．"扩展"命令

训练3-2 利用"剪刀工具"制作巧克力

◆实例分析

本例主要讲解使用"剪刀工具"制作巧克力效果。最终效果如图 3.69 所示。

难　　度：★★★
素材文件：无
案例文件：第 3 章\制作巧克力 .ai
视频文件：第 3 章\训练 3-2 利用"剪刀工具"制作巧克力 .avi

◆本例知识点

1．"圆角矩形工具"
2．"旋转""连接""移动"命令
3．"剪刀工具"

图3.69 最终效果

训练3-3 利用“矩形工具”绘制钢琴键

◆实例分析

本例讲解利用“矩形工具”绘制钢琴键的方法。最终效果如图 3.70 所示。

难　　度：★★
素材文件：无
案例文件：第 3 章 \ 绘制钢琴键 .ai
视频文件：第 3 章 \ 训练 3-3 利用“矩形工具”绘制钢琴键 .avi

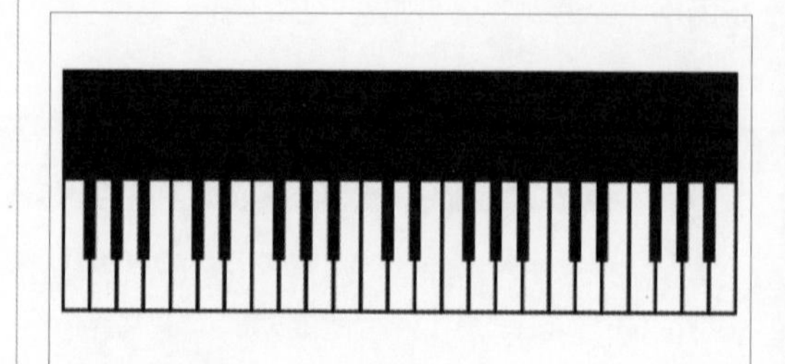

图3.70 最终效果

◆本例知识点

1. “矩形工具”
2. “移动”命令

第2篇

提高篇

第4章

图形的选择、变换与变形

在前面的章节中讲解了Illustrator的基本图形的绘制，但在实际创作中，不可能一次绘制就得到所要的效果，更多的创作工作表现在对图形对象的编辑过程中。本章首先会介绍如何选择图形对象，包括选择、直接选择、编组选择、魔棒和套索等工具的使用，以及菜单选择命令的使用，然后讲解图形的变换与各种变形工具的使用。通过对本章的学习，读者应该能够掌握各种选择工具与命令的使用方法，以及图形的变换和变形技巧。

教学目标

学习各种选择工具的使用

学习对对象的旋转操作 | 掌握各种变换功能的使用方法

掌握液化变形工具的使用方法

4.1 图形的选择

在绘图的过程中，需要不停地选择图形来进行编辑。因为在编辑一个对象之前，必须先把它从周围的对象中区分开来，然后再对其进行移动、复制、删除、调整路径等编辑。Illustrator CS6 提供了 5 种选择工具，包括“选择工具”、“直接选择工具”、“编组选择工具”、“魔棒工具”和“套索工具”，这 5 种工具在使用上各有各的特点和功能，只有熟练掌握了这些工具的用法，才能绘制出优美的图形。

练习4-1 使用选择工具

难　　度：★
素材文件：无
案例文件：无
视频文件：第 4 章 \ 练习 4-1 使用选择工具 .avi

选择工具主要用来选择和移动图形对象，它是所有工具中使用得最多的一个工具。当选择图形对象后，图形将显示出它的路径和一个定界框，在定界框的四周显示 8 个空心的正方形，表示定界框的控制点。在定界框的中心位置，还将显示定界框的中心点，如图 4.1 所示。

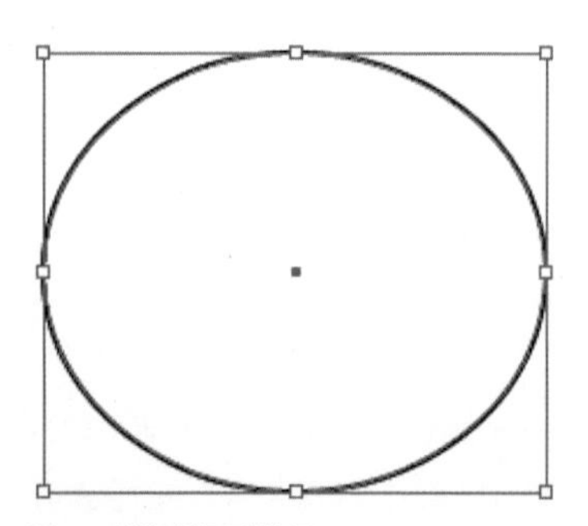

图4.1 选择的图形效果

技巧

如果不想显示定界框，执行菜单栏中的“视图”|“隐藏定界框”命令，即可将其隐藏，此时“隐藏定界框”命令将变成“显示定界框”命令，再次单击可以将定界框显示出来。

1. 选择对象

使用选择工具选取图形分为两种方法：点选和框选。下面来详细讲解这两种方法的使用技巧。

- **方法1：**点选。所谓点选，就是单击选择图形。使用选择工具，将光标移动到目标对象上，当光标变成状时单击鼠标，即可将目标对象选中。在选择时，如果当前图形只是一个路径轮廓，而没有填充颜色，需要将光标移动到路径上进行点选。如果当前图形有填充颜色，只需要单击填充位置即可将图形选中。
  点选一次只能选择一个图形对象，如果想选择更多的图形对象，可以在选择时按住Shift键，以添加更多的对象。
- **方法2：**框选。框选就是使用拖动出一个虚拟的矩形框的方法进行选择。使用选择工具在适当的空白位置按下鼠标左键，在不释放鼠标左键的情况下拖动出一个虚拟的矩形框，到达满意的位置后释放鼠标左键，即可将图形对象选中。在框选图形对象时，不管图形对象是部分与矩形框接触相交，还是全部在矩形框内，都将被选中。框选效果如图4.2所示。

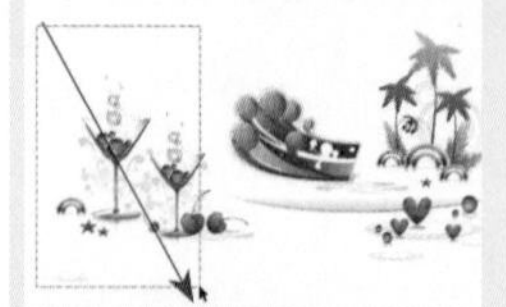

图4.2 框选效果

2. 移动对象

在文档中选择要移动的图形对象，然后将光标移动到定界框中，当光标变成状时，按住鼠标左键拖动图形，到达满意的位置后释放鼠标左键，即可移动图形对象的位置。移动图形位置效果如图 4.3 所示。

图4.3 移动图形位置效果

3. 复制对象

利用选择工具不但可以移动图形对象，还可以复制图形对象。选择要复制的图形对象，然后在按住 Alt 键的同时拖动图形对象，此时光标将变成 状，拖动到合适的位置后先释放鼠标左键然后释放 Alt 键，即可复制一个图形对象。复制图形对象效果如图 4.4 所示。

图4.4 复制图形对象效果

4. 调整对象

使用选择工具不但可以调整图形对象的大小，还可以旋转图形对象。调整大小和旋转图形对象的操作方法也是非常简单的。

- **调整图形对象的大小：**首先选择要调整大小的图形对象，将光标移动到定界框的任意一个控制点上，当光标变成 、 、 、或 状时，按住鼠标左键向外或向内拖动，就可以调整图形的大小了。调整图形大小的操作过程如图4.5所示。

图4.5 调整图形大小的操作过程

- **旋转图形对象：**首先选择要旋转的图形对象，将光标移动到定界框的任意一个控制点附近，当光标变成 、 、 、 、 、 、 或 状时，按住鼠标左键拖动，旋转到合适的位置后释放鼠标左键，即可将图形旋转一定的角度。旋转图形操作过程如图4.6所示。

图4.6 旋转图形操作过程

练习4-2 使用直接选择工具 

难　　度：★★
素材文件：无
案例文件：无
视频文件：第 4 章 \ 练习 4-2 使用直接选择工具 .avi

直接选择工具与选择工具在用法上基本相同，但直接选择工具主要用来选择和调整图形对象的锚点、曲线控制柄和路径线段。

利用直接选择工具单击可以选择图形对象上的 1 个锚点或多个锚点，也可以直接选择一个图形对象上的所有锚点。下面来讲解具体的操作方法。

1. 选择1个或多个锚点

选择直接选择工具，将光标移动到图形对象的锚点位置，此时锚点位置会自动出现一个白色的矩形框，并且在光标的右下角出现一个空心的正方形图标，此时单击鼠标即可选择该锚点。选中的锚点将显示为实色填充的矩形效果，而没有选中的锚点将显示为空心的矩形效果，也就是锚点处于激活的状态，这样可以清楚地看到各个锚点和控制柄，有利于编辑修改。如果想选择更多的锚点，可以按住 Shift 键继续单击选择锚点。选择效果如图 4.7 所示。

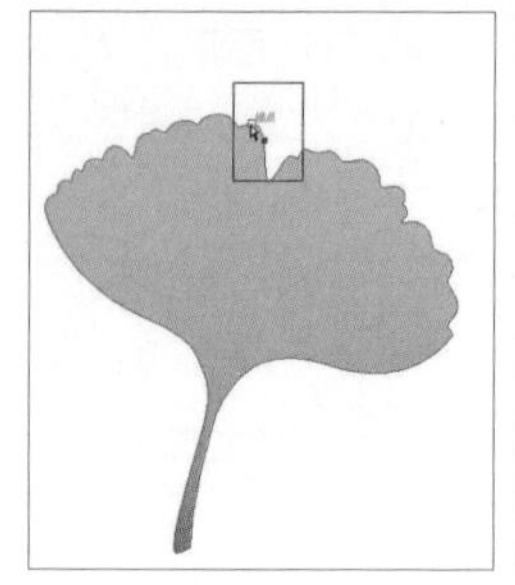
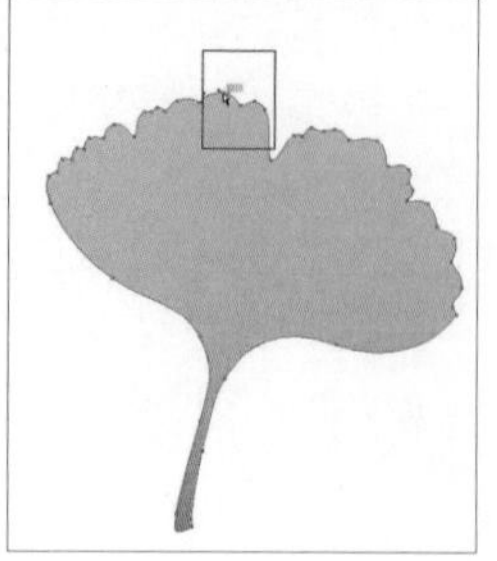

图4.7 选择效果

2. 选择整个图形的锚点

选择直接选择工具，将光标移动到图形对象的填充位置，可以看到在光标的右下角出现了一个实心的小矩形，此时单击鼠标，即可将整个图形的锚点全部选中。选择整个图形的锚点的效果如图 4.8 所示。

提示

这里要特别注意的是，这种选择方法只能用于带有填充颜色的图形对象，没有填充颜色的图形对象则不能利用该方法选择整个图形的锚点。

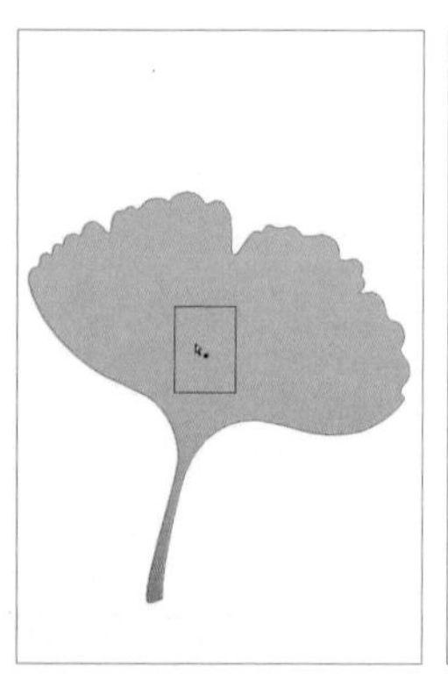

图4.8 选择整个图形的锚点

这里要特别注意的是，如果光标不在图形对象的填充位置，而是位于图形对象的描边路径上，光标右下角也会出现一个实心的小矩形，但此时单击鼠标不是选择整个图形对象的锚点，而是选择路径，将整个图形对象的锚点激活，显示出没有选中状态下的锚点和控制柄效果。选择路径的效果如图 4.9 所示。

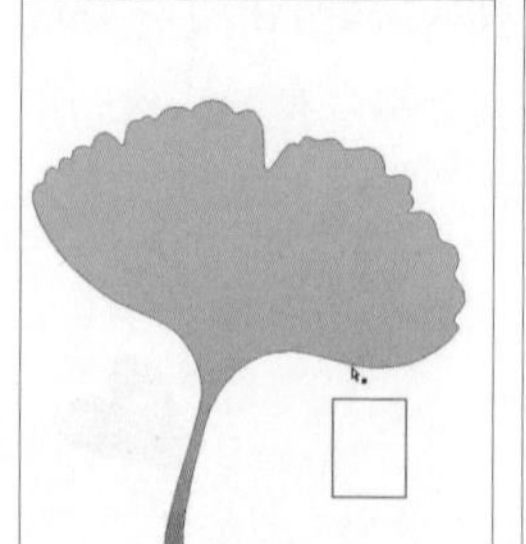
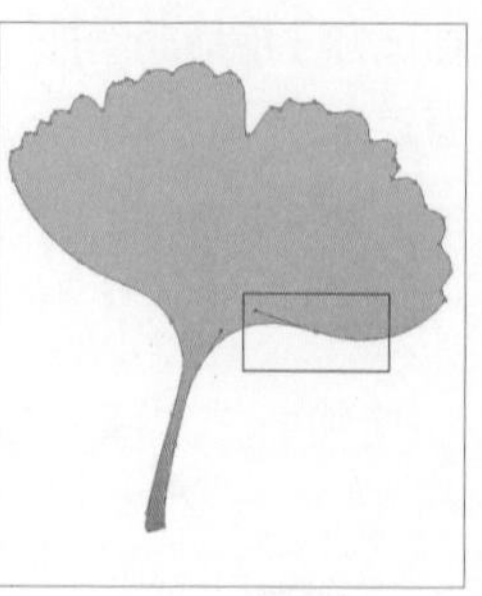

图4.9 选择路径的效果

练习4-3 利用“直接选择工具”制作信封

难　　度：★ ★

素材文件：无

案例文件：第 4 章 \ 制作信封 .ai

视频文件：第 4 章 \ 练习 4-3 利用“直接选择工具”制作信封 .avi

01 选择工具箱中的“矩形工具”，绘制1个与画板大小相同的矩形，将“填色”更改为黄色（R：252，G：246，B：219），“描边”为无，如图4.10所示。

02 选择工具箱中的“矩形工具”，在矩形左上角绘制1个小矩形，将“填色”更改为橙色（R：255，G：54，B：0），“描边”为无，如图4.11所示。

图4.10 绘制黄色矩形

图4.11 绘制橙色矩形

03 选择工具箱中的“直接选择工具”，选中矩形顶部两个锚点并向右侧拖动，如图4.12所示。

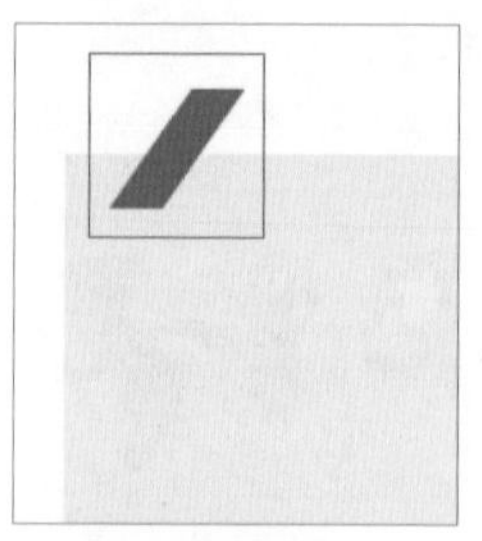

图4.12 拖动锚点

04 选中橙色图形，按住Alt+Shift组合键向右侧拖动，将图形复制，将复制生成的图形的“填色”更改为蓝色（R：41，G：154，B：229），如图4.13所示。

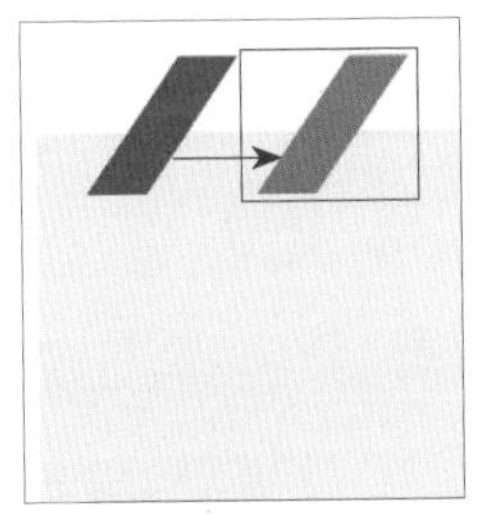

图4.13 复制图形

05 同时选中蓝、橙两个图形，按住Alt+Shift组合键向右侧拖动，将图形复制，如图4.14所示。

06 按Ctrl+D组合键将图形复制多份，如图4.15所示。

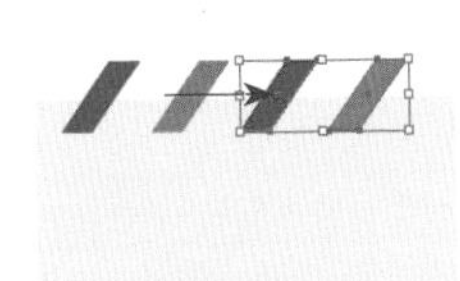

图4.14 复制图形　　图4.15 多次复制图形

07 同时选中顶部所有倾斜图形，按住Alt+Shift组合键向下方拖动，将图形复制，如图4.16所示。

图4.16 复制图形

08 以同样方法再复制两份并分别放在黄色矩形左右两侧位置，如图4.17所示。

图4.17 复制图形

09 选中黄色矩形，按Ctrl+C组合键将其复制，再按Ctrl+F组合键将其粘贴，按Ctrl+Shift+]组合键将对象移至所有对象上方，如图4.18所示。

图4.18 复制图形

10 同时选中所有对象，单击鼠标右键，从弹出的快捷菜单中选择“建立剪切蒙版”命令，将部分图像隐藏，这样就完成了效果制作，最终效果如图4.19所示。

图4.19 最终效果

4.1.1 使用编组选择工具 

编组选择工具主要用来选择组中的图形，特别是对混合的图形对象和图表对象的修改具有重要作用。与选择工具的相同点是都可以选择整个组的图形对象；不同点在于，选择工具不能选择组中的单个图形对象，而编组选择工具可以选择组中的单个图形对象。

编组选择工具与直接选择工具的相同点是都可以选择组中的单个图形对象或整个组；不同点在于，直接选择工具可以修改某个图形对象的锚点位置和曲线方向，而编组选择工具只能选择却不能修改图形对象的外观，但编组选择工具能通过多次的单击选择整个组的图形对象。

利用编组选择工具，可以选择一个组内的

单个图形对象或一个复合组内的一个组。在一组图形中单击某个图形对象，可以选择该对象，再次单击鼠标，可以将该组内的其他对象全部选中。用同样的方法，多次单击可以选择更多的组。要想了解编组选择工具的使用，首先要先了解什么是编组，如何进行编组。

1. 编组

编组其实就是将两个或两个以上的图形对象组合在一起，以方便选择，比如绘制一朵花，可以将组成花朵的花瓣编成组，将绿叶和叶脉编成组，如果想选择花朵，直接单击花朵组就可以选择整朵花，而不用一个一个地选择花瓣。编组的具体操作如下。

01 这里可以自己随意绘制一些图形，比如绘制两片树叶，而且两片树叶都是独立的图形对象。

02 使用选择工具，利用框选的方法将左侧的树叶的裂片全部选中，如图4.20所示。然后执行菜单栏中的“对象”|“编组”命令，即可将选择的树叶的裂片编成组。

图4.20 选择左侧树叶

2. 使用编组选择工具

下面来使用编组选择工具选择组中的图形对象。在左侧的树叶的其中一个裂片上单击，即可选择一个裂片，如果再次在这个裂片上单击，即可将这个裂片所在的组全部选中，选择组中的图形的效果如图 4.21 所示。

如果在右侧树叶的裂片上单击，也可以选择该裂片，但如果再次在这个裂片上单击，则不能选择整个树叶，因为右侧的树叶并不是一个组。

图4.21 选择组中的图形

4.1.2 使用魔棒工具 

“魔棒工具”的使用需要配合“魔棒”面板，主要用来选取具有相同或相似的填充颜色、描边颜色、描边粗细和不透明度等的图形对象。

在选择图形对象前，要根据选择的需要设置“魔棒”面板的相关选项，以选择需要的图形对象。双击工具箱中的“魔棒工具”，即可打开“魔棒”面板，如图 4.22 所示。

图4.22 “魔棒”面板

“魔棒”面板各选项的含义说明如下。

- **“填充颜色”**：勾选该复选框，使用魔棒工具可以选取出填充颜色相同或相似的图形。
- **“容差”**：该选项主要用来控制选定的颜色范围，值越大，颜色区域越广。其他选项也有容差设置，用法相同，不再赘述。
- **“描边颜色”**：勾选该复选框，使用魔棒工具可以选取出描边颜色相同或相似的图形。
- **“描边粗细”**：勾选该复选框，使用魔棒工具可以选取出描边粗细相同或相近的图形。
- **“不透明度”**：勾选该复选框，使用魔棒工具可以选取出不透明度相同或相近的图形。
- **“混合模式”**：勾选该复选框，使用魔棒工具可以选取相同混合模式的图形。

使用“魔棒工具”时还要注意，在“魔棒”面板中，选择的选项不同，选择的图形对象也不同，选择的选项的多少也会影响选择的最终结果。比如勾选了“填充颜色”和“描边颜色”

两个复选框，在选择图形对象时不但要满足填充颜色相同或相似的要求，还要满足描边颜色相同或相似的要求。选择更多的选项就要满足更多的选项要求才可以选择图形对象。下面来具体讲解使用“魔棒工具”选择图形的方法。

01 这里可以自己随意绘制一些图形，也可以打开“魔棒应用.ai”素材文件，这是由很多的五角星组成的文件，而且它们的填充颜色相同，但描边的粗细和颜色不相同。

02 选择工具箱中的“魔棒工具”，然后在“魔棒”面板中勾选“填充颜色”复选框，在左侧最大的五角星的填充颜色上单击鼠标，即可将所有填充颜色相同的五角星选中，如图4.23所示。

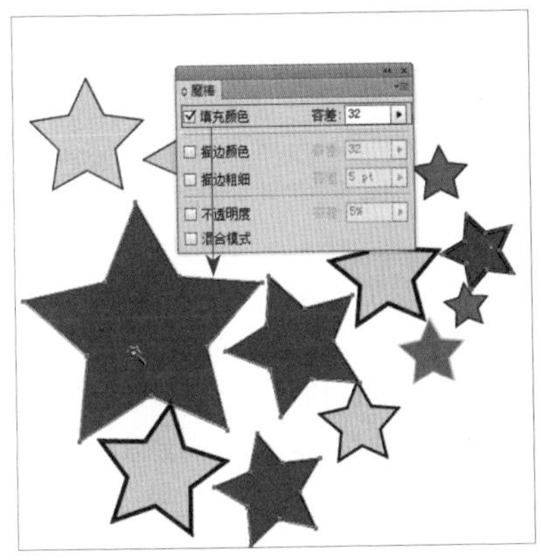

图4.23 按填充颜色选择的效果

03 勾选“填充颜色”和“描边颜色”复选框，在左侧最大的五角星的填充颜色上单击。也可以勾选“填充颜色”“描边颜色”和“描边粗细”复选框，并将“描边粗细”的“容差”值设置为0pt，再次在左侧最大的五角星的填充颜色上单击。用不同选项设置选择的效果如图4.24所示。

图4.24 用不同选项设置选择的效果

4.1.3 使用套索工具

“套索工具”主要用来选择图形对象的锚点、某段路径或整个图形对象，它与其他工具最大的不同点在于，它可以方便地拖出任意形状的选框，以选择位于不同位置的图形对象，只要与拖动的选框有接触的对象都将被选中，特别适合在复杂图形中选择某些图形对象。

使用“套索工具”在适当的位置按住鼠标左键拖动，可以清楚地看到拖动出的选框的效果，到达满意的位置后释放鼠标左键，即可将选框内部或与选框有接触的锚点、路径和图形全部选中。用套索工具选择的效果如图 4.25 所示。

图4.25 用套索工具选择的效果

4.1.4 使用菜单命令选择图形

前面讲解了用选择工具选择图形的操作方法，在有些时候使用这些工具显得有些麻烦，对于特殊的选择任务，可以使用菜单命令来完成。使用菜单命令不但可以选择具有相同属性的图形对象，选择当前文档中的全部图形对象，还可以利用“反向”命令快速选择其他图形对象。另外，还可以将选择的图形存储，更加方便了对图形的编辑操作。下面来具体讲解“选择”菜单（如图4.26所示）中各命令的使用方法。

选择(S)
全部(A) Ctrl+A
现用画板上的全部对象(L) Alt+Ctrl+A
取消选择(D) Shift+Ctrl+A
重新选择(R) Ctrl+6
反向(I)
上方的下一个对象(V) Alt+Ctrl+]
下方的下一个对象(B) Alt+Ctrl+[
相同(M)
对象(O)
存储所选对象(S)...
编辑所选对象(E)...

图4.26 “选择”菜单

- **“全部”**：选择该命令，可以将当前文档中的所有图形对象选中，这是个非常常用的命令。
- **“现用画板上的全部对象”**：选择该命令，可以将位于画板中的所有图形对象选中，位于画板外的图形对象将不会被选中。
- **“取消选择”**：选择该命令，可以取消当前文档中所选中的图形对象的选中状态，相当于使用“选择工具”在文档空白处单击鼠标来取消选择。
- **“重新选择”**：在默认状态下，该命令处于不可用状态，只有使用过“取消选择”命令后，才可以使用该命令，用来重新选择刚取消选择的图形对象。其快捷键为Ctrl + 6。
- **“反向”**：选择该命令，可以取消选择当前文档中选择的图形对象，而将没有选中的对象选中。比如在一个文档中，需要选择A部分图形对象，而在这些图形对象中不需要选中B部分对象，而且B部分对象相对来说比较容易选择，这时就可以选择B部分对象，然后应用“反向”命令选择A部分对象，同时取消对B部分对象的选择。
- **“上方的下一个对象”**：在Illustrator CS6中，绘制图形的顺序不同，图形的层次也就不同，一般来说，后绘制的图形位于先绘制的图形的上面。利用该命令可以选择当前选中的对象的上一个对象。其快捷键为Alt + Ctrl +]。
- **“下方的下一个对象”**：利用该命令，可以选择当前选中的对象的下一个对象。其快捷键为Alt + Ctrl + [。
- **“相同”**：其子菜单中有多个选项，可以在当前文档中选择具有相同属性的图形对象，其用法与前面讲过的“魔棒”面板选项相似，可以参考一下前面讲解的内容。
- **“对象”**：其子菜单中有多个选项，可以在当前文档中选择这些特殊的对象，如同一图层上的所有对象、方向手柄、画笔描边、剪切蒙版、游离点和文本对象等。
- **“存储所选对象”**：当在文档中选择图形对象后，该命令才处于激活状态，其用法类似于编组，只不过在这里只是将选择的图形对象作为集合保存起来，使用“直接选择工具”选择时，还是独立存在的对象，而不是一个集合。使用该命令后将弹出一个“存储所选对象”对话框，可以为集合命名，然后单击“确定”按钮，在“选择”菜单的底部将出现一个新的命令，选择该命令即可选择这个集合。
- **“编辑所选对象”**：只有使用“存储所选对象”命令存储过对象时，该命令才可以使用。选择该命令将弹出“编辑所选对象”对话框，可以利用该对话框为存储的对象集合重新命名或删除对象集合。

4.2 变换对象

当处理一幅图形的时候，经常需要对图形对象进行变换以达到最好的效果，除了使用路径编辑工具编辑路径，Illustrator CS6还提供了相当丰富的图形变换工具，使得图形变换十分方便。

变换可以用两种方法来实现：一种是使用菜单命令进行变换；另一种是使用工具箱中现有的工具对图形对象进行直观的变换。两种方法各有优点：使用菜单命令进行变换可以精确设定变换参数，多用于对图形尺寸、位置精度要求高的场合；使用变换工具进行变换操作步骤简单，变换效果直观，操作随意性强，在一般图形创作中很常用。

4.2.1 旋转对象 

旋转工具主要用来旋转图形对象，它与前面讲过的利用定界框旋转图形相似，但利用定界框旋转图形是绕所选图形的中心点来旋转的，中心点是固定的。而旋转工具不但可以绕所选图形的中心点来旋转图形，还可以自行设置所选图形的旋转中心，使旋转灵活性更高。

利用旋转工具不但可以对所选图形进行旋转，还可以只旋转图形对象的填充图案，在旋转的同时还可以利用辅助键来完成复制。

1. “旋转”菜单命令

执行菜单栏中的“对象”|“变换”|“旋转”命令，将打开如图 4.27 所示的“旋转”对话框，利用该对话框可以设置旋转的相关参数。

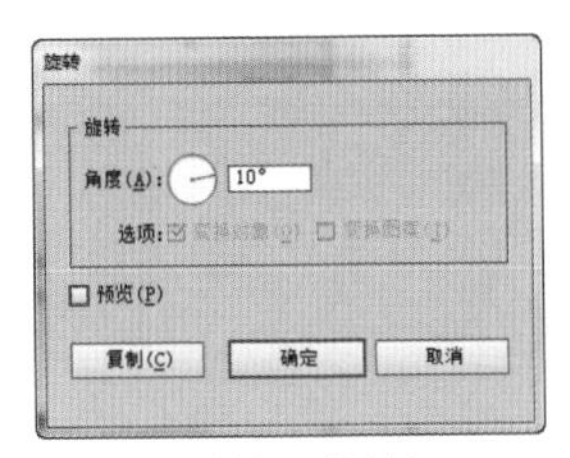

图4.27 “旋转”对话框

“旋转”对话框各选项的含义说明如下。

- **“角度”：** 指定图形对象旋转的角度，取值范围为-360°~360°。如果输入负值，将按顺时针方向旋转图形对象；如果输入正值，将按逆时针方向旋转图形对象。
- **“选项”：** 设置旋转的目标对象。勾选“变换对象”复选框，表示旋转图形对象；勾选变换“图案”复选框，表示旋转图形中填充的图案。
- **“复制”：** 单击该按钮，将按设置的旋转角度复制出一个旋转了的图形对象。

提示

在后面的小节中，也会用到“选项”组中的“变换对象”和“变换图案”复选框、“复制”按钮，如缩放对象、镜像对象和倾斜对象等，用法都是相同的，后面不再赘述。

2. 使用“旋转工具”旋转对象

利用旋转工具旋转图形分为两种情况：一种是绕所选图形的中心点旋转图形；另一种是自行设置旋转中心点来旋转图形，下面来详细讲解这两种操作方法。

- **绕所选图形的中心点旋转图形：** 利用旋转工具可以绕所选图形对象的默认中心点进行旋转操作，首先选择要旋转的图形对象，然后在工具箱中选择“旋转工具”，将光标移动到文档中的任意位置并按住鼠标左键拖动，即可绕所选图形对象的中心点旋转图形对象。绕图形中心点旋转的效果如图4.28所示。

图4.28 绕图形中心点旋转

- **自行设置旋转中心点来旋转图形：** 首先选择要旋转的图形对象，然后在工具箱中选择“旋转工具”，在文档中的适当位置单击鼠标，可以看到在单击处出现了一个中心点标志，此时的光标也变为了▶状，按住鼠标左键拖动，图形对象将以刚才鼠标单击的点为中心旋转。设置中心点并旋转的效果如图4.29所示。

图4.29 设置中心点并旋转

3. 旋转并复制对象

首先选择要旋转的图形对象，然后在工具箱中选择“旋转工具”，在文档中的适当位置单击鼠标，可以看到在单击处出现了一个中心点标志，此时的光标也变为了▶状，在按住 Alt 键的同时拖动鼠标，可以看到此时的光标显示为▶状，当到达合适的位置后释放鼠标左键即可旋转并复制出一个相同的图形对象，按 Ctrl + D 组合键，可以按原旋转角度再次复制出一个相同的图形，多次按“Ctrl + D”组合键，可以复制出更多的图形对象。旋转并复制图形对象效果如图 4.30 所示。

图4.30 旋转并复制图形对象效果

练习4-4 利用“旋转工具”绘制花朵

难　　度：★★

素材文件：无

案例文件：第 4 章 \ 绘制花朵 .ai

视频文件：第 4 章 \ 练习 4-4 利用“旋转工具”绘制花朵 .avi

01 选择工具箱中的“钢笔工具”，在绘图区中绘制一个花瓣，并填充为紫红色（C：28，M：100，Y：0，K：0），如图4.31所示。

02 选中花瓣，按Ctrl + C组合键将花瓣复制，然后按Ctrl + F组合键，将复制的花朵粘贴在原花朵的前面，并将其缩小，填充为浅粉色（C：0，M：16，Y：0，K：0），效果如图4.32所示。

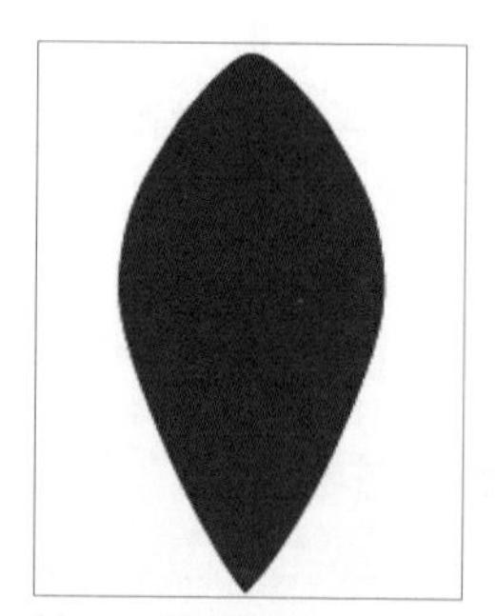
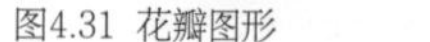

图4.31 花瓣图形

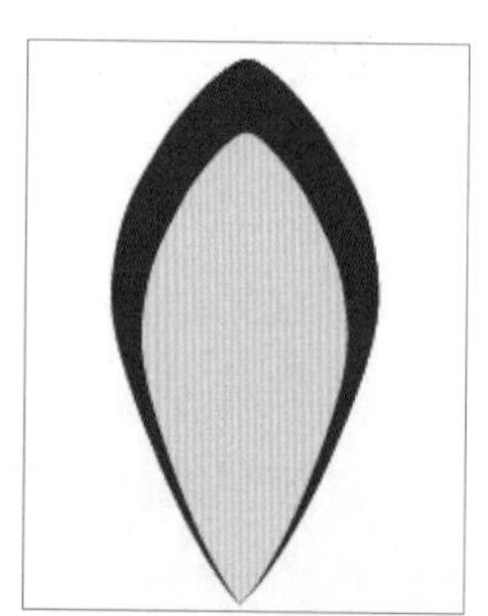

图4.32 复制并缩小

03 将复制出的花瓣再复制一份，然后将其缩小，并填充为淡粉色（C：0，M：9，Y：0，K：0），效果如图4.33所示。

04 将所有的花瓣选中，然后按Ctrl + G组合键，将花朵复制。再选择工具箱中的“椭圆工具”，在绘图区中绘制一个圆，并填充为紫色（C：55，M：100，Y：0，K：0）。

05 将绘图区中的所有花瓣和刚绘制的圆选中，然后再单击“对齐”栏中的“水平居中对齐”按钮，将绘图区中的所有图形水平居中对齐，效果如图4.34所示。

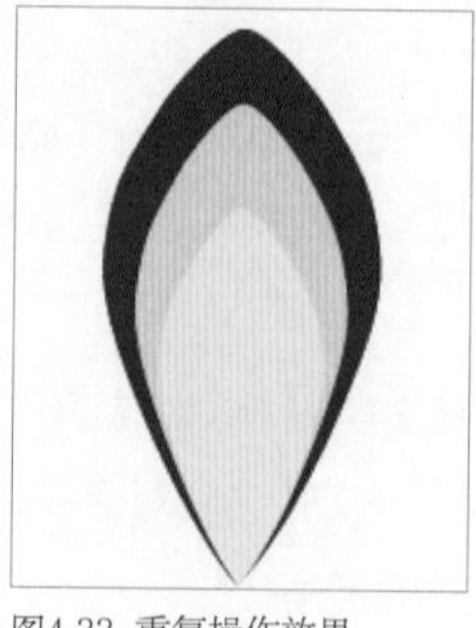

图4.33 重复操作效果

图4.34 水平居中对齐

06 选中花瓣，在工具箱中选择“旋转工具”，将鼠标指针移动到圆形的中心位置并单击，将旋转中心点调整到圆的中心位置，如图4.35所示，然后在按住Alt键的同时拖动鼠标，将花瓣旋转一定的角度，效果如图4.36所示。

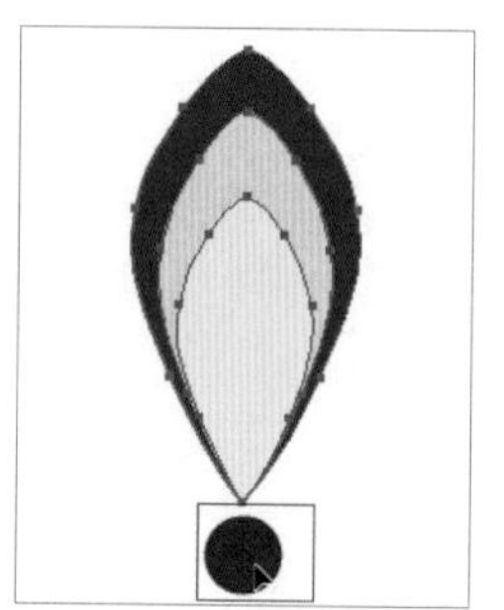

图4.35 调整中心点

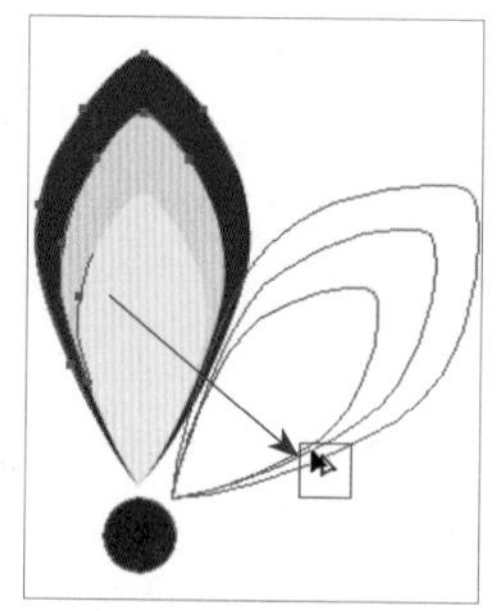

图4.36 旋转并复制

07 旋转并复制花瓣后，多次按Ctrl + D组合键，将花瓣复制多个，直到完成整个花朵的绘制，最终效果如图4.37所示。

图4.37 复制多份

4.2.2 镜像对象 重点

镜像也叫反射，在制图中比较常用。一般用来制作对称图形或倒影，对于对称的图形的倒影来说，重复绘制不但会带来大的工作量，而且也不能保证绘制出来的图形与原图形完全相同，这时就可以应用“镜像工具”或“对称”命令来轻松地完成图像的镜像效果的制作。

1. “对称”菜单命令

执行菜单栏中的“对象”|“变换”|“对称”命令，将打开如图 4.38 所示的“镜像”对话框，利用该对话框可以设置镜像的相关参数。在“轴”选项组中，选中“水平”单选按钮，表示图形以水平轴线为基准镜像，即图形上下镜像；选中“垂直”单选按钮，表示图形以竖直轴线为基准镜像，即图形左右水平镜像；选中“角度”单选按钮，可以在右侧的文本框中输入一个角度值，取值范围为 - 360° ~ 360° ，指定镜像参考轴与水平线的夹角，以参考轴为基准进行镜像。

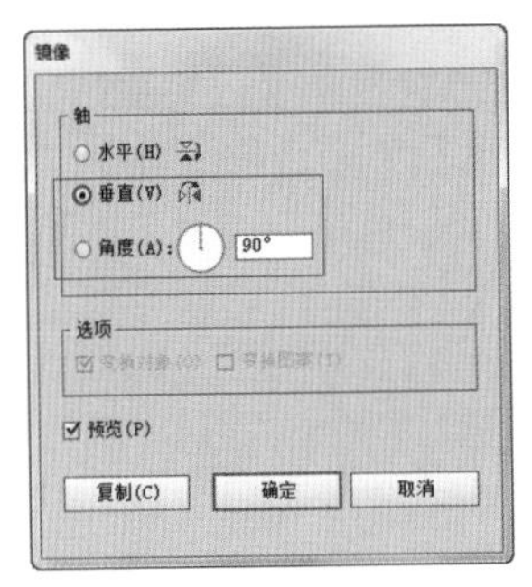

图4.38 “镜像”对话框

2. 使用“镜像工具”反射对象

利用“镜像工具”反射图形也可以分为两种情况：一种是沿所选图形的轴点所在的轴镜像图形；另一种是自行设置镜像轴点来反射图形。操作方法与旋转工具的操作方法相同。

下面自行设置镜像中心点来反射图形。首先选择图形，然后在工具箱中选择“镜像工具”，将光标移动到合适的位置并单击鼠标，确定镜像的轴点，在按住 Alt 键的同时拖动鼠标，拖动到合适的位置后释放鼠标左键并松开 Alt 键，即可镜像复制一个图形，如图 4.39 所示。

图4.39 镜像复制图形

练习4-5 利用“镜像工具”绘制雨伞

难　　度：★★
素材文件：无
案例文件：第 4 章\绘制雨伞 .ai
视频文件：第 4 章\练习 4-5 利用“镜像工具”绘制雨伞 .avi

01 选择工具箱中的“钢笔工具”，绘制图形，设置“填色”为橙色（R：243，G：92，B：47），“描边”为无，以同样方法再绘制1个蓝色（R：18，G：186，B：187）图形，如图4.40所示。

图4.40 绘制图形

02 同时选中两个图形，双击工具箱中的“镜像工具”，在弹出的对话框中选中“垂直”单选按钮，将“角度”更改为90°，完成之后单击“复制”按钮，如图4.41所示。

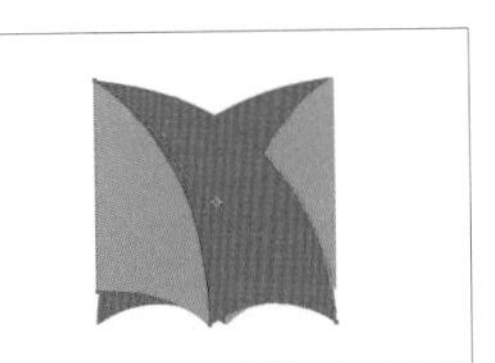
图4.41 复制图形

03 将复制生成的图形向右侧平移，如图4.42所示。

04 选中右侧蓝色图形，将其更改为稍深的蓝色，如图4.43所示。

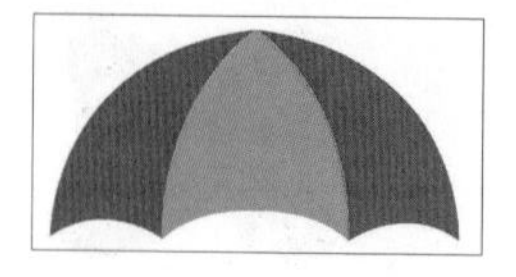

图4.42 移动图形

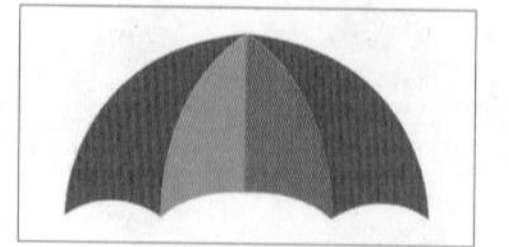

图4.43 更改图形颜色

05 选择工具箱中的“圆角矩形工具”，绘制1个圆角矩形，设置“填色”为蓝色（R：48，G：46，B：68），“描边”为无，如图4.44所示。

06 再绘制1个稍宽的圆角矩形，设置“填色”为无，“描边”为蓝色（R：48，G：46，B：68），“描边粗细”为5，如图4.45所示。

图4.44 绘制圆角矩形

图4.45 绘制稍宽的圆角矩形

07 选择工具箱中的“直接选择工具”，选中第2个圆角矩形顶部锚点，按Delete键将其删除，如图4.46所示。

08 单击控制栏中的“描边”，在出现的面板中将端点更改为圆头端点，如图4.47所示。

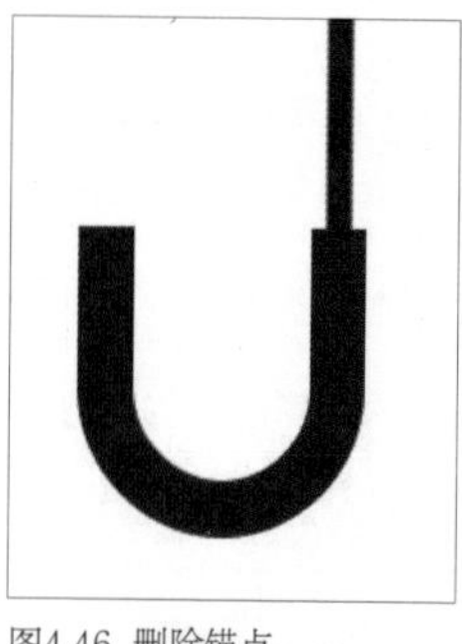

图4.46 删除锚点

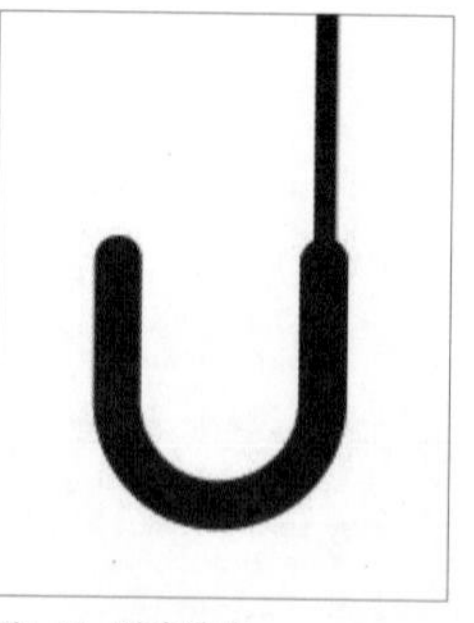

图4.47 更改端点

09 选择工具箱中的“直接选择工具”，选中图形右上角锚点，按Delete键将其删除，如图4.48所示。

10 选择工具箱中的“直接选择工具”，同时选中左下角两个锚点并向下竖直移动，这样就完成了效果制作，最终效果如图4.49所示。

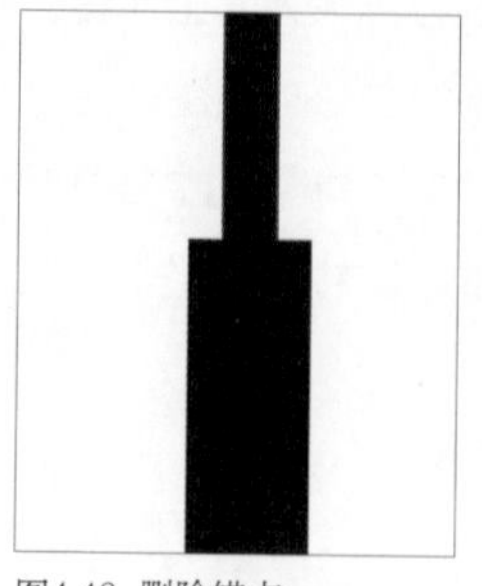

图4.48 删除锚点

图4.49 拖动锚点

4.2.3 缩放对象 重点

比例缩放工具和“缩放”命令主要用来对选择的图形对象进行放大或缩小操作，可以缩放整个图形对象，也可以缩放对象的填充图案。

1. “缩放”菜单命令

执行菜单栏中的“对象”|“变换”|“缩放”命令，将打开如图 4.50 所示的“比例缩放”对话框，在该对话框中可以对缩放进行详细的设置。

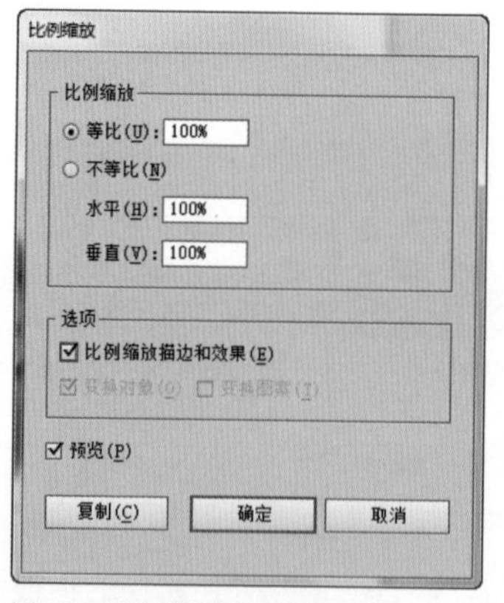

图4.50 “比例缩放”对话框

“比例缩放”对话框各选项的含义说明如下。

- “等比”：选中该单选按钮后，在右侧的文本框中输入数值，可以对所选图形进行等比例的缩放操作。当值大于100%时，放大图形；当值小于100%时缩小图形。

- **“不等比”**：选中该单选按钮后，可以分别在“水平”和“垂直”文本框中输入不同的数值，用来缩放图形的宽度和高度。
- **“比例缩放描边和效果”**：此选项用来设置是否缩放图形的描边粗细和图形的效果。勾选该复选框将对图形的描边粗细和图形的效果进行缩放操作。图4.51所示为原图、勾选该复选框并缩小50%、不勾选该复选框并缩小50%的效果。

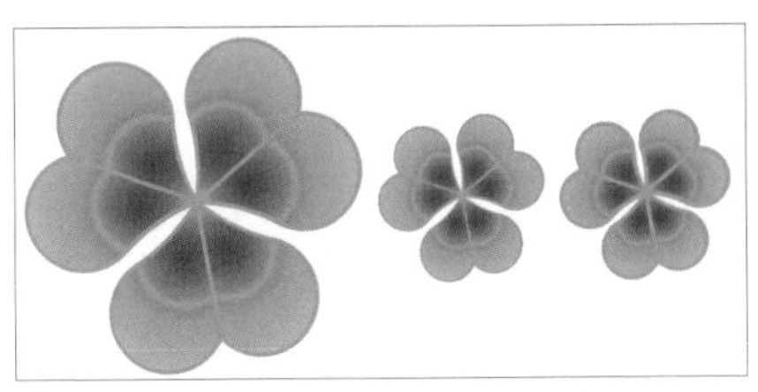

图4.51 勾选与不勾选“比例缩放描边和效果”

2. 使用“比例缩放工具”缩放对象

使用比例缩放工具缩放图形也可以分为两种情况：一种是按所选图形的中心点缩放图形；另一种是自行设置缩放中心点来缩放图形。操作方法与前面讲解过的旋转工具的操作方法相同。

下面自行设置缩放中心点来缩放图形。首先选择图形，然后在工具箱中选择“比例缩放工具”，光标将变为-¦-状，将光标移动到合适的位置并单击鼠标，确定缩放的中心点，此时光标将变成▶状，按住鼠标左键向外或向内拖动，缩放到满意大小后释放鼠标左键，即可将所选对象放大或缩小，如图 4.52 所示。

图4.52 按比例缩放图形

4.2.4 倾斜变换

使用“倾斜”命令或倾斜工具可以使图形对象倾斜，制作平行四边形、菱形、包装盒等效果。它在制作立体效果中占有很重要的位置。

1. “倾斜”菜单命令

执行菜单栏中的“对象”|“变换”|“倾斜”命令，可以打开如图 4.53 所示的“倾斜”对话框，在该对话框中可以对倾斜进行详细的设置。

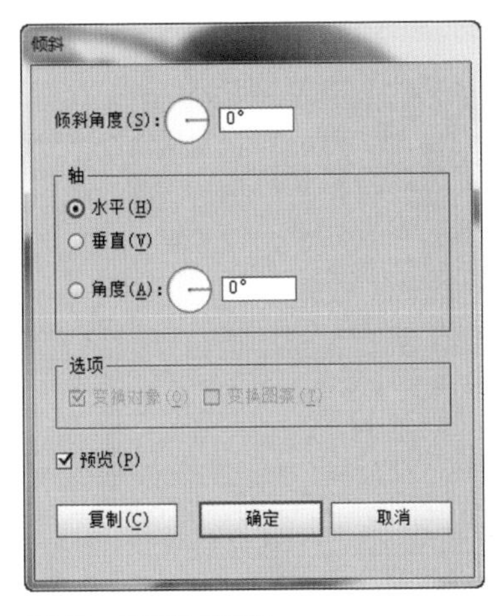

图4.53 “倾斜”对话框

“倾斜”对话框各选项的含义说明如下。

- **“倾斜角度”**：设置图形对象与倾斜参考轴之间的夹角的大小，取值范围为－360°～360°，其参考轴可以在“轴”选项组中指定。
- **“轴”**：选择倾斜的参考轴。选中“水平”单选按钮，表示参考轴为水平方向；选中“垂直”单选按钮，表示参考轴为竖直方向；选中“角度”单选按钮，可以在右侧的文本框中输入角度值，以设置不同角度的参考轴效果。

2. 使用“倾斜工具”倾斜对象

使用倾斜工具倾斜图形也可以分为两种情况，操作方法与前面讲解过的旋转工具的操作方法相同，这里不再赘述。

下面自行设置倾斜中心点来倾斜图形。首先选择图形，然后在工具箱中选择“倾斜工具”，光标将变为-¦-状，将光标移动到合适的位置并单击鼠标，确定倾斜中心点，此时光标将变成▶状，按住鼠标左键拖动到合适的位置后释放鼠标左键，即可将所选对象倾斜，如图 4.54 所示。

图4.54 倾斜图形

练习4-6 利用“倾斜”命令制作立体效果

难　　度：★★
素材文件：第 4 章 \ 礼物盒展开面 .ai
案例文件：第 4 章 \ 制作立体效果 .ai
视频文件：第 4 章 \ 练习 4-6 利用“倾斜”命令制作立体效果 .avi

01 执行菜单栏中的“文件”|“打开”命令，打开“礼物盒展开面.ai”文件，图像就会显示到界面中，效果如图4.55所示。

02 选中右侧正面的图形，双击工具箱中的“倾斜工具”按钮，打开“倾斜”对话框，设置“倾斜角度”为350°，轴为“垂直”，如图4.56所示。

图4.55 打开素材

图4.56 设置倾斜参数

03 设置完成后，单击“确定”按钮，此时，图形就竖直倾斜了350°，图形的倾斜效果如图4.57所示。

04 选中左边的侧面图形，双击“倾斜工具”按钮，打开“倾斜”对话框，设置“倾斜角度”为-350°，轴为“垂直”，单击“确定”按钮，此时图形的倾斜效果如图4.58所示。

图4.57 竖直倾斜350° 的效果

图4.58 竖直倾斜-350° 的效果

05 在工具箱中选择“钢笔工具”按钮，在绘图区中绘制一个多边形，将其填充为淡蓝色（C：89，M：67，Y：0，K：0）到浅蓝色（C：90，M：62，Y：0，K：0）的径向渐变，描边为无，放置到合适的位置，效果如图4.59所示。

06 将刚绘制的多边形复制一份并缩小，再填充为（C：61，M：39，Y：0，K：0）到（C：100，M：60，Y：15，K：0）的径向渐变，完成的最终效果如图4.60所示。

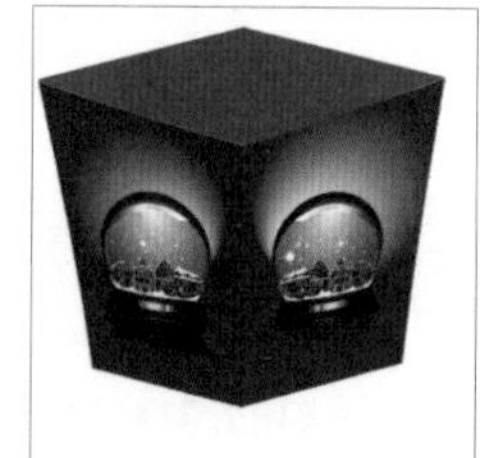
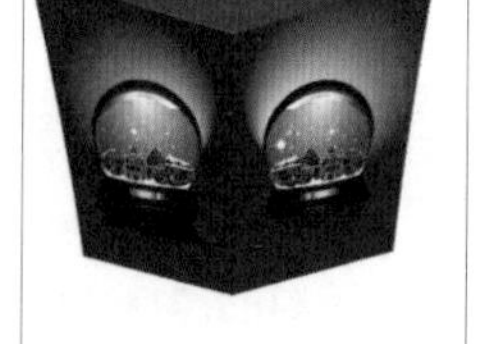

图4.59 绘制多边形

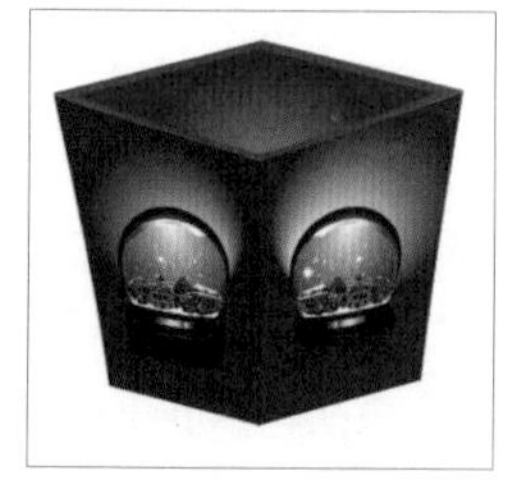

图4.60 复制、缩小并填充

4.2.5 使用自由变换工具

“自由变换工具”是一个综合性的变形工具，可以对图形对象进行移动、旋转、缩放、扭曲和透视变形处理。

“自由变换工具”对图形进行移动、旋转和缩放的用法与选择工具直接利用定界框的变形方法相同，具体的操作方法可参考练习4-1的内容，下面重点来讲解利用“自由变形工具”对图形进行扭曲和透视变形处理。

1. 扭曲变形

“自由变换工具”不能选择和取消选择图形，所以在应用该工具前需要先选择要变形的图形。首先使用选择工具选择要扭曲变形的图形对象，然后选择工具箱中的“自由变换工具”，将光标移动到定界框 4 个角的任意一个控制点上，这里将光标移动到右上角的控制点上，可以看到此时的光标显示为状。先按住鼠标左键然后再按住 Ctrl 键，此时光标将变成状，拖动鼠标即可扭曲图形。扭曲变形的操作效果如图 4.61 所示。

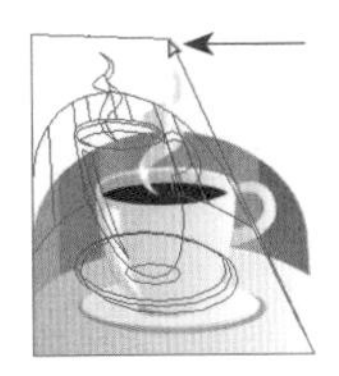
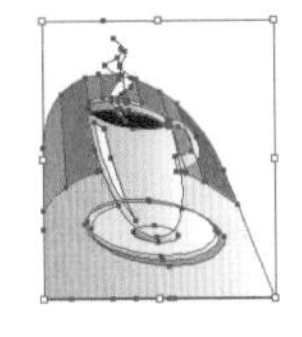

图4.61 扭曲变形的操作效果

提示

在使用“自由变换工具”扭曲图形时，要注意首先要按住鼠标左键，然后再按住 Ctrl 键，不要先按住 Ctrl 键再按住鼠标左键拖动。

2. 透视变形

首先使用选择工具选择要透曲变形的图形对象，然后选择工具箱中的“自由变换工具”，将光标移动到定界框 4 个角的任意一个控制点上，这里将光标移动到右下角的控制点上，可以看到此时的光标显示为状。先按住鼠标左键然后再按住 Ctrl + Shift + Alt 键，此时光标将变成状，上下或左右拖动光标即可使图形透视变形。透视变形的效果如图 4.62 所示。

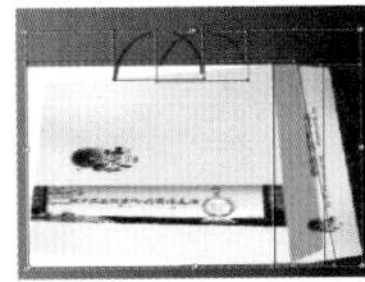
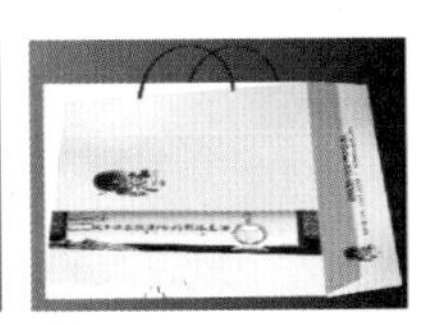

图4.62 透视变形的操作效果

4.2.6 其他变换命令

前面讲解了各种变换工具的使用，但这些工具只是对图做作单一的变换。本节将介绍“分别变换”和“再次变换”命令。“分别变换”包括了对对象的缩放、旋转和移动等变换。“再次变换”是对图形对象重复使用前一个变换。

1. 分别变换

“分别变换”命令集中了缩放、移动、旋转和镜像等多个变换命令的功能，可以同时应用这些功能。选中要进行变换的图形对象，执行菜单栏中的“对象”|“变换”|“分别变换”命令，将打开如图 4.63 所示的“分别变换”对话框，在该对话框中设置需要的变换效果，该对话框中的选项与前面讲解过的变换工具的用法相同，只要输入数值或拖动滑块来修改参数，就可以应用相应的变换了。

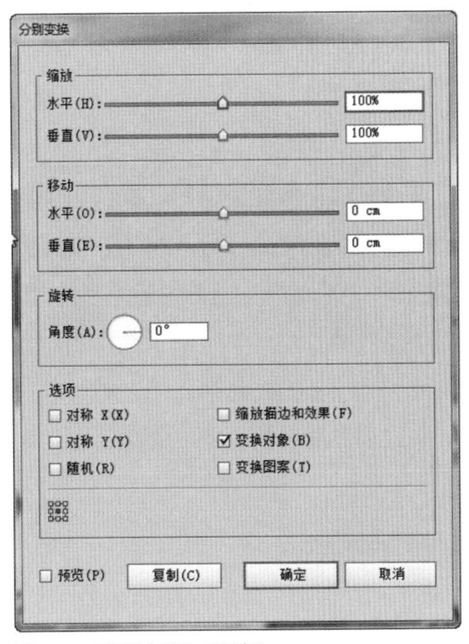

图4.63 “分别变换”对话框

2. 再次变换

在应用过某个变换命令，比如应用了一次旋转后，若需要重复进行相同的变换操作多次，这时可以执行菜单栏中的“对象”|“变换”|“再次变换”命令来重复进行变换，如再次旋转。

技巧

按 Ctrl + D 组合键，可以重复执行与前一次相同的变换。这里还要重点注意的是，“再次变换”所执行的是刚应用过的变换，因此应在执行完一个变换命令后立即使用该命令。

3. 重置定界框

在应用变换命令后，图形的定界框会随着图形的变换而变换，比如对一个图形应用了“旋转”命令后，定界框也会旋转，如果想将定界框还原为初始的方向，可以执行菜单栏中的“对象”|“变换”|“重置定界框”命令，将定界框还原为初始的方向。操作效果如图 4.64 所示。

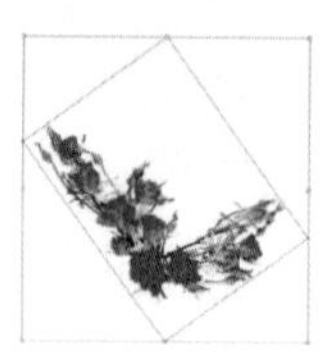

图4.64 重置定界框效果

4. “变换”面板

除了使用变换工具变换图形，还可以使用“变换”面板精确变换图形。执行菜单栏中的“窗口”|“变换”命令，可以打开如图4.65所示的“变换”面板。“变换”面板中显示了选择的对象的坐标位置和大小等相关信息，通过调整相关的参数，可以修改图形的位置、大小、旋转和倾斜角度。

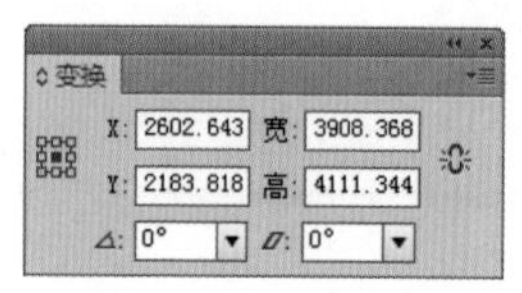

图4.65 “变换”面板

“变换”面板各选项的含义说明如下。

- **“X”和“Y”**：在“X”文本框中显示了选定的对象在文档中的绝对水平位置，可以通过修改其数值来改变选定的对象的水平位置。“Y”文本框中显示了选定的对象在文档中的绝对竖直位置，可以通过修改其数值来改变选定的对象的竖直位置。
- **“参考点”**：设置图形对象变换的参考点。只要用鼠标单击9个点中的任意一点就可以选定参考点，选定的参考点会由白色方块变成为黑色方块，这9个参考点代表图形对象的8个边框控制点和1个中心控制点。
- **“宽”“高”和“约束宽度和高度比例”**：“宽”显示选定的对象的宽度值，“高”的文本框中显示选定的对象的高度值，可以通过修改其数值来改变选定的对象的宽度和高度。单击“约束宽度和高度比例”按钮，可以等比缩放选定的对象。
- **“旋转”**：设置选定的对象的旋转角度，可以在下拉列表框中选择旋转角度，也可以输入一个 - 360° ~ + 360° 之间的数值。
- **“倾斜”**：设置选定的对象倾斜变换的倾斜角，同样可以在下拉列表框中选择旋转角度，也可以输入一个 - 360° ~ + 360° 之间的数值。

另外，在进行变换的时候，还可以通过“变换”面板菜单中的相关选项来设置变换和变换的内容。单击“变换”面板右上角的按钮，将弹出如图 4.66 所示的面板菜单。菜单中的命令在前面已经讲解过，这里不再赘述。

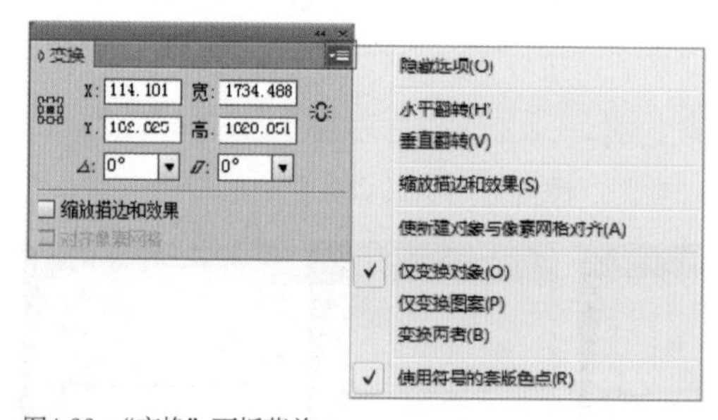

图4.66 “变换”面板菜单

提示

在使用变换工具时，在控制栏中将显示“变换”选项，单击该选项将打开“变换”下拉面板，通过该面板也可以对图形进行相关的变换操作。

4.3 液化变形工具

液化变形工具是近几个版本新增加的变形工具，通过这些工具可以对图形对象进行各种类似液化的变形处理，使用的方法也很简单，只需选择相应的液化变形工具，在图形对象上拖动即可使用该工具进行变形处理。

Illustrator CS6 为用户提供了 8 种液化变形工具，包括“变形工具”、“旋转扭曲工具”、“缩拢工具”、“膨胀工具”、“扇贝工具”、“晶格化工具”、“皱褶工具”和“宽度工具”。

4.3.1 使用变形工具

使用“变形工具”可以对图形进行推拉变形处理，在使用该工具前，可以在工具箱中双击该工具，打开如图 4.67 所示的“变形工具选项”对话框，对“变形工具”的全局画笔尺寸和变形选项进行详细的设置。

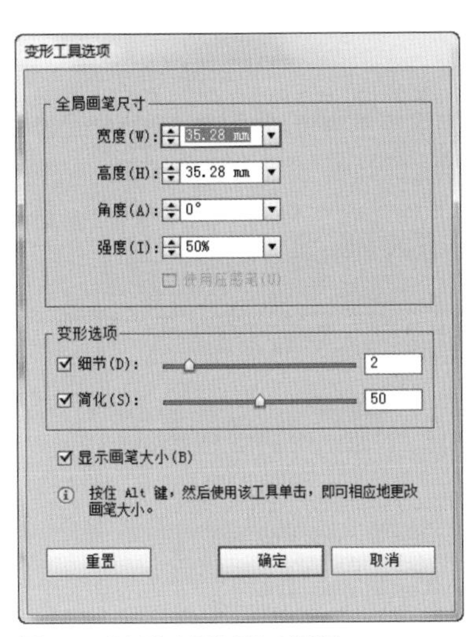

图4.67 “变形工具选项”对话框

“变形工具选项”对话框各选项的含义说明如下。

- **“全局画笔尺寸”**：指定变形笔刷的大小、角度和强度。“宽度”和“高度”用来设置笔刷的大小；“角度”用来设置笔刷的旋转角度。在“宽度”和“高度”值不相同时，即笔刷显示为椭圆形时，利用“角度”参数可以控制绘制时的图形效果。“强度”用来指定笔刷使用时的变形强度，值越大，变形的强度就越大。如果安装有数字板或数字笔，勾选“使用压感笔”复选框，可以控制压感笔的强度。
- **“变形选项”**：设置变形的细节和简化效果。
- **“细节”**：用来设置变形时图形对象上锚点的数量，值越大越细化，同时锚点也越多。
- **“显示画笔大小”**：勾选该复选框，光标将显示为画笔的大小和形状，如果不勾选该复选框，光标将显示为十字线效果。

在工具箱中选择“变形工具”，并通过“变形工具选项”对话框设置相关的参数后，将光标移动到要变形的图形对象上，光标将以圆形形状显示出画笔的大小，按住鼠标左键拖动以使图形变形，达到满意的效果后释放鼠标左键，即可使图形对象变形，如图 4.68 所示。

图4.68 使用“变形工具”拖动来使图形变形

4.3.2 使用旋转扭曲工具 

使用“旋转扭曲工具”可以创建类似于涡流形状的变形效果，它不但可以像“变形工具”一样通过拖动来使图形变形，还可以将光标放置在图形的某个位置，在按住鼠标左键不放的情况下使图形变形。在工具箱中双击“旋转扭曲工具”，可以打开如图4.69所示的“旋转扭曲工具选项”对话框，对“旋转扭曲工具”的相关属性进行详细的设置。

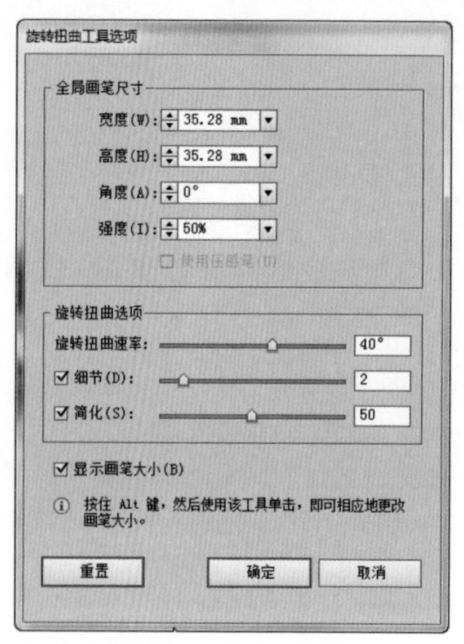

图4.69 “旋转扭曲工具选项”对话框

“旋转扭曲工具选项”对话框中有很多选项与“变形工具选项”对话框相同，使用方法也相同，所以这里不再赘述，只讲解不同的部分。

提示

其他液化工具选项对话框中也有与“变形工具选项”对话框参数相同的部分，在后面不再赘述，相同部分可参考“变形工具选项”对话框各选项的含义说明。

- **“旋转扭曲速率”**：设置旋转扭曲的变形速度。取值范围为-180°~180°。数值越接近-180°或180°，对象的扭转速度越快。越接近0°，扭转的速度越缓慢。负值会以顺时针方向扭转图形，正值则会以逆时针方向扭转图形。

在工具箱中选择“旋转扭曲工具”，并通过“旋转扭曲工具选项”对话框设置相关的参数后，将光标移动到要变形的图形对象上，光标将以圆形形状显示出画笔的大小，按住鼠标左键向下拖动以使图形变形，达到满意的效果后释放鼠标左键，即可旋转扭曲图形对象，如图4.70所示。

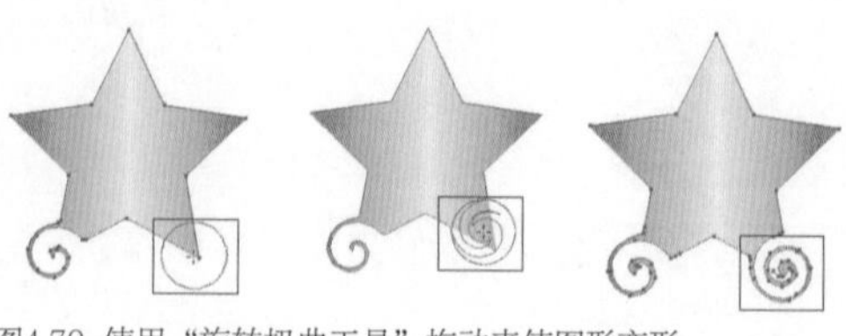

图4.70 使用“旋转扭曲工具”拖动来使图形变形

4.3.3 使用缩拢工具 重点

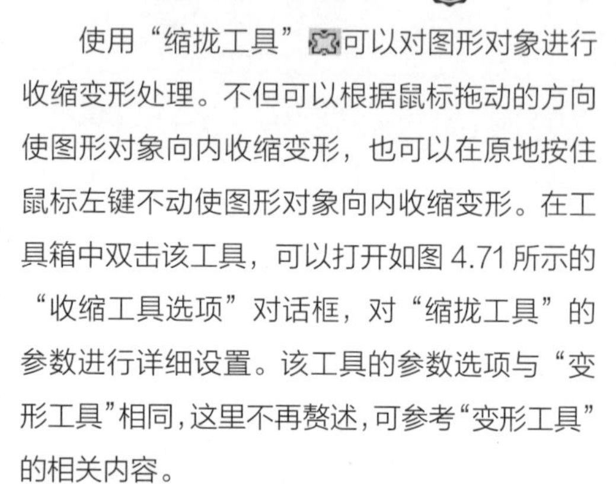

使用“缩拢工具”可以对图形对象进行收缩变形处理。不但可以根据鼠标拖动的方向使图形对象向内收缩变形，也可以在原地按住鼠标左键不动使图形对象向内收缩变形。在工具箱中双击该工具，可以打开如图4.71所示的“收缩工具选项”对话框，对“缩拢工具”的参数进行详细设置。该工具的参数选项与“变形工具”相同，这里不再赘述，可参考“变形工具”的相关内容。

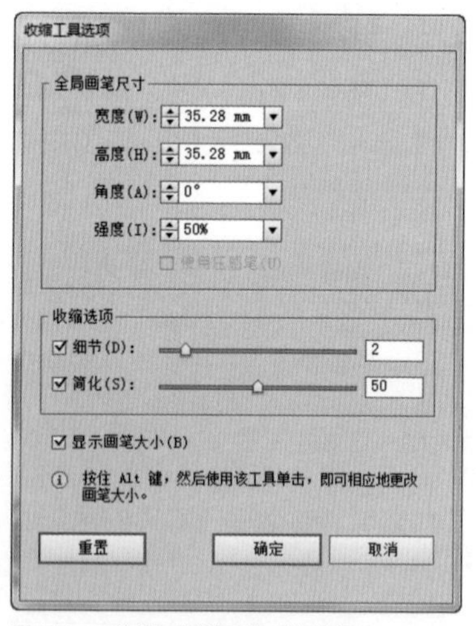

图4.71 “收缩工具选项”对话框

在工具箱中选择“缩拢工具”，并通过“收缩工具选项”对话框设置相关的参数后，将光标移动到要变形的图形对象上，光标将以圆形形状显示出画笔的大小，按住鼠标左键向上拖动，达到满意的效果后释放鼠标左键，即可收缩图形对象，如图 4.72 所示。

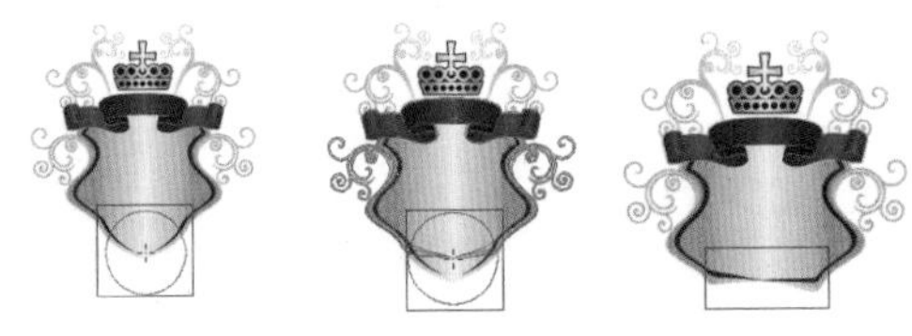

图4.72 使用“缩拢工具”拖动来使图形变形

4.3.4 使用膨胀工具 重点

“膨胀工具”与“缩拢工具”的作用正好相反，主要用来对图形对象进行扩张膨胀变形处理。它也可以通过原地按鼠标左键或拖动鼠标来使图形膨胀。双击工具箱中的该按钮，可以打开如图 4.73 所示的“膨胀工具选项”对话框，对“膨胀工具”的参数进行详细的设置。该工具的参数选项与“变形工具”相同，这里不再赘述，可参考“变形工具”的相关内容。

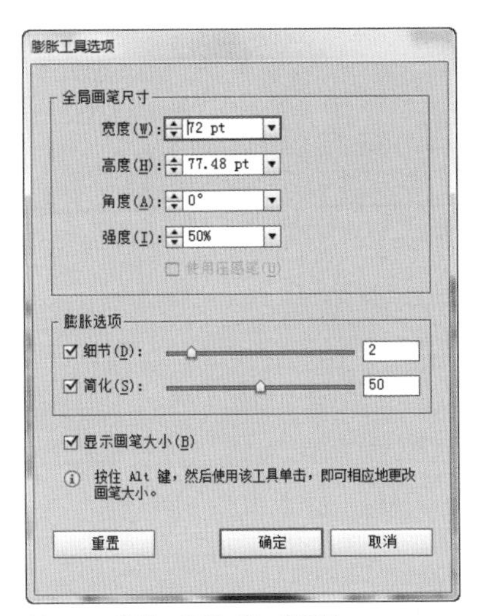

图4.73 “膨胀工具选项”对话框

选择“膨胀工具”，并通过“膨胀工具选项”对话框设置相关的参数后，将光标移动到要变形的图形对象上，光标将以圆形形状显示出画笔的大小，按住鼠标左键原地不动稍等一会儿，可以看到图形在急速变化，达到需要的效果后释放鼠标左键，即可使图形对象膨胀，如图 4.74 所示。

图4.74 使用“膨胀工具”原地按鼠标左键来使图形变形

4.3.5 使用扇贝工具

“扇贝工具”可以在图形对象的边缘位置创建随机的三角扇贝形状效果，特别是向图形内部拖动时效果最为明显。在工具箱中双击该工具，可以打开如图 4.75 所示的“扇贝工具选项”对话框，在该对话框中可以对“扇贝工具”的参数进行详细的设置。

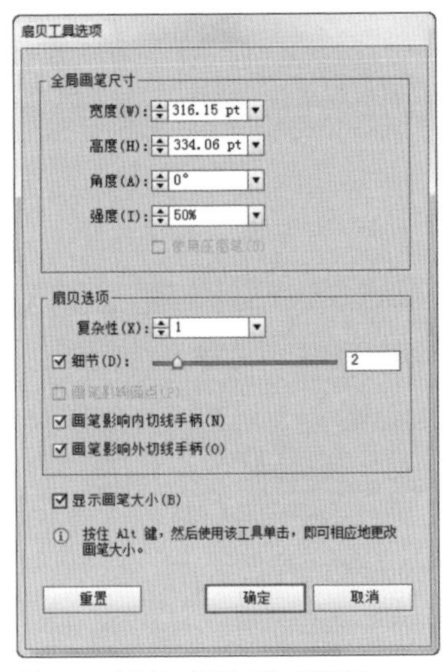

图4.75 “扇贝工具选项”对话框

“扇贝工具选项”对话框中各选项的含义说明如下。

- **“复杂性”**：设置图形对象变形的复杂程度，即产生三角扇贝形状的数量。从右侧的下拉列表中，可以选择1到15之间的整数，值越大越复杂，产生的扇贝形状越多。
- **“画笔影响锚点”**：勾选该复选框，图形对象每个转角位置都将产生相对应的锚点。
- **“画笔影响内切线手柄”**：勾选该复选框，图形对象将沿内切线手柄方向变形。
- **“画笔影响外切线手柄”**：勾选该复选框，图形对象将沿外切线手柄方向变形。

在工具箱中选择“扇贝工具”，并通过“扇贝工具选项”对话框设置相关的参数后，将光标移动到要变形的图形对象上，光标将以圆形形状显示出画笔的大小，按住鼠标左键拖动，达到满意的效果后释放鼠标左键，即可在图形的边缘位置创建随机的三角扇贝形状效果，如图 4.76 所示。

图4.76 使用“扇贝工具”拖动来使图形变形

4.3.6 使用晶格化工具

“晶格化工具”可以在图形对象的边缘位置创建随机的锯齿状效果。在工具箱中双击该工具，可以打开如图 4.77 所示的“晶格化工具选项”对话框，该对话框中的选项与“扇贝工具”参数选项相同，这里不再赘述。

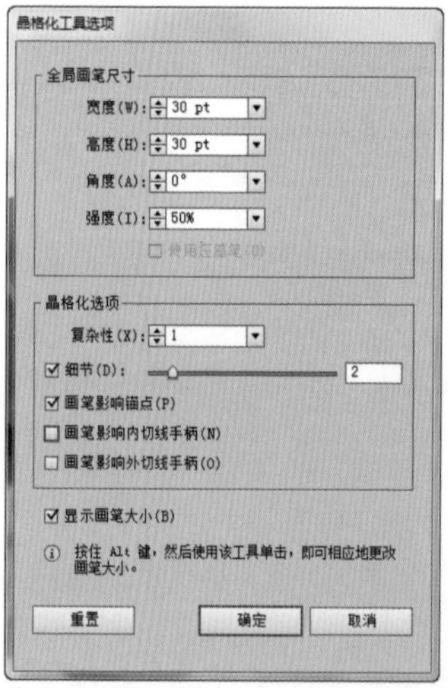

晶格化工具选项
全局画笔尺寸
宽度(W): 30 pt
高度(H): 30 pt
角度(A): 0°
强度(I): 50%
使用压感笔(U)
晶格化选项
复杂性(X): 1
细节(D): 2
画笔影响锚点(P)
画笔影响内切线手柄(N)
画笔影响外切线手柄(O)
显示画笔大小(B)
按住 Alt 键，然后使用该工具单击，即可相应地更改画笔大小。
重置
确定
取消

图4.77 “晶格化工具选项”对话框

在工具箱中选择“晶格化工具”，并通过“晶格化工具选项”对话框设置相关的参数后，将光标移动到要变形的图形对象上，光标将以圆形形状显示出画笔的大小，按住鼠标左键拖动，达到满意的效果后释放鼠标左键，即可在图形的边缘位置创建随机的锯齿状效果，如图 4.78 所示。

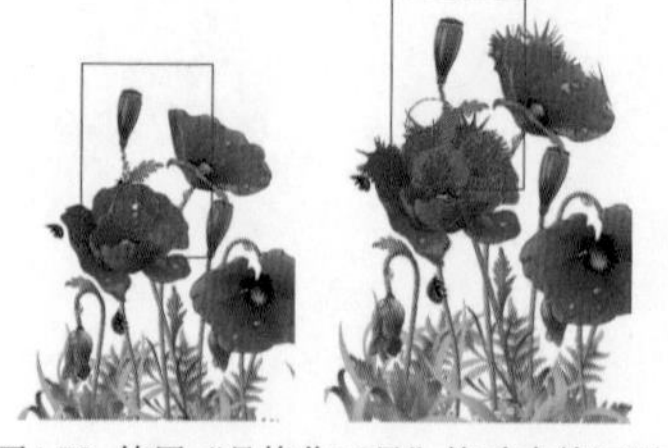

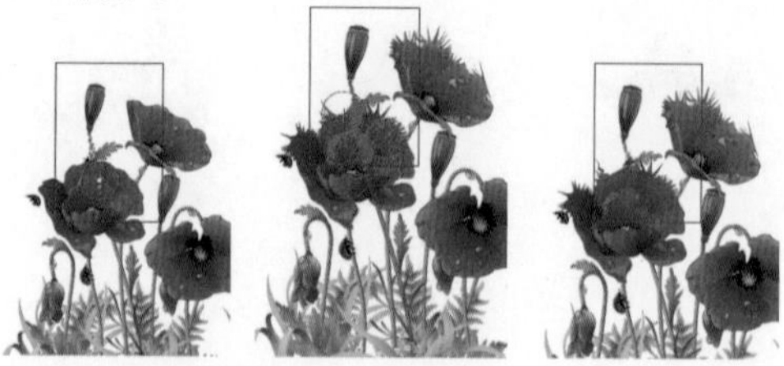

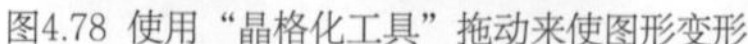

图4.78 使用“晶格化工具”拖动来使图形变形

4.3.7 使用皱褶工具

“皱褶工具”可以在图形对象上创建类似皱纹或折叠的凸状变形效果。在工具箱中双击该工具，可以打开如图 4.79 所示的“皱褶工具选项”对话框，在该对话框中可以对“皱褶工具”的参数进行详细的设置。

皱褶工具选项
全局画笔尺寸
宽度(W): 35.28 mm
高度(H): 35.28 mm
角度(A): 0°
强度(I): 50%
使用压感笔(U)
皱褶选项
水平(Z): 0%
垂直(V): 100%
复杂性(X): 1
细节(D): 2
画笔影响锚点(P)
画笔影响内切线手柄(N)
画笔影响外切线手柄(O)
显示画笔大小(B)
按住 Alt 键，然后使用该工具单击，即可相应地更改画笔大小。
重置
确定
取消

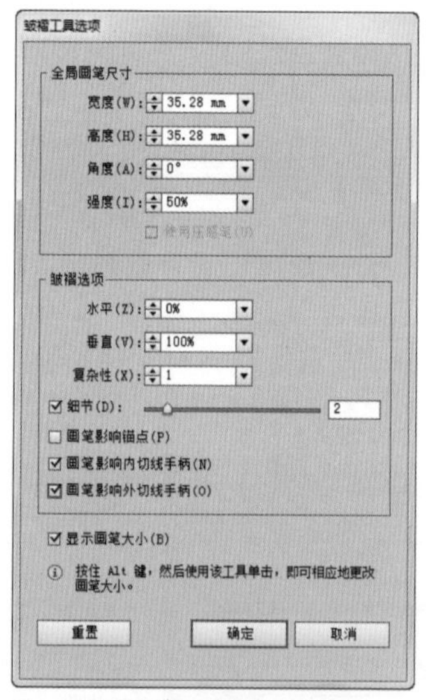

图4.79 “皱褶工具选项”对话框

“皱褶工具选项”对话框各选项的含义说明如下。

- **“水平”**：指定水平方向的皱褶数量。值越大，产生的皱褶效果越强烈。如果不想在水平方向上产生皱褶，可以将其值设置为0%。
- **“垂直”**：指定竖直方向的皱褶数量。值越大，产生的皱褶效果越强烈。如果不想在竖直方向上产生皱褶，可以将其值设置为0%。

在工具箱中选择“皱褶工具”，并通过“皱褶工具选项”对话框设置相关的参数后，将光标移动到要变形的图形对象上，光标将以圆形形状显示出画笔的大小，按住鼠标左键向下拖动，达到满意的效果后释放鼠标左键，即可在图形的边缘位置创建类似皱纹或折叠的凸状变形效果，如图 4.80 所示。

图4.80 使用“皱褶工具”拖动图形并使其变形

4.3.8 使用宽度工具 难点

使用“宽度工具”可以增大路径的宽度，在使用之后单击锚点可以打开如图 4.81 所示的“宽度点数编辑”对话框，在该对话框中可以对“宽度工具”的参数进行详细的设置。

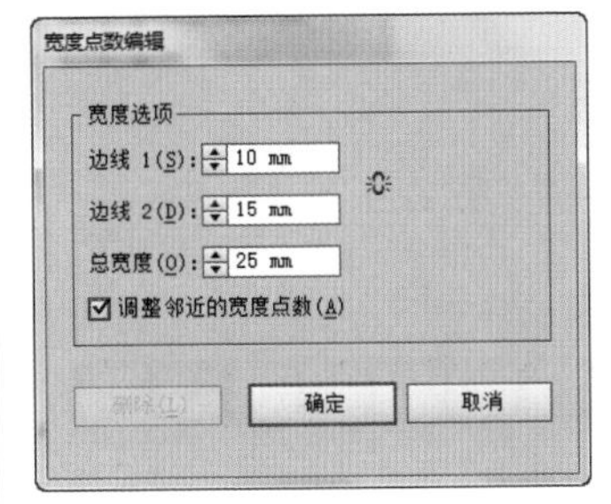

图4.81 “宽度点数编辑”对话框

随意画一条路径并选中路径，再选择工具箱中的“宽度工具”，在路径上单击创建一个锚点，按住鼠标左键向下拖动，达到满意的效果后释放鼠标左键，即可看到路径增宽后的效果，如图 4.82 所示。

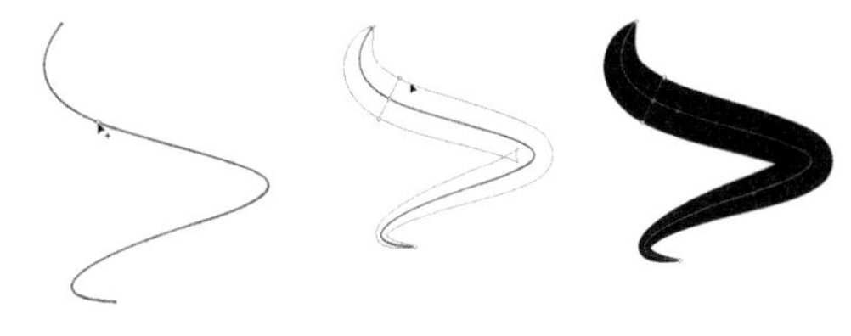

图4.82 使用“宽度工具”使路径变宽

4.4 知识拓展

在前面的章节中，我们讲解了 Illustrator 的基本图形的绘制，但在实际创作中，不可能一次绘制就得到所要的效果，更多的创作工作表现在对图形对象的编辑过程中，本章对图形的选择与编辑进行了全面的阐述。

4.5 拓展训练

本章安排了 3 个拓展训练，通过这些实战的操作，读者可以掌握图形的选择与编辑技巧，为提高整体设计能力提供支持。

训练4-1 利用多重复制制作胶片

◆实例分析

本例主要讲解通过多重复制命令制作胶片效果。最终效果如图 4.83 所示。

难　　度：★★
素材文件：无
案例文件：第 4 章 \ 制作胶片 .ai
视频文件：第 4 章 \ 训练 4-1 利用多重复制制作胶片 .avi

图4.83 最终效果

◆本例知识点

1．"圆角矩形工具"
2．"移动"命令

训练4-2 利用"旋转"命令制作斜纹背景

◆实例分析

本例主要讲解使用"旋转"命令制作斜切效果。最终效果如图 4.84 所示。

难　　度：★★
素材文件：无
案例文件：第 4 章 \ 制作斜纹背景 .ai
视频文件：第 4 章 \ 训练 4-2 利用"旋转"命令制作斜纹背景 .avi

图4.84 最终效果

◆本例知识点

1．"矩形工具"
2．"旋转"命令
3．"剪切蒙版"命令

训练4-3 利用"缩放"命令绘制花朵

◆实例分析

本例主要讲解利用"缩放"命令绘制花朵。最终效果如图 4.85 所示。

难　　度：★★
素材文件：无
案例文件：第 4 章 \ 花朵 .ai
视频文件：第 4 章 \ 训练 4-3 利用"缩放"命令绘制花朵 .avi

图4.85 最终效果

◆本例知识点

1．"钢笔工具"
2．"旋转工具"
3．"缩放"命令

第 **5** 章

画笔工具与符号艺术

Illustrator CS6 提供了丰富的艺术图案资源，本章主要讲解画笔工具的使用，首先讲解画笔艺术，包括画笔面板和各种画笔的创建和编辑方法、画笔库的使用，然后讲解符号艺术，包括符号面板和各种符号工具的使用和编辑方法，利用画笔库和符号库中的图形会使你的图形更加绚丽多姿。通过对本章艺术工具的学习，读者能够快速掌握艺术工具的使用方法，并利用这些种类繁多的艺术工具提高创作水平，设计出更加丰富的艺术作品。

教学目标

学习画笔面板的使用 | 学习符号面板的使用

掌握画笔的创建及使用技巧 | 掌握符号工具的使用技巧

5.1 画笔艺术

Illustrator CS6为用户提供了一种特殊的工具——画笔，而且为其提供了相当多的画笔库，以方便用户使用，利用画笔工具可以制作出许多精美的艺术效果。

5.1.1 使用“画笔”面板

使用“画笔”面板可以管理画笔文件，进行创建新画笔、修改画笔和删除画笔等操作。Illustrator CS6还提供了预设的画笔样式效果，可以打开这些预设的画笔样式来使用，绘制更加丰富的图形。执行菜单栏中的“窗口”|“画笔”命令，或按F5键，即可打开如图5.1所示的“画笔”面板。

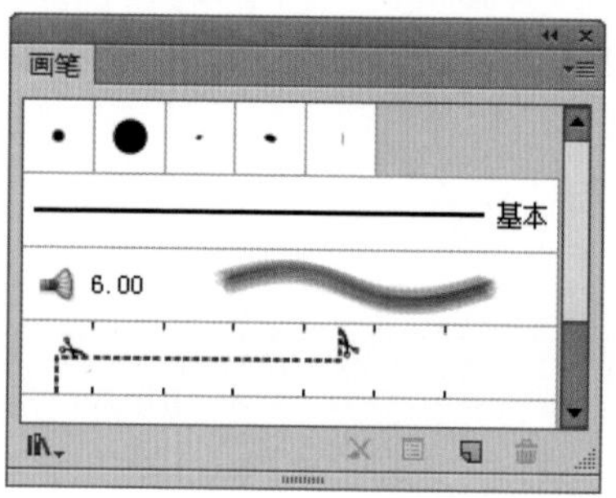

图5.1 “画笔”面板

1. 打开画笔库

Illustrator CS6为用户提供了默认的画笔库，画笔库可以通过3种方法来打开，具体的操作方法如下。

- **方法1**：执行菜单栏中的“窗口”|“画笔库”命令，然后在其子菜单中选择所需要打开的画笔库即可。
- **方法2**：单击“画笔”面板右上角的按钮，打开“画笔”面板菜单，从菜单命令中选择“打开画笔库”命令，然后在其子菜单中选择需要打开的画笔库即可。
- **方法3**：单击“画笔”面板左下方的“画笔库菜单”按钮，在弹出的菜单中选择需要打开的画笔库即可。

2. 选择画笔

打开画笔库后，如果想选择某一种画笔，直接单击该画笔即可将其选择。如果想选择多个画笔，可以按住Shift键选择多个连续的画笔，也可以按住Ctrl键选择多个不连续的画笔。如果要选择未使用的所有画笔，在“画笔”面板菜单中选择“选择所有未使用的画笔”命令即可。

3. 画笔的显示或隐藏

为了方便选择，可以使画笔按类型显示，在“画笔”面板菜单中选择相应的选项即可，如“显示书法画笔”“显示散点画笔”“显示图案画笔”和“显示艺术画笔”等，显示某种画笔后，在其命令前将出现一个对号✓，如果不想显示某种画笔，再次单击，将对号取消即可。

4. 删除画笔

如果不想保留某些画笔，可以将其删除。首先在“画笔”面板中选择要删除的1个或多个画笔，然后单击“画笔”面板底部的“删除画笔”按钮，将弹出一个询问对话框，询问是否删除选定的画笔，单击“是”按钮，即可将选定的画笔删除。删除画笔操作效果如图5.2所示。

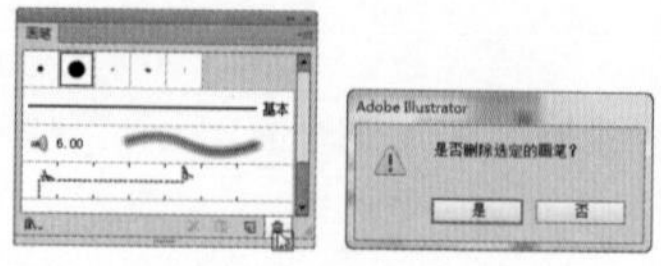

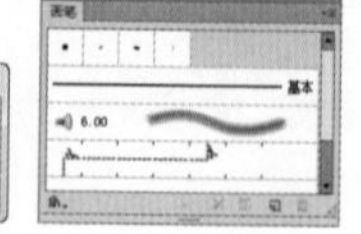

图5.2 删除画笔操作效果

5.1.2 使用画笔工具 

“画笔”面板中所提供的画笔库一般是结合“画笔工具”来应用的，在使用“画笔工具”前，可以在工具箱中双击“画笔工具”，打开如图 5.3 所示的“画笔工具首选项”对话框，对画笔进行详细的设置。

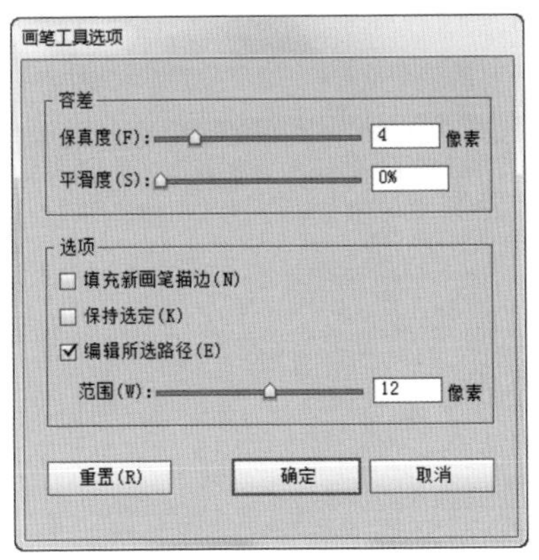

图5.3 “画笔工具选项”对话框

“画笔工具选项”对话框中各选项的含义说明如下。

- **“保真度”**：设置画笔绘制路径曲线时的精确度，值越小，绘制的曲线就越精确，相应的锚点就越多。值越大，绘制的曲线就越粗糙，相应的锚点就越少。取值范围为0.5~20。
- **“平滑度”**：设置画笔绘制的曲线的平滑程度。值越大，绘制的曲线越平滑。取值范围为0~100。
- **“填充新画笔描边”**：勾选该复选框，当使用画笔工具绘制曲线时，将自动为曲线内部填充颜色；如果不勾选该复选框，则绘制的曲线内部将不填充颜色。
- **“保持选定”**：勾选该复选框，当使用画笔工具绘制曲线时，绘制出的曲线将处于选中状态；如果不勾选该复选框，绘制的曲线将不被选中。
- **“编辑所选路径”**：勾选该复选框，则可编辑选中的曲线的路径，可使用画笔工具来改变现有选中的路径，并可以在范围设置文本框中设置编辑范围。当画笔工具与该路径之间的距离接近设置的数值时，即可对路径进行编辑修改。

设置好画笔工具的参数后，就可以使用画笔工具进行绘图了。选择画笔工具后，在“画笔”面板中选择一种画笔样式，然后设置需要的描边颜色，在文档中按住鼠标左键随意拖动即可绘图，如图 5.4 所示。

图5.4 使用画笔工具绘图

5.1.3 应用画笔描边 

画笔库中的画笔样式不但可以使用画笔工具绘制出来，还可以直接应用到现有的路径上，对于应用过画笔的路径，还可以利用其他画笔样式来替换。具体的操作方法如下。

1. 应用画笔到路径

首先选择一个要应用画笔样式的图形对象，然后在“画笔”面板中单击要应用到路径上的画笔样式，即可将画笔样式应用到选择的图形的路径上。应用画笔到路径上的操作效果如图 5.5 所示。

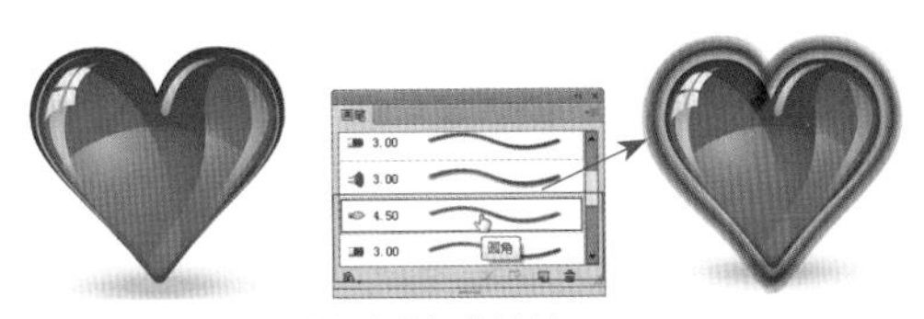

图5.5 应用画笔到路径上的操作效果

2. 替换画笔样式

对于应用过画笔的路径，如果觉得对应用的画笔效果并不满意，还可以使用其他的画笔样式来替换当前的画笔样式，这样可以更加方便查看其他画笔样式的应用效果，以选择最合适的画笔样式。

比如对于应用过“毛刷”画笔的心形图形，现在要替换为其他的画笔样式，可以首先选择该心形图形，然后在“画笔”面板中打开其他的画笔库，选择需要替换的画笔样式，即可将原来的画笔样式替换。替换画笔样式的操作效果如图 5.6 所示。

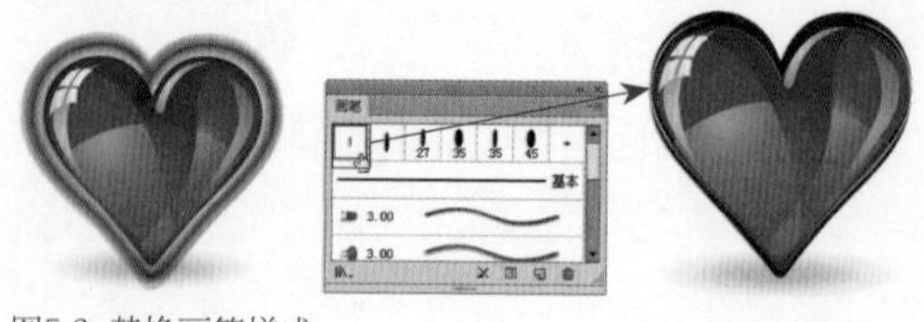

图5.6 替换画笔样式

5.2 新建画笔

Illustrator CS6 为用户提供了 5 种类型的画笔，还提供了相当多的画笔库，但这并不能满足用户的需要，所以系统还提供了新建画笔的功能，用户可以根据自己的需要创建属于自己的画笔库，方便不同用户使用。在创建画笔前，首先要了解画笔的类型及说明。

5.2.1 画笔类型简介

“画笔”面板提供了丰富的画笔效果，可以利用“画笔”工具来绘制这些图案样式，不过总体来说，画笔的类型包括书法画笔、散点画笔、图案画笔、艺术画笔和毛刷画笔 5 种。

1. 书法画笔

书法画笔是这几种画笔中与现实中的画笔最接近的一种画笔，像生活中使用的蘸水笔一样，直接拖动绘制就可以了，而且可以根据绘制的角度产生粗细不同的笔画效果。书法画笔效果如图 5.7 所示。

2. 散点画笔

该画笔可以将画笔样式沿着路径散布，产生分散分布的效果，而且画笔的样式保持整体效果。选择该画笔后，直接拖动绘制，画笔样式将沿路径自动分布，散点画笔效果如图 5.8 所示。

图5.7 书法画笔

图5.8 散点画笔

3. 图案画笔

图案画笔可以沿路径重复绘制出由一个图形拼贴组成的图案效果，包括 5 种拼贴样式，分别是边线拼贴、外角拼贴、内角拼贴、起点拼贴和终点拼贴。图案画笔效果如图 5.9 所示。

4. 艺术画笔

艺术画笔可以将画笔样式沿着路径的长度方向平均拉长以适应路径。艺术画笔效果如图 5.10 所示。

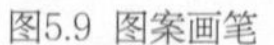

图5.9 图案画笔

图5.10 艺术画笔

5. 毛刷画笔

毛刷画笔使用与自然画笔的毛刷笔触相似的矢量绘图，控制毛刷特点并进行不透明上色。

练习5-1 创建书法画笔 

难　　度：★★
素材文件：无
案例文件：无
视频文件：第 5 章 \ 练习 5-1 创建书法画笔 .avi

如果默认的书法画笔不能满足需要，可以自己创建新的书法画笔，也可以修改原有的书法画笔，以达到自己需要的效果。下面来讲解新建书法画笔的方法。

01 在“画笔”面板中，单击面板底部的“新建画笔”按钮，打开“新建画笔”对话框，在该对话框中选中“书法画笔”单选按钮。操作过程如图5.11所示。

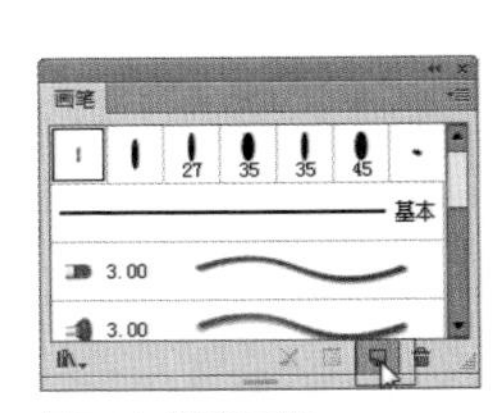

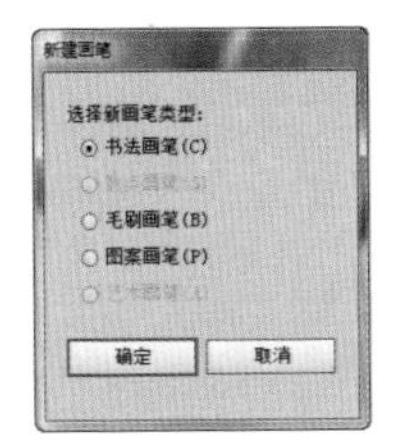

图5.11 新建画笔

02 选择画笔类型后，单击“确定”按钮，打开“书法画笔选项”对话框，在该对话框中对新建的画笔进行详细的设置，如图5.12所示。

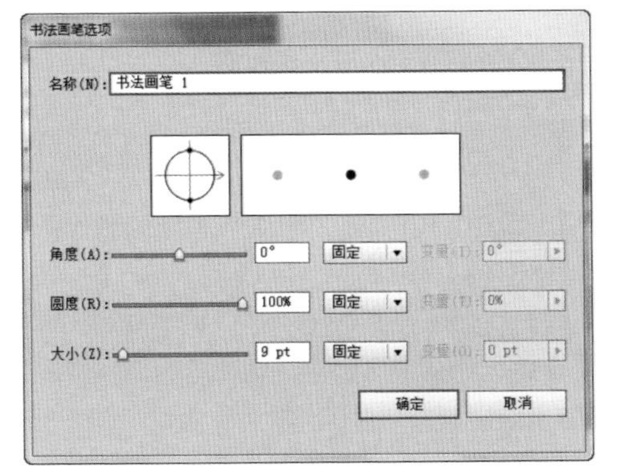

图5.12 “书法画笔选项”对话框

“书法画笔选项”对话框中各选项的含义说明如下。

- **“名称”**：设置书法画笔的名称。
- **“画笔形状编辑器”**：通过该区可以直观地调整画笔的外观。拖动图中黑色的小圆点，可以修改画笔的圆度，拖动箭头可以修改画笔的角度，如图5.13所示。

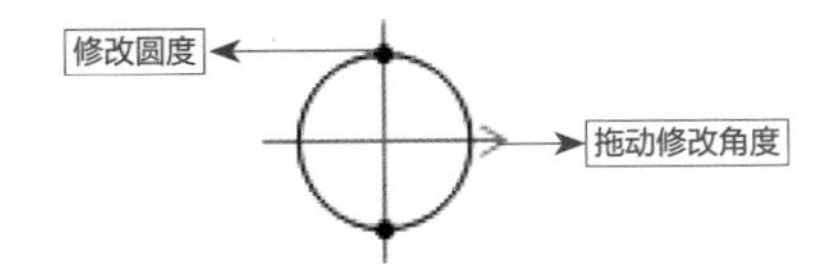

图5.13 画笔形状编辑器

- **“效果预览区”**：在这里可以预览书法画笔修改后的应用效果。
- **“角度”**：设置画笔旋转的角度。可以在“画笔形状编辑器”中拖动箭头修改角度，也可以直接在该文本框中输入旋转角度的数值。
- **“圆度”**：设置画笔的圆度，即长宽比例。可以在“画笔形状编辑器”中拖动黑色的小圆点来修改圆度，也可以直接在该文本框中输入圆度的数值。
- **“大小”**：设置画笔的大小。可以直接拖动滑块来修改，也可以在文本框中输入要修改的数值。

  在“角度”“圆度”和“大小”后的下拉列表中可以选择控制角度、圆度和直径变量的方式。
- **“固定”**：如果选择“固定”。则会使用相应文本框中的数值作为画笔固定值，即角度、圆角和直径是固定不变的。
- **“随机”**：使用指定范围内的数值，随机改变画笔的角度、圆度和直径。选择“随机”时，需要在“变量”文本框中输入数值，指定画笔变化的范围。对每个画笔而言，“随机”所使用的数值可以是画笔特性文本框中的数值加、减变化值后所得数值之间的任意数值。例如，如果“大小”值为30，“变量”值为10，则直径可以是20或40，或是其间的任意数值。
- **“压力”**：只有在使用数字板时才可使用此选项，使用的数值由数字笔的压力决定。当选择“压力”时，也需要在“变量”文本框中输入数值。“压力”使用画笔特性文本框中的数值减去“变量”值后所得的数值作为数字板上最小的压力；画笔特性文字框中的数值加上“变量”值后所得的数值则是最大的压力。例如，如果“圆度”为75%，“变量”为25%，则最小的压力为50%，最大的压力为100%。压力越小，则画笔笔触的角度越明显。

03 在“书法画笔选项”对话框中设置好参数后，单击“确定”按钮，即可创建一个新的书法画笔样式，新建的书法画笔样式将被自动添加到“画笔”面板中，如图5.14所示。

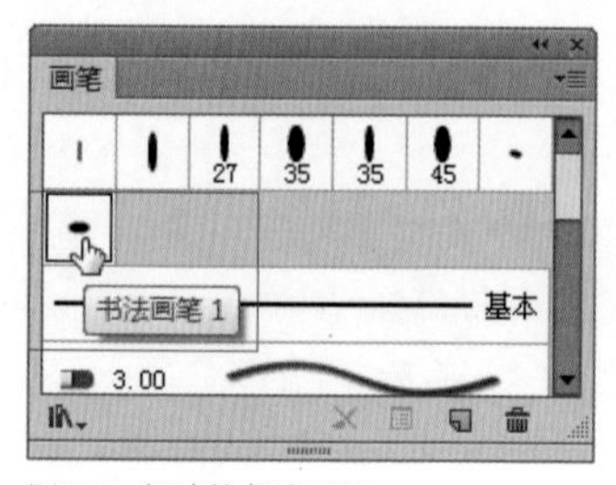

图5.14 新建的书法画笔

练习5-2 创建散点画笔 

难　　度：★★
素材文件：无
案例文件：无
视频文件：第 5 章 \ 练习 5-2 创建散点画笔 .avi

散点画笔的新建与书法画笔有所不同，不能直接单击“画笔”面板下方的“新建画笔”按钮来创建，它需要先选择一个图形对象，然后将该图形对象创建成新的散点画笔。下面来通过一个符号图形讲解新建散点画笔的方法。

01 执行菜单栏中的“窗口”|“符号库”|“自然”命令，打开“自然”符号面板，在该面板中选择“蜻蜓”符号，将其拖放到文档中，如图5.15所示。

02 选择蜻蜓符号，单击“画笔”面板底部的“新建画笔”按钮，打开“新建画笔”对话框，在该对话框中选中“散点画笔”单选按钮。操作过程如图5.16所示。

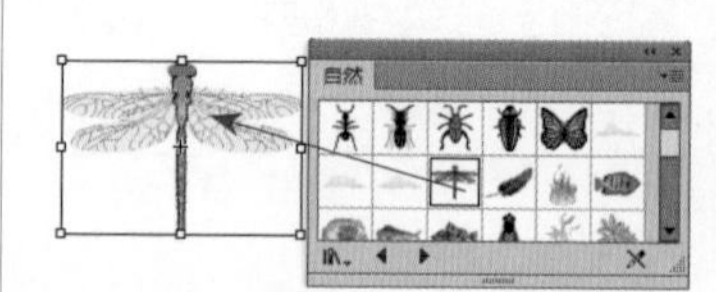

图5.15 拖动符号

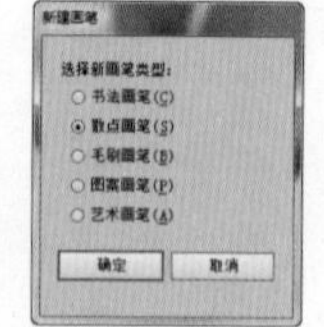

图5.16 新建散点画笔

03 在“新建画笔”面板中单击“确定”按钮，打开如图5.17所示的“散点画笔选项”对话框，在该对话框中对散点画笔进行详细的设置。

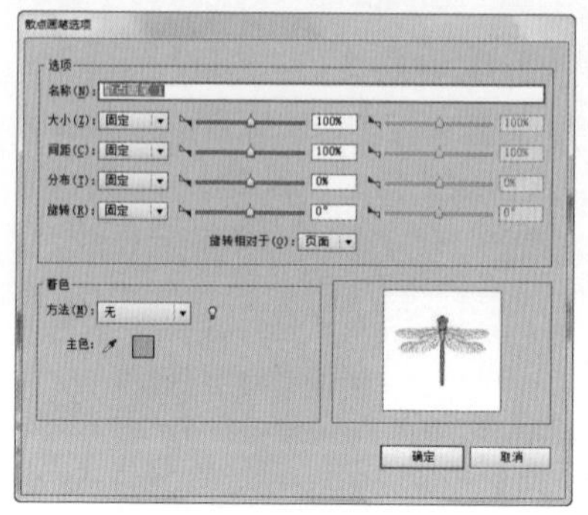

图5.17 “散点画笔选项”对话框

“散点画笔选项”对话框中各选项的含义说明如下。

- **“名称”**：设置散点画笔的名称。
- **“大小”**：设置散点画笔的大小。
- **“间距”**：设置散点画笔之间的距离。
- **“分布”**：设置路径两侧的散点画笔对象与路径之间接近的程度。数值越高，对象与路径之间的距离越远。
- **“旋转”**：设置散点画笔的旋转角度。

  在“大小”“间距”“分布”和“旋转”后的下拉列表中可以选择控制大小、间距、分布和旋转变量的方式。
- **“固定”**：如果选择“固定”，则会使用相应文本框中的数值作为散点画笔固定值，即大小、间距、分布和旋转是固定不变的。
- **“随机”**：拖动每个最小值滑块和最大值滑块，或在每个选项右边的两个文本框中输入相应属性的范围，对于每一个笔画，随机使用最大值和最小值之间的任意值。例如，当大小的最小值是 20%，最大值是 70% 时，对象的大小可以是 20% 或 70%，或它们之间的任意值。

技巧

按住 Shift 键拖动滑块，可以保持两个滑块之间值的范围相同。按住 Alt 键拖动滑块，可以使两个滑块移动相同的数值。

- **“旋转相对于”**：设置散点画笔旋转时的参照对象。选择“页面”选项，散点画笔的旋转角度是相对于界面的，其中0度指向垂直于顶部的方向；选择“路径”选项，散点画笔的旋转角度是相对于路径的，其中0度指向路径的切线方向。旋转相对于界面和路径的效果分别如图5.18、图5.19所示。

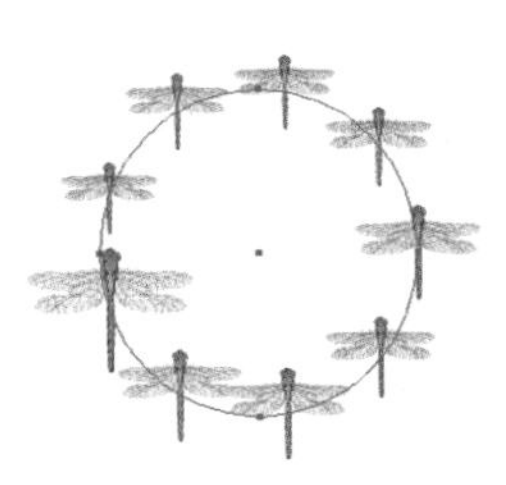

图5.18 相对于界面

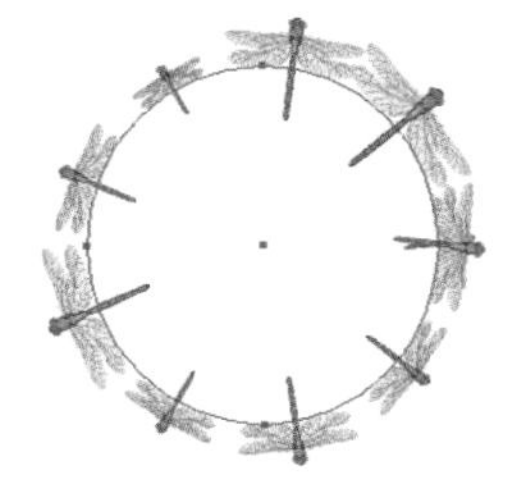

图5.19 相对于路径

- **“着色”**：设置散点画笔的着色方式，可以在“方法”下拉列表中选择需要的选项。
- **“无”**：选择该项，散点画笔的颜色将保持与“画笔”面板中该画笔原来的颜色相同。
- **“色调”**：以不同浓淡的笔画颜色显示，散点画笔中的黑色部分变成笔画的颜色，不是黑色的部分变成笔画颜色的淡色，白色保持不变。
- **“淡色和暗色”**：以不同浓淡的画笔颜色来显示。散点画笔中的黑色和白色不变，介于黑、白中间的颜色将根据不同灰度级别显示不同浓淡程度的笔画颜色。
- **“色相转换”**：在散点画笔中使用主色颜色框中显示的颜色，散点画笔的主色变成画笔笔画颜色，其他颜色变成与笔画颜色相关的颜色，它保持黑色、白色和灰色不变。对于使用多种颜色的散点画笔，可选择“色相转换”。

04 在“散点画笔选项”对话框中设置好参数后，单击“确定”按钮，即可创建一个新的散点画笔样式。新建的散点画笔样式将被自动添加到“画笔”面板中，如图5.20所示。

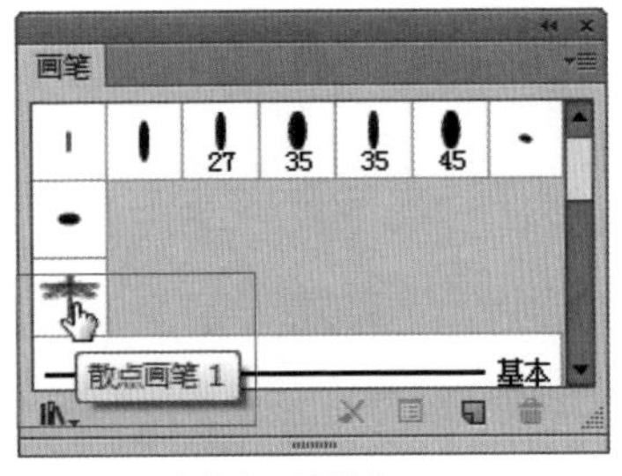

图5.20 新建散点画笔样式

练习5-3 利用符号创建图案画笔

难　　度：★★★

素材文件：无

案例文件：无

视频文件：第 5 章 \ 练习 5-3 利用符号创建图案画笔 .avi

01 执行菜单栏中的“窗口”|“符号库”|“自然”命令，打开“自然”符号面板，在该面板中选择“鸡爪枫”符号，将其拖放到文档中，如图5.21所示。

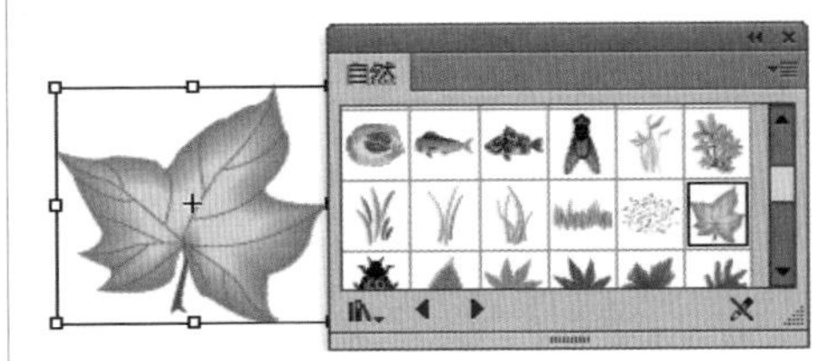

图5.21 拖动符号效果

02 将“鸡爪枫”符号直接拖动到“画笔”面板中，拖动效果如图5.22所示。

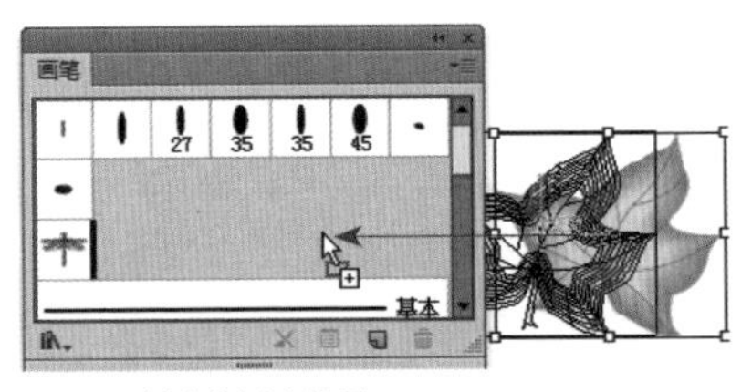

图5.22 创建的图案效果

03 释放鼠标左键将打开“新建画笔”对话框，在该对话框中选中“图案画笔”单选按钮，然后单击“确定”按钮，打开如图5.23所示的“图案画笔选项”对话框，在该对话框中可以对图案画笔进行详细的设置。

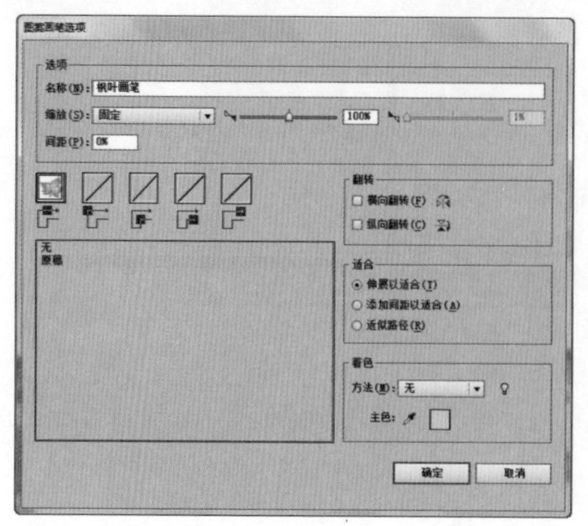

图5.23 “图案画笔选项”对话框

“图案画笔选项”对话框中的选项与前面讲解过的书法和散点画笔有很多相同之处，这里不再赘述，详情可参考前面讲解的内容，这里将不同的部分的含义说明如下。

- **“拼贴选项”**：这里显示了5种图形的拼贴样式，包括边线拼贴、外角拼贴、内角拼贴、起点拼贴和终点拼贴，如图5.24所示。拼贴是对路径、路径的转角、路径起始点、路径终止点图案样式的设置，每一种拼贴样式图下端都有示意图，读者可以根据示意图很容易地理解拼贴位置。

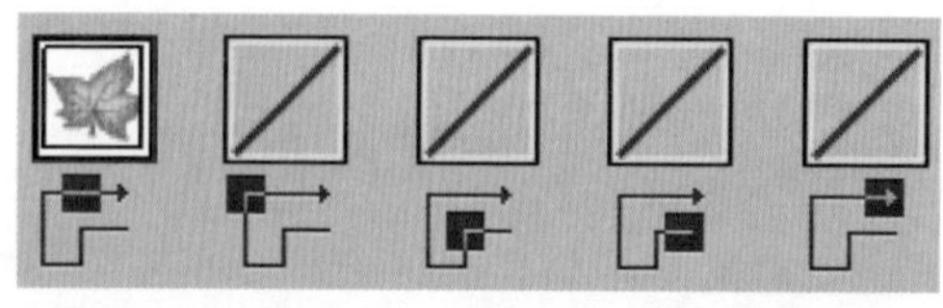

图5.24 5种图形拼贴样式

- **“拼贴图案框”**：显示所有用来拼贴的图案名称，在“拼贴选项”中单击某种拼贴样式，在下面的拼贴图案框中就可以选择图案样式。若用户不想设置某种拼贴样式，可以选择“无”选项；若用户想恢复原来的某种拼贴样式可以选择“原稿”选项。这些拼贴图案框中的图案样式实际上是“色板”面板中的图案，所以可以编辑“色板”面板中的图案来增加拼贴图案。
- **“选项”**：设置图案的大小和间距。在“缩放”文本框中输入数值，可以设置各拼贴图案样式的总体大小；在“间距”文本框中输入数值，可以设置每个图案之间的间隔。
- **“翻转”**：指定图案的翻转方向。勾选“横向翻转”表示图案沿竖直轴向翻转；勾选“纵向翻转”复选框，表示图案沿水平轴向翻转。
- **“适合”**：设置图案与路径的关系。选中“伸展以适合”单选按钮，可以拉长或缩短图案拼贴样式以适应路径，这样可能会产生图案变形；选中“添加间距以适合”单选按钮，将以添加图案拼贴间距的方式使图案适合路径；选中“近似路径”单选按钮，可以在不改变拼贴样式的情况下将拼贴样式排列成最接近路径的形式，为了保持图案样式不变形，图案将应用于路径的靠里边或外边一点的位置。

04 在“图案画笔选项”对话框中设置好相关的参数后，单击“确定”按钮，即可创建一个图案画笔，新创建的图案画笔将显示在“画笔”面板中，如图5.25所示。

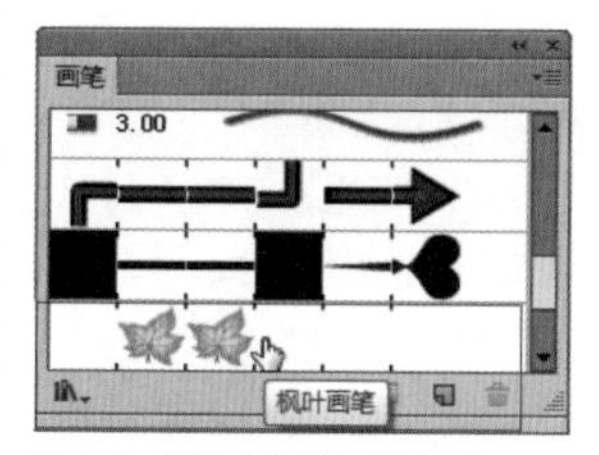

图5.25 新建的图案画笔样式

练习5-4 利用新建图案制作祥云背景

难　　度：★★★
素材文件：无
案例文件：第5章\制作祥云背景.ai
视频文件：第5章\练习5-4 利用新建图案制作祥云背景.avi

01 选择工具箱中的“螺旋线工具”，在绘图区的适当位置按住左键确定螺旋线的中心点，并向外拖动，当到达满意的位置时释放左键即可绘制一条螺旋线，如图5.26所示。

02 将其描边颜色设置为深绿色（C：89，M：49，Y：99，K：14），粗细为1pt，如图5.27所示。

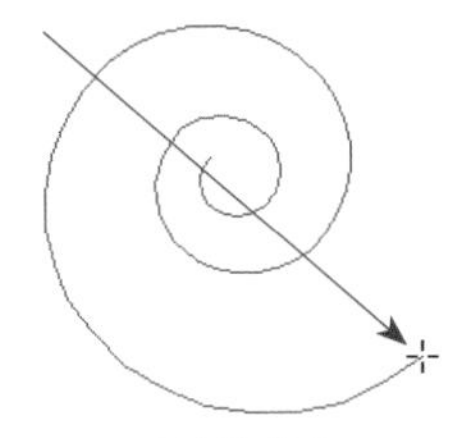

图5.26 绘制螺旋线

图5.27 为其描边

03 选择工具箱中的“直接选择工具”，选择螺旋线内侧的1个锚点，然后按Delete键将其删除，如图5.28所示。

04 选择工具箱中的“选择工具”，选择螺旋线，按Ctrl + C组合键将螺旋线复制，如图5.29所示。

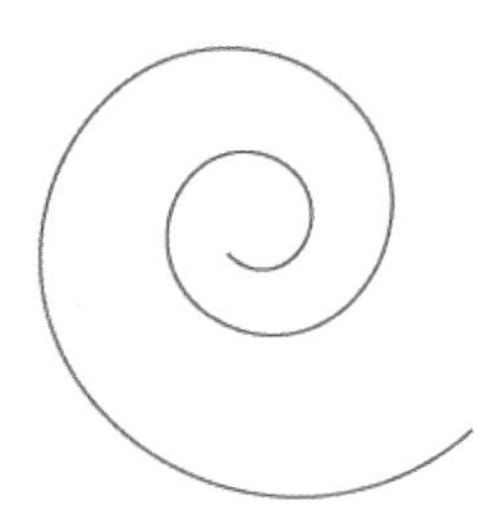

图5.28 删除锚点

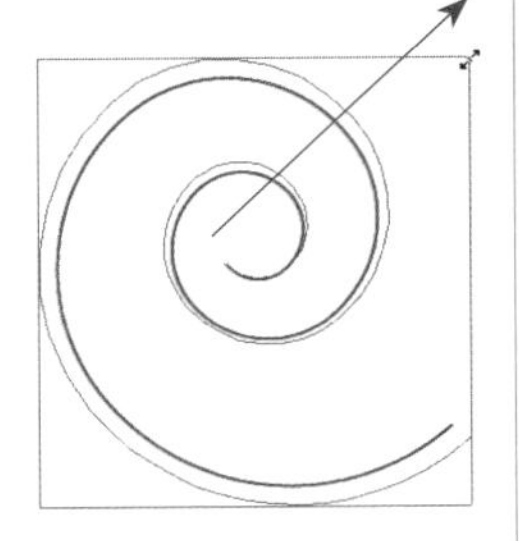

图5.29 复制螺旋线

05 然后按Ctrl + F组合键，将复制的螺旋线粘贴在原螺旋线的前面，如图5.30所示。

06 然后将螺旋线放大、旋转，再调整锚点，使两条螺旋线的起点与终点分别重合，如图5.31所示。

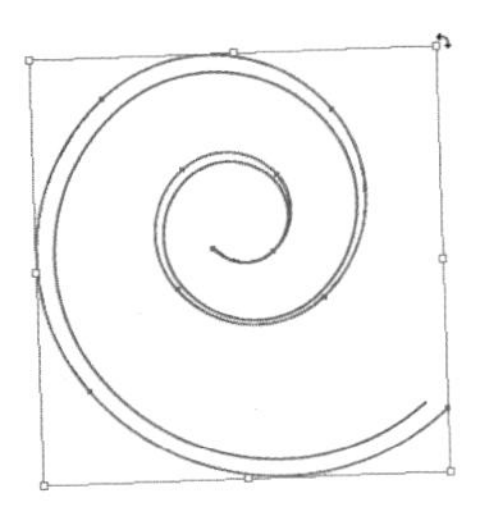

图5.30 变换螺旋线位置

图5.31 调整锚点

07 选择工具箱中的“直接选择工具”，选择两条螺旋线内侧的两个锚点，执行菜单栏中的“对象”|“路径”|“连接”命令，对外侧的两个点使用同样的方法进行连接，如图5.32所示。

08 选择已连接好的螺旋形，将其填充为深绿色（C：89，M：49，Y：99，K：14），描边为无，如图5.33所示。

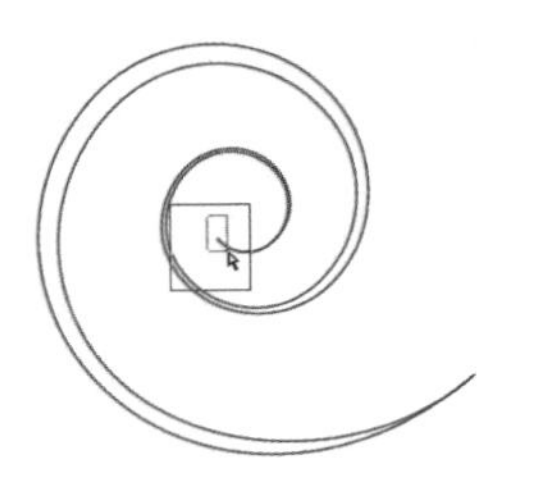

图5.32 选择锚点

图5.33 填充颜色

09 选择工具箱中的“选择工具”，选择螺旋形，按住Alt键拖动鼠标复制1个，在按住Alt键的同时再按住Shift键等比例缩小图形，然后再将图形移动到大图形的右下角，如图5.34所示。

10 选择工具箱中的“选择工具”，选择螺旋形，用同样的方法将其复制并缩小，如图5.35所示。

图5.34 移动螺旋形

图5.35 复制并缩小图形

11 然后将其移动到大图形的右下角，单击鼠标右键，从快捷菜单中选择“变换”|“对称”命令，选中“垂直”单选按钮，将图形竖直镜像，如图5.36所示。

12 将图形复制1个并放大，摆放在合适的位置，使用“对称”命令，选中“水平”单选按钮，将图形水平镜像，再将其旋转并缩小，利用同样的方法复制多个图形，并摆放在原图形的周围，如图5.37所示。

图5.36 将图形竖直镜像

图5.37 多次复制图形

13 选择工具箱中的“选择工具”，将图形全选，按Ctrl + G组合键编组，打开“色板”面板，将图形拖动到“色板”面板里，生成“新建图案色板4”。然后选择已编组的图形，按Delete键将其删除，如图5.38所示。

14 选择工具箱中的“矩形工具”，在绘图区中单击，弹出“矩形”对话框，设置矩形的“宽度”为155 mm，“高度”为110 mm，然后将其填充为黄绿色（C：51，M：24，Y：97，K：0），如图5.39所示。

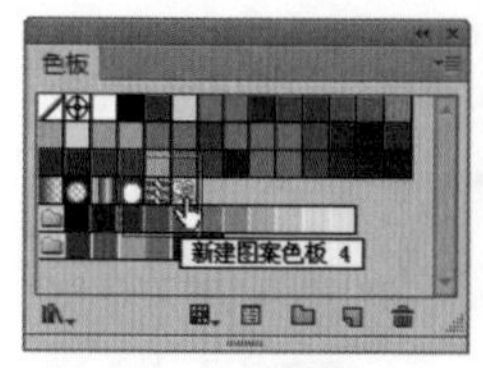

图5.38 生成图案色板

图5.39 填充颜色

15 选择背景矩形，按Ctrl + C组合键，将矩形复制，按Ctrl + F组合键，将复制的矩形粘贴在原图形的前面，如图5.40所示。

16 选择矩形，单击“色板”面板中的“新建图案色板4”，图案将自动铺满整个矩形，最终效果如图5.41所示。

图5.40 复制矩形

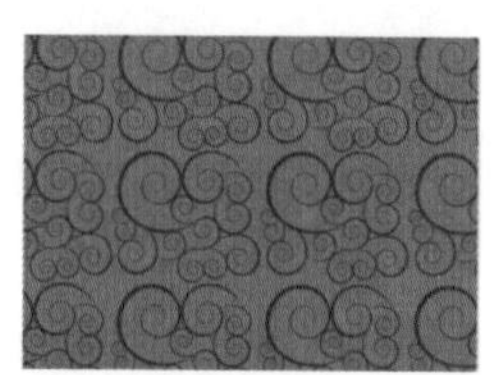
图5.41 最终效果

5.2.2 创建艺术画笔 

艺术画笔的创建与其他画笔的创建方法相似，选择一个图形对象后，单击“画笔”面板底部的“新建画笔”按钮，打开“新建画笔”对话框，在该对话框中选中“艺术画笔”单选按钮，然后单击“确定”按钮，打开如图5.42所示的“艺术画笔选项”对话框，在该对话框中可以对艺术画笔进行详细的设置。

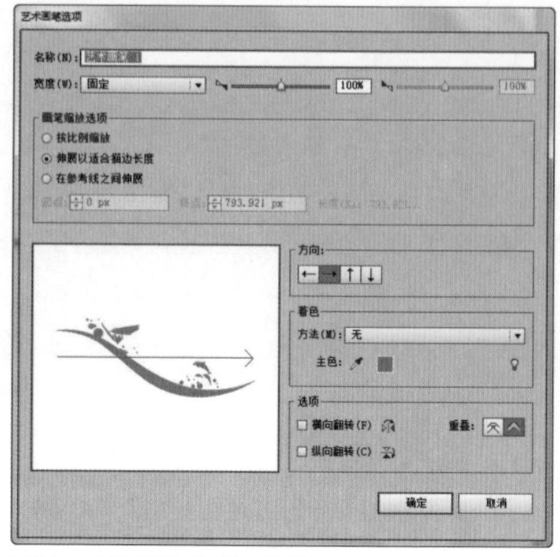

图5.42 “艺术画笔选项”对话框

“艺术画笔选项”对话框中的选项与前面讲解过的书法、散点和图案画笔有很多相同之处，这里不再赘述，详情可参考前面讲解的内容，这里将不同的部分的含义说明如下。

- **“方向”**：设置绘制图形的方向。可以单击右侧的4个方向按钮来调整，同时在预览框中有一个蓝色的箭头图标，显示艺术画笔的方向效果。
- **“宽度”**：设置艺术画笔样式的宽度。可以在右侧的文本框中输入新的数值来修改。如果勾选“在参考线之间伸展”复选框，则设置的宽度值将等比缩放艺术画笔样式。

5.3 符号艺术

符号是 Illustrator CS6 的又一大特色，符号具有很高的方便性和灵活性，它不但可以快速创建很多相同的图形对象，还可以利用相关的符号工具对这些对象进行相应的编辑，比如移动、缩放、旋转、着色和使用样式等。符号的使用还可以大大节省文件所占的空间，因为应用符号后只需要记录其中的一个符号即可。

练习5-5 使用"符号"面板

难　　度：★ ★
素材文件：无
案例文件：无
视频文件：第 5 章 \ 练习 5-5 使用"符号"面板 .avi

"符号"面板是用来放置符号的地方，使用"符号"面板可以管理符号文件，可以进行新建符号、重新定义符号、复制符号、编辑符号和删除符号等操作。同时，还可以通过打开符号库调用更多的符号。

执行菜单栏中的"窗口"|"符号"命令，打开如图 5.43 所示的"符号"面板，在"符号"面板中，可以通过单击来选择相应的符号。按住 Shift 键可以选择多个连续的符号；按住 Ctrl 键可以选择多个不连续的符号。

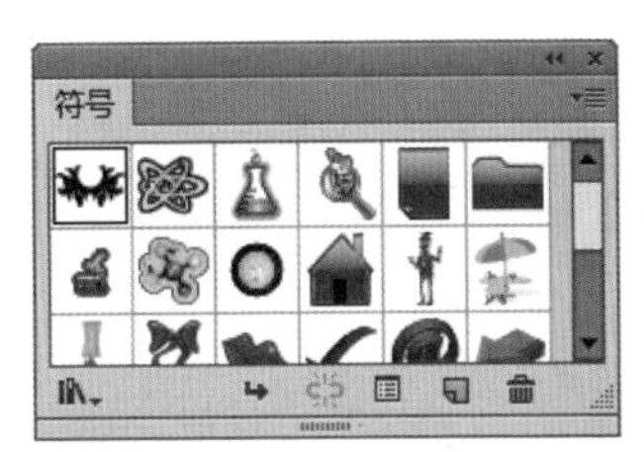

图5.43 "符号"面板

1. 打开符号库

Illustrator CS6 为用户提供了默认的符号库，符号库可以通过 3 种方法来打开，具体的操作方法如下。

- **方法1：** 执行菜单栏中的"窗口"|"符号库"命令，然后在其子菜单中选择所需要打开的符号库即可。
- **方法2：** 单击"符号"面板右上角的按钮，打开"符号"面板菜单，从菜单命令中选择"打开符号库"命令，然后在其子菜单中选择需要打开的符号库即可。
- **方法3：** 单击"符号"面板左下方的"符号库菜单"按钮，在弹出的菜单中选择需要打开的符号库即可。

2. 放置符号

所谓放置符号，就是将符号导入文档并应用符号，放置符号可以使用两种方法来操作，具体如下。

- **方法1：** 菜单法。在"符号"面板中单击选择一个要放置到文档中的符号对象，然后在"符号"面板菜单中选择"放置符号实例"命令，即可将选择的符号放置到当前文档中。操作效果如图5.44所示。

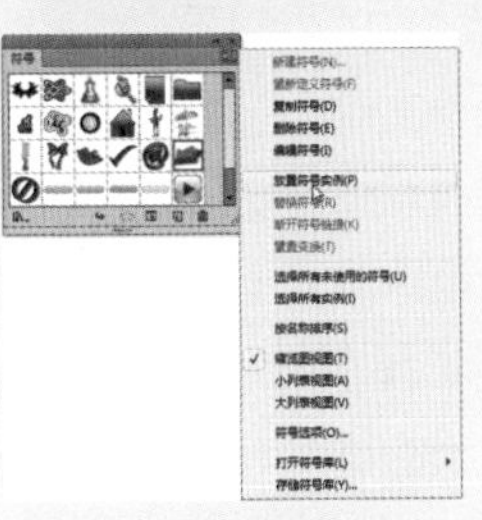
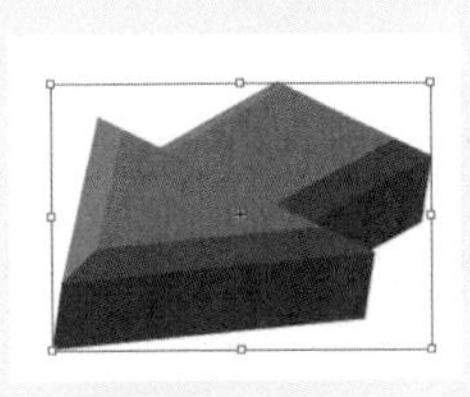

图5.44 放置符号实例操作

- **方法2：** 拖动法。在"符号"面板中选择要置入的符号对象，然后将其直接拖动到文档中，当光标变成状时，释放鼠标左键即可将符号导入文档。操作效果如图5.45所示。

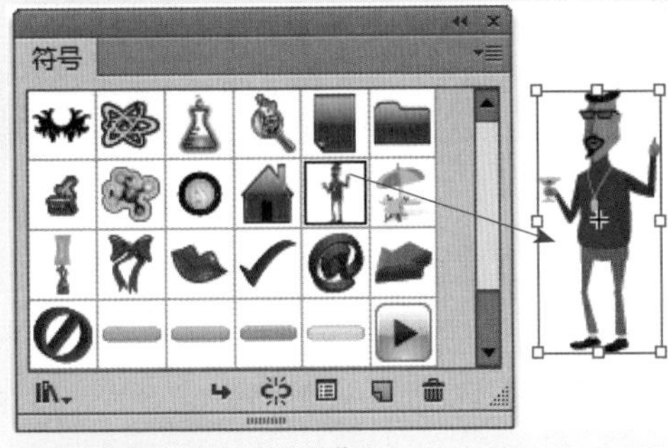

图5.45 用拖动法置入符号操作

3. 编辑符号

Illustrator CS6 还可以对现有的符号进行编辑处理，在"符号"面板中选择要编辑的符号后，选择"符号"面板菜单中的"编辑符号"命令，将打开符号编辑窗口，并在文档的中心位置显示当前符号，可以像编辑其他图形对象一样，对符号进行编辑，如缩放、旋转、填色和变形处理等。如果该符号已经在文档中使用，对符号编辑后将影响其他前面使用的符号的效果。

如果当前文档中置入了当前要编辑的符号，选择该符号后单击“控制”栏中的“编辑符号”按钮，或直接在文档中双击该符号，都可以打开符号编辑窗口进行符号的修改。

4. 替换符号

替换符号就是将文档中使用的现有符号使用其他符号来代替，比如文档中的符号为对号，现在要将其替换为太阳桌。

首先在文档中选择对号符号，然后在“符号”面板中单击选择要替换的太阳桌符号，然后从“符号”面板菜单中选择“替换符号”命令，即可将对号符号替换为太阳桌符号。操作效果如图 5.46 所示。

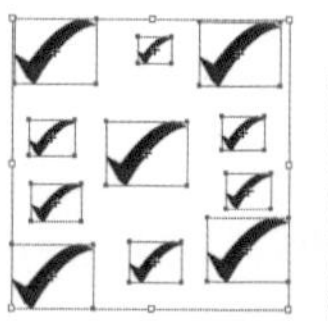
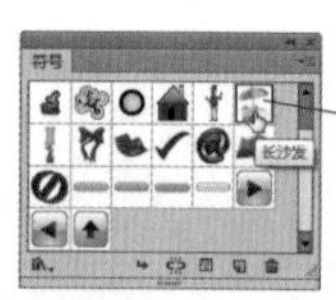
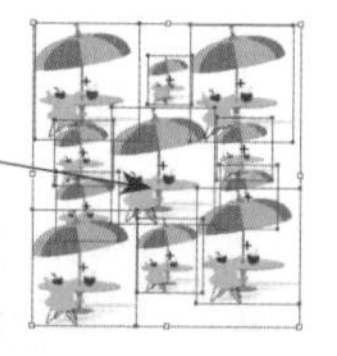

图5.46 替换符号操作效果

5. 查看符号

“符号”面板中的符号可以以不同的视图进行查看，方便不同的操作需要，要查看符号，可以从“符号”面板菜单中选择“缩览图视图”“小列表视图”或“大列表视图”命令，3 种不同的视图效果如图 5.47 所示。

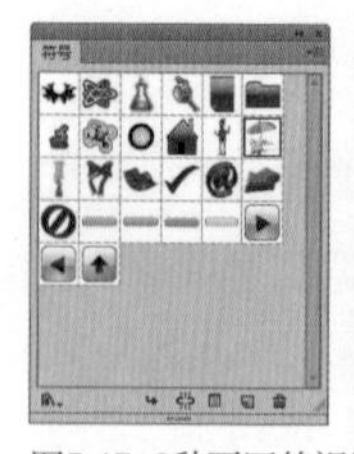

图5.47 3种不同的视图效果

6. 删除符号

如果不想保留某些符号，可以将其删除。首先在“符号”面板中选择要删除的 1 个或多个符号，然后单击“符号”面板底部的“删除符号”按钮，将弹出一个询问对话框，询问是否删除选定的符号，单击“是”按钮，即可将选定的符号删除。删除符号操作效果如图 5.48 所示。

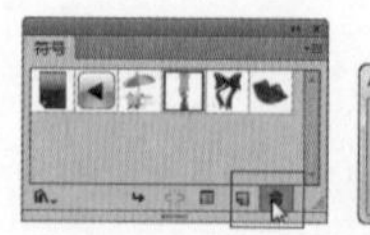
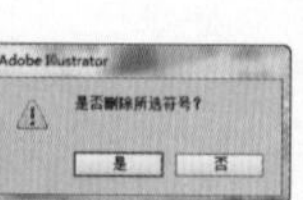

图5.48 删除符号操作效果

练习5-6 符号的创建 重点

难　　度：★
素材文件：第 5 章 \ 美丽花朵 .ai
案例文件：无
视频文件：第 5 章 \ 练习 5-6 符号的创建 .avi

01 打开素材。执行菜单栏中的“文件”|“打开”命令，打开“美丽花朵.ai”文件。

02 在文档中单击选择花朵图形，然后在“符号”面板中单击面板底部的“新建符号” 按钮，如图5.49所示。

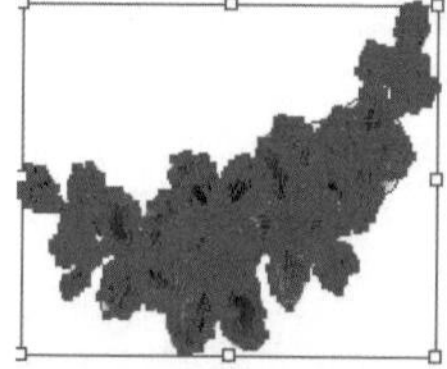
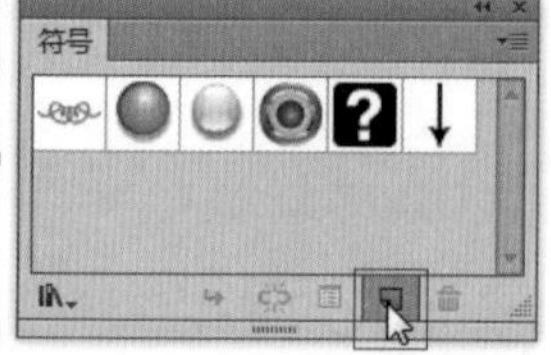

图5.49 选择图形并单击“新建符号”按钮

03 单击面板底部的“新建符号”按钮后，将打开如图5.50所示的“符号选项”对话框，在其中可以对新建的符号进行详细的设置。

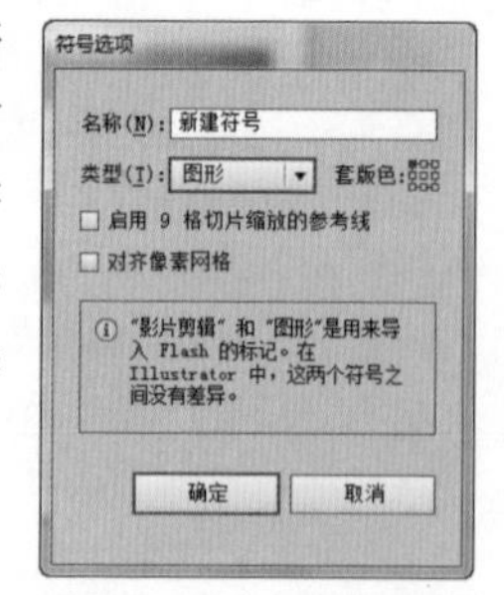

图5.50 “符号选项”对话框

“符号选项”对话框中各选项的含义说明如下。

- **“名称”**：设置符号的名称。
- **“类型”**：选择符号的类型。可以在输出到Flash中后将符号设置为“图形”或是“影片剪辑”。
- **“套版色”**：在右侧的控制区中单击，设置符号输出到Flash中时的符号中心点位置。
- **“启用9格切片缩放的参考线”**：勾选该复选框，当符号输出到Flash中时可以使用9格切片缩放功能。
- **“对齐像素网格”**：如果“对齐像素网格”选项处于选中状态，则每次修改对象时，都会轻推该对象以与像素网格对齐。

04 设置好参数后，单击“确定”按钮，即可创建一个新的符号，在“符号”面板中可以看到这个新创建的符号，效果如图5.51所示。

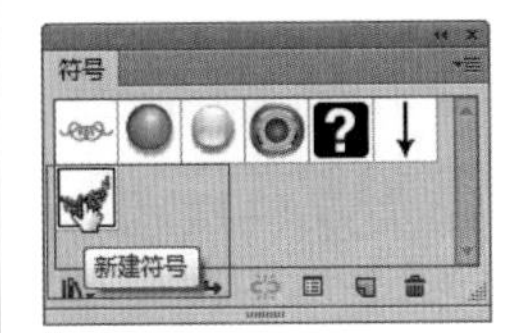

图5.51 新建“符号”效果

5.4 符号工具

符号工具总共有 8 种，分别为“符号喷枪工具”、“符号移位器工具”、“符号紧缩器工具”、“符号缩放器工具”、“符号旋转器工具”、“符号着色器工具”、“符号滤色器工具”和“符号样式器工具”，符号工具栏如图 5.52 所示。

图5.52 符号工具栏

5.4.1 认识符号工具的相同选项

在这8种符号工具中，有6个选项是相同的，为了在后面不重复介绍这些命令，在此先将相同的选项介绍一下。在工具箱中双击任意一个符号工具，打开符号工具选项对话框，比如双击“符号喷枪工具”，打开如图 5.53 所示的“符号工具选项”对话框。

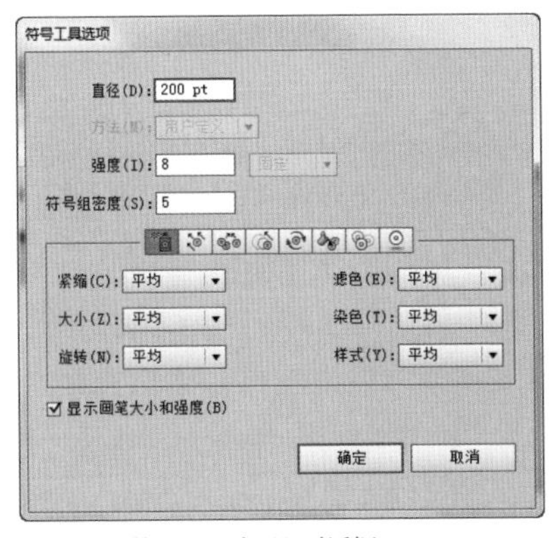

图5.53 “符号工具选项”对话框

相同的符号工具选项含义说明如下。

- **“直径”**：设置符号工具的笔触大小。
- **“方法”**：选择符号的编辑方法。有3个选项供选择，“平均”“用户定义”和“随机”，一般常用“用户定义”选项。
- **“强度”**：设置符号变化的速度，值越大表示变化的速度也就越快。也可以在选择符号工具后，按Shift +]或Shift + [组合键增大或减小强度，每按一下增大或减小1个强度单位。
- **“符号组密度”**：设置符号的密集度，它会影响整个符号组。值越大，符号越密集。
- **工具区**：显示当前使用的工具，当前工具处于按下状态。可以单击其他工具来切换不同工具并显示该工具的属性设置选项。
- **“显示画笔大小和强度”**：勾选该复选框，在使用符号工具时，可以直观地看到符号工具的大小和强度。

5.4.2 认识符号喷枪工具 

“符号喷枪工具”像生活中的喷枪一样，只是喷出的是一系列的符号对象，利用该工具在文档中单击或随意拖动，可以将符号应用到文档中。

1. 符号喷枪工具选项

在工具箱中双击“符号喷枪工具”，可以打开如图 5.54 所示的“符号工具选项”对话框，利用该对话框可以对符号喷枪工具进行详细的属性设置。

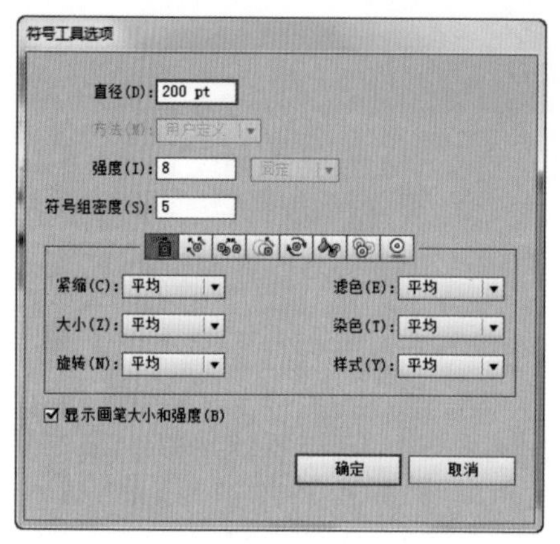

图5.54 符号喷枪工具选项

符号喷枪工具选项含义说明如下。

- “紧缩”：设置产生符号组的初始收缩方法。
- “大小”：设置产生符号组的初始大小。
- “旋转”：设置产生符号组的初始旋转方向。
- “滤色”：设置产生符号组时使用100%的不透明度。
- “染色”：设置产生符号组时使用当前的填充颜色。
- “样式”：设置产生符号组时使用当前选定的样式。

2. 使用符号喷枪工具

在使用符号喷枪工具前，首先要选择要使用的符号。执行菜单栏中的“窗口”|“符号库”|“花朵”命令，打开符号库中的“花朵”面板，选择第 3 行第 1 个“玫瑰”符号，然后在工具箱中单击选择“符号喷枪工具”，在文档中按住鼠标左键随意拖动，拖动时可以看到符号的轮廓效果，拖动完成后释放鼠标左键即可产生很多的符号效果。操作效果如图 5.55 所示。

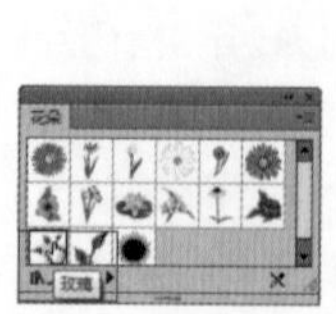

图5.55 用符号喷枪创建符号操作效果

3. 添加符号到符号组中

利用“符号喷枪工具”可以在原符号组中添加其他不同类型的符号，以创建混合的符号组。

首先选择要添加其他符号的符号组，然后在符号面板中选择其他的符号，比如这里在“花朵”面板中选择“红玫瑰”符号，然后使用“符号喷枪工具”在选择的原符号组中拖动，可以看到拖动时新符号的轮廓显示效果，达到满意的效果时释放鼠标左键，即可添加符号到符号组中。操作效果如图 5.56 所示。

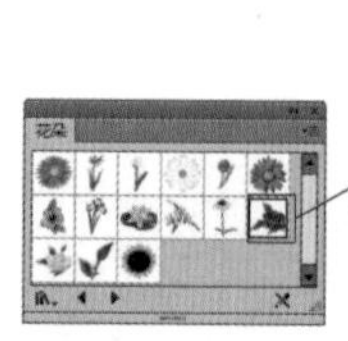

图5.56 添加符号到符号组操作效果

技巧

如果想删除新添加的符号或符号组，使用“符号喷枪工具”，在按住 Alt 键的同时在新符号上单击或拖动，即可删除新添加的符号或符号组。要特别注意的是，该删除方法只能删除最后一次添加的符号或符号组，而不能删除前几次创建的符号或符号组。

5.4.3 认识符号移位器工具 

“符号移位器工具”主要用来移动文档中

的符号组中的符号实例，它还可以改变符号组中符号的前后顺序。因为“符号移位器工具”没有相应的特殊参数，这里不再讲解符号工具选项。

1. 移动符号位置

要移动符号位置，首先要选择该符号组，然后使用“符号移位器工具”，将光标移动到要移动的符号上面，按住鼠标左键拖动，在拖动时可以看到符号移动的轮廓效果，达到满意的效果时释放鼠标左键即可移动符号的位置。移动符号位置操作效果如图 5.57 所示。

图5.57 移动符号位置操作效果

2. 修改符号的顺序

要修改符号的顺序，首先要选择一个符号实例或符号组，然后使用“符号移位器工具”，在要修改位置的符号实例上按住 Shift + Alt 键拖动可以将该符号实例后移一层，按住 Shift 键拖动可以将该符号实例前移一层。将鱼类符号实例部分后移前后的效果对比如图 5.58 所示。

图5.58 将实例后移前后的效果对比

5.4.4 认识符号紧缩器工具 重点

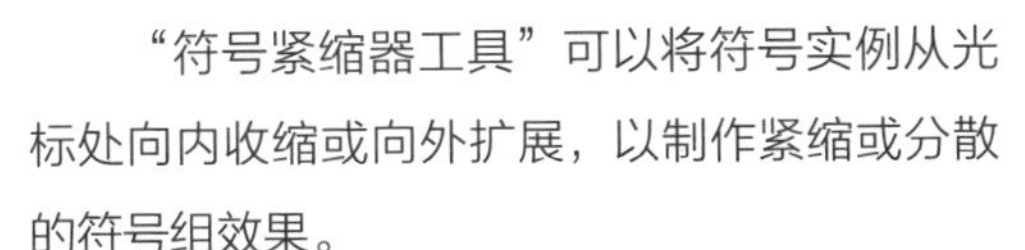

“符号紧缩器工具”可以将符号实例从光标处向内收缩或向外扩展，以制作紧缩或分散的符号组效果。

1. 收缩符号

要制作符号实例的收缩效果，首先选择要修改的符号组，然后选择“符号紧缩器工具”，在需要收缩的符号上按住鼠标左键不放或拖动鼠标，可以看到符号实例快速向光标处收缩的轮廓效果，达到满意效果后释放鼠标左键，即可完成符号的收缩，收缩符号操作效果如图 5.59 所示。

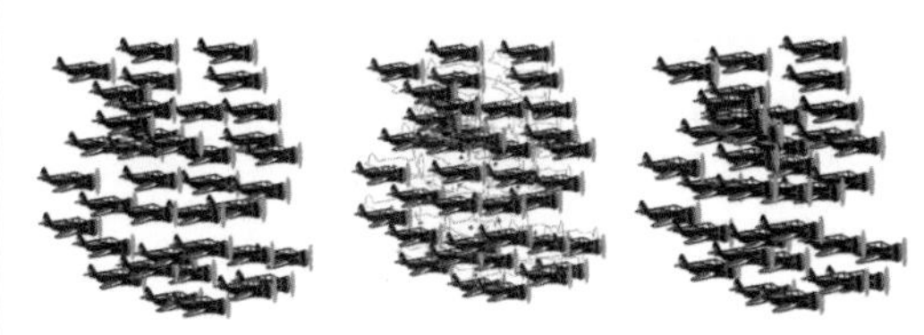

图5.59 收缩符号操作效果

2. 扩展符号

要制作符号实例的扩展效果，首先选择要修改的符号组，然后选择“符号紧缩器工具”，在按住 Alt 键的同时，将光标移动到需要扩展的符号上，按住鼠标左键不放或拖动鼠标，可以看到符号实例快速从光标处向外扩散，达到满意效果后释放鼠标左键，即可完成符号的扩展，扩展符号操作效果如图 5.60 所示。

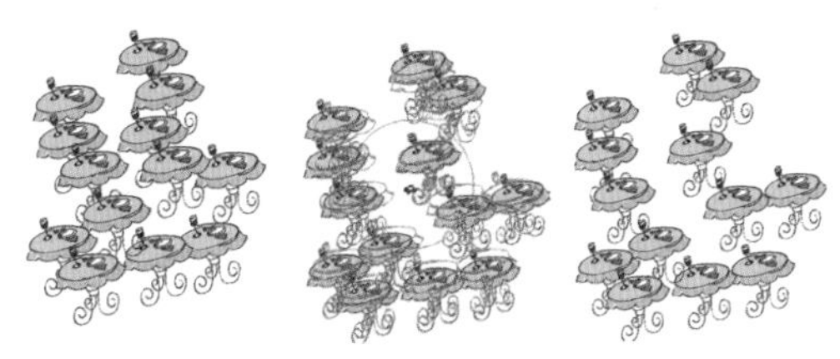

图5.60 扩展符号操作效果

5.4.5 认识符号缩放器工具

“符号缩放器工具”可以将符号实例放大或缩小，以制作出大小不同的符号实例效果，产生丰富的层次感觉。

1. 符号缩放器工具选项

在工具箱中双击“符号缩放器工具”，可以打开如图 5.61 所示的“符号工具选项”对话框，利用该对话框可以对符号缩放器工具进行详细的属性设置。

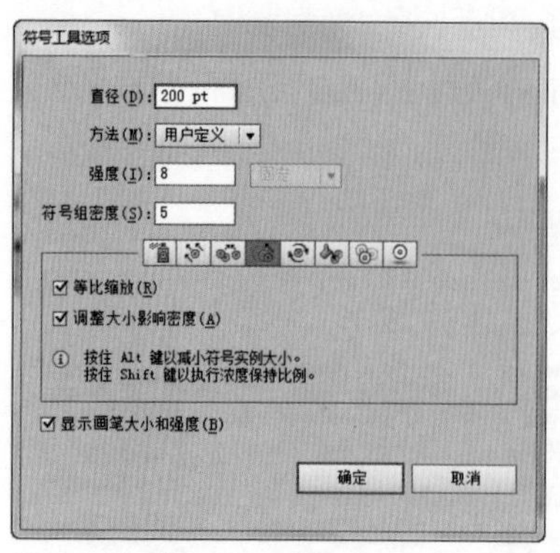

图5.61 符号缩放器工具选项

符号缩放器工具选项含义说明如下。

- **“等比缩放”**：勾选该复选框，将等比缩放符号实例。
- **“调整大小影响密度”**：勾选该复选框，在调整符号实例大小时将同时调整符号实例的密度。

2. 放大符号

要放大符号实例，首先选择该符号组，然后在工具箱中选择“符号缩放器工具”，将光标移动到要缩放的符号实例上方，单击鼠标、按住鼠标左键不动或按住鼠标左键拖动，都可以将光标下方的符号实例放大。放大符号实例操作效果如图 5.62 所示。

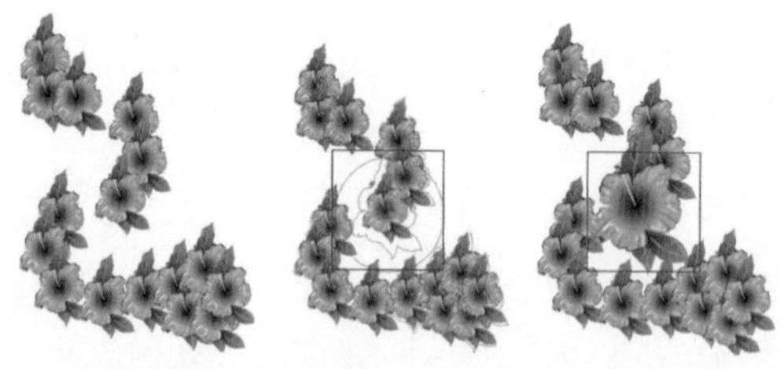

图5.62 放大符号实例操作效果

3. 缩小符号

要缩小符号实例，首先选择该符号组，然后在工具箱中选择“符号缩放器工具”，将光标移动到要缩放的符号实例上方，按住“Alt”键的同时单击鼠标、按住鼠标左键不动或按住鼠标左键拖动，都可以将光标下方的符号实例缩小。缩小符号实例操作效果如图 5.63 所示。

图5.63 缩小符号实例操作效果

5.4.6 认识符号旋转器工具 

“符号旋转器工具”可以旋转符号实例，制作出不同方向的符号效果。首先选择要旋转的符号组，然后在工具箱中选择“符号旋转器工具”，在要旋转的符号上按住鼠标左键拖动，拖动的同时在符号实例上将出现一个蓝色的箭头图标，显示符号实例旋转的方向效果，达到满意的效果后释放鼠标左键，即可将符号实例旋转一定的角度。旋转符号操作效果如图 5.64 所示。

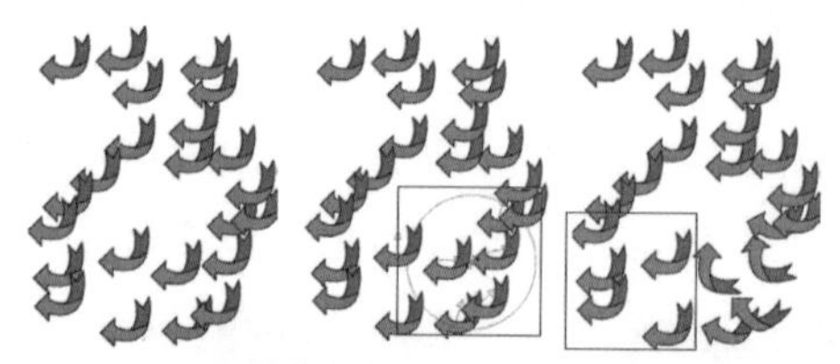

图5.64 旋转符号操作效果

5.4.7 认识符号着色器工具

使用“符号着色器工具”可以在选择的符号对象上单击或拖动，对符号进行重新着色，以制作出不同颜色的符号效果，而且单击的次数和拖动的快慢将影响符号的着色效果。单击的次数越多，拖动的时间越长，着色的颜色越深。

要为符号着色，首先选择要着色的符号组，然后在工具箱中选择“符号着色器工具”，在“颜色”面板中设置着色所使用的颜色，比如这里设置颜色为粉红色（C：0，M：52，Y：19，K：0），然后将光标移动到要着色的符号上并单击或拖动鼠标，如果想产生较深的颜色，可以多次单击或重复拖动，释放鼠标左键后就可以看到着色后的效果。为符号着色操作效果如图 5.65 所示。

图5.65 为符号着色操作效果

5.4.8 认识符号滤色器工具

“符号滤色器工具”可以改变文档中选择的符号实例的不透明度，以制作出深浅不同的透明效果。

要修改不透明度，首先选择符号组，然后在工具箱中选择“符号滤色器工具”，将光标移动到要设置不透明度的符号上方，单击鼠标或按住鼠标左键拖动，可以看到受到影响的符号将显示出蓝色的边框效果。鼠标单击的次数和拖动鼠标的重复次数将直接影响符号的不透明度效果，单击的次数越多，重复拖动的次数越多，符号变得越透明。拖动鼠标来修改符号不透明度效果如图 5.66 所示。

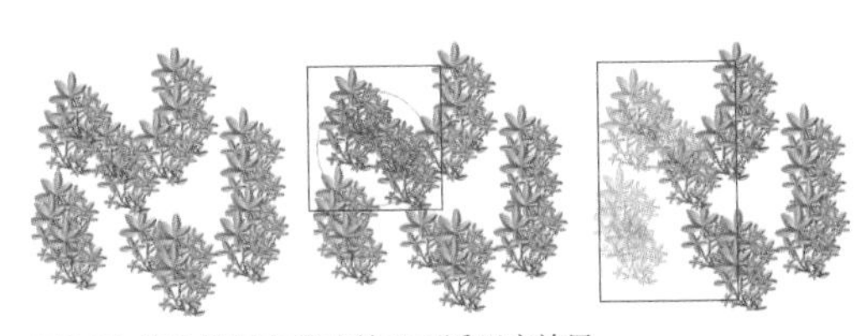

图5.66 拖动鼠标来修改符号不透明度效果

5.4.9 认识符号样式器工具

“符号样式器工具”需要配合“样式”面板使用，可以为符号实例添加各种特殊的样式效果，比如投影、羽化和发光等效果。

要使用符号样式器工具，首先选择要使用的符号组，然后在工具箱中选择“符号样式器工具”，执行菜单栏中的“窗口”|“图形样式”命令，或按 Shift +F5 组合键，打开“图形样式”面板，选择第 1 行第 6 个“黄昏”样式，最后在符号组中单击或按住鼠标左键拖动，释放鼠标左键即可为符号实例添加图形样式。添加图形样式的操作效果如图 5.67 所示。

提示

由于有些图形样式包含的特效较多或较复杂，单击或拖动后电脑会有一定的加载时间，所以有时需要稍等片刻才能看出效果。

图5.67 添加图形样式的操作效果

技巧

在符号实例上多次单击或拖动，可以多次应用图形样式效果。

5.5 知识拓展

本章对 Illustrator 高级艺术工具的使用进行了详细的讲解，高级艺术工具包括画笔、符号等，通过对本章的学习，读者会加深对高级工具的认知。

5.6 拓展训练

Illustrator 的高级艺术工具在设计中起着非常重要的作用，用好这些功能，可以在设计中事半功倍，本章安排了两个拓展训练，对以上所学的基础知识加以巩固。

训练5-1 利用“圆角”命令制作艺术拼贴照片插画

◆实例分析

首先绘制多个矩形，再以单一的图像为素材，通过对“剪切蒙版”命令的运用，制作出艺术拼贴照片效果。最终效果如图 5.68 所示。

难　　度：★★★
素材文件：第 5 章 \ 摩托车 .jpg
案例文件：第 5 章 \ 艺术拼贴照片插画 .ai
视频文件：第 5 章 \ 训练 5-1 利用“圆角”命令制作艺术拼贴照片插画 .avi

图5.68 最终效果

◆本例知识点

1.“分别变换”命令
2.“移动”命令
3.“剪切蒙版”命令
4.“圆角”命令

训练5-2 利用“凸出”命令制作重叠状花朵海洋

◆实例分析

本例利用几何图形制作卡通的花朵效果，然后再将其复制多份并分别对其进行调整，使其呈现重叠效果。最终效果如图 5.69 所示。

难　　度：★★★
素材文件：无
案例文件：第 5 章 \ 重叠状花朵海洋 .ai
视频文件：第 5 章 \ 训练 5-2 利用“凸出”命令制作重叠状花朵海洋 .avi

图5.69 最终效果

◆本例知识点

1.“凸出”命令
2.“扩展外观”命令
3.“联集”按钮
4.“分别变换”命令

第 6 章

修剪、混合与封套扭曲

本章将首先讲解图形的修剪功能，然后讲解混合的艺术，详细阐述混合的建立与编辑、混合轴的替换、混合的释放与扩展以及封套扭曲的运用。通过对本章的学习，读者能够掌握各种图形的修剪技巧，并熟练掌握混合和封套扭曲功能的使用方法。

教学目标

学习图形的修剪技术 | 掌握混合工具的使用技巧

掌握封套扭曲的使用技巧

6.1 修剪图形对象

对图形对象的修剪通常是利用“路径查找器”面板中的“形状模式”命令组和“路径查找器”命令组来完成的。

6.1.1 “路径查找器”面板

“路径查找器”面板可以对图形对象进行各种修剪操作，通过组合、分割、相交等方式对图形进行修剪造型，可以通过简单的图形修改出复杂的图形效果。熟悉它的用法将会使对多元素的控制能力大大增强，使复杂图形的设计变得更加得心应手。执行菜单栏中的“窗口”|“路径查找器”命令，即可打开如图 6.1 所示的“路径查找器”面板。

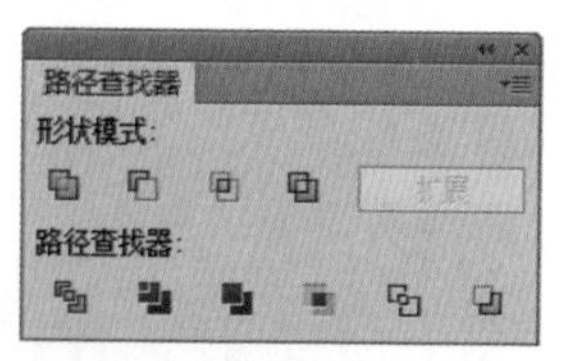

图6.1 “路径查找器”面板

6.1.2 联集、减去顶层、交集和差集 重点

“路径查找器”面板总体可分为两个区域，分别为“形状模式”区域和“路径查找器”区域。下面来讲解“形状模式”区域中的联集、减去顶层、交集和差集的应用。

1. 联集

该按钮可以将所选择的所有对象合并成一个对象，被选对象内部的所有对象都会被删除掉。相加后的新对象最前面一个对象的填充颜色与着色样式将被应用到整体联合的对象上，后面的命令按钮也都遵循这个原则。

选择要相加的图形，然后单击“路径查找器”面板中的“联集”按钮，与形状区域相加操作前后的效果如图 6.2 所示。

图6.2 与形状区域相加操作前后的效果

2. 减去顶层

该按钮可以从选定的图形对象中减去一部分，通常是以前面对象的轮廓为界限，减去下面图形与之相交的部分。

选择要相减的图形，然后单击“路径查找器”面板中的“减去顶层”按钮，减去顶层操作前后的效果如图 6.3 所示。

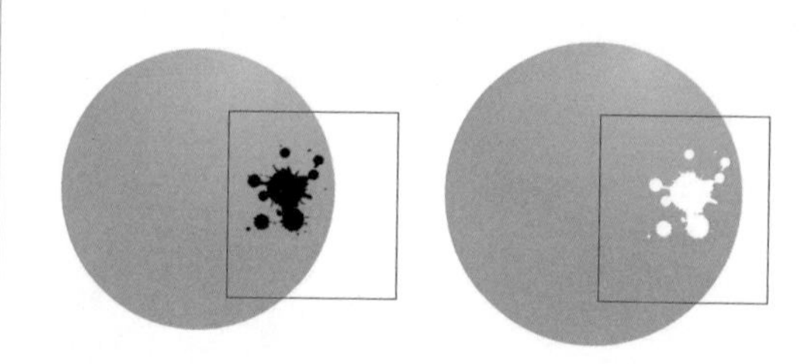

图6.3 减去顶层操作前后的效果

3. 交集

该按钮可以将选定的图形对象中相交的部分保留，将不相交的部分删除，如果有多个图形，则保留的是所有图形的相交部分。

选择要相交的图形，然后单击“路径查找器”面板中的“交集”按钮，与形状区域相交操作前后的效果如图 6.4 所示。

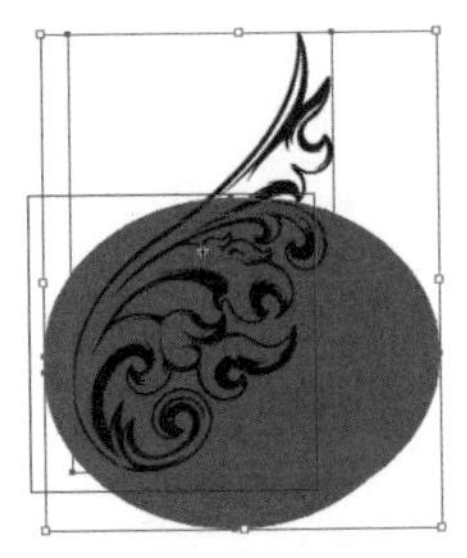

图6.4 与形状区域相交操作前后的效果

4. 差集

该按钮与“交集”按钮产生的效果正好相反，可以将选定的图形对象中不相交的部分保留，而将相交的部分删除。如果选择的图形重叠个数为偶数那么重叠的部分将被删除；如果重叠个数为奇数，那么重叠的部分将被保留。

选择要排除重叠形状的图形，然后单击“路径查找器”面板中的“差集”按钮，排除重叠形状区域操作前后的效果如图 6.5 所示。

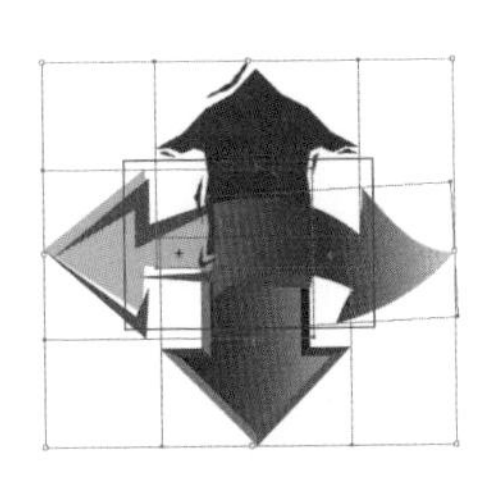

图6.5 排除重叠形状区域操作前后的效果

6.1.3 分割、修边、合并和裁剪 重点

除了上面讲解的“形状模式”区域外，“路径查找器”中还有一个“路径查找器”区域，下面来讲解“路径查找器”区域的相关按钮的应用，包括分割、修边、合并和裁剪等。

1. 分割

该按钮可以将所有选定的对象按轮廓线重叠区域分割，从而生成多个独立的对象，并删除每个对象被其他对象所覆盖的部分，而且分割后的图形填充图案和颜色都保持不变，各个部分保持原始的对象属性。如果分割的图形带描边效果，分割后的图形将按新的分割轮廓描边。

选择要分割的图形，然后单击“路径查找器”面板中的“分割”按钮，分割操作前后的效果如图 6.6 所示。

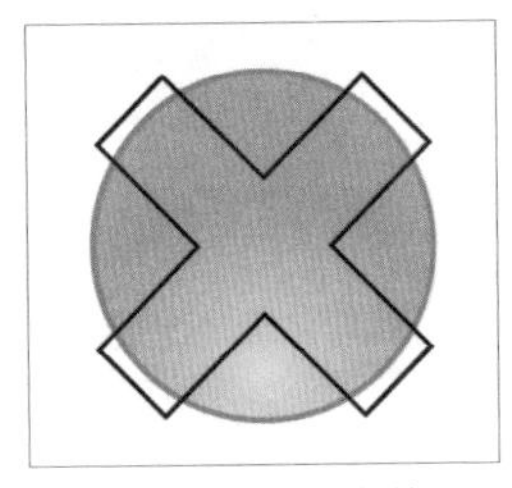

图6.6 分割操作前后的效果

2. 修边

该按钮利用上面的对象的轮廓来剪切下面的所有对象，将删除图形相交时看不到的图形部分。如果图形有描边效果，将删除所有图形的描边效果。

选择要修边的图形，然后单击“路径查找器”面板中的“修边”按钮，修边操作前后的效果如图 6.7 所示。

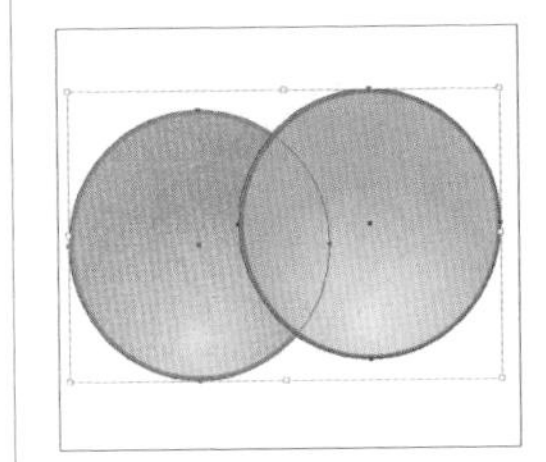
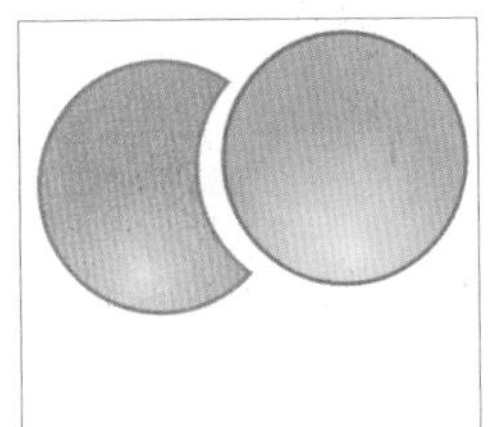

图6.7 修边前后的效果

3. 合并

该按钮与“修边”命令相似，可以利用上面的图形对象将下面的图形对象分割成多份。但与“修边”不同的是，“合并”会将颜色相同的重叠区域合并成一个整体。如果图形有描边效果，将删除所有图形的描边效果。

选择要合并的图形，然后单击“路径查找器”面板中的“合并”按钮，合并操作前后的效果如图 6.8 所示。

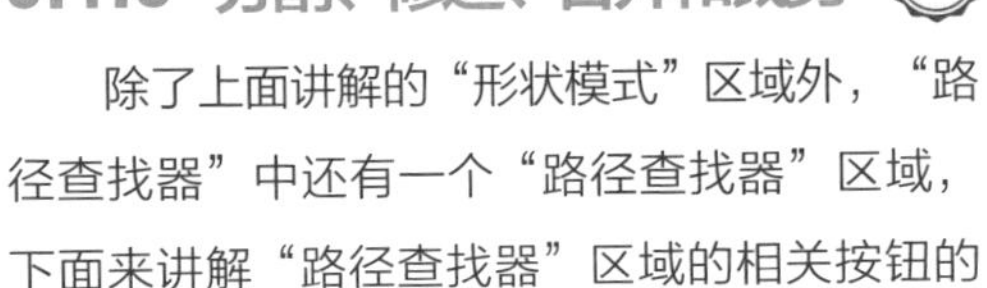

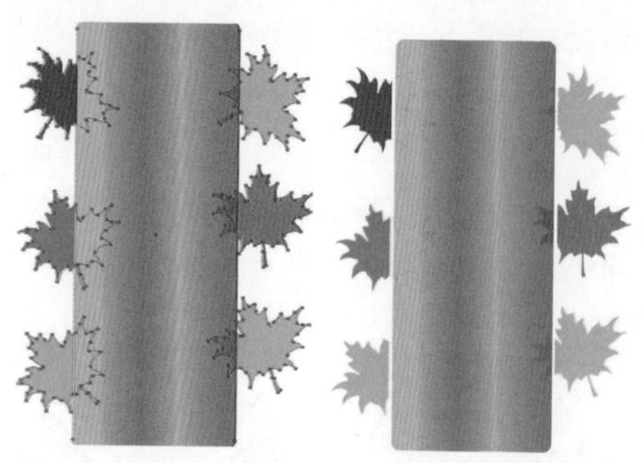

图6.8 合并操作前后的效果

4. 裁剪

该按钮利用选定对象，以最上面的图形对象轮廓为基础，裁剪所有下面的图形对象，与最上面的图形对象不重叠的部分的填充颜色会变为无，可以将与最上面的对象相交的部分之外的对象全部裁剪掉。如果图形有描边效果，将删除所有图形的描边效果。

选择要裁剪的图形，然后单击“路径查找器”面板中的“裁剪”按钮，裁剪操作前后的效果如图 6.9 所示。

图6.9 裁剪操作前后的效果

练习6-1 使用“分割”制作圆形重合效果

难　　度：★★
素材文件：无
案例文件：第 6 章 \ 制作圆形重合效果 .ai
视频文件：第 6 章 \ 练习 6-1 使用“分割”制作圆形重合效果 .avi

01 选择工具箱中的“矩形工具”，在界面中单击，在出现的“矩形”对话框中设置矩形“宽度”为120 mm，“高度”为70 mm，如图6.10所示。

02 选择工具箱中的“渐变工具”，在“渐变”面板中设置从灰色（C：9，M：7，Y：7，K：0）到白色的渐变，渐变“类型”为线性，如图6.11所示。

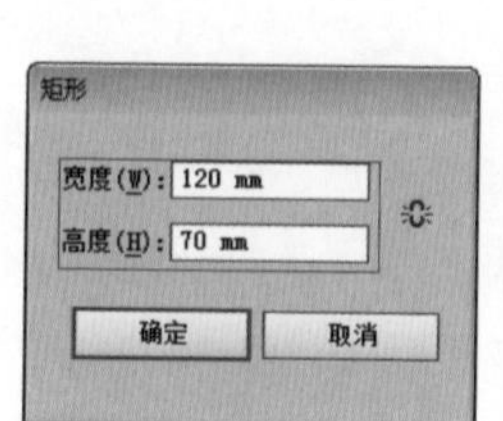

图6.10 “矩形”对话框

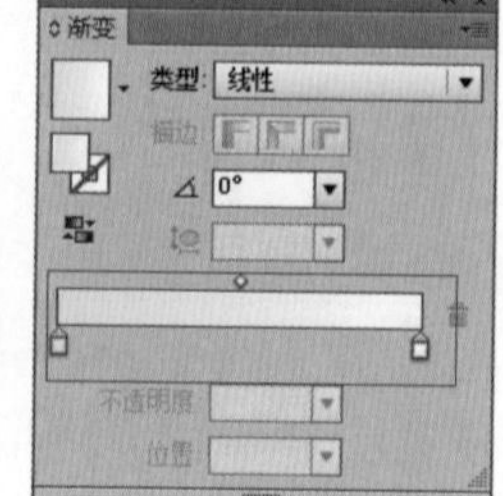

图6.11 “渐变”面板

03 选择“椭圆工具”，并按住Shift键绘制圆，填充为蓝色（C：70，M：15，Y：0，K：0），按住Alt键拖动，将圆形复制一份并放大，为其填充绿色（C：50，M：0，Y：100，K：0），如图6.12所示。

04 选中两个圆形，执行菜单栏中的“窗口”|“路径查找器”|“分割”命令，最后执行菜单栏中的“对象”|“取消编组”命令，图形成为3个个体，单击两个图形相交的部分，将其填充颜色改为浅蓝色（C：46，M：0，Y：0，K：0），如图6.13所示。

图6.12 绘制圆并复制

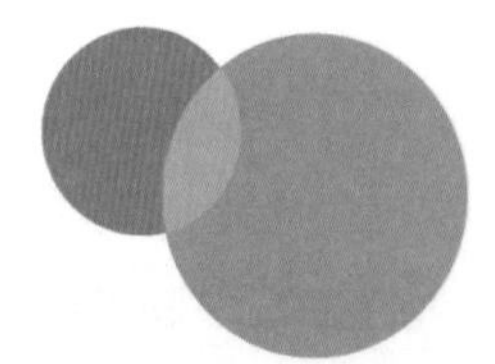

图6.13 执行“分割”命令

技巧

由于用“路径查找器”按钮组中的按钮操作后图形为一个组，所以要移动它们首先要按 Shift + Ctrl + G 键取消组合。

05 用同样的方法再绘制两个圆，如图6.14所示。

06 选择工具箱中的“选择工具”，将圆形全

选，单击鼠标右键，从快捷菜单中选择“变换”|“对称”命令，选中“垂直”单选按钮，将图形镜像复制并缩小，将图形全选，移动到背景上并调整其位置，如图6.15所示。

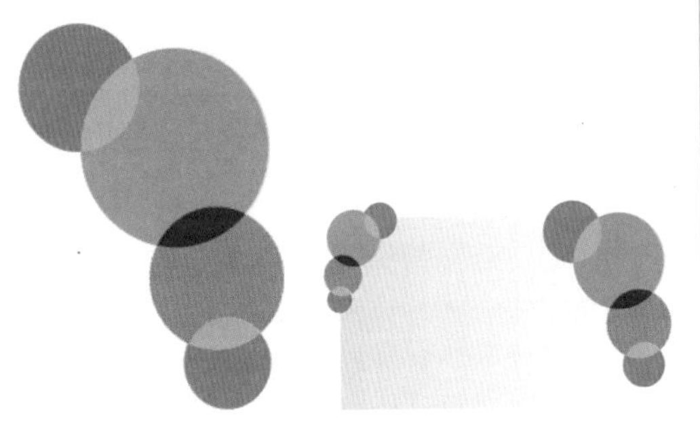

图6.14 再次绘制圆　　图6.15 复制并缩小

07 选中底部的矩形，按Ctrl + C组合键，将矩形复制，再按Ctrl + F组合键，将复制的矩形粘贴在原图形的前面，再按Ctrl + Shift +]组合键将其置于顶层，效果如图6.16所示。

08 将图形全部选中，执行菜单栏中的“对象”|“剪切蒙版”|“建立”命令，为所选对象创建剪切蒙版，最终效果如图6.17所示。

图6.16 置于顶层　　图6.17 最终效果

6.1.4 轮廓和减去后方对象

1. 轮廓

该按钮用来将所有选中图形对象的轮廓线按重叠点裁剪为多个分离的路径，并对这些路径按照原图形的填充颜色进行着色，而且不管原始图形的描边粗细为多少，执行“轮廓”命令后描边的粗细都将变为0pt。

选择要提取轮廓的图形，然后单击“路径查找器”面板中的“轮廓”按钮，提取轮廓操作前后效果如图 6.18 所示。

图6.18 提取轮廓操作前后的效果

2. 减去后方对象

该按钮与前面讲解过的“减去顶层”按钮的用法相似，只是该命令使用最后面的图形对象修剪前面的图形对象，保留前面没有与后面图形重叠的部分。

选择要减去后方对象的图形，然后单击“路径查找器”面板中的“减去后方对象”按钮，减去后方对象操作前后的效果如图 6.19 所示。

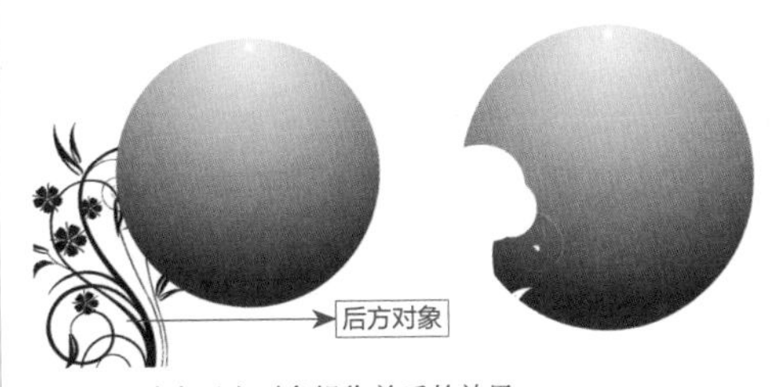

图6.19 减去后方对象操作前后的效果

6.2 混合艺术

混合工具和混合命令可以在两个或多个选定的图形之间创建一系列的中间对象的形状和颜色。可以在开放路径、封闭路径、渐层、图案等之间进行混合。混合主要包括两个方面：形状混合与颜色混合。它将颜色混合与形状混合完美结合了起来。

以下是应用混合的规则。

- 可以在数目不限的图形、颜色、不透明度或渐变之间进行混合，也可以在组或复合路径的图形中进行混合。如果混合的图形使用的是图案填充，则混合时只发生形状的变化，填充图案不会发生变化。
- 混合图形可以像一般的图形那样编辑，如缩放、选择、移动、旋转和镜像等，还可以使用直接选择工具修改混合的路径、锚点、图形的填充颜色等，修改任何一个图形对象，将影响其他的混合图形。
- 混合时，填充与填充混合，描边与描边混合，尽量不要让路径与填充图形混合。
- 如果要在使用了混合模式的两个图形之间进行混合，则混合时只会使用上方对象的混合模式。

练习6-2 使用混合工具创建混合

难　　度：★★
素材文件：无
案例文件：无
视频文件：第 6 章 \ 练习 6-2 使用混合工具创建混合 .avi

在工具箱中选择“混合工具”，然后将光标移动到第一个图形对象上，当光标变成状时单击鼠标，然后移动光标到另一个图形对象上，再次单击鼠标，即可在这两个图形对象之间建立混合过渡效果，制作完成的效果如图6.20 所示。

图6.20 混合效果

> 提示
>
> 在利用“混合工具”制作混合过渡效果时，可以在更多的图形中单击，以建立多个图形的混合过渡效果。

6.2.1 使用建立混合命令创建混合（重点）

在文档中，使用选择工具选择要混合的图形对象，然后执行菜单栏中的“对象”|“混合”|“建立”命令，即可为选择的两个或两个以上的图形对象建立混合过渡效果，如图 6.21 所示。

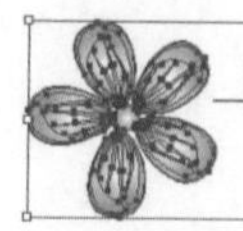

图6.21 使用建立混合命令创建混合

练习6-3 编辑、修改混合对象

难　　度：★★
素材文件：无
案例文件：无
视频文件：第 6 章 \ 练习 6-3 编辑、修改混合对象 .avi

混合后的图形对象是一个整体，它像图形一样，可以像图形一样整体编辑和修改。还可以利用“直接选择工具”修改混合开始和结束处的图形大小、位置、缩放和旋转等，还可以修改图形的路径、锚点或填充颜色。当对混合对象进行修改时，混合也会跟着变化，这样就大大提高了混合的可编辑性。

> 提示
>
> 混合对象在没有释放之前，只能修改开始和结束处的原始混合图形，即用来混合的两个原图形，中间混合出来的图形是不能直接使用工具修改的，但在修改开始和结束处的图形时，中间的混合过渡图形将自动跟着变化。

1. 修改混合图形的形状

在工具箱中选择“直接选择工具”，选择混合图形的一个锚点，然后将其拖动到合适的位置，释放鼠标左键即可完成图形的修改，修改操作效果如图 6.22 所示。

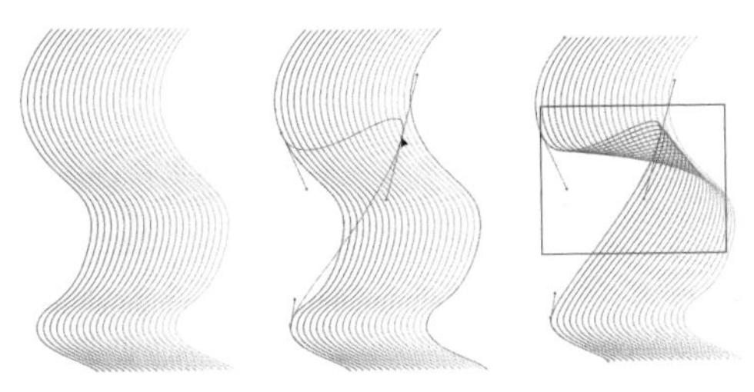

图6.22 修改形状操作效果

提示

使用同样的方法，可以修改其他锚点或路径的位置。不但可以修改开放的路径，还可以修改封闭的路径。

2. 其他修改混合图形的操作

除了修改图形锚点，还可以修改图形的填充颜色、大小、旋转角度和位置等，操作方法与基本图形的操作方法相同，不过在这里使用“直接选择工具” 来选择，其他修改的效果如图 6.23 所示。

原始效果

修改颜色

缩放大小

旋转

移动位置

图6.23 不同修改的效果

练习6-4 混合选项 

难　　度：★★
素材文件：无
案例文件：无
视频文件：第 6 章 \ 练习 6-4 混合选项 .avi

对于混合后的图形，还可以通过“混合选项”命令设置混合的间距和混合的取向。选择一个混合对象，然后执行菜单栏中的“对象”|“混合”|“混合选项”命令，打开如图 6.24 所示的“混合选项”对话框，即可利用该对话框对混合图形进行修改。

图6.24 “混合选项”对话框

“混合选项”对话框中各选项的含义说明如下。

1. 间距

用来设置混合过渡的方式。从右侧的下拉菜单中可以选择不同的混合方式，包括“平滑颜色”“指定步数”和“指定的距离”3 个选项。

- **"平滑颜色"**：可以为不同填充颜色的图形对象自动计算一个合适的混合的步数，达到最佳的颜色过渡效果。如果对象包含相同的颜色，或者包含渐层或图案，混合的步数根据两个对象的定界框的边之间的最长距离来设定。平滑颜色效果如图6.25所示。

图6.25 平滑颜色效果

- **"指定的步数"**：指定混合的步数。在右侧的文本框中输入一个数值指定从混合的开始到结束的步数，即混合过渡中产生几个过渡图形。图6.26所示是指定步数为3时的过渡效果。

图6.26 指定步数为3时的过渡效果

- **"指定的距离"**：指定混合图形之间的距离。在右侧的文本框中输入一个数值指定混合图形之间的间距，这个指定的间距按照一个对象的某个点到另一个对象的相应点来计算。图6.27所示为指定距离为30 mm时的混合过渡效果。

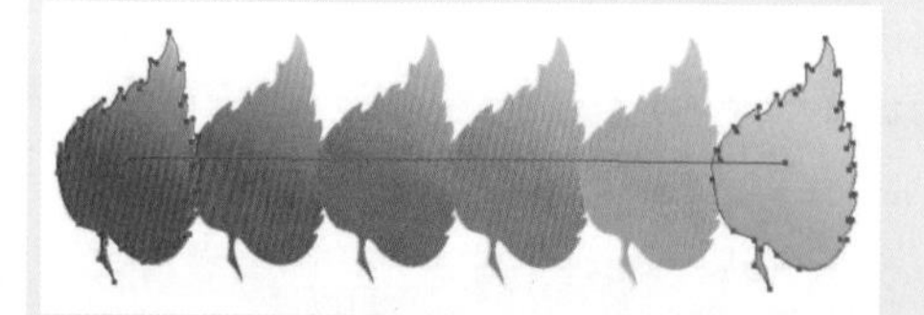

图6.27 指定距离为30 mm时的混合过渡效果

2. 取向

取向用来控制混合图形的走向，一般应用在非直线混合效果中，包括"对齐页面"和"对齐路径"两个选项。

- **"对齐页面"**：指定混合过渡图形沿界面的X轴方向混合。对齐界面混合过渡效果如图6.28所示。
- **"对齐路径"**：指定混合过渡图形沿路径方向混合。对齐路径混合过渡效果如图6.29所示。

图6.28 对齐界面

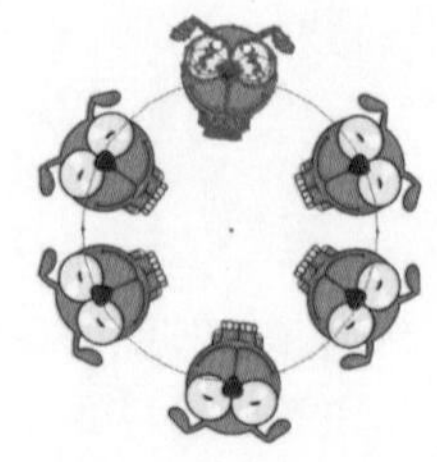

图6.29 对齐路径

练习6-5 利用"混合"命令制作圣诞树

难　度：★★
素材文件：无
案例文件：第6章\制作圣诞树.ai
视频文件：第6章\练习6-5 利用"混合"命令制作圣诞树.avi

01 选择工具箱中的"钢笔工具"，绘制1个三角形，设置"填色"为绿色（R：114，G：216，B：48），"描边"为无，如图6.30所示。

02 选择工具箱中的"矩形工具"，绘制1个细长矩形并适当旋转，将"填色"更改为浅绿色（R：240，G：255，B：230），"描边"为无，如图6.31所示。

图6.30 绘制三角形

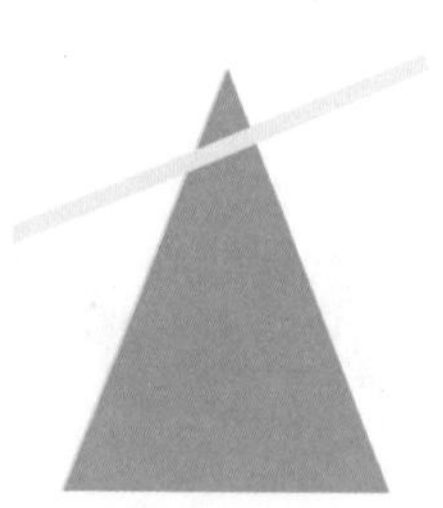

图6.31 绘制矩形

03 选中矩形，按住Alt+Shift组合键向下方拖动，将图形复制，将复制的图形宽度适当增大，如图6.32所示。

04 同时选中两个浅绿色矩形，执行菜单栏中的"对象"|"混合"|"建立"命令，如图6.33所示。

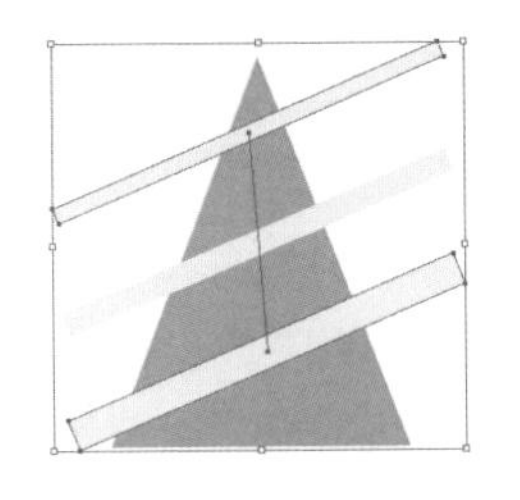

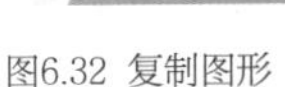

图6.32 复制图形　　图6.33 混合图形

05 在选中图形的状态下，执行菜单栏中的“对象”|“混合”|“混合选项”命令，在弹出的对话框中将“间距”更改为指定的步数，将数值更改为3，完成之后单击“确定”按钮，如图6.34所示。

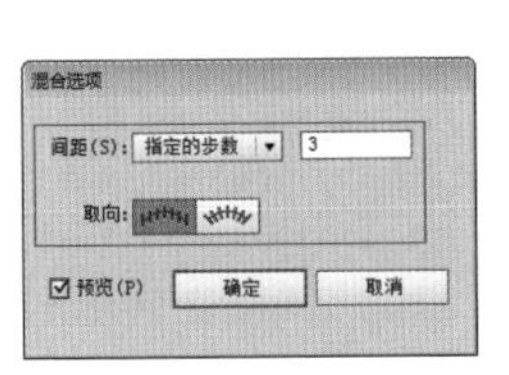

图6.34 设置混合选项

06 选中绿色图形，按Ctrl+C组合键将其复制，再按Ctrl+F组合键将其粘贴，按Ctrl+Shift+]组合键将对象移至所有对象上方，如图6.35所示。

07 同时选中所有图形，单击鼠标右键，从弹出的快捷菜单中选择“建立剪切蒙版”命令，将部分图像隐藏，如图6.36所示。

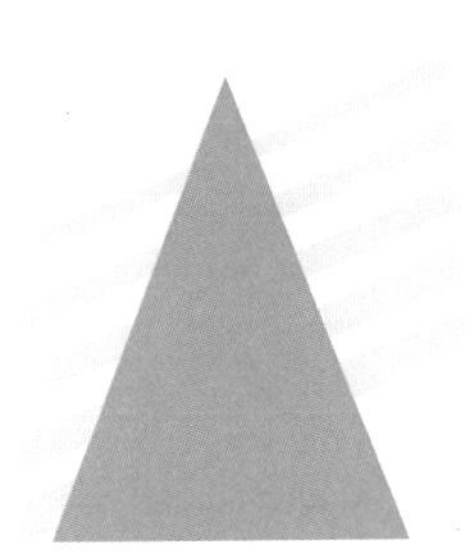

图6.35 复制图形　　图6.36 建立剪切蒙版

08 选择工具箱中的“星形工具”☆，在图形顶部绘制1个五角星，设置“填色”为黄色（R：255，G：209，B：18），“描边”为无，如图6.37所示。

09 选择工具箱中的“矩形工具”▇，在树底部绘制1个矩形，将“填色”更改为深黄色（R：68，G：45，B：3），“描边”为无，这样就完成了效果制作，最终效果如图6.38所示。

图6.37 绘制五角星　　图6.38 最终效果

6.2.2 更改混合对象的轴 

默认情况下，在两个混合图形之间会创建一个直线路径。当使用“释放”命令将混合释放时，会留下一条混合路径。但不管怎么创建，默认的混合路径都是直线，如果要制作出不同的混合路径，可以使用“替换混合轴”命令来完成。

要应用“替换混合轴”命令，首先要制作一个混合，并绘制一个开放或封闭的路径，并将混合和路径全部选中，然后执行菜单栏中的“对象”|“混合”|“替换混合轴”命令，即可替换原混合图形的路径，操作效果如图6.39所示。

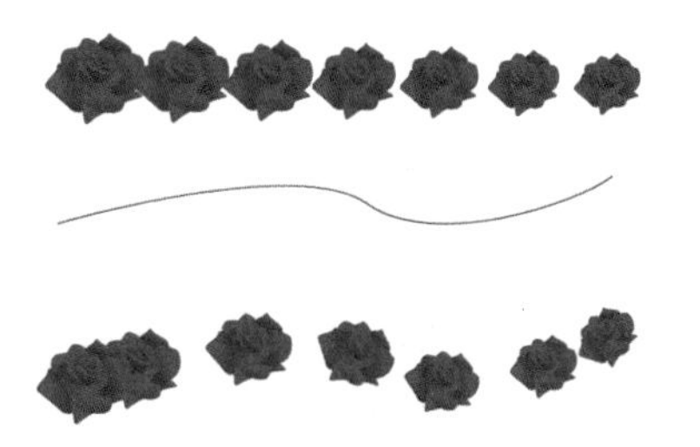

图6.39 替换混合轴操作效果

6.2.3 反向混合轴和反向堆叠

利用“反向混合轴”和“反向堆叠”命令，

可以修改混合路径的混合顺序和混合层次，下面来讲解具体的含义和使用方法。

1. 反向混合轴

“反向混合轴”命令可以将混合的图形首尾对调，混合的过渡图形也跟着对调。选择一个混合对象，然后执行菜单栏中的“对象”|“混合”|“反向混合轴”命令，即可将图形的首尾对调，对调前后的效果如图 6.40 所示。

图6.40 使混合轴反向前后的效果

2. 反向堆叠

“反向堆叠”命令可以修改混合对象的排列顺序，将从前到后调整为从后到前的效果。选择一个混合对象，然后执行菜单栏中的“对象”|“混合”|“反向堆叠”命令，即可将混合对象的排列顺序调整，调整前后的效果如图6.41所示。

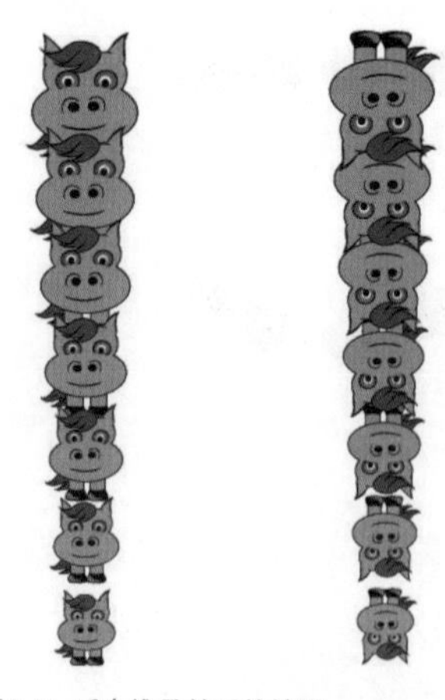

图6.41 反向堆叠前后的效果

6.2.4 释放和扩展混合对象 

混合的图形还可以释放和扩展，以恢复混合图形或将混合的图形分解出来，更细致地进行编辑和修改。

1. 释放

“释放”命令可以将混合的图形恢复到原来的状态，只是会多出一条混合路径，而且混合路径是无色的，要特别注意。如果对混合的图形不满意，选择混合对象，然后执行菜单栏中的“对象”|“混合”|“释放”命令，即可将混合释放，混合的中间过渡效果将消失，只保留初始混合图形和一条混合路径。

2. 扩展

“扩展”命令与“释放”命令不同，它不会将混合中间的过渡效果删除，而是将混合后的过渡图形分解出来，使它们变成单独的图形，可以使用相关的工具对中间的图形进行修改。

技巧

扩展后的混合图形是一个组，所以使用选择工具选择时会一起选择，可以执行菜单栏中的“对象”|“取消编组”命令，或按 Shift + Ctrl + G 组合键，取消编组后进行单独的调整。

练习6-6 利用“混合”和“用网格建立”命令制作科幻线条

难　　度：★★★

素材文件：无

案例文件：第 6 章\制作科幻线条 .ai

视频文件：第 6 章\练习 6-6 利用“混合”和“用网格建立”命令制作科幻线条 .avi

01 选择工具箱中的“矩形工具”▢，在绘图区中单击，弹出“矩形”对话框，设置矩形的“宽度”为130 mm，“高度”为100 mm，如图6.42所示。

02 在“渐变”面板中设置渐变颜色为深蓝色

（R：12，G：47，B：67）到墨蓝色（R：26，G：85，B：110）到水蓝色（R：105，G：211，B：227）再到银灰色（R：71，G：158，B：177）的线性渐变，描边为黑色，粗细为2pt，如图6.43所示。

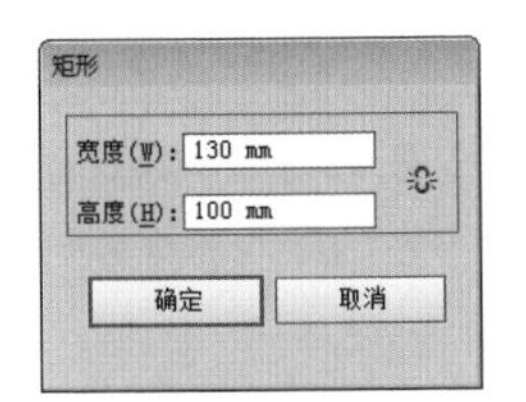

图6.42 “矩形”对话框

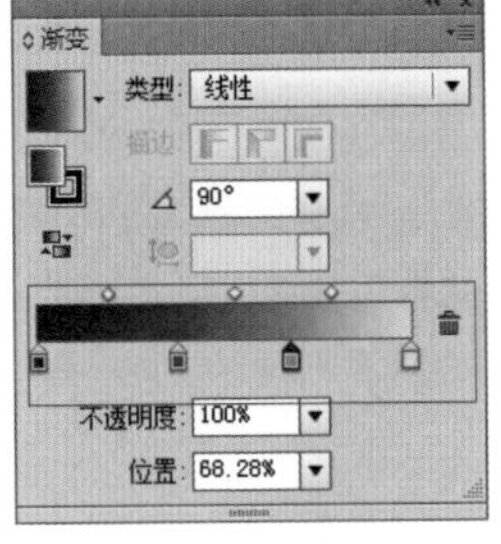

图6.43 “渐变”面板

03 为矩形填充渐变。渐变效果如图6.44所示。

04 选择工具箱中的“矩形工具”，在绘图区中单击，弹出“矩形”对话框，设置矩形的“宽度”为140 mm，“高度”为2 mm，如图6.45所示。

图6.44 填充效果

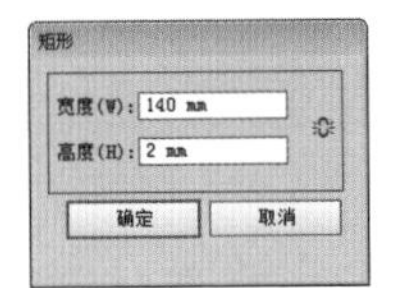

图6.45 “矩形”对话框

05 将矩形填充为浅蓝色（R：101，G：202，B：219），描边为无，如图6.46所示。

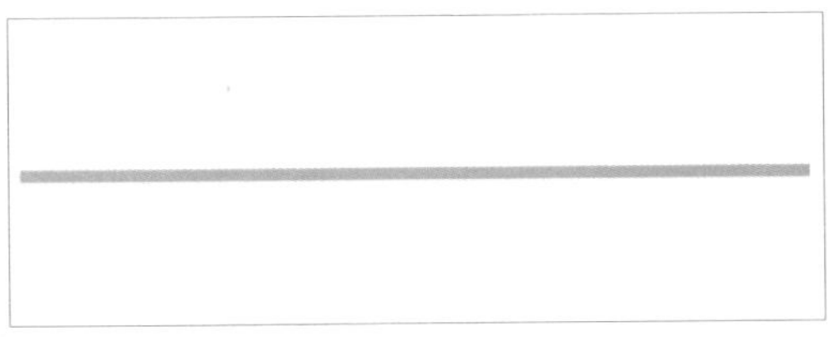
图6.46 填充颜色

06 选择工具箱中的“选择工具”，选择矩形，按住Alt + Shift组合键竖直向下拖动光标将其复制1个，将其填充为深蓝色（R：12，G：47，B：67），如图6.47所示。

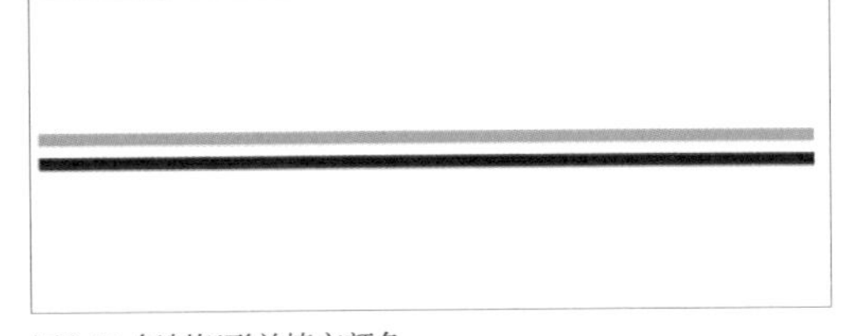
图6.47 复制矩形并填充颜色

07 选择工具箱中的“选择工具”，选择两个矩形，执行菜单栏中的“对象”|“混合”|“建立”命令，再执行菜单栏中的“对象”|“混合”|“混合选项”命令，在弹出的“混合选项”对话框中将“间距”改为“指定的步数”，并设置其值为30，如图6.48所示。

08 选择工具箱中的“选择工具”，选择混合图形，执行菜单栏中的“对象”|“封套扭曲”|“用网格建立”命令并设置“行数”为4，“列数”为4，如图6.49所示。

图6.48 更改效果

图6.49 “封套网格”对话框

09 选择工具箱中的“直接选择工具”，选择部分锚点并对其进行调整，直到达到满意效果，如图6.50所示。

10 选择工具箱中的“选择工具”，选择混合图形，执行“用网格建立”命令，如图6.51所示。

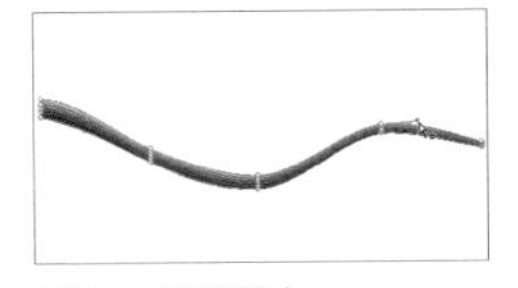
图6.50 调整锚点

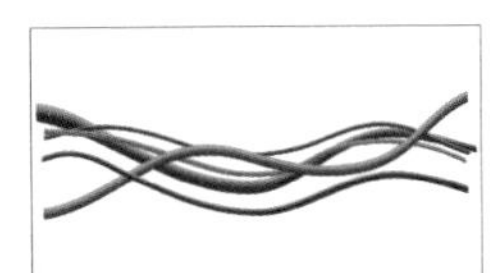
图6.51 用网格建立封套扭曲

11 选择工具箱中的“直接选择工具”，选择部分锚点并对其进行调整，将图形分别调整为不相同的弯曲程度，如图6.52所示。

12 选择工具箱中的“选择工具”，将混合图形全部选中，按Ctrl + G组合键编组，单击鼠标右键，从快捷菜单中选择“变换”|“对称”命令，选中“垂直”单选按钮，如图6.53所示。

图6.52 调整锚点

图6.53 “镜像”对话框

13 单击“镜像”对话框中的“复制”按钮，竖直镜像复制图形。使用“选择工具”将镜像的图形向下移动，如图6.54所示。

14 选择工具箱中的“选择工具”，将混合图形全部选中，将其移动到矩形背景的中心处。选择背景矩形，按Ctrl + C组合键，将矩形复制，按Ctrl + F组合键，将复制的矩形粘贴在原图形的前面，如图6.55所示。

图6.54 复制移动

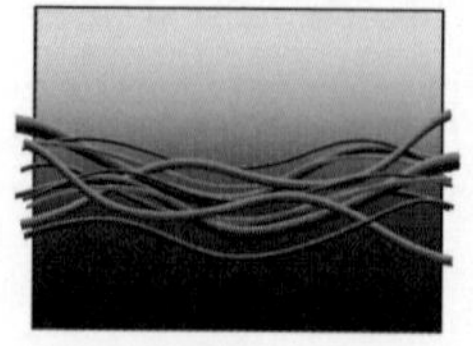

图6.55 复制矩形

15 按Ctrl + Shift +]组合键将复制的矩形置于顶层。将图形全部选中，执行菜单栏中的“对象”|“剪切蒙版”|“建立”命令，为所选对象创建剪切蒙版，将多出来的部分剪掉，最终效果如图6.56所示。

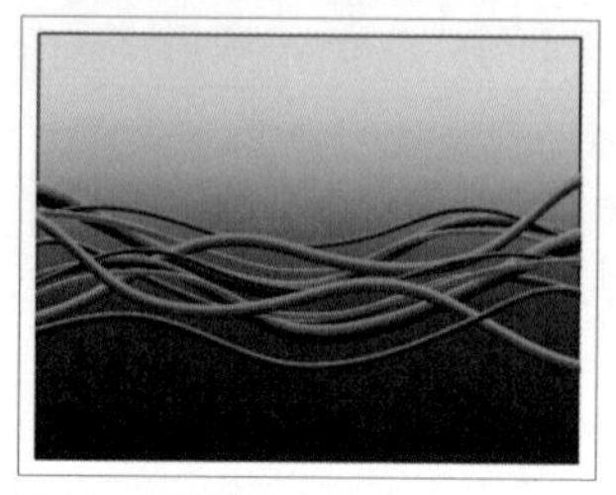

图6.56 最终效果

6.3 封套扭曲

封套扭曲是 Illustrator CS6 中的一个特色扭曲功能，它除了提供多种默认的扭曲功能外，还可以通过建立网格和使用顶层对象的方式来创建扭曲效果，有了封套扭曲功能，扭曲变得更加灵活。

6.3.1 用变形建立封套扭曲 

“用变形建立”命令是 Illustrator CS6 为用户提供的一项预设的变形功能，可以利用这项现有的预设功能并通过相关的参数设置达到变形的目的。执行菜单栏中的“对象”|“封套扭曲”|“用变形建立”命令，即可打开如图 6.57 所示的“变形选项”对话框。

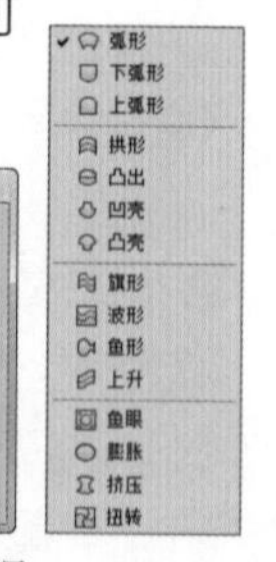

图6.57 “变形选项”对话框

“变形选项”对话框各选项的含义说明如下。

- **“样式”**：可以从右侧的下拉列表中选择一种变形的样式。总共包括15种变形样式，不同样式的变形效果如图6.58所示。
- **“弯曲”**：指定在水平还是竖直方向上弯曲图形，并通过修改“弯曲”的值来设置变形的强度大小，值越大，图形的弯曲程度也就越高。
- **“扭曲”**：设置图形的扭曲程度，可以指定水平或竖直扭曲程度。

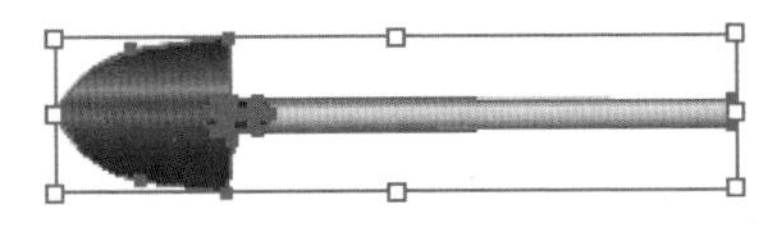

原图

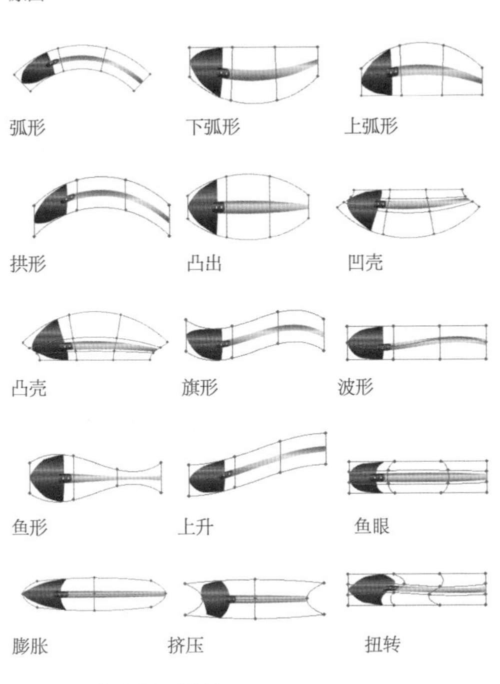

图6.58 15种预设变形效果

练习6-7 利用“鱼眼”命令制作立体球

难　　度：★★
素材文件：无
案例文件：第 6 章 \ 制作立体球 .ai
视频文件：第 6 章 \ 练习 6-7 利用“鱼眼”命令制作立体球 .avi

01 选择工具箱中的“直线段工具”，绘制1条线段，设置“填色”为无，“描边”为白色，“描边粗细”为3 pt，如图6.59所示。

02 选中线段，按住Alt+Shift组合键向下方拖动，如图6.60所示。

图6.59 绘制线段

图6.60 复制线段

03 同时选中两条线段，执行菜单栏中的“对象”|“混合”|“建立”命令。

04 选中混合后的线段，执行菜单栏中的“对象”|“混合”|“混合选项”命令，在弹出的对话框中将“间距”更改为指定的步数，将数值更改为40，完成之后单击“确定”按钮，如图6.61所示。

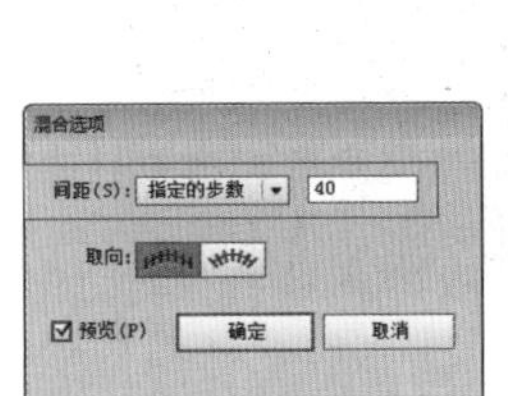

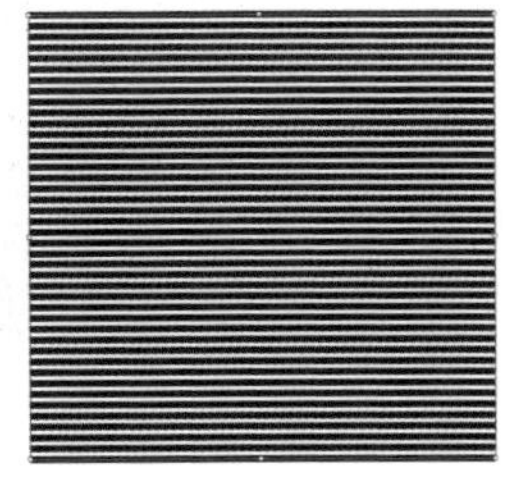

图6.61 设置混合线段

05 选中线段，执行菜单栏中的“对象”|“扩展”命令,在弹出的对话框中单击“确定”按钮，如图6.62所示。

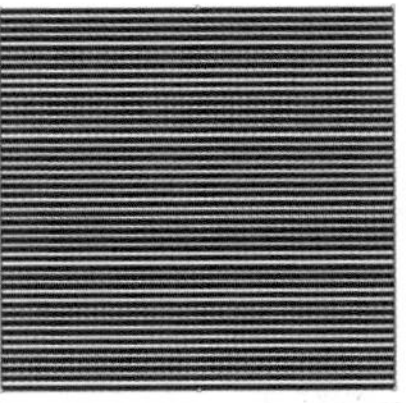

图6.62 扩展图形

06 选中图像，按Ctrl+C组合键将其复制，再按Ctrl+F组合键将其粘贴，再将图像顺时针旋转，如图6.63所示。

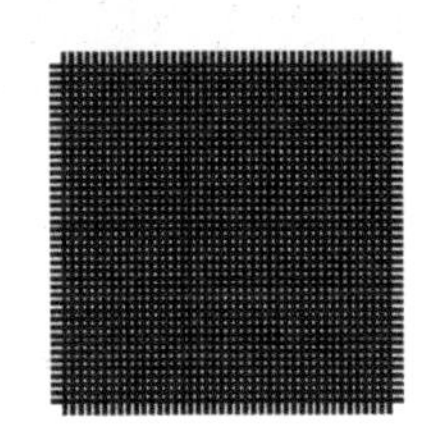

图6.63 旋转图像

07 选中图像，执行菜单栏中的“效果”|“变形”|“鱼眼”命令，在弹出的对话框中将“弯曲”更改为100%，完成之后单击“确定”按钮，如图6.64所示。

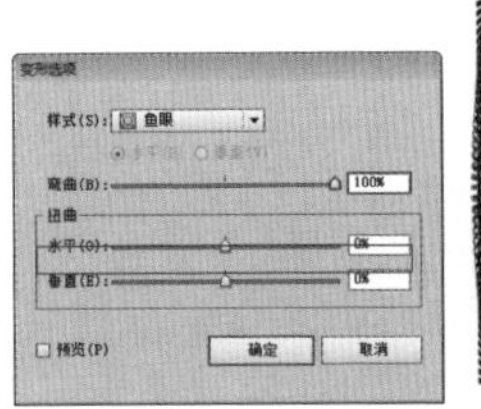

图6.64 使图像变形

08 选择工具箱中的“椭圆工具”，按住Shift键绘制1个圆，选择工具箱中的“渐变工具”，在图形上拖动，为其填充紫色（R：255，G：0，B：255）到黑色的径向渐变，将圆形移至网格图像下方，如图6.65所示。

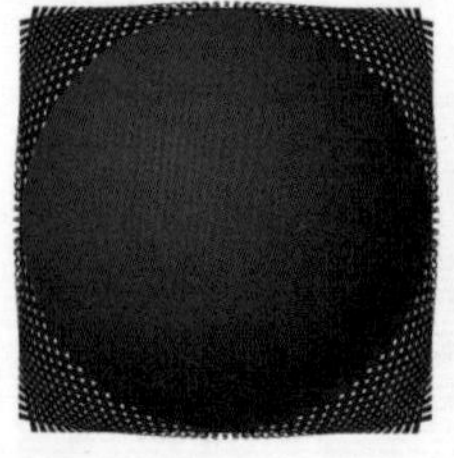

图6.65 绘制图形

09 在“透明度”面板中将网格图像的混合模式更改为叠加，如图6.66所示。

10 同时选中圆形及网格图像，单击鼠标右键，从弹出的快捷菜单中选择“建立剪切蒙版”命令，将部分图像隐藏，这样就完成了效果制作，最终效果如图6.67所示。

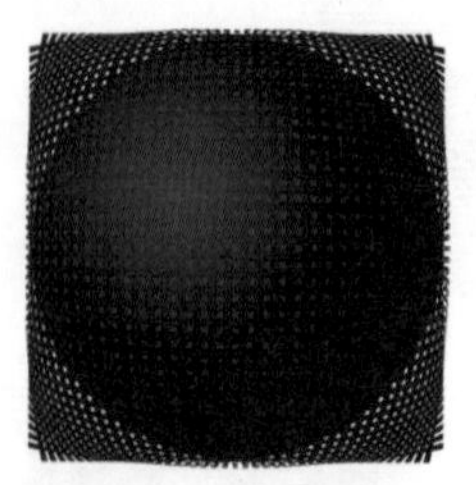

图6.66 更改图像的混合模式　图6.67 最终效果

6.3.2 用网格建立封套扭曲 重点

封套扭曲除了使用预设的变形功能，还可以自定义网格来修改图形。首先选择要变形的对象，然后执行菜单栏中的“对象”|“封套扭曲”|“用网格建立”命令，打开如图6.68所示的“封套网格”对话框，在该对话框中可以设置网格的“行数”和“列数”，以添加变形网格效果。

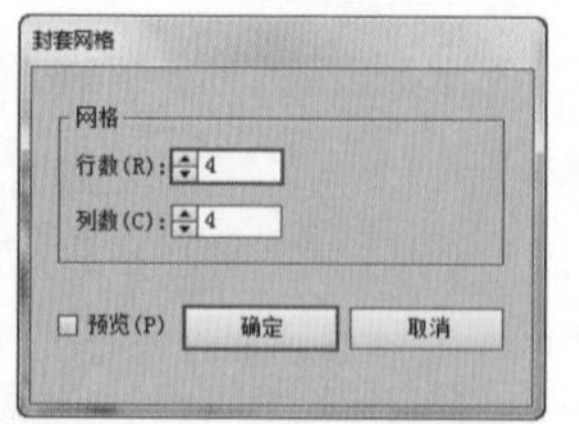

图6.68 “封套网格”对话框

在“封套网格”对话框中设置合适的行数和列数，单击“确定”按钮，即可为所选图形对象创建一个网格状的变形封套效果，可以利用“直接选择工具”像调整路径那样调整封套网格，可以同时修改1个网格点，也可以选择多个网格点进行修改。

使用“直接选择工具”选择要修改的网格点，然后将光标移动到选中的网格点上，当光标变成状时，按住鼠标左键拖动网格点，即可使图形对象变形。利用网格变形效果如图6.69所示。

图6.69 利用网格变形效果

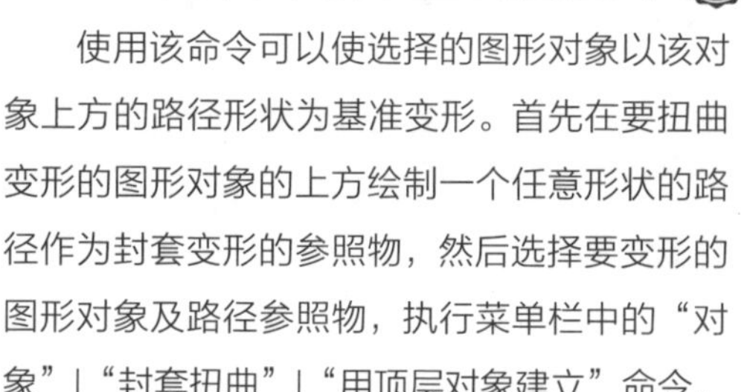

6.3.3 用顶层对象建立封套扭曲 重点

使用该命令可以使选择的图形对象以该对象上方的路径形状为基准变形。首先在要扭曲变形的图形对象的上方绘制一个任意形状的路径作为封套变形的参照物，然后选择要变形的图形对象及路径参照物，执行菜单栏中的“对象”|“封套扭曲”|“用顶层对象建立”命令，即可使选择的图形对象以其上方的形状为基准变形。变形操作如图6.70所示。

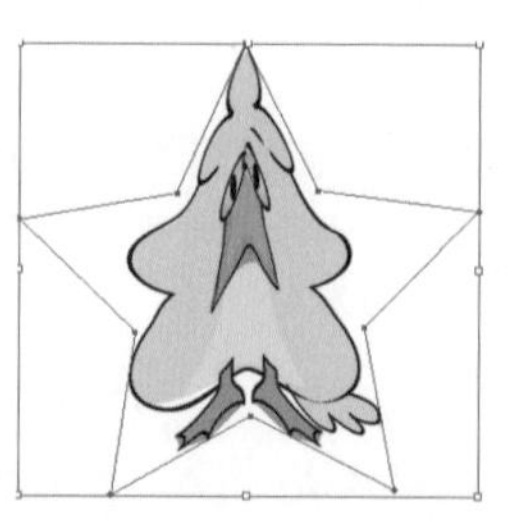

图6.70 “用顶层对象建立”变形效果

技巧

使用“用顶层对象建立”命令创建扭曲变形效果后，如果对变形的效果不满意，还可以通过执行菜单栏中的“对象”|“封套扭曲”|“释放”命令还原图形。

6.3.4 编辑封套选项 

对于封套变形的对象，可以修改封套的变形效果，比如扭曲外观、扭曲线性渐变和扭曲图案填充等。执行菜单栏中的“对象”|“封套扭曲”|“封套选项”命令，可以打开如图 6.71 所示的“封套选项”对话框，在该对话框中可以对封套进行详细的设置，可以在使用封套变形前修改选项参数，也可以在变形后选择图形来修改变形参数。

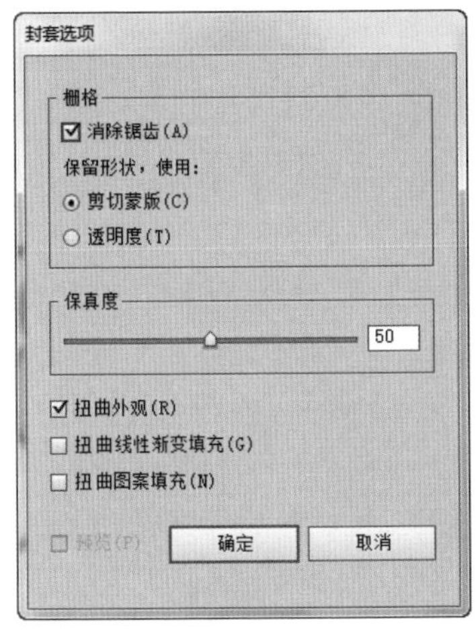

图6.71 “封套选项”对话框

“封套选项”对话框各选项的含义说明如下。

- **“消除锯齿”**：勾选该复选框，在进行封套变形处理时可以消除锯齿现象，产生平滑的过渡效果。
- **“保留形状，使用：”**：选中“剪切蒙版”单选按钮，可以使用路径的遮罩蒙版形式创建变形效果，可以保留封套的形状；选中“透明度”单选按钮，可以使用位图式的透明通道来保留封套的形状。
- **“保真度”**：指定封套变形时的封套内容保真程度，值越大，封套的节点越多，保真度也就越高。
- **“扭曲外观”**：勾选该复选框，将使图形的外观扭曲变形。
- **“扭曲线性渐变填充”**：勾选该复选框，在扭曲图形对象时，使填充的线性渐变也扭曲变形。
- **“扭曲图案填充”**：勾选该复选框，在扭曲图形对象时，使填充的图案也扭曲变形。

技巧

在使用相关的封套扭曲命令后，在图形对象上将显示出图形的变形线框，如果感觉这些线框妨碍其他操作，可以执行菜单栏中的“对象”|“封套扭曲”|“扩展”命令，将其扩展为普通的路径效果。如果想返回变形前的状态，修改原图形或封套路径，可以执行菜单栏中的“对象”|“封套扭曲”|“编辑内容”命令，对添加封套前的图形进行修改。如果想回到封套变形效果，可以执行菜单栏中的“对象”|“封套扭曲”|“编辑封套”命令，返回封套变形效果。

6.4 知识拓展

在前面的章节中详细讲解了 Illustrator 的基本绘图工具，但在实际绘图过程中，一些复杂图形的绘制变得非常麻烦，这时可以应用图形的修剪命令来创建复杂的图形对象，比如合并、分割、裁剪等。同时，本章也详细讲解了强大的混合艺术及封套扭曲功能。

6.5 拓展训练

本章通过 3 个拓展训练，进一步通过实战案例的操作，让读者对修剪和混合功能有更加深入的了解，从而熟练掌握这些技能。

训练6-1 利用“混合”命令制作旋转式曲线

◆实例分析

本例主要讲解使用“混合”命令制作旋转式曲线。最终效果如图 6.72 所示。

难　　度：★★★
素材文件：无
案例文件：第 6 章\制作旋转式曲线 .ai
视频文件：第 6 章\训练 6-1 利用“混合”命令制作旋转式曲线 .avi

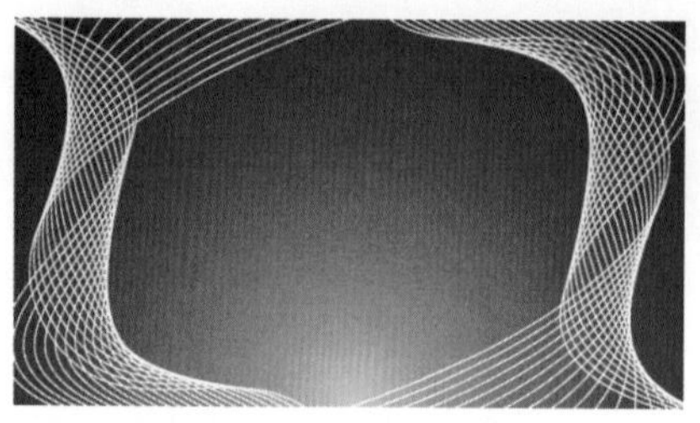

图6.72 最终效果

◆本例知识点

1.“钢笔工具”
2.“混合”命令
3.“直接选择工具”

训练6-2 利用“替换混合轴”命令制作心形背景

◆实例分析

本例主要讲解使用“扩展”和“替换混合轴”命令完成心形背景的制作。最终效果如图 6.73 所示。

难　　度：★★★
素材文件：无
案例文件：第 6 章\制作心形背景 .ai
视频文件：第 6 章\训练 6-2 利用“替换混合轴”命令制作心形背景 .avi

图6.73 最终效果

◆本例知识点

1.“渐变”面板
2.“收缩和膨胀”命令
3.“替换混合轴”命令

训练6-3 利用“用网格建立”命令制作五彩缤纷的图案

◆实例分析

本例主要讲解使用“用网格建立”命令建立五彩缤纷的图案。最终效果如图 6.74 所示。

难　　度：★★★
素材文件：无
案例文件：第 6 章\制作五彩缤纷的图案 .ai
视频文件：第 6 章\训练 6-3 利用“用网格建立”命令制作五彩缤纷的图案 .avi

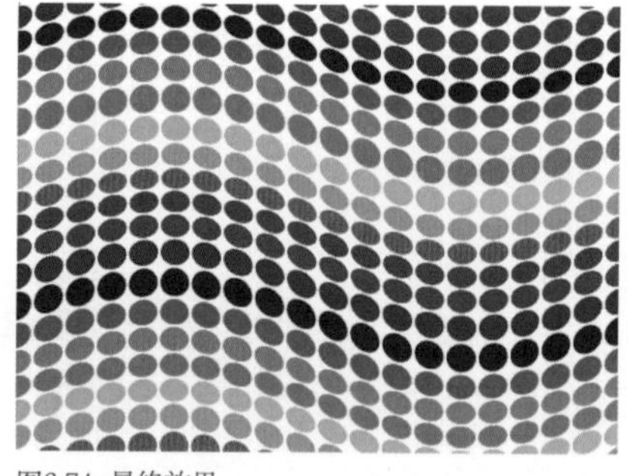

图6.74 最终效果

◆本例知识点

1.“椭圆工具”
2.“移动”命令
3.“用网格建立”命令

第3篇

精通篇

第7章

文字的格式化处理

Illustrator最强大的功能之一就是文字处理，虽然在某些方面不如文字处理软件，如Word、WPS，但是它的文字能与图形自由地结合，十分方便灵活，用户可以快捷地更改文本的尺寸、形状以及比例，将文本精确地排入任何形状的对象；可以将文本沿不同形状的路径横向或纵向排列；可以使用Illustrator中的文字工具将文本沿路径排列，如沿圆形或不规则的路径排列；可以对文字进行图案填充，并可以将文字轮廓化，以创建出精美的艺术文字效果。通过本章的学习，读者能够熟练地创建各种文字，并进行排版、制作艺术字。

教学目标

学习直排和横排文字的创建 | 学习路径和区域文字的使用

掌握文字的选取和编辑方法 | 掌握段落文字的使用方法

掌握文字的艺术化处理方法

7.1 文字工具的应用

文字工具是 Illustrator CS6 的一大特色，该软件提供了 6 种类型的文字工具，包括“文字工具”、“区域文字工具”、“路径文字工具”、“直排文字工具”、“直排区域文字工具”和“直排路径文字工具”，利用这些文字工具可以自由创建和编辑文字。文字工具栏如图 7.1 所示。

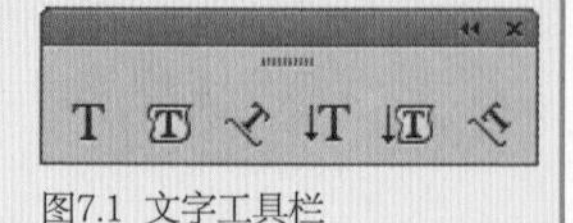

图7.1 文字工具栏

7.1.1 文字的创建 

“文字工具”和“直排文字工具”两种工具的使用方法是相同的，只不过创建的文字方向不同。“文字工具”创建的文字方向是水平的；“直排文字工具”创建的文字方向是竖直的。利用这两种工具创建的文字可分为两种，一种是点文字，一种是段落文字。

1. 创建点文字

在工具箱中选择“文字工具”，这时光标将变成横排文字光标，呈状，在文档中单击可以看到一个快速闪动的光标输入效果，直接输入文字即可。“直排文字工具”的使用与“文字工具”相同，只不过光标将变成直排文字光标，呈状。这两种文字工具一般适合在输入少量文字时使用。这两种文字工具创建的文字效果如图 7.2 所示。

图7.2 两种文字工具创建的文字效果

2. 创建段落文字

使用“文字工具”和“直排文字工具”还可以创建段落文字，适合创建大量的文字信息。选择这两种文字工具中的任意一种，在文档中合适的位置按下鼠标左键，在不释放鼠标左键的情况下拖动出一个矩形文字框，如图 7.3 所示，然后输入文字即可创建段落文字。在文字框中输入文字时，文字会根据拖动的矩形文字框的大小自动换行，而且若改变文字框的大小，文字会随文字框一起改变。创建的横排与直排文字效果分别如图 7.4、图 7.5 所示。

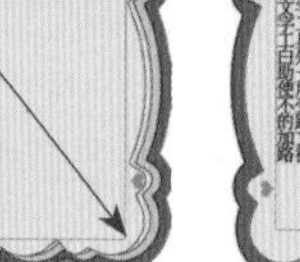

图7.3 拖出文字框

图7.4 横排

图7.5 直排

7.1.2 创建区域文字

区域文字是一种特殊的文字，需要使用区域文字工具创建。区域文字工具不能直接在文档空白处输入文字，需要借助一个路径区域才可以使用。路径区域的形状不受限制，可以是任意的路径区域，而且在添加文字后，还可以修改路径区域的形状。“区域文字工具”和“直排区域文字工具”在用法上是相同的，只是输入的文字方向不同，这里以“区域文字工具”为例进行讲解。

要使用区域文字工具，首先绘制一个路径区域，然后选择工具箱中的“区域文字工具”，将光标移动到要输入文字的路径区域的路径上并单击鼠标，这时可以看到路径区域的左上角位置出现了一个闪动的光标符号，直接输入文字即可，如果输入的文字超出了路径区域的大小，在区域文字的末尾处将显示一个红色“田”字形标志。区域文字的输入操作如图 7.6 所示。

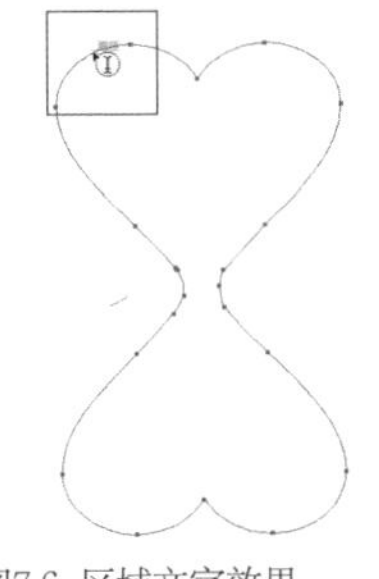

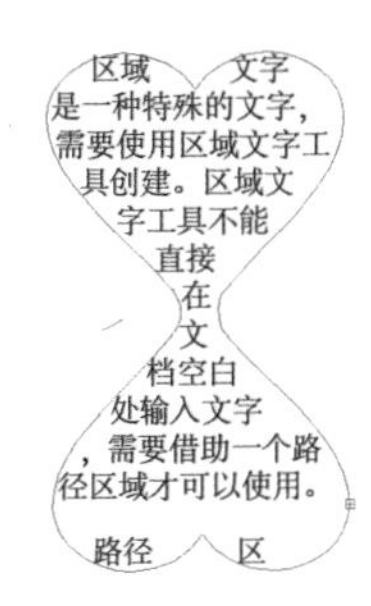

图7.6 区域文字效果

7.2 文字的编辑

前面讲解了各种文字的创建方法，接下来讲解文字的相关编辑方法，比如文字的选取、区域文字修改等。

7.2.1 选择文字 重点

要想编辑文字，首先要选择文字，当创建了文字对象后，可以任意选择一种文字工具去选择文字，选择文字有多种方法，下面来详细讲解。

1. 用拖动法选择文字

任意选择一个文字工具，将光标移动到要选择的文字的前面，光标将呈现 I 状，按住鼠标左键拖动，可以看到拖动时光标经过的文字呈现反白颜色效果，达到满意的选择结果后，释放鼠标左键即可选择文字。选择文字操作效果如图 7.7 所示。

提示

由于拖动法的灵活性很高，所以它是选择文字时最常用的一种方法。

图7.7 选择文字操作效果

2. 其他选择方法

除了使用拖动法选择文字外，还可以使用文字工具在文字上双击，选择以标点符号为分隔点的一句话，选择效果如图 7.8 所示。三击可以选择一个段落，选择效果如图 7.9 所示。如果要选择全部文字，可以先使用文字工具在文字中单击，然后执行菜单栏中的“选择”|“全部”命令，或按 Ctrl + A 组合键即可。

图7.8 双击

图7.9 三击

7.2.2 区域文字的编辑

对于区域文字，不但可以选择单个的文字进行修改，也可以直接选择整个区域文字进行修改，还可以修改区域的形状。

区域文字可以看成一个整体，像图形一样进行随意变换、排列等基本的编辑操作，也可以在选中状态下拖动区域文字框上的 8 个控制点，修改区域文字框的大小。也可以使用菜单栏中的“对象”菜单中的“变换”和“排列”子菜单中的命令，对区域文字进行变换。如果要修改区域文字的文字框的形状，可以使用“直接选择工具”来完成，它不但可以修改文字框的形状，还可以为文字框填充颜色和描边。

1. 修改文字框外形

使用“直接选择工具”在文字框边缘位置单击，可以激活文字框，再利用“转换锚点工具”选中五角星上方的锚点，然后按住鼠标左键拖动，即可修改文字框的外形。修改文字框操作效果如图 7.10 所示。

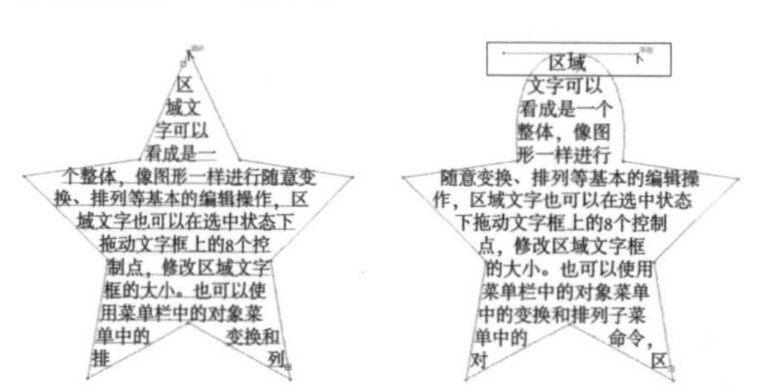

图7.10 修改文字框操作效果

2. 为文字框填充颜色和描边

使用“直接选择工具”在文字框的边缘位置单击，可以激活文字框，激活状态下某些锚点呈现空白的方块状，然后设置填充为渐变色，描边为紫色，填充和描边后的效果如图 7.11 所示。

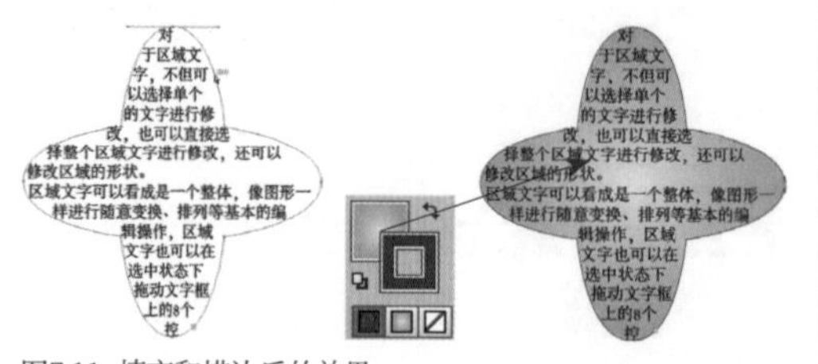

图7.11 填充和描边后的效果

练习7-1 利用“创建轮廓”命令制作立体字

难　　度：★ ★

素材文件：无

案例文件：第 7 章 \ 制作立体字 .ai

视频文件：第 7 章 \ 练习 7-1 利用“创建轮廓”命令制作立体字 .avi

01 选择工具箱中的“文字工具”，添加文字（方正兰亭特黑_GBK），如图7.12所示。

图7.12 添加文字

02 在文字上单击鼠标右键，从弹出的快捷菜单中选择“创建轮廓”命令，如图7.13所示。

图7.13 创建轮廓

03 选中文字，按Ctrl+C组合键将其复制，再按Ctrl+F组合键将其粘贴，将粘贴的文字向左上角稍微移动，如图7.14所示。

图7.14 复制文字

04 同时选中两部分文字，执行菜单栏中的“对象”|“混合”|“建立”命令，如图7.15所示。

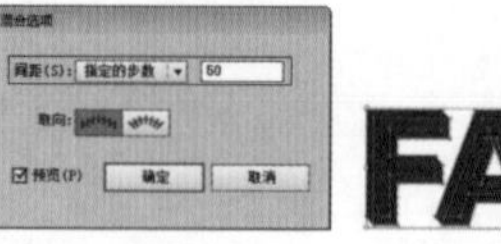

图7.15 混合文字

05 选择工具箱中的“矩形工具”，绘制1个与画板大小相同的矩形，将“填色”更改为白色，“描边”为无，如图7.16所示。

06 选中矩形，在“透明度”面板中将其混合模式更改为柔光，如图7.17所示。

图7.16 绘制图形　　图7.17 更改混合模式

07 选中矩形，按住Alt键向右上角拖动，将图形复制1份，如图7.18所示。

图7.18 复制图形

08 按住Ctrl+D组合键将矩形复制多份，将文字完全覆盖，如图7.19所示。

图7.19 复制多份图形

09 按Ctrl+V组合键再次粘贴文字，如图7.20所示。

图7.20 粘贴文字

10 将粘贴的文字“填色”更改为白色，“描边”更改为红色（R：155，G：10，B：48），“描边粗细”更改为1 pt，这样就完成了效果制作，最终效果如图7.21所示。

图7.21 最终效果

7.3 路径文字工具

在实际的应用中，通常会使用较多的路径文字，接下来讲解路径文字的相关编辑和修改的方法。

练习7-2 在路径上输入文字 

难　　度：★
素材文件：无
案例文件：无
视频文件：第 7 章 \ 练习 7-2 在路径上输入文字 .avi

路径文字，顾名思义，需要创建一个路径才可以使用，路径的形状不受限制，可以是任意的路径，而且在添加文字后，还可以修改路径的形状。“路径文字工具”和“直排路径文字工具”在用法上是相同的，只是输入的文字方向不同，这里以“路径文字工具”为例进行讲解。

要使用路径文字工具，首先绘制一个路径，然后选择工具箱中的“路径文字工具”，将光标移动到要输入文字的路径上并单击鼠标，这时可以看到路径上出现了一个闪动的光标符号，直接输入文字即可，其效果如图 7.22 所示。

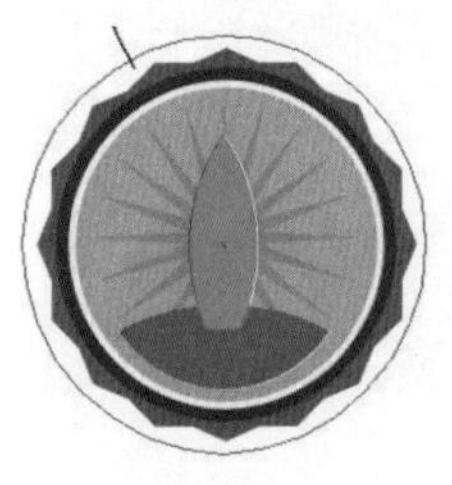

图7.22 路径文字效果

输入路径文字后，选择路径文字，可以看到在路径文字上出现了 3 个用来移动文字位置的标记，即起点、终点和中心标记，如图 7.23 所示。起点标记一般用来修改路径文字的起点；终点标记用来修改路径文字的终点；中心标记不但可以修改路径文字的起点和终点位置，还可以改变路径文字的排列方向。

图7.23 文字移动标记

练习7-3 沿路径移动和翻转文字 

难　　度：★★
素材文件：无
案例文件：无
视频文件：第 7 章 \ 练习 7-3 沿路径移动和翻转文字 .avi

1. 沿路径移动文字

要修改路径文字的位置，首先在工具箱中选择“选择工具”或“直接选择工具”，然后在路径文字上单击选择路径文字，接着将光标移动到路径文字的起点标记位置，此时光标将变成状，也可以将光标移动到中心标记位置，光标将变成状，按住鼠标左键拖动，可以看到文字沿路径移动的效果，移动到满意的位置后释放鼠标左键，即可修改路径文字的位置。修改路径文字位置操作效果如图 7.24 所示。

图7.24 修改路径文字位置操作效果

2. 沿路径翻转文字

要修改路径文字的方向，首先在工具箱中选择“选择工具”或“直接选择工具”，然后在路径文字上单击选择路径文字，接着将光标移动到中心标记位置，光标将变成状，按住鼠标左键向路径另一侧拖动，可以看到文字翻转到路径的另外一个方向去了，此时释放鼠标左键，即可修改文字的方向。修改文字方向操作效果如图 7.25 所示。

图7.25 修改文字方向操作效果

练习7-4 修改文字路径 

难　　度：★
素材文件：无
案例文件：无
视频文件：第 7 章 \ 练习 7-4 修改文字路径 .avi

路径文字除了上面显示的沿路径排列方式外，Illustrator CS6 还提供了几种其他的排列方式。执行菜单栏中的“文字”|“路径文字”|“路径文字选项”命令，打开如图 7.26 所示的“路径文字选项”对话框，利用该对话框可以对路

径文字进行更详细的设置。

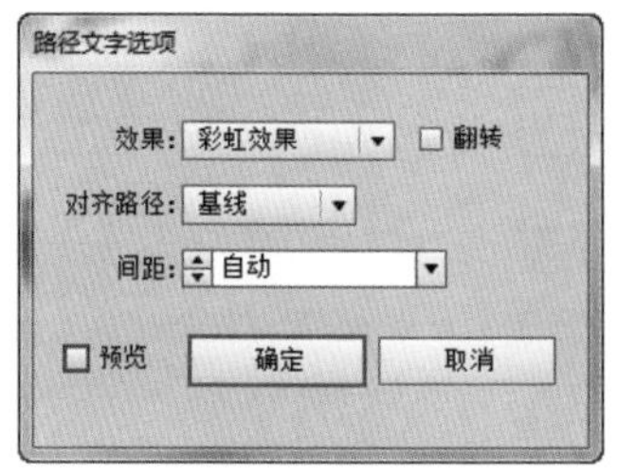

图7.26 “路径文字选项”对话框

“路径文字选项”对话框中各选项的含义说明如下。

- **“效果”：**设置文字沿路径排列的效果，包括彩虹效果、倾斜效果、3D带状效果、阶梯效果和重力效果5种，这5种效果如图7.27所示。

彩虹效果　　倾斜效果　　3D带状效果

阶梯效果　　重力效果

图7.27 5种不同的效果

- **“对齐路径”：**设置路径与文字的对齐方式。包括字母上缘、字母下缘、居中和基线。
- **“间距”：**设置路径文字的间距。值越大，文字间离得就越近。
- **“翻转”：**勾选该复选框，可以改变文字的排列方向，即沿路径翻转文字。

练习7-5 利用“偏移路径”命令制作艺术字

难　　度：★★
素材文件：无
案例文件：第 7 章 \ 制作艺术字 .ai
视频文件：第 7 章 \ 练习 7-5 利用“偏移路径”命令制作艺术字 .avi

01 创建一个新文档，然后选择单击“文字工具”T，在文档中输入文字，设置合适的大小，并填充为黑色，效果如图7.28所示。

图7.28 输入文字

02 选择文字，然后执行菜单栏中的“文字”|“创建轮廓”命令，将文字转化为图形，效果如图7.29所示。

图7.29 轮廓化效果

03 打开“路径查找器”面板，单击“路径查找器”面板中的“联集”按钮，如图7.30所示。

图7.30 单击“联集”按钮

04 单击“联集”按钮后，文字就被合并为了一个整体图形，效果如图7.31所示。

图7.31 相加后的效果

05 执行菜单栏中的“对象”|“路径”|“偏移路径”命令，打开“偏移路径”对话框，设置“位移”的值为1.5 pt，其他参数设置如图7.32所示。

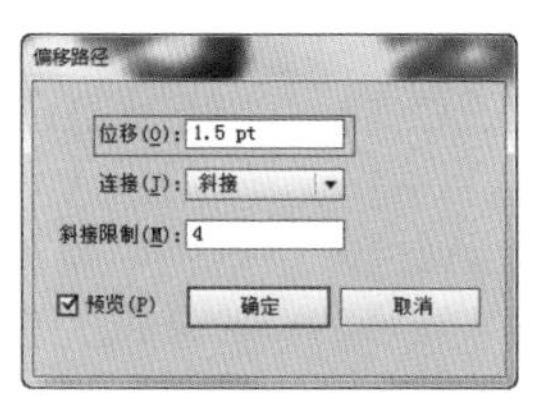

图7.32 设置偏移路径参数

06 设置完成后，单击“确定”按钮，将文字偏移，新图形将在原图形基础上向外扩展了1.5 pt，生成的新图形效果如图7.33所示。

图7.33 扩展的效果

07 执行菜单栏中的“对象”|“取消编组”命令，或按Shift + Ctrl + G组合键，取消编组，然后使用选择工具将内部的文字选中，并单击“路径查找器”面板中的“联集” 按钮 ，将其合并，效果如图7.34所示。

图7.34 选择并合并

08 执行菜单栏中的“对象”|“隐藏”|“所选对象”命令，将文字隐藏。然后选择文档中所有的图形，并单击“路径查找器”面板中的“联集” 按钮 ，将其合并，填充为黄色（C：0，M：0，Y：100，K：0），效果如图7.35所示。

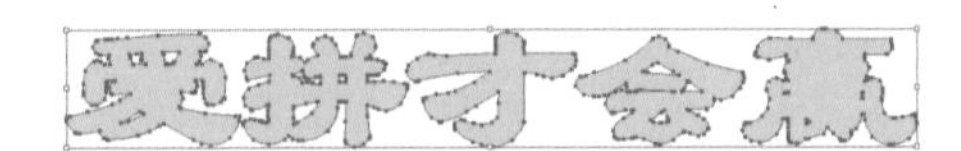

图7.35 填充黄色

09 再次执行菜单栏中的“对象” | “路径” | “偏移路径”命令，打开“位移路径”对话框，设置“位移”的值为1 pt，其他参数设置如图7.36所示。

图7.36 “偏移路径”对话框

10 设置完成后，单击“确定”按钮，完成偏移，然后再将其填充为红色（C：0，M：100，Y：100，K：0），如图7.37所示。

图7.37 偏移并填充

11 执行菜单栏中的“对象”|“显示全部”命令，将全部隐藏图形显示出来，效果如图7.38所示。

图7.38 显示全部

12 选择中间的黑色文字图形，然后将其填充为绿色（C：100，M：0，Y：100，K：0），完成艺术字的制作，完成的最终效果如图7.39所示。

图7.39 最终效果

7.4 格式化文字

格式化文字就是对文本进行编辑，如文字的字体、样式、大小、行距、字距调整，水平及竖直缩放，插入空格和基线偏移等。可以在输入新文本之前设置文本属性，也可以选中现有文本重新设置来修改文字属性。

7.4.1 “字符”面板

设置字符属性可以使用“字体”菜单，也可以在选择文字后在控制栏中进行设置，不过一般常用“字符”面板来修改。

执行菜单栏中的“窗口”|“文字”|“字符”命令，打开如图 7.40 所示的“字符”面板，如果打开的“字符”面板与图中显示的不同，可以在“字符”面板菜单中选择“显示选项”命令，将“字符”面板其他的选项显示出来即可。

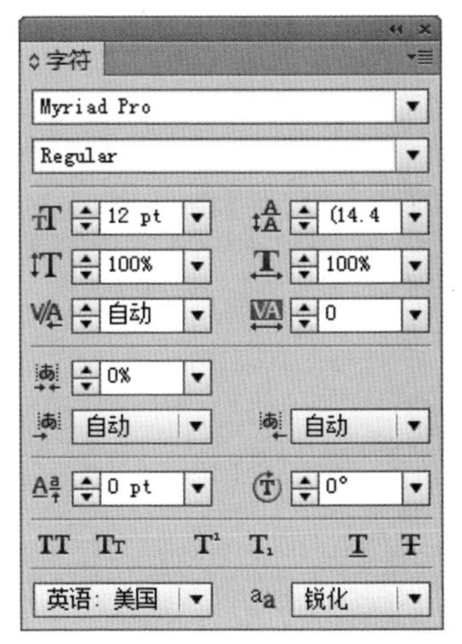

图7.40 “字符”面板

7.4.2 字体和样式

通过“设置字体系列”下拉列表，可以为文字设置不同的字体，一般比较常用的字体有宋体、仿宋、黑体等。

要设置文字的字体，首先选择要修改字体的文字，然后在“字符”面板中单击“设置字体系列”右侧的下三角按钮，从弹出的字体下拉菜单中选择一种合适的字体，即可修改文字的字体。修改字体操作效果如图 7.41 所示。

图7.41 修改字体操作效果

除了修改字体外，还可以在同种字体之间选择不同的字体样式，如Regular（常规）、Italic（倾斜）或Bold（加粗）等。可以在“字符”面板的“设置字体样式”下拉列表中选择字体样式。当某种字体没有其他样式时会出现“-”字符，表示没有字符样式。

> **提示**
>
> Illustrator CS6 默认为用户提供了几十种字体和样式，但这并不能满足设计的需要，用户可以安装自己需要的字库，安装后会自动显示在“字符”面板的“设置字体系列”下拉菜单中。

7.4.3 设置文字大小

通过“字符”面板中的“设置字体大小”文本框，可以设置文字的大小，文字的大小取值范围为0.1到1296点，默认的文字大小为12点。可以从下拉列表中选择常用的字符大小，也可以直接在文本框中输入所需要的字符大小。不同字体大小如图 7.42 所示。

图7.42 不同字体大小

7.4.4 缩放文字

除了拖动文字框改变文字的大小外，还可以使用“字符”面板中的“垂直缩放”和“水平缩放”来调整文字的缩放效果，可以从下拉列表中选择一个缩放的百分比数值，也可以直接在文本框中输入新的缩放数值。文字不同缩放效果如图 7.43 所示。

图7.43 文字不同缩放效果

7.4.5 设置行距

行距就是相邻两行基线的竖直纵向间距。可以在“字符”面板中的“设置行距”文本框中设置行距。

选择一段要设置行距的文字，然后在“字符”面板中的“设置行距”下拉列表中选择一个行距值，也可以在文本框中输入新的行距数值，以修改行距。将 30 pt 的行距修改为 48 pt 的行距的操作效果如图 7.44 所示。

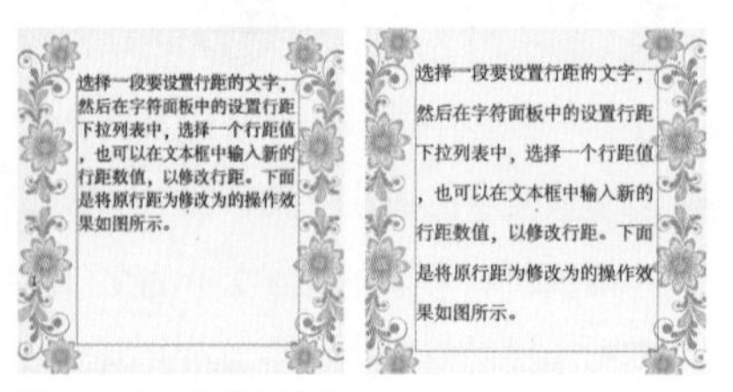

图7.44 修改行距操作效果

7.4.6 字距微调和字距调整

1. 字距微调

“设置两个字符间的字距微调”用来设置两个字符之间的距离，与“设置所选字符的字距调整”的调整相似，但不能直接调整选择的所有文字，而只能将光标定位在某两个字符之间，调整这两个字符的间距。可以从下拉列表中选择选项，也可以直接在文本框中输入一个数值，以修改字偶间距。当输入的值大于 0 时，字符的间距变大；输入的值小于 0 时，字符的间距变小。修改字偶间距操作效果如图 7.45 所示。

图7.45 修改字偶间距操作效果

2. 字距调整

在“字符”面板中，通过“设置所选字符的字距调整”可以设置选定字符的间距，与“设置两个字符间的字距微调”相似，只是这里不是定位光标位置，而是选择文字。选择文字后，在“设置所选字符的字距调整”下拉列表中选择数值，或直接在文本框中输入数值，即可修改选定文字的字符间距。如果输入的值大于 0，则字符间距增大；如果输入的值小于 0，则字符的间距减小。不同字符间距效果如图 7.46 所示。

图7.46 不同字符间距效果

提示

选择文字后，可以使用与“设置两个字符间的字距微调”相同的快捷键来修改字符的间距。它与“设置两个字符间的字距微调”不同的只是选择的方式，一个是定位光标，一个是选择文字。

在“设置所选字符的字距调整”的下方有一个“比例间距”选项，其用法与“设置所选字符的字距调整”的用法相似，也是选择文字后修改数值来修改字符的间距。但“比例间距”输入的数值越大，字符间的距离就越小，它的取值范围为 0%~100%。

7.4.7 基线偏移

通过“字符”面板中的“设置基线偏移”选项，可以调整文字的基线偏移量，一般利用该功能来编辑数学公式和分子式等表达式。默认的文字基线位于文字的底部位置，通过调整文字的基线偏移量，可以将文字位置向上或向下调整。

要设置基线偏移，首先选择要调整的文字，然后在“设置基线偏移”选项下拉列表中选择数值，或在文本框中输入新的数值，即可调整文字的基线偏移大小。默认的基线位置为 0，当输入的值大于 0 时，文字向上移动；当输入的值小于 0 时，文字向下移动。设置文字基线偏移的操作效果如图 7.47 所示。

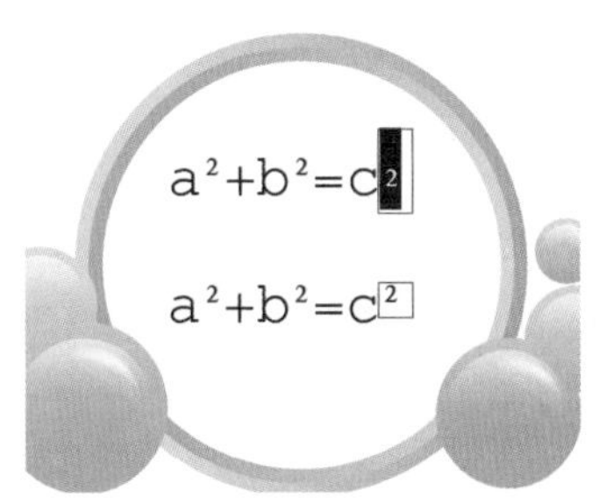

图7.47 设置文字基线偏移的操作效果

7.4.8 旋转文字

通过“字符”面板中的“字符旋转”选项，可以将选中的文字按照各自的中心点旋转。首先选择要旋转的字符，然后从“字符旋转”下拉列表中选择一个角度，如果这些不能满足旋转需要，用户可以在文本框中输入一个需要的旋转角度数值，但数值必须介于 -360° 和 360° 之间。如果输入的数值为正值，文字将按逆时针旋转；如果输入的数值为负值，文字将按顺时针旋转。图 7.48 所示是将选择的文字旋转 45° 的操作效果。

图7.48 旋转文字操作效果

7.4.9 全部大写字母和小型大写字母

通过“字符”面板中的“全部大写字母”按钮TT和“小型大写字母”按钮Tт，可以将选择的字符更改为全部大写字母和小型大写字母。操作方法非常简单，只需要选择要更改为全部大写字母和小型大写字母的文字，然后单击“全部大写字母”按钮TT或“小型大写字母”按钮Tт，即可将文字更改为全部大写字母或小型大写字母。全部大写字母和小型大写字母效果如图 7.49 所示。

图7.49 全部大写字母和小型大写字母效果

7.4.10 上标和下标

通过“字符”面板中的“上标”按钮T¹和“下标”按钮T₁，可以为选择的字符更改上下位置。操作方法非常简单，只需要选择要更改上下位置的文字，然后单击“上标”按钮T¹和“下标”按钮T₁，即可为文字更改上下位置。上下位置调整效果如图 7.50 所示。

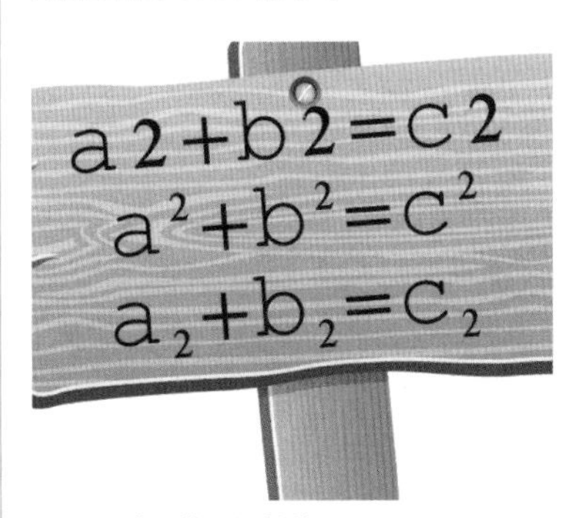

图7.50 上下位置调整效果

7.4.11 添加下画线和删除线

通过“字符”面板中的“下画线”按钮T和“删除线”按钮T，可以为选择的字符添加下画线或删除线。操作方法非常简单，只需要选择要添加下画线或删除线的文字，然后单击“下画线”按钮T或“删除线”按钮T，即可为文字添加下画线或删除线。添加下画线和删除线的文字效果如图 7.51 所示。

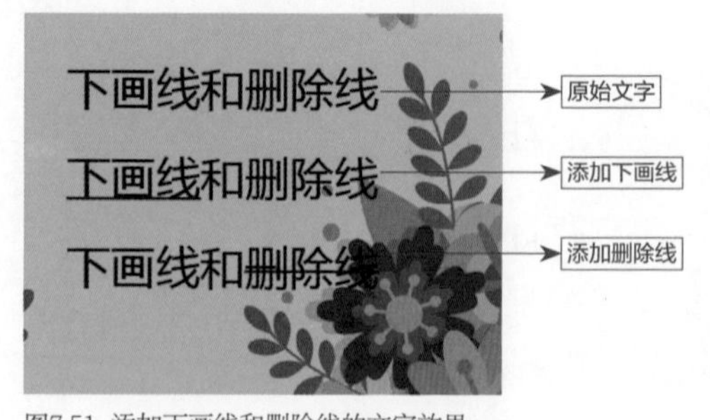

图7.51 添加下画线和删除线的文字效果

7.5 格式化段落

前面主要是介绍格式化字符操作，但如果使用较多的文字进行排版、宣传品制作等操作，格式化字符的选项就显得有些无力了，这时就要应用 Illustrator CS6 提供的“段落”面板了，“段落”面板中包括大量的功能，可以用来设置段落的对齐方式、缩进、段前和段后间距以及使用连字符功能等。

7.5.1 “段落”面板 重点

要应用“段落”面板中的各选项，不管是选择整个段落或只选取该段中的任一字符，还是在段落中放置插入点，修改的都是整个段落的效果。执行菜单栏中的“窗口”|“文字”|“段落”命令，可以打开如图 7.52 所示的“段落”面板。与“字符”面板一样，如果打开的“段落”面板与图中显示的不同，可以在“段落”面板菜单中选择“显示选项”命令，将“段落”面板其他的选项显示出来即可。

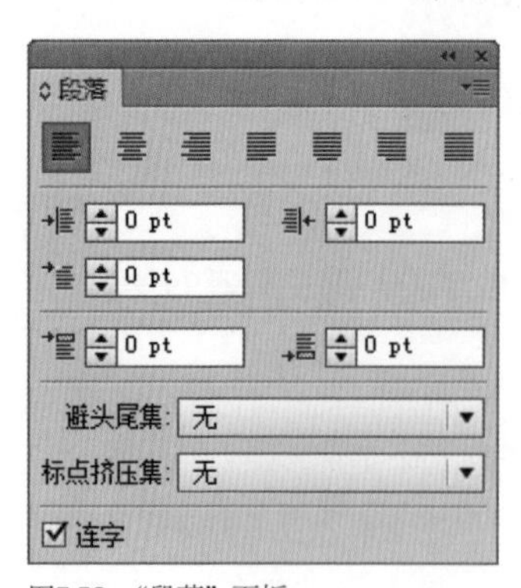

图7.52 “段落”面板

7.5.2 对齐文本 重点

“段落”面板中的对齐主要控制段落中的各行文字的对齐情况，包括“左对齐”、“居中对齐”、“右对齐”、“两端对齐，末行左对齐”、“两端对齐，末行居中对齐”、“两端对齐，末行右对齐”和“全部两端对齐”7 种对齐方式。在这 7 种对齐方式中，左、右和居中对齐比较容易理解，两端对齐，末行左、右和居中对齐是将段落文字除最后一行外的其他的文字两端对齐，最后一行左、右或居中对齐。全部两端对齐是将所有文字两端对齐，如果最后一行的文字过少而不能对齐，可以适当地将文字的间距拉大，以匹配两端对齐。7 种对齐方法的显示效果如图 7.53 所示。

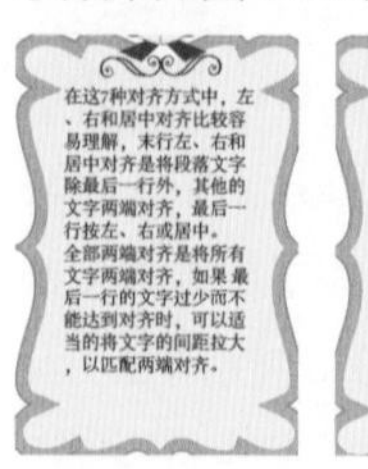

左对齐

居中对齐

图7.53 7种对齐方法的显示效果

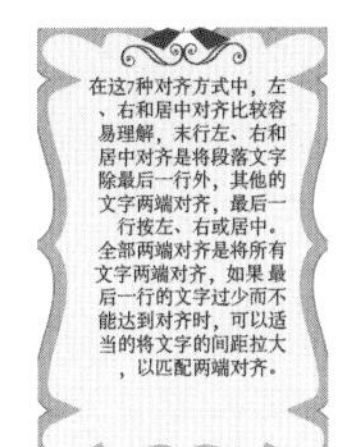

右对齐　　两端对齐，末行左对齐

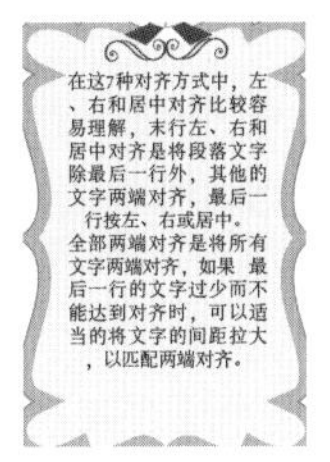

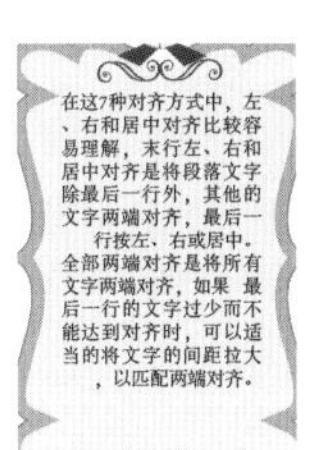

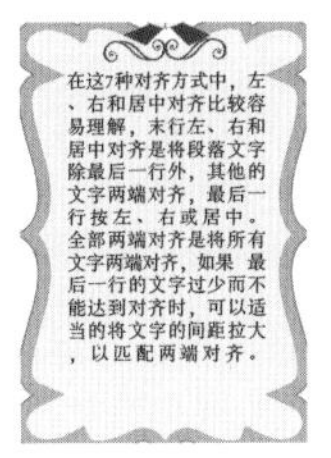

两端对齐，末行居中对齐　　两端对齐，末行右对齐　　全部两端对齐

图7.53 7种对齐方法的显示效果（续）

7.5.3 缩进文本

1. 设置首行缩进

缩进是指文本行两端与文本框的间距。可以从文本框的左边或右边缩进，也可以设置段落的首行缩进。可以利用左缩进和右缩进来制作段落的缩进。左、右缩进的效果如图 7.54 所示。

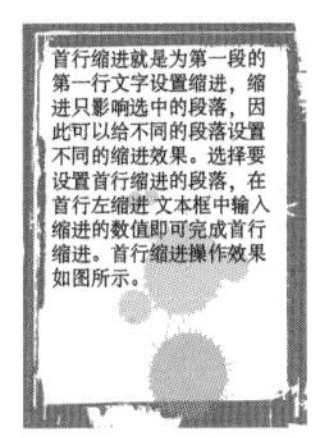

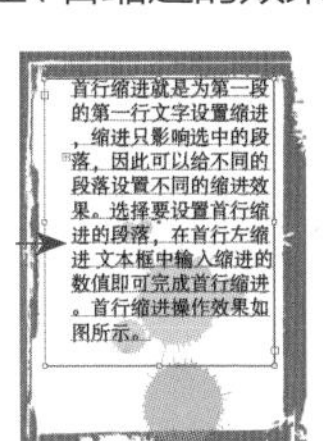

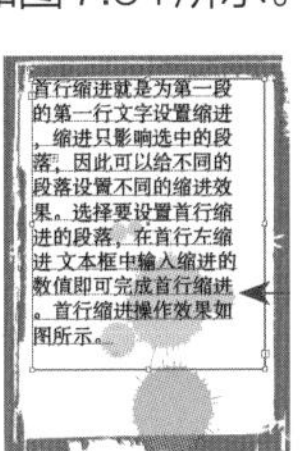

原始效果　　左缩进值为25 pt　　右缩进值为25 pt

图7.54 左、右缩进的效果

2. 设置首行缩进

首行缩进就是为第一段的第一行文字设置缩进，缩进只影响选中的段落，因此可以给不同的段落设置不同的缩进效果。选择要设置首行缩进的段落，在首行左缩进文本框中输入缩进的数值即可完成首行缩进。首行缩进操作效果如图 7.55 所示。

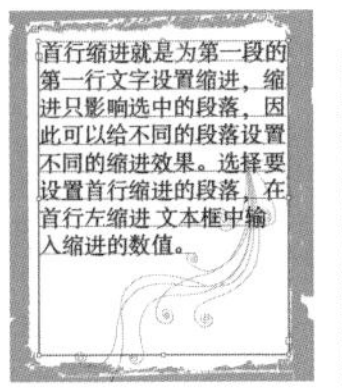

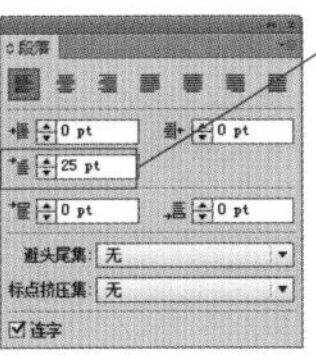

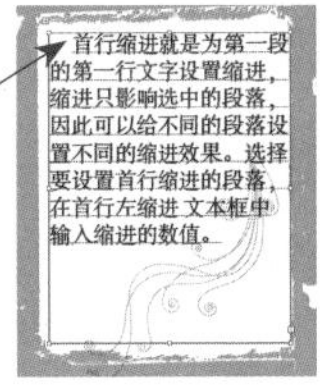

图7.55 首行缩进操作效果

7.5.4 调整段落间距

段落间距用来设置段落与段落的间距，包括段前间距和段后间距，段前间距主要用来设置当前段落与上一段的间距，段后间距用来设置当前段落与下一段的间距。设置的方法很简单，只需要选择一个段落，然后在相应的文本框中输入数值即可。设置段前和段后间距的效果如图 7.56 所示。

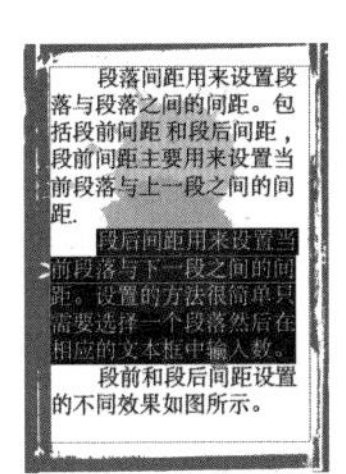

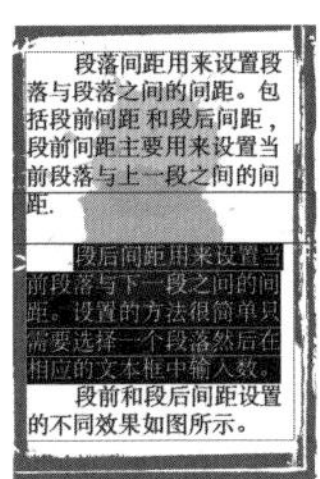

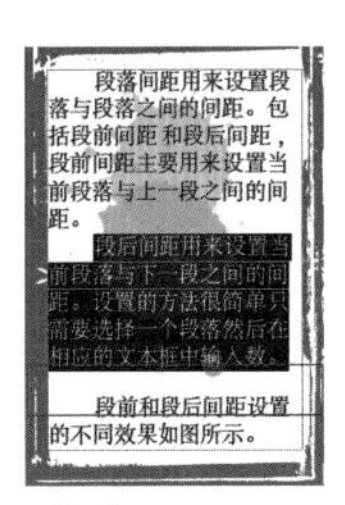

选择文字　　段前20 pt　　段后20 pt

图7.56 设置段前和段后间距的效果

7.6 知识拓展

文字是设计的灵魂，不只应用于排版方面，在平面设计与图像编辑中也占有非常重要的地位，本章详细讲解了 Illustrator 文字的各种创建及使用方法。

7.7 拓展训练

本章通过 3 个拓展训练，将文字的多种应用以实例的形式表现出来，让读者对文字在设计中的应用技巧有更深入的了解。

训练7-1 利用“凸出和斜角”命令制作凹槽立体字

◆实例分析

本例通过利用“凸出和斜角”命令，轻松制作出凹槽立体字效果。最终效果如图 7.57 所示。

难　　度：★★★
素材文件：无
案例文件：第 7 章\凹槽立体字 .ai
视频文件：第 7 章\训练 7-1 利用“凸出和斜角”命令制作凹槽立体字 .avi

图7.57 最终效果

◆本例知识点

1. “拼缀图”命令
2. “文字工具”T
3. “凸出和斜角”命令

训练7-2 利用混合功能制作彩条文字

◆实例分析

利用“矩形工具”▭绘制矩形并为其建立混合效果，通过运用“路径查找器”面板对图像和文字进行修剪，制作漂亮的彩条文字效果。最终效果如图 7.58 所示。

难　　度：★★★
素材文件：无
案例文件：第 7 章\制作彩条文字 .ai
视频文件：第 7 章\训练 7-2 利用混合功能制作彩条文字 .avi

图7.58 最终效果

◆本例知识点

1. “纹理化”命令
2. “创建轮廓”命令
3. “混合选项”命令
4. “交集”按钮

训练7-3 利用“路径文字工具”制作文字放射效果

◆实例分析

本例主要讲解利用“路径文字工具”制作文字放射效果。最终效果如图 7.59 所示。

难　　度：★★★
素材文件：无
案例文件：第 7 章\制作文字放射效果 .ai
视频文件：第 7 章\训练 7-3 利用“路径文字工具”制作文字放射效果 .avi

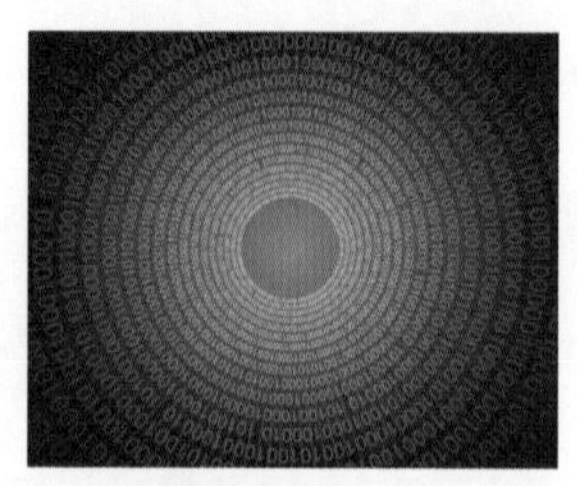

图7.59 最终效果

◆本例知识点

1. “网格工具”
2. “旋转工具”
3. “联集”按钮
4. “分别变换”命令

第 8 章

图表的设计应用

图表工具的使用在 Illustrator 中是比较独立的一块。在统计和比较各种数据时，为了获得更为直观的视觉效果，以更好地说明和发现问题，通常采用图表来表达数据。Adobe Illustrator CS6 和以前的版本一样，非常周全地考虑了这一点，提供了丰富的图表类型和强大的图表功能，将图表与图形、文字对象结合了起来。本章将详细详解 9 种不同类型图表的创建和编辑方法，并结合实例来讲解图表设计的应用。通过对本章的学习，读者不但可以根据数据来创建所需要的图表，而且可以自己设计图表的艺术效果，以制作出更为直观的报表、计划或海报中的图表效果。

教学目标

了解图表的种类｜ 学习图表工具的使用

学习图表的创建｜ 掌握图表的编辑方法

掌握图表数据的修改方法｜ 掌握图表的设计应用技巧

8.1 图表的类型

在 Illustrator CS6 中图表有柱形图、堆积柱形图、条形图、堆积条形图、折线图、面积图、散点图、饼图、雷达图 9 种类型。

8.1.1 柱形图、堆积柱形图、条形图、堆积条形图

这几类图表的柱形的高度或条形的长度对应于要比较的数量。对于柱形或条形图，可以组合显示正值和负值；负值显示为水平轴下方伸展的柱形。对于堆积柱形图，数字必须全部为正数或全部为负数。

8.1.2 折线图

折线图每列数据对应于折线图中的一条线。可以在折线图中组合显示正值和负值。

8.1.3 面积图

面积图数值必须全部为正数或全部为负数。输入的每个数据行都与面积图上的填充区域相对应。面积图将每个列的数值添加到先前的列的总数中。因此，即使面积图和折线图包含相同的数据，它们看起来也明显不同。

8.1.4 散点图

散点图与其他类型的图表的不同之处在于两个轴都有测量值。

8.1.5 饼图

饼图的特点在于工作表中的每个数据行都可以生成单独的图表。

8.1.6 雷达图

雷达图每个数字都被绘制在轴上，并且连接到相同轴的其他数字上，以创建出一个“ 网”。可以在雷达图中组合显示正值和负值。

8.2 创建各种图表

在统计和比较各种数据时，为了获得更为直观的视觉效果，以更好地说明和发现问题，通常采用图表来表达数据。Illustrator CS6 提供了丰富的图表类型和强大的图表功能，将图表与图形、文字对象结合起来，使它成为制作报表、计划和海报等的强有力的工具。

8.2.1 图表工具简介 

在 Illustrator CS6 为用户提供了 9 种图表工具，创建图表的各种工具都在工具箱中，图表工具栏如图 8.1 所示。

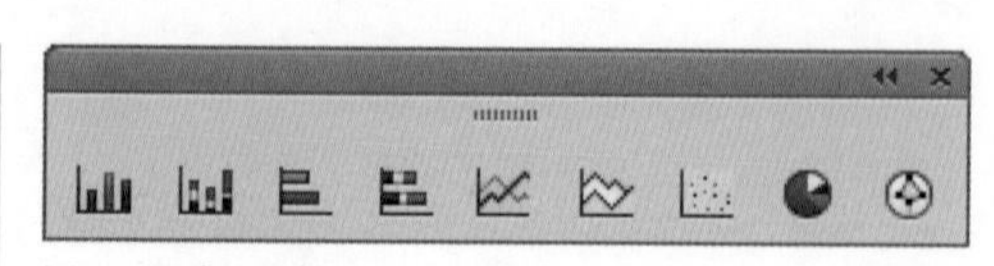

图8.1 图表工具栏

图表工具的使用简单介绍如下。

- **柱形图工具：** 用来创建柱形图。使用一些并列

的矩形的高低来表示各种数据，矩形的高度与数据大小成正比，矩形越高，相对应的值就越大。

- **堆积柱形图工具：** 用来创建堆积柱形图。堆积柱形图按类别堆积起来，而不是像柱形图那样并列，而且它能够显示数量的信息，堆积柱形图用来显示全部数据的总数，而普通柱形图可用于每一类中单个数据的比较，所以堆积柱形图更容易看出整体与部分的关系。
- **条形图工具：** 用来创建条形图。与柱形图相似，但它使用水平放置的矩形，而不是竖直矩形来表示各种数据。
- **堆积条形图工具：** 用来创建堆积条形图。与堆积柱形图相似，只是排列的方式不同，堆积的方向是水平而不是竖直。
- **折线图工具：** 用来创建折线图。折线图用一系列相连的点来表示各种数据，多用来显示一种事物发展的趋势。
- **面积图工具：** 用来创建面积图。与折线图类似，但线条下面的区域会被填充，多用来强调总数量的变化情况。
- **散点图工具：** 用来创建散点图。它能够创建一系列不相连的点来表示各种数据。
- **饼图工具：** 用来创建饼图。它使用不同大小的扇形来表示各种数据，扇形的面积与数据的大小成正比。扇形面积越大，该对象所占的百分比就越大。
- **雷达图工具：** 用来创建雷达图。它使用圆来表示各种数据，方便比较某个时间点上的数据参数。

8.2.2 使用图表工具创建图表 

使用图表工具可以轻松创建图表，创建的方法有两种：一种是直接在文档中拖动出一个矩形区域来创建图表；另一种是直接在文档中单击鼠标来创建图表。下面来讲解这两种方法的具体操作。

1. 用拖动法创建图表

下面来详细讲解用拖动法创建图表的操作过程。

01 在工具箱中选择任意一种图表工具，比如选择“柱形图工具”，在文档中合适的位置按下鼠标左键，然后在不释放鼠标左键的情况下拖动以设定所要创建的图表的外框的大小，拖动效果如图8.2所示。

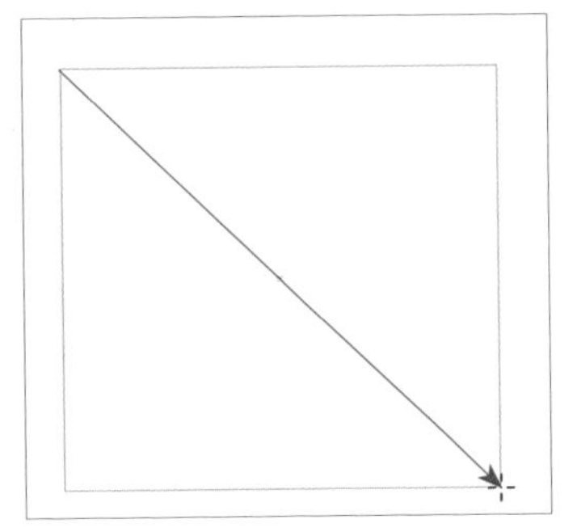

图8.2 拖动效果

02 达到满意的效果时释放鼠标左键，将弹出如图8.3所示的图表数据对话框。在数据对话框中可以完成图表数据的设置。

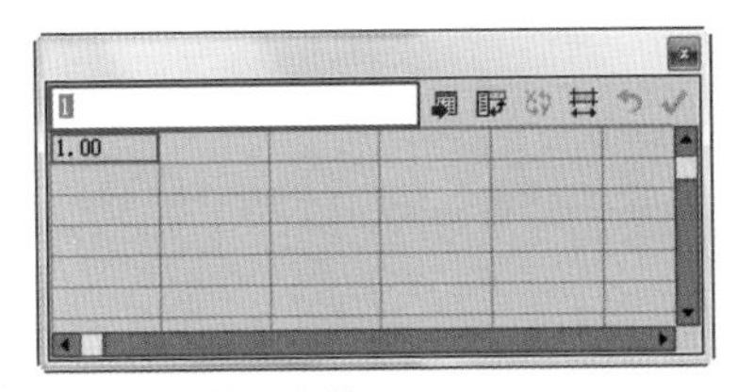

图8.3 图表数据对话框

图表数据对话框中各选项的含义说明如下。

- **文本框**，输入数据和显示数据。在向文本框中输入文字时，该文字将被放入电子表当前选定的单元格。还可以选择现在已有文字的单元格，利用该文本框修改原有的文字。
  当前单元格：当前选定的单元格。选定的单元格周围将出现一个加粗的边框效果。当前单元格中的文字与文本框中的文字相对应。
- **“导入数据”：** 单击该按钮，将打开“导入图表数据”对话框，可以从其他位置导入表格数据。
- **“换位行/列”：** 用于转换横向和纵向的数据。
- **“切换x/y”：** 用来切换x和y轴的位置，可以将x轴和y轴互换。只在散点图中可以使用。
- **“单元格样式”：** 单击该按钮，将打开如图8.4

所示的“单元格样式”对话框，在“小数位数”右侧的文本框中输入数值，可以指定小数点位置；在“列宽度”右侧的文本框中输入数值，可以设置表格列宽度大小。

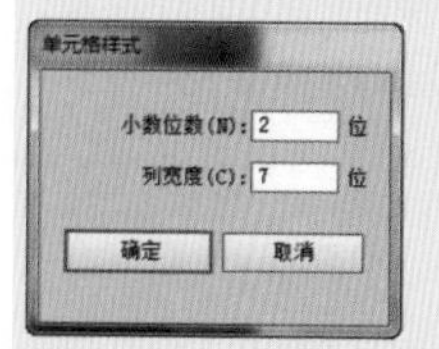

图8.4 “单元格样式”对话框

- **“恢复”**：单击该按钮，可以将表格恢复到默认状态，以重新设置表格内容。
- **“应用”**：单击该按钮，表示确定表格的数据设置，应用输入的数据生成图表。

03 使用鼠标在要输入文字的单元格中单击，选定该单元格，然后在文本框中输入该单元格要填入的文字，然后在其他要填入文字的单元格中单击，同样在文本框中输入文字，完成表格数据的输入后的效果如图8.5所示。

项目	预计支出	实际支出
水电费	1500.00	1500.00
生活费	1000.00	800.00
服装费	500.00	650.00
化妆品	800.00	800.00
电话费	500.00	450.00

图8.5 完成表格数据的输入后的效果

04 完成数据输入后，先单击图表数据对话框右上角的“应用” 按钮 ✔，然后单击“关闭”按钮⊠，完成柱形图的制作，完成的效果如图8.6所示。

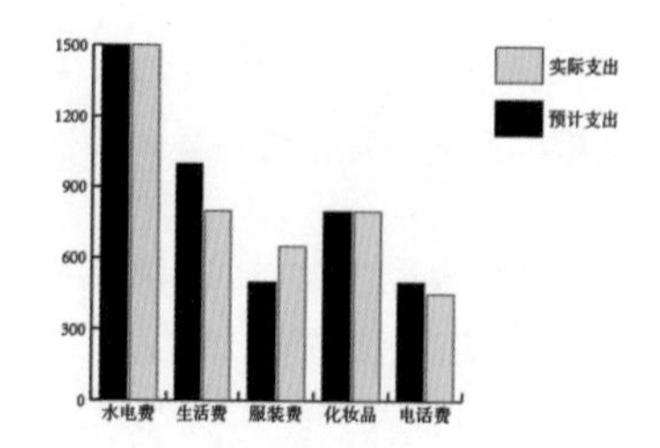

图8.6 完成的柱形图效果

2. 单击鼠标创建图表

在工具箱中选择任意一种图表工具，然后在文档的适当位置单击鼠标，确定图表左上角的位置，将弹出如图 8.7 所示的“图表”对话框，在该对话框中设置图表的宽度和高度值，以指定图表的外框大小，接着单击“确定”按钮，将弹出图表数据对话框，利用前面讲过的方法输入数值即可创建一个指定的图表。

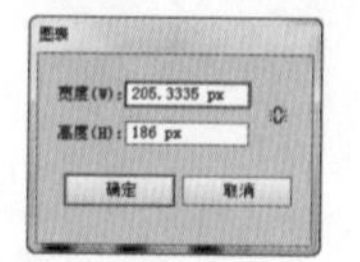

图8.7 “图表”对话框

提示

由于图表数据对话框的数据输入及图表创建前面已经详细讲解过，这里不再赘述，只学习单击创建图表的操作方法即可。

8.2.3 图表的选取与更改 

图表可以像图形对象一样使用选择工具选取并进行修改，比如修改图表文字的字体、图表颜色、图表坐标轴和刻度等，但为了使图表修改具有统一性，对图表的修改主要应用“编组选择工具”，因为利用该工具可以选择相同类组进行修改，因为不能为了修改图表而改变图表的表达意义。

使用“编组选择工具”选择图表中的相关组，操作方法很简单，这里以柱形图为例进行讲解。

要选择柱形图中某组柱形并修改，首先在工具箱中选择“编组选择工具”，然后在图表中单击其中的一个柱形，选择该柱形；如果双击该柱形，可以选择图表中该组所有的柱形；如果三击该柱形，可以选择图表中该组所有的柱形和该组柱形的图例。三击选择柱形及图例后，可以通过“颜色”或“色板”面板，也可以使用其他的颜色编辑方法来编辑颜色并进行填充或描边，这里将选择的图表和图例填充为了渐变色。选择及修改效果如图 8.8 所示。

> **提示**
>
> 利用上面讲解的方法，还可以修改图表中其他的组，比如文字、刻度值、数值轴和刻度线等，只是要注意图表的整体性，不要为了美观而忽略了表格的特性。

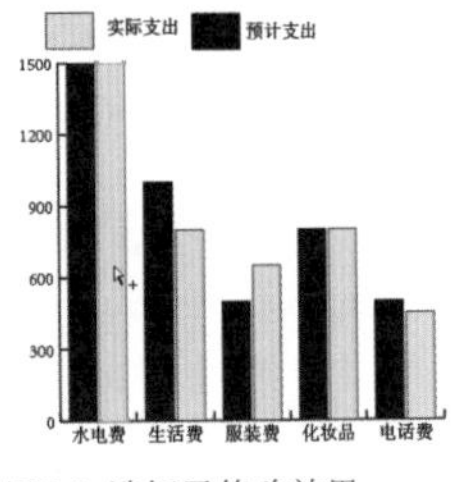

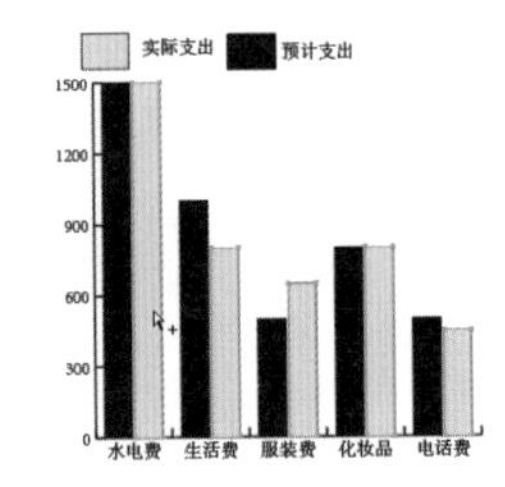

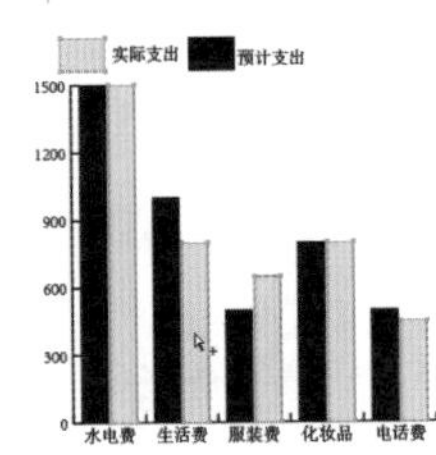

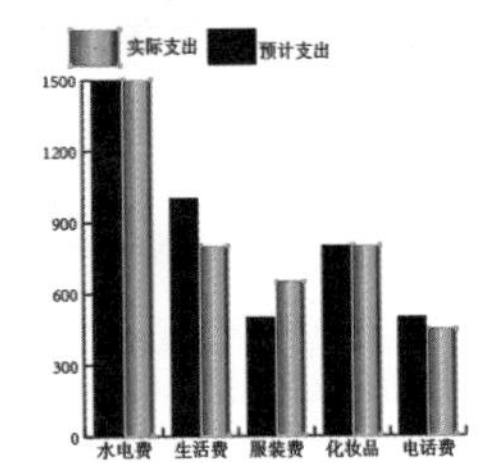

图8.8 选择及修改效果

8.3 编辑图表

Illustrator CS6 通过“类型”命令可以对已经生成的各种类型的图表进行编辑，比如修改图表的数值轴、投影、图例、刻度值和刻度线等，还可以转换图表类型。这里以柱形图为例讲解编辑图表的方法。

8.3.1 图表选项的更改 

要想修改图表选项，首先利用“选择工具”选择图表，然后执行菜单栏中的“对象”|“图表”|“类型”命令，或在图表上单击鼠标右键，从弹出的快捷菜单中选择“类型”命令，如图 8.9 所示。系统将打开如图 8.10 所示的“图表类型”对话框“图表选项”面板。

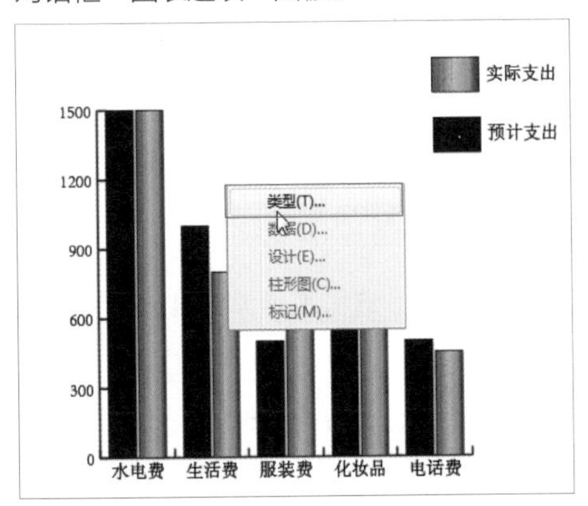

图8.9 选择“类型”命令

图8.10 “图表类型”对话框“图表选项”面板

“图表类型”对话框“图表选项”面板中各选项的含义说明如下。

- **“图表类型”**：在该下拉列表中，可以选择不同的修改类型，包括图表选项、数值轴和类别轴3种。
- **“类型”**：通过单击下方的图表按钮，可以转换图表类型。9种图表类型的显示效果如图8.11所示。

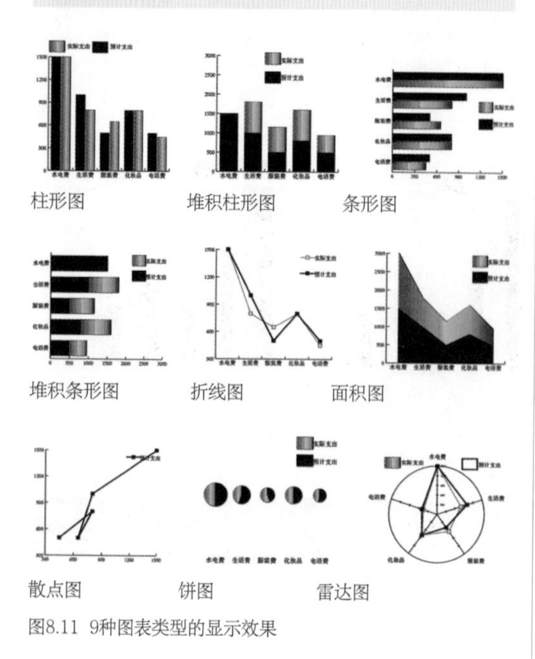

图8.11 9种图表类型的显示效果

- **“数值轴”**：控制数值轴的位置，有“位于左侧”“位于右侧”或“位于两侧”3个选项供选择。选择“位于左侧”，数值轴将出现在图表的左侧；选择“位于右侧”，数值轴将出现在图表的右侧；选择“位于两侧”，数值轴将在图表的两侧出现。不同的选项效果如图8.12所示。

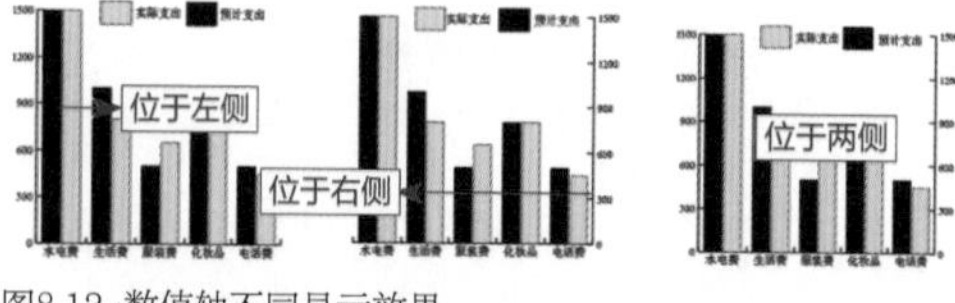

图8.12 数值轴不同显示效果

该列表框用来指定图表中显示数值坐标轴的位置。一般来说，Illustrator可以将该图表的数值坐标轴放于左侧、右侧，或者将它们对称地放于图表的两侧。但是，对于条形图来说，可以将数值坐标轴放于图表的顶部、底部或者将它们对称地放于图表的上、下侧。此外，对饼图来说该选项不能用；对雷达图表来说，只有“数值轴位于每侧”的提示信息。

提示

“数值轴”主要用来控制数值轴的位置。对于条形图来说，“数值轴”的3个选项为“位于上侧”“位于下侧”和“位于两侧”。而雷达图则只有“数值轴位于每侧”的提示信息。

- **“样式”**：该选项组中有4个复选框。勾选“添加投影”复选框，可以为图表添加投影，如图8.13所示。勾选“在顶部添加图例”复选框，可以将图例添加到图表的顶部而不是集中在图表的右侧，如图8.14所示。“第一行在前”和“第一列在前”主要设置柱形图的柱形叠放层次，需要和“选项”中的“列宽”或“簇宽度”配合使用，只有当“列宽”或“簇宽度”的值大于100%时，柱形才能出现重叠现象，这时才可以利用“第一行在前”和“第一列在前”来调整柱形的叠放层次。

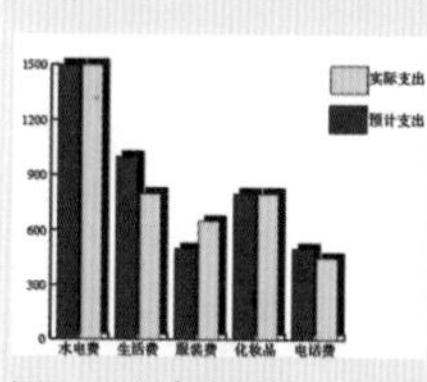

图8.13 添加投影

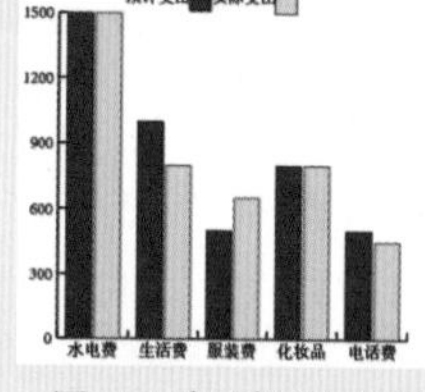

图8.14 在顶部添加图例

- **“选项”**：该选项组包括“列宽”和“簇宽度”两个参数，“列宽”表示柱形图各柱形的宽度，“簇宽度”表示的是柱形图各簇的宽度，如图8.15、图8.16所示。

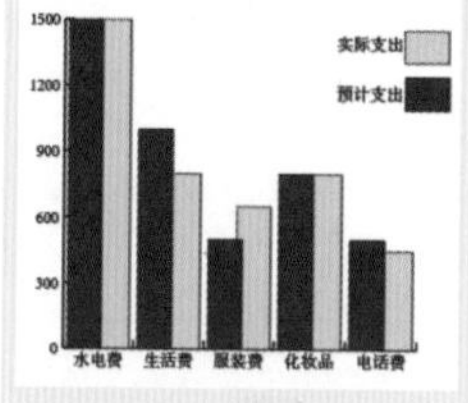

图8.15 列120%/簇80%

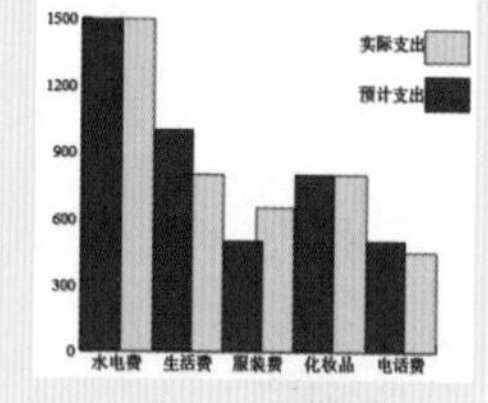

图8.16 簇120%/列90%

柱形、堆积柱形、条形和堆积条形图的参数设置非常相似，这里不再详细讲解，读者可以自己练习一下。但折线、散点和雷达图的“选项”选项组是不同的，如图 8.17 所示。这里再讲解一下这些不同的参数。

图8.17 不同的“选项”选项组

不同的“选项”选项组各选项的含义说明如下。

- **“标记数据点”**：勾选该复选框，在数值位置会出现标记点，以便更清楚地查看数值。勾选效果如图8.18所示。
- **“线段边到边跨X轴”**：勾选该复选框，可以将线段的边缘延伸到X轴上，否则将远离X轴。勾选效果如图8.19所示。

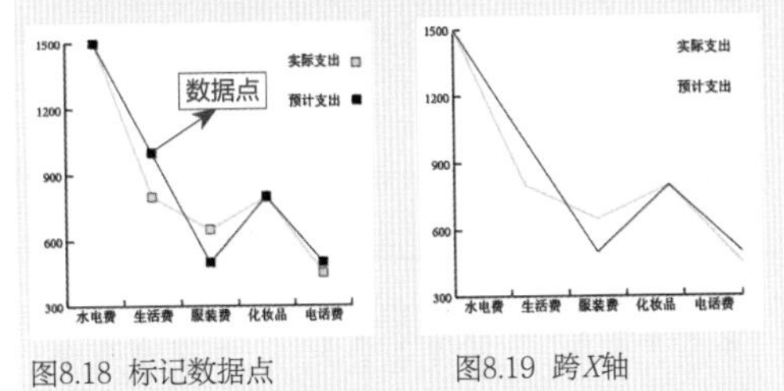

图8.18 标记数据点　　图8.19 跨X轴

- **“连接数据点”**：勾选该复选框，会将数据点用线连接起来，否则不连接数据点。不勾选该复选框效果如图8.20所示。
- **“绘制填充线”**：只有勾选了“连接数据点”复选框，此项才可以应用。勾选该复选框，连接线将变成填充效果，可以在“线宽”右侧的文本框中输入数值，以指定线宽。将“线宽”设置为3 pt的效果如图8.21所示。

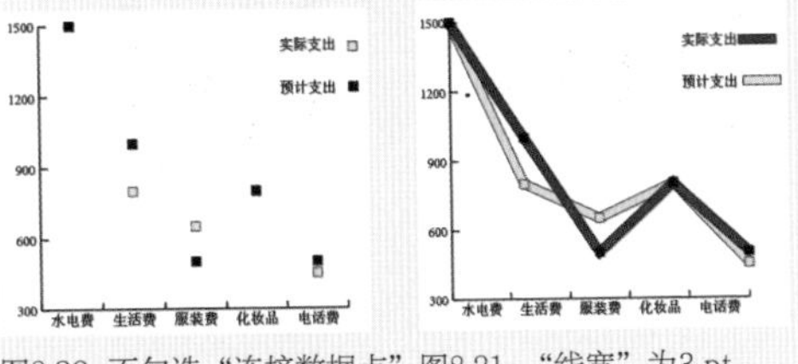

图8.20 不勾选“连接数据点”　图8.21 “线宽”为3 pt

8.3.2 更改数值轴和类别轴格式 难点

1. 修改数值轴

在“图表类型”下拉列表中选择“数值轴”选项，显示出如图8.22所示的“数值轴”面板，可以对图表数值轴参数进行详细的设置。

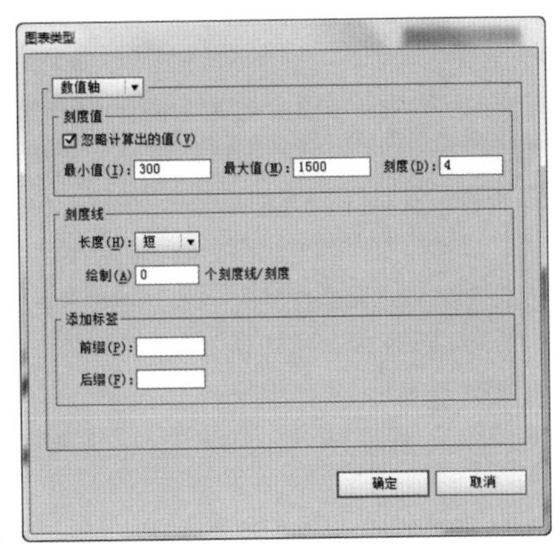

图8..22 “图表类型”对话框“数值轴”面板

“数值轴”面板主要包括“刻度值”“刻度线”和“添加标签”3个选项组，主要设置图表的刻度及数值，下面来详细讲解各参数的应用。

- **“刻度值”**：定义数据坐标轴的刻度数值。在默认情况下，“忽略计算出的值”复选框并不被勾选，其他的3个选项处于不可用状态。勾选“忽略计算出的值”复选框的同时会激活其下的3个选项。图8.23所示为“最小值”为0，“最大值”为1 500，“刻度”值为4的图表显示效果。
- **“最小值”**：指定图表最小刻度值，也就是原点的数值。
- **“最大值”**：指定图表最大刻度值。
- **“刻度”**：指定在最大值与最小值之间分成几部分。这里要特别注意输入的数值，输入的数值如果不能被最大值减去最小值得到的数值整除，将出现小数。

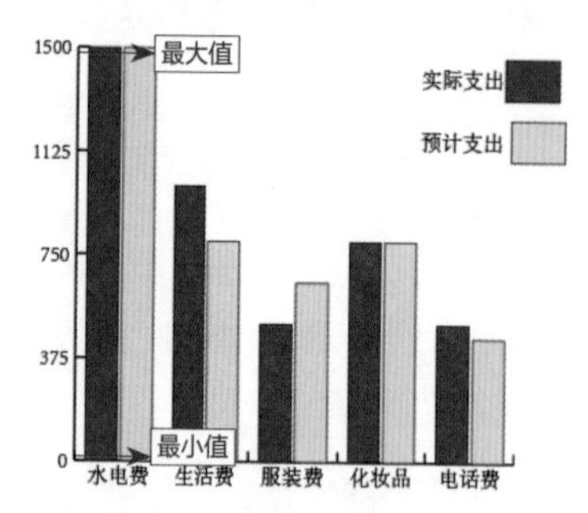

图8.23 图表显示效果

- **"刻度线"**：在"刻度线"选项组中，"长度"下拉列表选项控制刻度线的显示效果，包括"无""短"和"全宽"3个选项。"无"表示在数值轴上没有刻度线；"短"表示在数值轴上显示短刻度线；"全宽"表示在数值轴上显示贯穿整个图表的刻度线。还可以在"绘制"右侧的文本框中输入一个数值，可以将数值主刻度分成若干条刻度线。不同刻度线设置效果如图8.24所示。

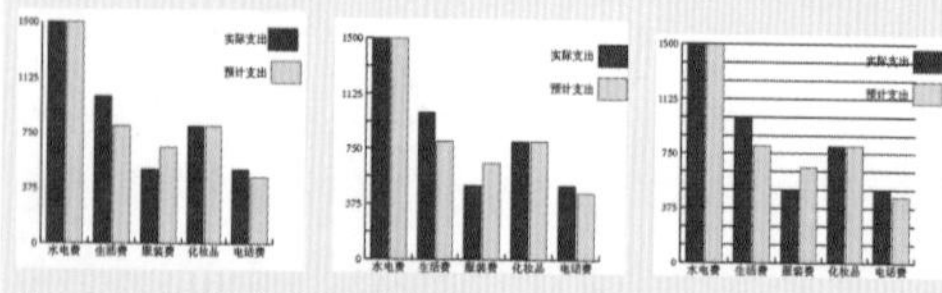

图8.24 不同刻度线设置效果

- **"添加标签"**：通过在"前缀"和"后缀"文本框中输入文字，可以为数值轴上的数据加上前缀或后缀。添加前缀和后缀效果分别如图8.25、图8.26所示。

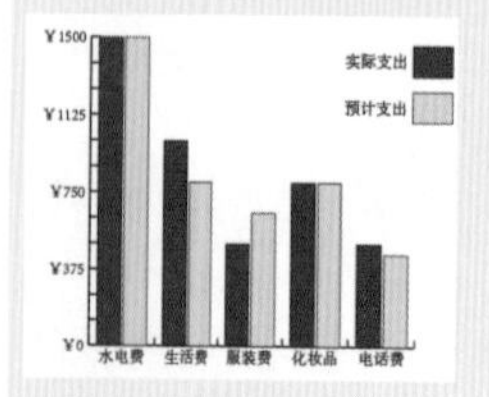

图8.25 添加前缀

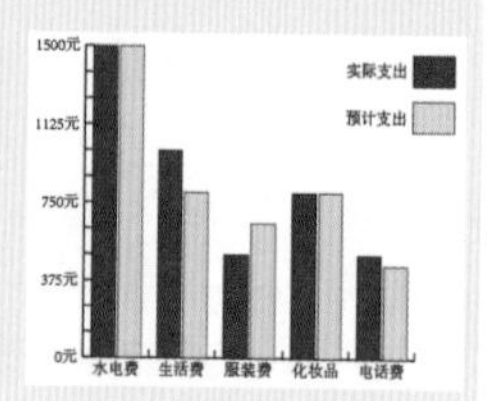

图8.26 添加后缀

2. 修改类别轴

在"图表类型"下拉列表中选择"类别轴"选项，显示出如图 8.27 所示的"类别轴"面板，可以对图表类别轴参数进行详细的设置。

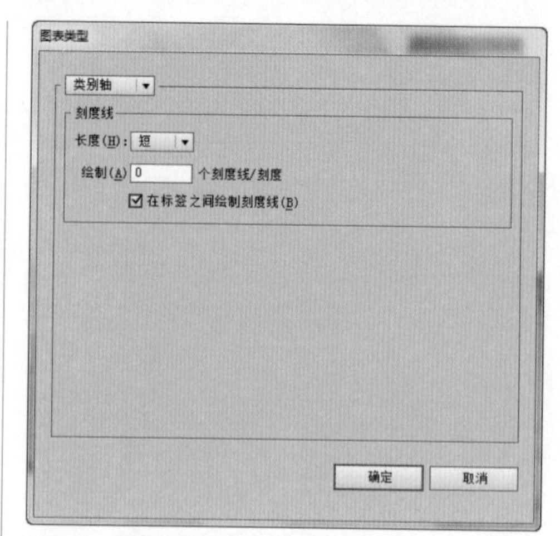

图8.27 "图表类型"对话框"类别轴"面板

- **"刻度线"**：在"刻度线"选项组，"长度"下拉列表选项控制刻度线的显示效果，包括"无""短"和"全宽"3个选项。"无"表示在类别轴上没有刻度线；"短"表示在类别上显示短刻度线；"全宽"表示在类别轴上显示贯穿整个图表的刻度线。还可以在"绘制"右侧的文本框中输入一个数值，可以将类别主刻度分成若干条刻度线。不同刻度线设置效果如图8.28所示。

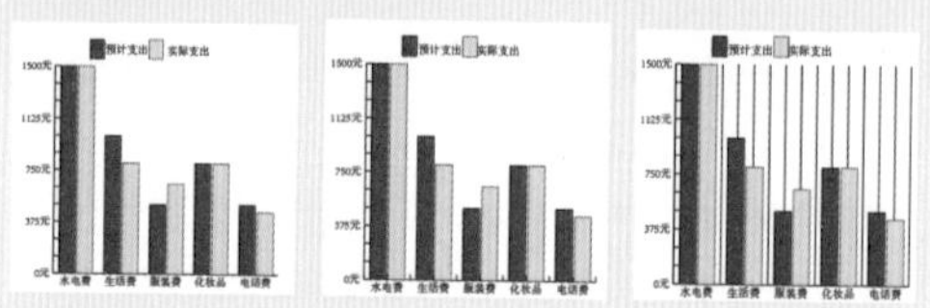

图8.28 不同刻度线设置效果

- **"在标签之间绘制刻度线"**：勾选该复选框，类别轴上的刻度线将出现在标签之间，反之则出现在柱形图的柱形之间。不同位置的刻度线设置效果如图8.29所示。

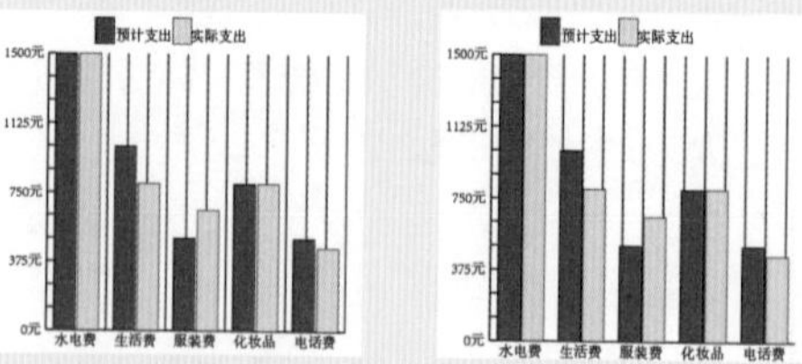

图8.29 不同位置的刻度线设置效果

8.4 图表设计应用

在 Illustrator CS6 中不但可以根据数据来创建所需要的图表，并使用不同的图表组合，还可以自己设计图形的柱形或标记，以制作出更加直观、精美的图表效果。

练习8-1 使用不同图表组合

难　　度：★
素材文件：无
案例文件：无
视频文件：第 8 章 \ 练习 8-1 使用不同图表组合 .avi

可以在一个图表中组合使用不同类型的图表以达到特殊效果。比如可以将柱形图中的某组数据显示为折线图，制作出柱形与折线图组合的效果。下面就将柱形图中的预计支出数据组制作成折线图，具体操作如下。

01 选择“编组选择工具”，在预计支出数据组中的任意一个柱形上三击鼠标，将该组全部选中。选中效果如图8.30所示。

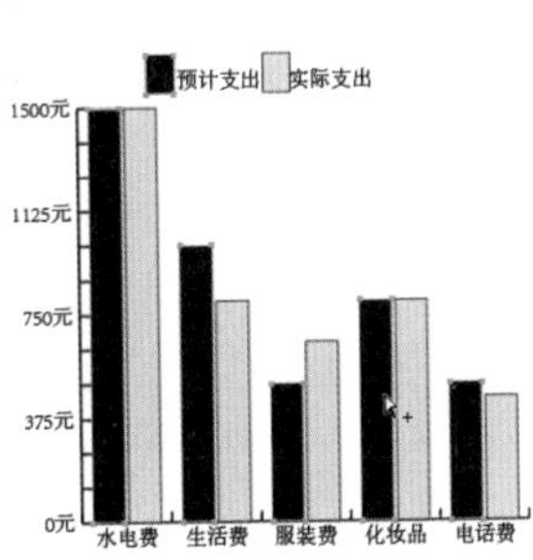

图8.30 选择效果

02 执行菜单栏中的“对象”|“图表”|“类型”命令，打开“图表类型”对话框，在“类型”选项组中单击“折线图”按钮，如图8.31所示。

图8.31 单击“折线图”按钮

03 设置好参数后，单击“确定”按钮，完成图表的转换，转换后的不同图表组合效果如图8.32所示。

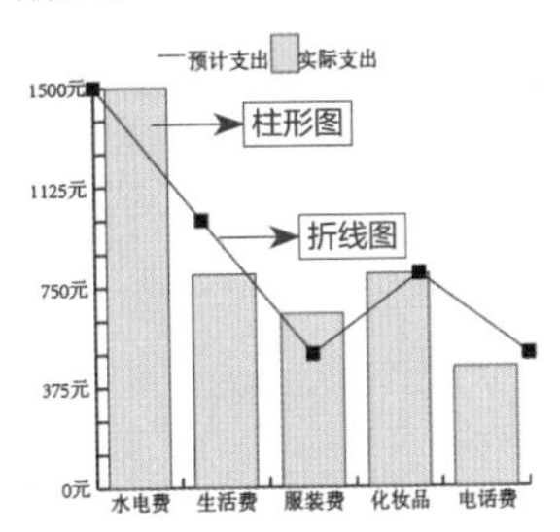

图8.32 不同图表组合效果

练习8-2 设计图表图案

难　　度：★
素材文件：无
案例文件：无
视频文件：第 8 章 \ 练习 8-2 设计图表图案 .avi

Illustrator CS6 不仅可以使用图表的默认柱形、条形或线形显示，还可以任意设计图形，比如将柱形改变成蜜蜂图案，这样可以使设计的图表更加形象、直观、艺术，使图表看起来不会那么单调。下面以“符号”面板中的蜜蜂符号为例，讲解设计图表图案的具体操作方法。

01 执行菜单栏中的“窗口”|“符号库”|“自然”命令，打开“自然”面板，在该面板中选择“蜜蜂”符号，将其拖动到文档中，如图8.33所示。

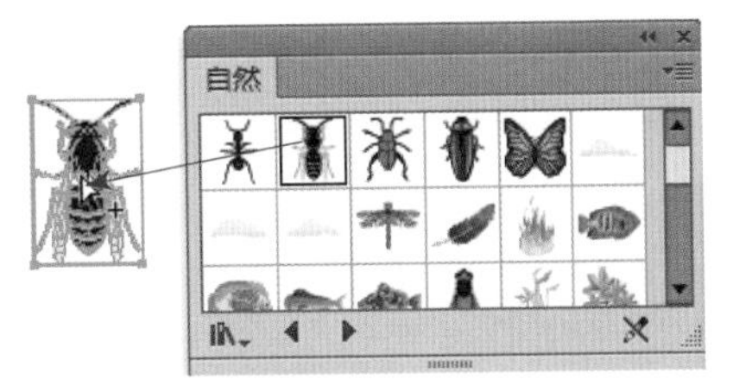

图8.33 拖动符号到文档中

02 确认选择文档中的蜜蜂图案，然后执行菜单栏中的“对象”|“图表”|“设计”命令，打开如图8.34所示的“图表设计”对话框，然后单击“新建设计”按钮，可以看到蜜蜂符号被添加到了设计框中。

图8.34　“图表设计”对话框

“图表设计”对话框中各选项的含义说明如下。

- **“新建设计”**：单击该按钮，可以将选择的图形添加到“图表设计”对话框中，如果当前文档中没有选择图形，该按钮将不可用。
- **“删除设计”**：选择某个设计然后单击该按钮，可以将设计删除。
- **“重命名”**：用来为设计重命名。选择某个设计后，单击该按钮将打开重命名对话框，在“名称”文本框中输入新的名称，单击“确定”按钮即可。
- **“粘贴设计”**：单击该按钮，可以将选择的设计粘贴到当前文档中。
- **“选择未使用的设计”**：单击该按钮，可以选择所有未使用的设计图案。

练习8-3 将设计应用于柱形图 

难　　度：★★
素材文件：无
案例文件：无
视频文件：多媒体教学\第8章\练习8-3 将设计应用于柱形图.avi

设计了图案以后，下面将设计图案应用在柱形图中，具体的操作方法如下。

01 利用“编组选择工具”在应用设计的柱形上三击鼠标，选择柱形图中的该组柱形及图例，如图8.35所示。

02 执行菜单栏中的“对象”|“图表”|“柱形图”命令，打开如图8.36所示的“图表列”对话框，在“选取列设计”中选择要应用的设计，并利用其他参数设计需要的效果。设置完成后，单击“确定”按钮，即可将设计应用于柱形图中。

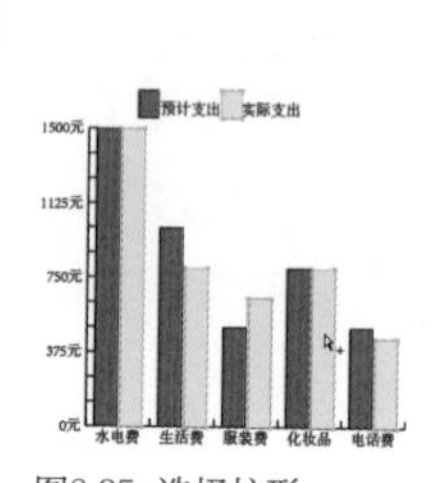

图8.35　选择柱形

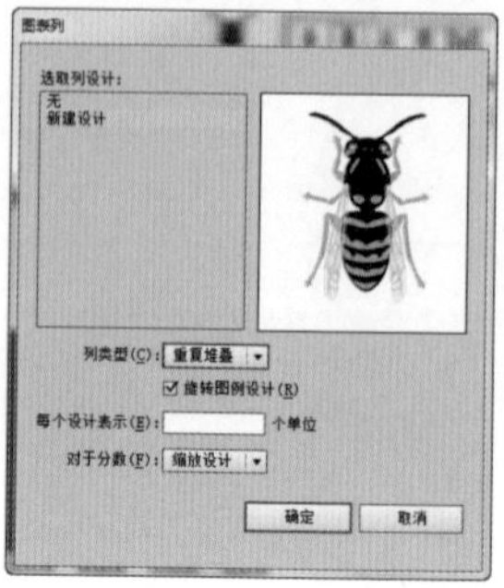

图8.36　“图表列”对话框

“图表列”对话框中各选项的含义说明如下。

- **“选取列设计”**：在下方的列表框中，可以选择要应用的设计。
- **“设计预览”**：当在“选取列设计”列表框中选择某个设计时，可以在这里预览设计图案的效果。
- **“列类型”**：设置图案的排列方式。包括“垂直缩放”“一致缩放”“重复堆叠”和“局部缩放”4个选项。“垂直缩放”表示设计图案沿竖直方向拉伸或压缩，而宽度不会发生变化；“一致缩放”表示设计图案沿水平和竖直方向同时等比缩放，而且设计图案之间的水平距离不会随不同的宽度而调整；“重复堆叠”表示将设置图案重复堆积起来充当列，通过“每个设计表示……单位”和“对于于分数”的设置可以制作出不同的设计图案堆叠效果。其中“垂直缩放”“一致缩放”和“局部缩放”效果分别如图8.37、图8.38、图8.39所示。

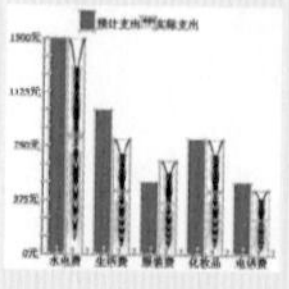

图8.37　竖直缩放

图8.38　一致缩放

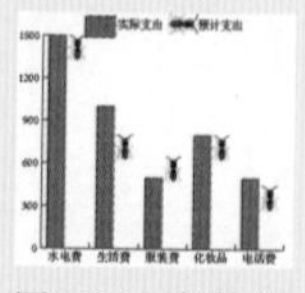

图8.39　局部缩放

- **"旋转图例设计"**：勾选该复选框，可以将图表的图例旋转-90度。
- **"每个设计表示……个单位"**：在文本框中输入数值，可以指定设计表示的单位。只有在"列类型"下拉列表中选择"重复堆叠"选项时，该项才可以应用。
- **"对于分数"**：指定堆叠图案设计出现的超出或不足部分的处理方法。在下拉列表中，可以选择"截断设计"或"缩放设计"。"截断设计"表示如果图案设计超出数值范围，将多余的部分截断；"缩放设计"表示如果图案设计有超出或不足部分，可以将图案放大或缩小以匹配数值。只有在"列类型"下拉列表中选择"重复堆叠"选项时，该项才可以应用。

因为"重复堆叠"的设计比较复杂，所以这里详细讲解"重复堆叠"选项的应用。选择"重复堆叠"选项后，设置每个设计表示200个单位，将"对于分数"分别设置为"截断设计"和"缩放设计"时，图表的效果分别如图8.40、图8.41所示。

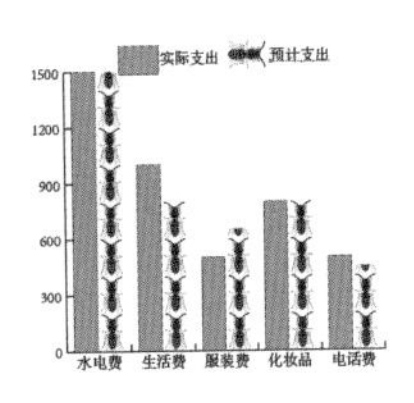

图8.40 截断设计

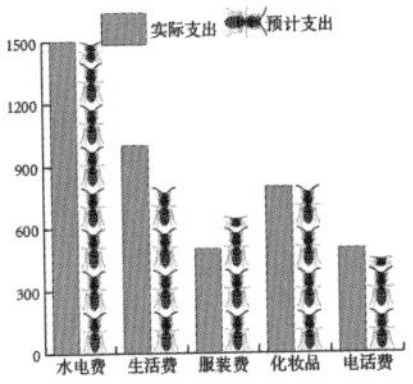

图8.41 缩放设计

练习8-4 将设计应用于标记 

难　　度：★
素材文件：无
案例文件：无
视频文件：第8章\练习8-4 将设计应用于标记.avi

将设计应用于标记不能应用在柱形图中，只能应用在带有标记点的图表中，如折线图、散点图和雷达图中，下面以折线图为例讲解将设计应用于标记的方法。

01 新建一个符号图例设计。利用"编组选择工具"在折线图的标记点上三击鼠标，选择折线图中的该组折线图标记和图例，如图8.42所示。

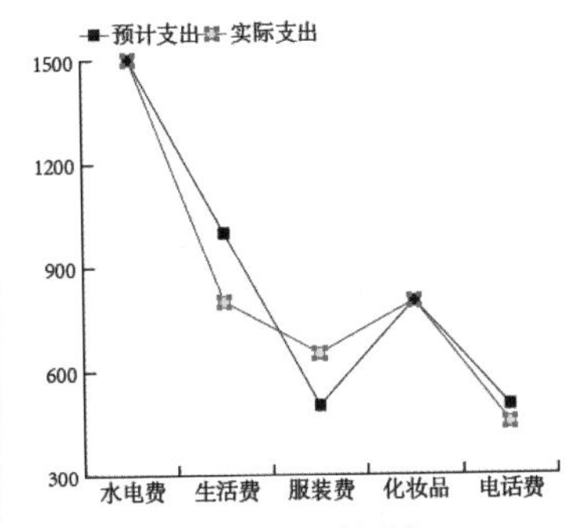

图8.42 选择折线图标记和图例

02 执行菜单栏中的"窗口"|"符号库"|"自然"命令，打开"自然"面板，在该面板中选择"鱼类1"符号，将其拖动到文档中，如图8.43所示。

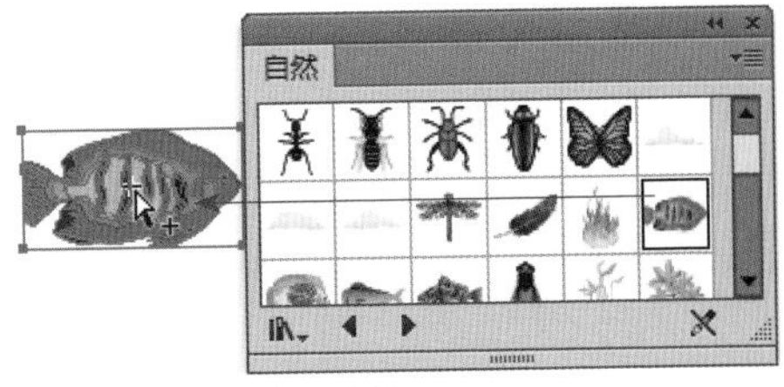

图8.43 拖出"鱼类1"符号

03 执行菜单栏中的"对象"|"图表"|"标记"命令，打开如图8.44所示的"图表标记"对话框，在"选择标记设计"列表框中选择一个设计，在右侧的标记设计预览框中可以看到当前设计的预览效果。

04 选择标记设计后，单击"确定"按钮，即可将设计应用于标记了，应用后的效果如图8.45所示。

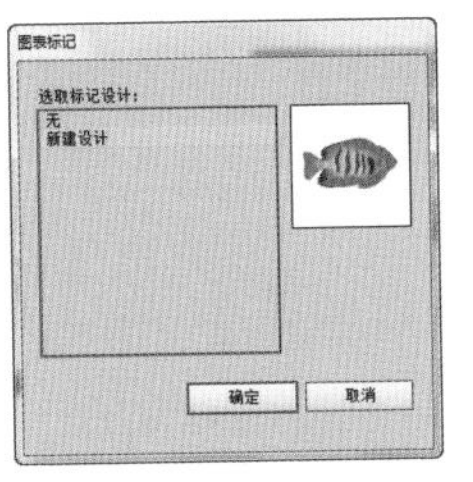

图8.44 "图表标记"对话框

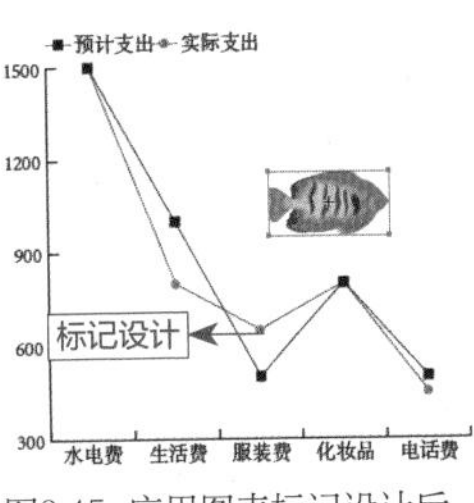

图8.45 应用图表标记设计后的效果

8.5 知识拓展

本章对Illustrator的图表的应用进行了详细讲解，以让读者掌握9种图表的创建及应用方法，为在设计中应用图表打下坚实基础。

8.6 拓展训练

本章安排了两个拓展训练，讲解 Illustrator 强大的绘图及编辑能力，希望读者勤加练习，快速掌握 Illustrator 的绘图功能。

训练8-1 利用“混合”命令制作电脑网络插画

◆实例分析

利用椭圆工具绘制出圆形，并通过“混合”命令和复合路径命令制作出体现网络的圆环图像，再搭配利用渐变填充绘制出的箭头按钮，完成本例的最终效果的制作。最终效果如图 8.46 所示。

难　　度：★★★
素材文件：无
案例文件：第 8 章\制作电脑网络插画 .ai
视频文件：第 8 章\训练 8-1 利用“混合”命令制作电脑网络插画 .avi

图8.46 最终效果

◆本例知识点

1. “缩放”命令
2. “混合选项”命令
3. “扩展”命令

训练8-2 利用“扭转”命令制作叠影影像插画

◆实例分析

通过对图像执行复制并移动操作，然后再结合扭转变形的图像，制作出唯美的叠影效果。最终效果如图 8.47 所示。

难　　度：★★★
素材文件：无
案例文件：第 8 章\制作叠影影像插画 .ai
视频文件：第 8 章\训练 8-2 利用“扭转”命令制作叠影影像插画 .avi

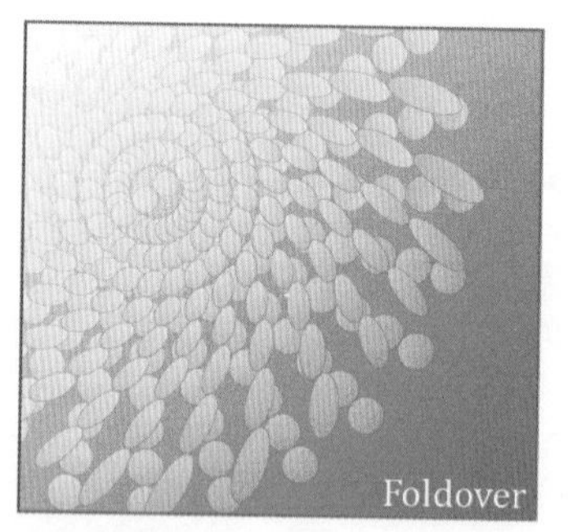

图8.47 最终效果

◆本例知识点

1. “移动”命令
2. “旋转”命令
3. “扭转”命令

第 9 章

效果菜单的应用

本章介绍效果的使用方法，将详细讲解每个效果的使用方法，比如 3D 效果、扭曲和变换效果、风格化效果等效果组，每组又含若干个效果命令，每个效果的功能各不相同，只有对每个效果的功能都比较熟悉，才能恰到好处地运用这些效果。通过对本章的学习，读者可以使用效果中的相关命令来处理与编辑位图图像与矢量图形，同时为位图图像和矢量图形添加一些特殊效果。

教学目标

了解效果菜单 ｜ 掌握各种效果命令的使用方法

掌握利用效果处理位图图像的方法 ｜ 掌握利用效果处理矢量图形的方法

9.1 效果菜单

效果为用户提供了许多特殊功能，使 Illustrator 处理图形的方式更加丰富。“效果”菜单大体可以根据分隔条分为 3 部分。第 1 部分由两个命令组成，前一个命令是重复使用上一个效果命令；后一个命令是打开上次应用的效果对话框进行修改。第 2 部分是针对矢量图形的 Illustrator 效果；第 3 部分是 Photoshop 效果，主要应用在位图中，也可以应用在矢量图形中。效果菜单如图 9.1 所示。

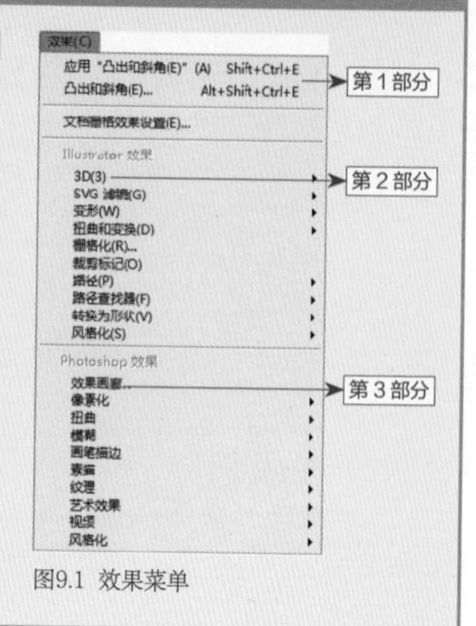

图9.1 效果菜单

这里要特别注意“效果”菜单中的大部分命令不但可以应用于位图，还可以应用于矢量图形。最重要的一点是，“效果”菜单中的命令应用后会在“外观”面板中出现，方便再次打开相关的命令对话框进行修改。

9.2 3D效果

3D 效果是 Illustrator 软件推出的立体效果，包括“凸出和斜角”“绕转”和“旋转”3 种特效，利用这些命令可以为 2D 平面对象制作三维立体效果。

9.2.1 凸出和斜角 重点

“凸出和斜角”效果主要是通过增大二维图形的 Z 轴纵深来创建三维效果，也就是以增大厚度的方式为二维平面图形制作出三维图形效果。

要应用“凸出和斜角”效果，首先要选择一个二维图形，然后执行菜单栏中的“效果”|“3D”|“凸出和斜角”命令，打开如图 9.2 所示的“3D 凸出和斜角选项”对话框，对凸出和斜角进行详细的设置。

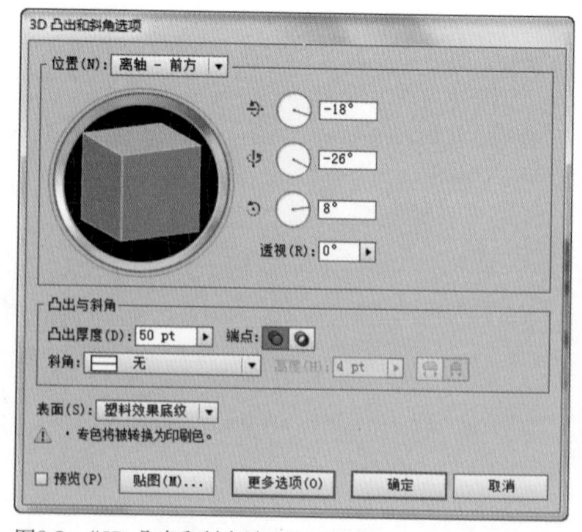

图9.2 “3D 凸出和斜角选项”对话框

1. 位置

“位置”选项组主要用来控制三维图形的视图位置，可以使用默认的预设位置，也可以手动修改为不同的视图位置。“位置”选项组如图 9.3 所示。

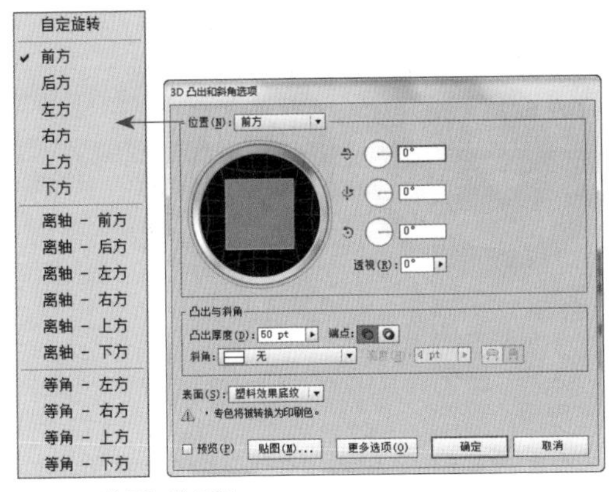

图9.3 “位置”选项组

“位置”选项组各选项的含义说明如下。

- **“位置”**：从该下拉列表中可以选择一些预设的位置，共包括16种，16种默认位置显示效果如图9.4所示。如果不想使用默认的位置，可以选择“自定旋转”选项，然后修改其他的参数来自定旋转。

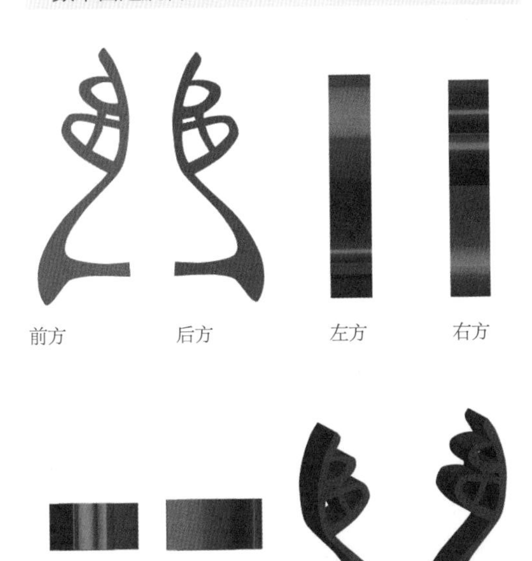

前方　后方　左方　右方

上方　下方　离轴-前方　离轴-后方

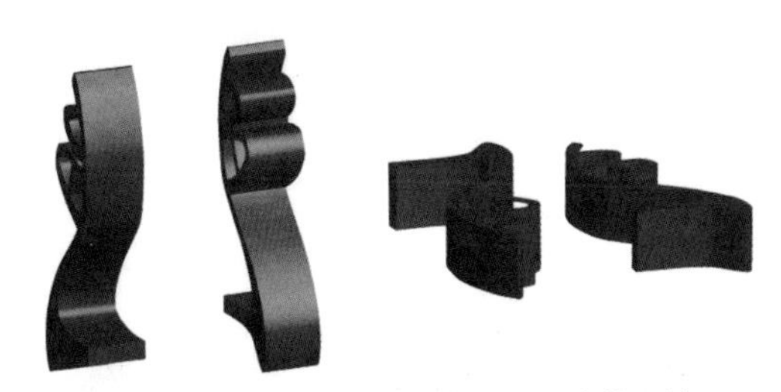

离轴-左方　离轴-右方　离轴-上方　离轴-下方

等角-左方　等角-右方　等角-上方　等角-下方

图9.4 16种默认位置显示效果

- **拖动控制区**：将光标放置在拖动控制区的方块上，光标将会有不同的变化，根据光标的变化拖动，可以控制三维图形的不同视图效果，制作出16种默认位置显示效果以外的其他视图效果。当拖动图形时，*X*轴、*Y*轴和*Z*轴区域将会发生相应的变化。
- **“指定绕X轴旋转”**：在右侧的文本框中指定三维图形绕*X*轴旋转的角度。
- **“指定绕Y轴旋转”**：在右侧的文本框中指定三维图形绕*Y*轴旋转的角度。
- **“指定绕Z轴旋转”**：在右侧的文本框中指定三维图形绕*Z*轴旋转的角度。
- **“透视”**：指定视图的方位，可以单击右侧的下拉按钮，通过滑块来控制角度；也可以直接输入一个角度值。

2. 凸出与斜角

“凸出与斜角”选项组主要用来设置三维图形的凸出厚度、端点、斜角和高度等，以制作出不同厚度的三维图形或带有不同斜角效果的三维图形效果。“凸出与斜角”选项组如图 9.5 所示。

图9.5 “凸出与斜角”选项组

“凸出与斜角”选项组各选项的含义说明如下。

- **“凸出厚度”**：控制三维图形的厚度，取值范围为0~2 000 pt。图9.6所示为厚度值分别为10 pt、30 pt和50 pt的效果。

图9.6 不同凸出厚度效果

- **“端点”**：控制三维图形为实心还是空心效果。单击“开启端点以建立实心外观”按钮，可以制作实心图形，如图9.7所示；单击“关闭端点以建立空心外观”按钮，可以制作空心图形，如图9.8所示。

图9.7 实心图形效果

图9.8 空心图形效果

- **“斜角”**：可以为三维图形添加斜角效果。在右侧的下拉列表中提供了11种预设斜角，不同的显示效果如图9.9所示。同时，可以通过“高度”的数值来控制斜角的高度，还可以通过“斜角外扩”按钮，将斜角添加到原始对象中，或通过“斜角内缩”按钮，从原始对象中减去斜角。

无　经典　复杂1

复杂2　复杂3　复杂4

拱形　锯齿形　旋转形

圆形

长圆形

图9.9 11种预设斜角效果

3. 表面

在“3D 凸出和斜角选项”对话框的底部位置单击“更多选项”按钮，将展开“表面”选项组，如图 9.10 所示。在“表面”选项组中，不但可以应用预设的表面效果，还可以根据自己的需要重新调整三维图形显示效果，如光源强度、环境光、高光强度和底纹颜色等。

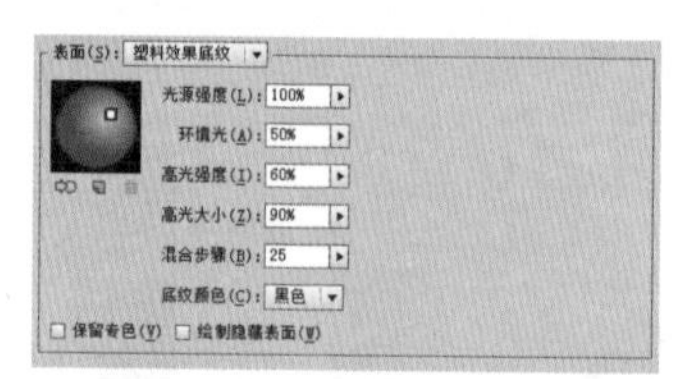

图9.10 “表面”选项组

“表面”选项组各选项的含义说明如下。

- **“表面”**：在右侧的下拉列表中，提供了4种表面预设效果。包括“线框”“无底纹”“扩散底纹”和“塑料效果底纹”。“线框”表示将图形以线框的形式显示；“无底纹”表示三维图形没有明暗变化，整体图形颜色灰度一致，看上去图是平面效果；“扩散底纹”表示三维图形有柔和的明暗变化，但并不强烈，可以看出三维图形效果；“塑料效果底纹”表示为三维图形增加强烈的光线明暗变化，让三维图形显示一种类似塑料的效果。4种不同的表面预设效果如图9.11所示。

“线框”

“无底纹”

“扩散底纹”

“塑料效果底纹”

图9.11 4种不同的表面预设效果

- **光源控制区：** 该区域主要用来手动控制光源的位置、添加或删除光源等，如图9.12所示。使用鼠标拖动光源，可以修改光源的位置。单击按钮，可以将所选光源移动到对象后面；单击“新建光源”按钮，可以创建一个新的光源；选择一个光源后，单击“删除光源”按钮，可以将选取的光源删除。

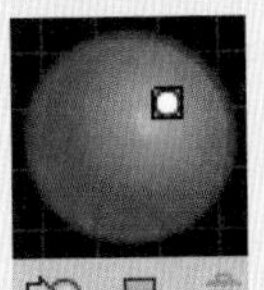

图9.12 光源控制区

- **“光源强度”：** 控制光源的亮度。值越大，光源的亮度也就越大。
- **“环境光”：** 控制周围环境光线的亮度。值越大，周围的光线越亮。
- **“高光强度”：** 控制对象高光位置的亮度。值越大，高光越亮。
- **“高光大小”：** 控制对象高光点的大小。值越大，高光点就越大。
- **“混合步骤”：** 控制对象表面颜色的混合步数。值越大，表面颜色越平滑。
- **“底纹颜色”：** 控制对象背阴的颜色，一般常用黑色。
- **“保留专色”和“绘制隐藏表面”：** 勾选这两个选项，可以保留专色和绘制隐藏的表面。

4. 贴图

贴图就是为三维图形的面贴上一个图片，以制作出更加理想的三维图形效果，这里的贴图使用的是符号，所以要使用贴图命令，首先要根据三维图形的面设计好不同的贴图符号，以便使用。关于符号的制作在前面已经详细讲解过，详情请参考第 5 章的内容。

要为三维图形贴图，首先选择该图形，然后打开“3D 凸出和斜角选项”对话框，在该对话框中单击底部的“贴图”按钮，将打开如图 9.13 所示的“贴图”对话框，利用该对话框对三维图形进行贴图设置。

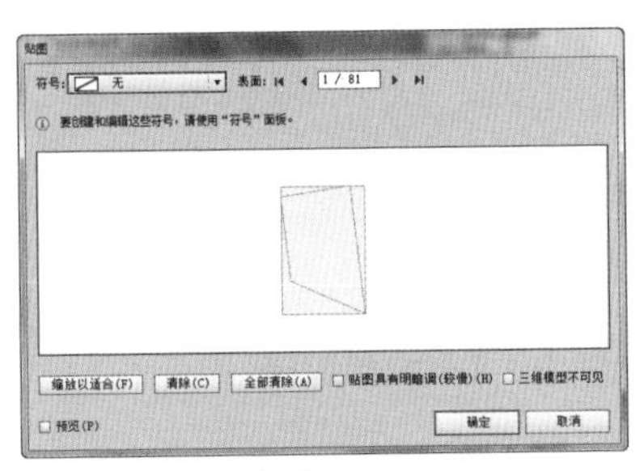

图9.13 “贴图”对话框

“贴图”对话框各选项的含义说明如下。

- **“符号”：** 从右侧的下拉菜单中可以选择一个符号，作为三维图形当前选择的面的贴图。该区域的选项与“符号”面板中的符号相对应，所以，如果要使用贴图，首先要确定“符号”面板中含有该符号。
- **“表面”：** 指定当前选择的面以进行贴图。在该选项右侧的文本框中显示了当前选择的面和三维对象的总面数。比如显示1/4，表示当前三维对象的总面数为4，当前选择的面为第1个面。如果想选择其他的面，可以单击“第一个表面”按钮、“上一个表面”按钮、“下一个表面”按钮和“最后一个表面”按钮按钮来切换，在切换时，如果勾选了“预览”复选框，可以在当前文档中的三维图形中看到选择的面，该面将以红色的边框突出显示。
- **贴图预览区：** 用来预览贴图和选择的面的效果，可以像变换图形一样，在该区域对贴图进行缩放和旋转等操作，以制作出更加适合选择的面的贴图效果。
- **“缩放以适合”：** 单击该按钮，可以强制贴图大小与当前选择的面的大小相同。也可以直接按F键。

- **“清除”和“全部清除”**：单击“清除”按钮，可以将当前面的贴图效果删除，也可以按C键；如果想删除所有面的贴图效果，可以单击“全部清除”按钮，或直接按A键。
- **“贴图具有明暗调”**：勾选该复选框，贴图会根据当前三维图形的明暗效果自动融合，制作出更加真实的贴图效果。不过应用该选项会增加文件的大小。也可以按H键应用或取消应用贴图具有明暗调功能。
- **“三维模型不可见”**：勾选该复选框，文档中的三维模型将被隐藏，只显示选择的面的红色边框效果，这样可以加快计算机的显示速度，但会影响查看整个图形的效果。

练习9-1 贴图的使用方法

难　　度：★★
素材文件：第 9 章 \ 贴图 .ai
案例文件：第 9 章 \ 贴图的使用方法 .ai
视频文件：第 9 章 \ 练习 9-1 贴图的使用方法 .avi

01 打开素材。执行菜单栏中的“文件”|“打开”命令，打开“贴图.ai”文件。这是书籍封面设计的一部分，正面和侧面如图9.14所示。

02 执行菜单栏中的“窗口”|“符号”命令，或按Shift + Ctrl + F11组合键，打开“符号”面板，然后分别选择素材的正面和侧面，将其创建为符号，并命名为“正面”和“侧面”。创建符号后的效果如图9.15所示。

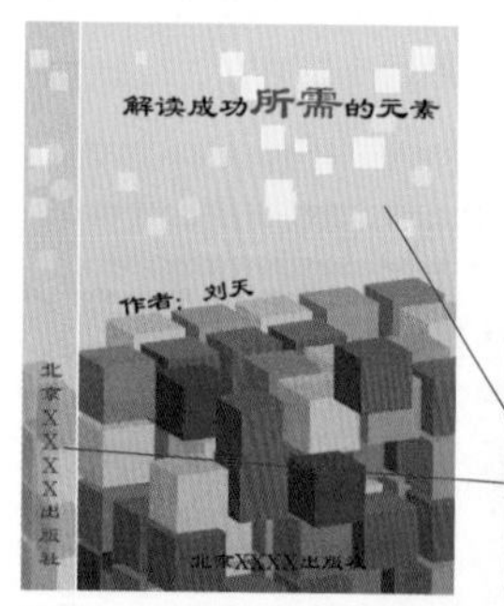

图9.14 打开的素材

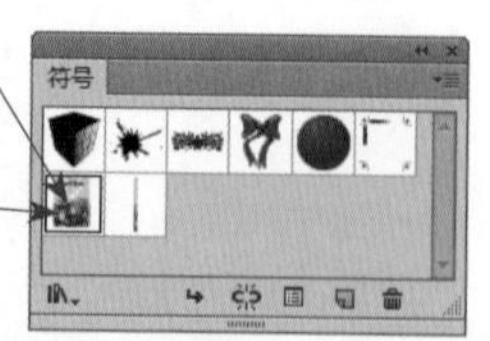

图9.15 创建的符号效果

03 因为是书籍封面的外观，所以首先利用“矩形工具”■，在文档中拖动绘制一个与正面大小差不多的矩形，并将其填充为灰色（C：0，M：0，Y：0，K：30）。

04 选择新绘制的矩形，然后执行菜单栏中的“效果”|“3D”|“凸出和斜角”命令，打开“3D凸出和斜角选项”对话框，参数设置及图形效果如图9.16所示。

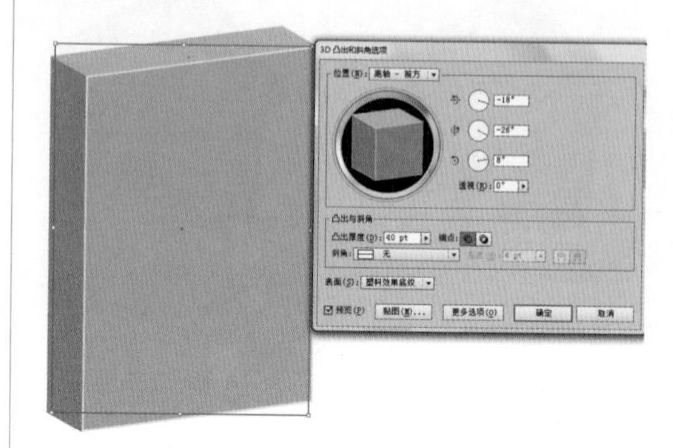

图9.16 参数设置及图形效果

05 在“3D 凸出和斜角选项”对话框中单击底部的“贴图”按钮，打开“贴图”对话框，勾选“预览”复选框，在文档中查看图形当前选择的面是否为需要贴图的面，如果确定为要贴图的面，从“符号”下拉菜单中选择刚才创建的“正面”符号贴图，如图9.17所示。

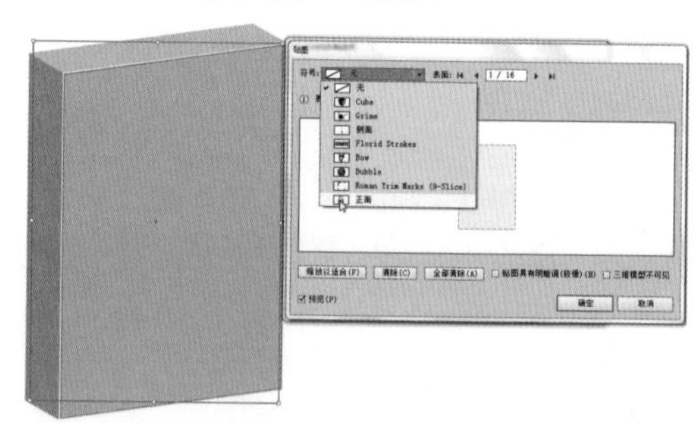

图9.17 选择“正面”贴图

06 通过“表面”右侧的按钮，将三维图形的选择的面切换为需要贴图的面，然后在“符号”下拉列表中选择“侧面”符号贴图，在贴图预览区可以看到贴图与表面的方向不对应，可以将贴图选中并旋转一定的角度，以匹配贴图面，然后进行适当的缩放，如图9.18所示。

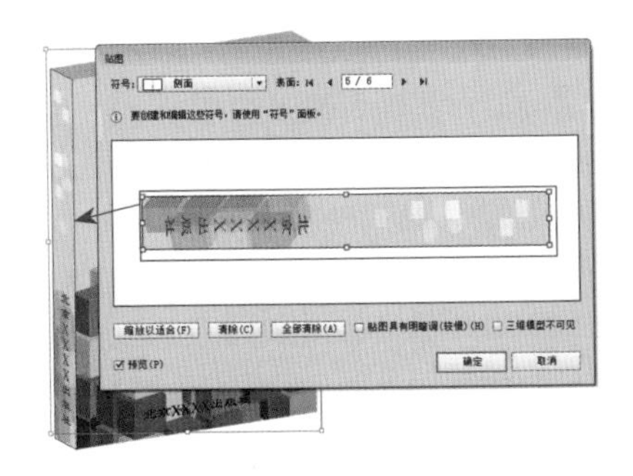

图9.18 侧面贴图效果

07 完成贴图后，单击“确定”按钮，返回“3D 凸出和斜角选项”对话框，再次单击“确定”按钮，完成三维图形的贴图，完成后的效果如图9.19所示。

图9.19 完成贴图效果

9.2.2 “绕转”命令的使用 难点

“绕转”命令可以根据选择的图形的轮廓，使图形绕指定的轴旋转，从而产生三维图形，绕转的对象可以是开放的路径，也可以是封闭的图形。要应用“绕转”效果，首先选择一个二维图形，然后执行菜单栏中的“效果”|“3D”|“绕转”命令，打开如图 9.20 所示的“3D 绕转选项”对话框，在该对话框中可以对绕转的三维图形进行详细的设置。

图9.20 二维图形及“3D 绕转选项”对话框

“3D 绕转选项”对话框中的“位置”和“表面”等选项组在前面讲解“3D 凸出和斜角选项”对话框时已经详细讲解过，这里只讲解前面没有讲到的部分，各选项的含义说明如下。

- **“角度”**：设置绕转对象的旋转角度。取值范围为0~360°。可以通过拖动右侧的指针来修改角度，也可以直接在文本框中输入需要的绕转角度值。当输入“360°”时，完成三维图形的绕转；输入的值小于“360°”时，将不同程度地显示出未完成的三维效果。图9.21所示为输入的角度值分别为90°、180°、270°时的显示效果。

图9.21 不同角度值的图形效果

- **“端点”**：控制三维图形为实心还是空心效果。单击“开启端点以建立实心外观”按钮，可以制作实心图形，如图9.22所示；单击“关闭端点以建立空心外观”按钮，可以制作空心图形，如图9.23所示。

图9.22 实心图形　图9.23 空心图形

- **“位移”**：设置离绕转轴的距离，值越大，离绕转轴就越远。图9.24所示为偏移值分别为0 pt、30 pt 和50 pt时的显示效果。

图9.24 不同偏移值效果

- “自”：设置绕转轴的位置。可以选择“左边”或“右边”，分别以二维图形的左边或右边为轴绕转。

提示

3D效果中还有一个“旋转”命令，它可以将一个二维图形模拟在三维空间中变换，以制作出三维空间效果，它的参数与前面讲解过的“3D凸出和斜角选项”对话框中的参数相同，读者可以自己选择二维图形，然后使用该命令感受一下，这里不再赘述。

9.3 扭曲和变换效果

“扭曲和变换”效果是最常用的变形工具，主要用来修改图形对象的外观，包括“变换”“扭拧”“扭转”“收缩和膨胀”“波纹效果”“粗糙化”和“自由扭曲”7种效果。

9.3.1 变换

“变换”命令是一个综合性的变换命令，它可以同时对图形对象进行缩放、移动、旋转和对称等多项操作。选择要变换的图形后，执行菜单栏中的“效果”|“扭曲和变换”|“变换”命令，打开如图9.25所示的“变换效果”对话框，即可利用该对话框对图形进行变换操作。

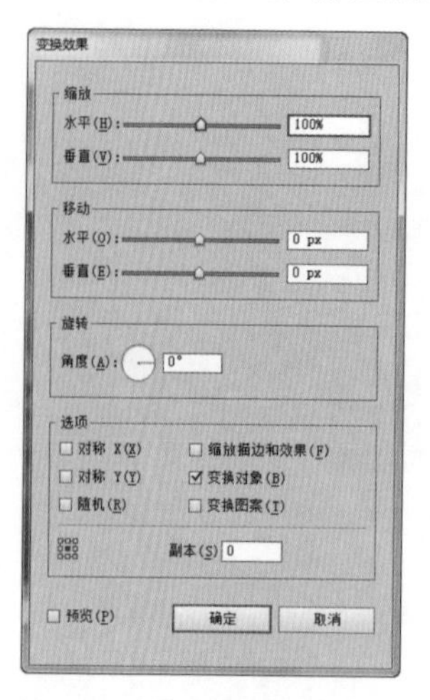

图9.25 “变换效果”对话框

“变换效果”对话框各选项的含义说明如下。

- **“缩放”**：控制图形对象的水平和竖直缩放比例的大小。可以通过“水平”或“垂直”参数来修改图形的水平或竖直缩放程度。
- **“移动”**：控制图形对象在水平或竖直方向移动的距离。
- **“旋转”**：控制图形对象旋转的角度。
- **“对称X”**：勾选该复选框，图形将沿X轴镜像。
- **“对称Y”**：勾选该复选框，图形将沿Y轴镜像。
- **“随机”**：勾选该按钮，图形对象将产生随机的变换效果。
- **“缩放描边和效果”**：勾选该按钮，图形会出现描边效果。
- **“变换对象”**：勾选该按钮，只能对对象进行编辑。
- **“变换图案”**：勾选该按钮，只能对图案进行编辑。
- **参考点**：设置图形对象变换的参考点。只要用鼠标单击9个点中的任意一点就可以选定参考点，选定的参考点由白色方块变成为黑色方块，这9个参考点代表图形对象的8个边框控制点和1个中心控制点。

9.3.2 扭拧 重点

“扭拧”命令可以以锚点为基础，将锚点从原图形对象上随机移动，并对图形对象进行随机的扭曲变换，因为这个效果应用于图形时带有随机性，所以每次应用所得到的扭拧效果会有一定的差别。选择要应用“扭拧”效果的图形对象，然后执行菜单栏中的“效果”|“扭曲和变换”|“扭拧”命令，可以打开如图 9.26 所示的“扭拧”对话框。

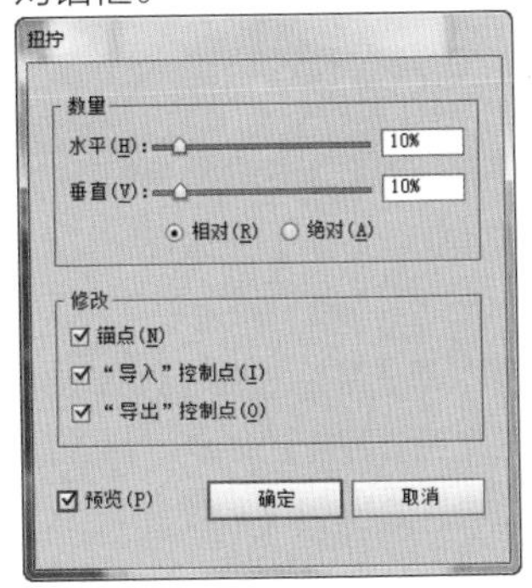

图9.26 “扭拧”对话框

“扭拧”对话框各选项的含义说明如下。

- **“数量”**：利用“水平”和“垂直”两个滑块，可以控制水平和竖直方向的扭曲量大小。选中“相对”单选按钮，表示扭曲量以百分比为单位，对图形进行相对扭曲；选中“绝对”单选按钮，表示扭曲量以mm（毫米）为单位，对图形进行绝对扭曲。
- **“锚点”**：控制锚点的移动。勾选该复选框，扭拧图形时将移动图形对象路径上的锚点位置；取消勾选该复选框，扭拧图形时将不移动图形对象路径上的锚点位置。
- **“‘导入’控制点”**：勾选该复选框，移动路径上的进入锚点的控制点。
- **“‘导出’控制点”**：勾选该复选框，移动路径上的离开锚点的控制点。

应用“扭拧”命令产生变换前后的效果如图9.27所示。

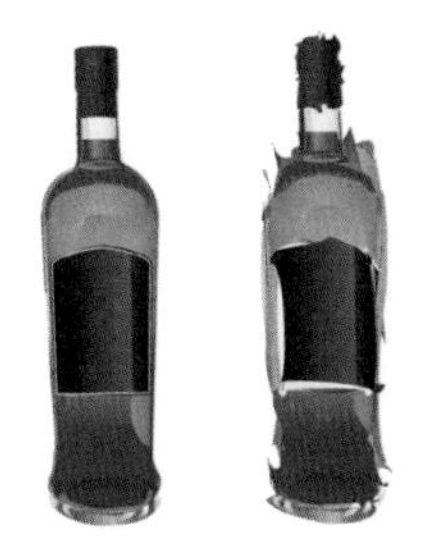

图9.27 应用“扭拧”命令产生变换前后的效果

9.3.3 扭转 重点

“扭转”命令可以按选择的图形的中心位置使图形扭转变形。选择要扭转的图形后，执行菜单栏中的“效果”|“扭曲和变换”|“扭转”命令，将打开“扭转”对话框，在“角度”文本框中输入一个扭转的角度值，然后单击“确定”按钮，即可将选择的图形扭转。值越大，表示扭转的程度越大。如果输入的角度值为正值，图形沿顺时针扭转；如果输入的角度值为负值，图形沿逆时针扭转。取值范围为 -3 600° ~3 600° 。扭转图形的操作效果如图 9.28 所示。

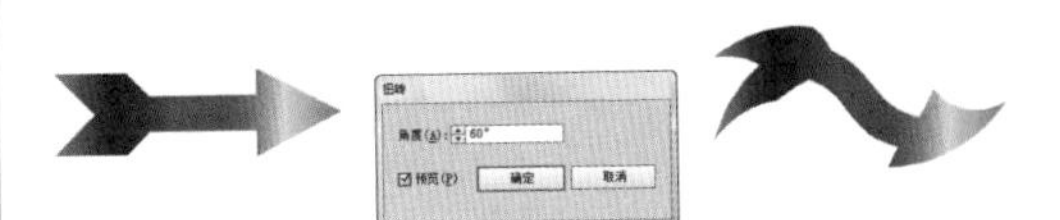

图9.28 扭转图形的操作效果

练习9-2 利用“扭转”命令制作放射图像

难　　度：★★

素材文件：无

案例文件：第 9 章 \ 制作放射图像 .ai

视频文件：第 9 章 \ 练习 9-2 利用“扭转”命令制作放射图像 .avi

01 选择工具箱中的“矩形工具”，绘制1个与画板大小相同的矩形，将“填色”更改为青色（R：89，G：234，B：213），“描边”为无。

02 在画板上再绘制1个白色细长矩形，如图9.29所示。

03 选择工具箱中的“直接选择工具”，选中矩形左下角锚点并向右侧拖动，选中矩形右下角锚点并向左侧拖动，使图形变形，如图9.30所示。

图9.29 绘制图形

图9.30 使图形变形

04 选中图形，选择工具箱中的“旋转工具”，按住Alt键在图形底部单击，在弹出的对话框中将“角度”更改为-15°，单击“复制”按钮，如图9.31所示。

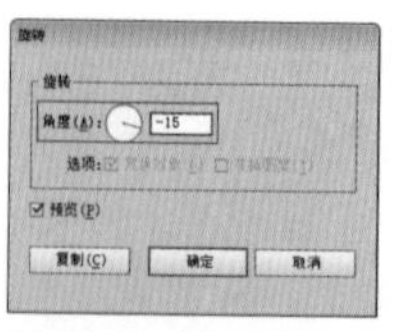

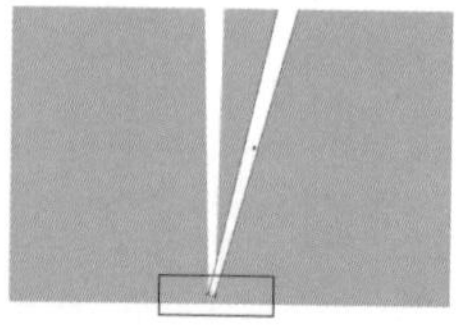

图9.31 复制图形

05 按Ctrl+D组合键多次，复制多份图形，如图9.32所示。

图9.32 复制多份图形

06 同时选中所有旋转的图形，在“路径查找器”面板中单击“合并”按钮，执行菜单栏中的“效果”|“扭曲和变换”|“扭转”命令，在弹出的对话框中将“角度”更改为70°，完成之后单击“确定”按钮，将图像放大至超出画板，如图9.33所示。

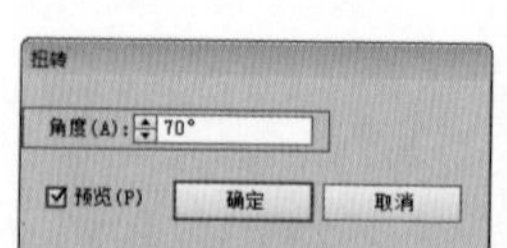

图9.33 使图像变形

07 在“透明度”面板中，将其模式更改为叠加，如图9.34所示。

图9.34 更改模式

08 选中青色矩形，按Ctrl+C组合键将其复制，再按Ctrl+F组合键将其粘贴，按Ctrl+Shift+]组合键将对象移至所有对象上方，如图9.35所示。

09 同时选中所有图形，单击鼠标右键，从弹出的快捷菜单中选择“建立剪切蒙版”命令，将部分图像隐藏，这样就完成了效果制作，最终效果如图9.36所示。

图9.35 复制图形

图9.36 最终效果

9.3.4 收缩和膨胀

“收缩和膨胀”命令可以使选择的图形以它的锚点为基准，向内或向外发生扭曲变形。选择要收缩和膨胀的图形对象，然后执行菜单栏中的“效果”|“扭曲和变换”|“收缩和膨胀”命令，打开如图 9.37 所示的“收缩和膨胀”对话框，即可对图形进行详细的扭曲设置。

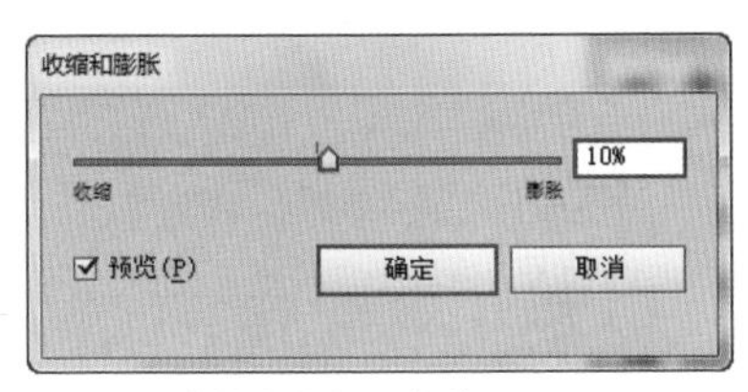

图9.37 “收缩和膨胀”对话框

“收缩和膨胀”对话框各选项的含义说明如下。

- **“收缩”**：控制图形向内收缩量。当输入的值小于0时，图形表现出收缩效果，输入的值越小，图形的收缩效果越明显。图9.38所示为原图和收缩值分别为-10%、-35%时的图形收缩效果。

图9.38 不同收缩效果

- **“膨胀”**：控制图形向外收缩量。当输入的值大于0时，图形表现出膨胀效果。输入的值越大，图形的膨胀效果越明显。图9.39所示为原图和膨胀值分别为50%、80%时的图形膨胀效果。

图9.39 不同膨胀效果

9.3.5 波纹效果

“波纹效果”命令可以在图形对象地路径上均匀地添加若干锚点，然后按照一定的规律移动锚点 的位置，形成规则的锯齿波纹效果。首先选择要应用“波纹效果”的图形对象，然后执行菜单栏中的“效果”|“扭曲和变换”|“波纹效果”命令，打开如图 9.40 所示的“波纹效果”即可对话框，对图形进行详细的扭曲设置。

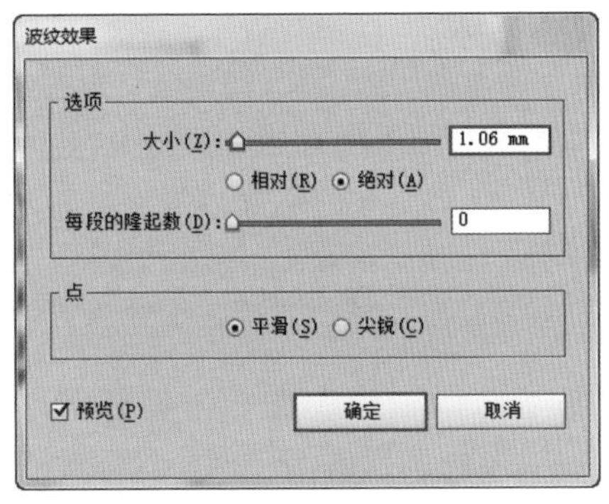

图9.40 “波纹效果”对话框

“波纹效果”对话框各选项的含义说明如下。

- **“大小”**：控制各锚点偏离原路径的扭曲程度。通过拖动“大小”滑块来改变扭曲的数值，值越大，扭曲的程度也就越高。当值为0时，不对图形实施扭曲变形。
- **“每段的隆起数”**：控制在原图形的路径上均匀添加锚点的个数。通过拖动下方的滑块来修改数值，也可以在右侧的文本框中直接输入数值。取值范围为0~100。
- **“点”**：控制锚点在路径周围的扭曲形式。选中“平滑”单选按钮，将产生平滑的边角；选中“尖锐”单选按钮，将产生锐利的边角效果。图9.41所示为原图和使用“平滑”与“尖锐”设置的效果。

图9.41 图形的波纹效果

练习9-3 利用“波纹效果”制作铁丝网

难　　度：★★

素材文件：无

案例文件：第 9 章 \ 制作铁丝网 .ai

视频文件：第 9 章 \ 练习 9-3 利用“波纹效果”制作铁丝网 .avi

01 选择工具箱中的“直线段工具”，在画板左侧位置绘制1条竖直线段，设置“填色”为无，“描边”为黑色，“描边粗细”为1 pt，如图9.42所示。

图9.42 绘制线段

02 选中线段，执行菜单栏中的“效果”|“扭曲和变换”|“波纹效果”命令，在弹出的对话框中将“大小”更改为0.7，“每段的隆起数”更改为30，选中“尖锐”单选按钮，完成之后单击“确定”按钮，如图9.43所示。

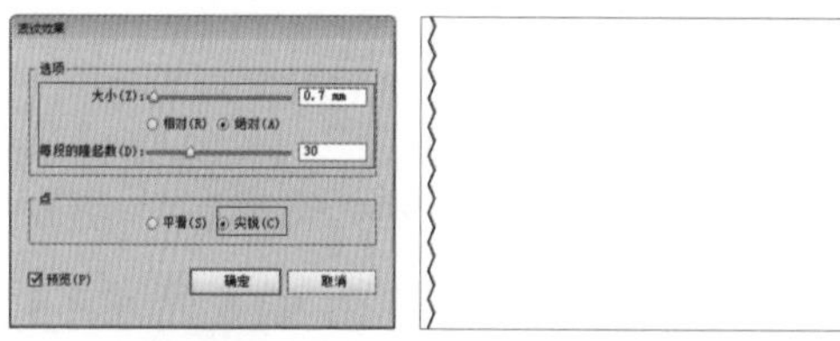
图9.43 设置波纹效果

03 选中波纹线段，执行菜单栏中的“对象”|“扩展外观”和“扩展”命令，在弹出的对话框中单击“确定”按钮，如图9.44所示。

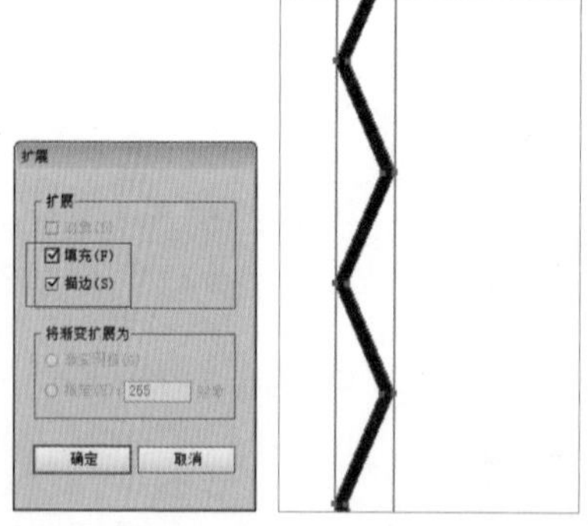
图9.44 扩展图形

04 选中线段，按住Alt+Shift组合键向右侧拖动，如图9.45所示。

05 同时选中两个线段，执行菜单栏中的“对象”|“混合”|“建立”命令，如图9.46所示。

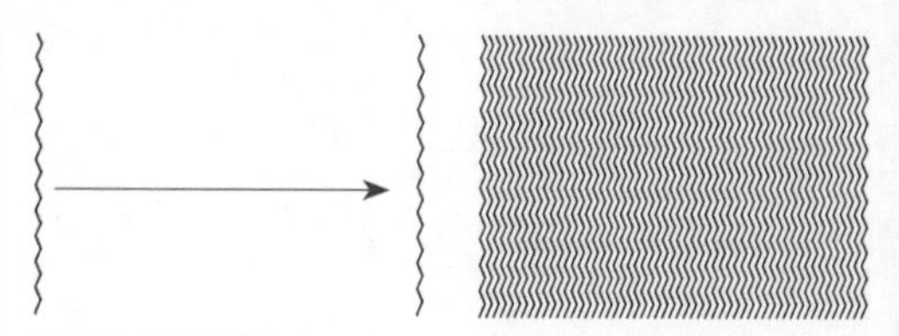
图9.45 复制线段　　图9.46 混合图像

06 选中混合后的线段，执行菜单栏中的“对象”|“混合”|“混合选项”命令，在弹出的对话框中将“间距”更改为指定的步数，将数值更改为40，完成之后单击“确定”按钮，如图9.47所示。

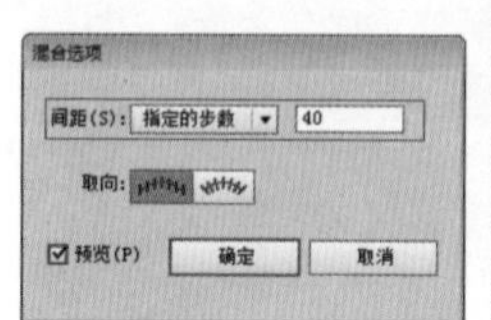
图9.47 设置混合

07 选中混合图像，按Ctrl+C组合键将其复制，再按Ctrl+F组合键将其粘贴，双击工具箱中的“镜像工具”，在弹出的对话框中选中“垂直”单选按钮，完成之后单击“确定”按钮，稍微移动图形，如图9.48所示。

图9.48 复制图像

08 选择工具箱中的“矩形工具”，绘制1个与画板大小相同的矩形，如图9.49所示。

09 同时选中所有对象，单击鼠标右键，从弹出的快捷菜单中选择“建立剪切蒙版”命令，将部分图像隐藏，这样就完成了效果制作，最终效果如图9.50所示。

图9.49 绘制图形

图9.50 最终效果

9.3.6 粗糙化 重点

“粗糙化”命令可以在图形对象的路径上添加若干锚点，然后随机地将这些锚点移动一定的距离，以制作出随机粗糙的锯齿状效果。要应用“粗糙化”效果，首先选择要应用该效果的图形对象，然后执行菜单栏中的“效果”|“扭曲和变换”|“粗糙化”命令，打开“粗糙化”对话框。在该对话框中设置合适的参数，然后单击“确定”按钮，即可对选择的图形应用粗糙化。粗糙化图形操作效果如图 9.51 所示。

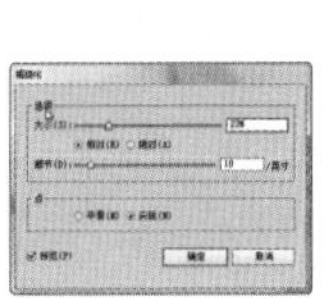

图9.51 粗糙化图形操作效果

提示

“粗糙化”对话框中的参数与“波纹效果”对话框中的参数用法相同，这里不再赘述，详情请参考“波纹效果”对话框参数的详解内容。

9.3.7 自由扭曲 重点

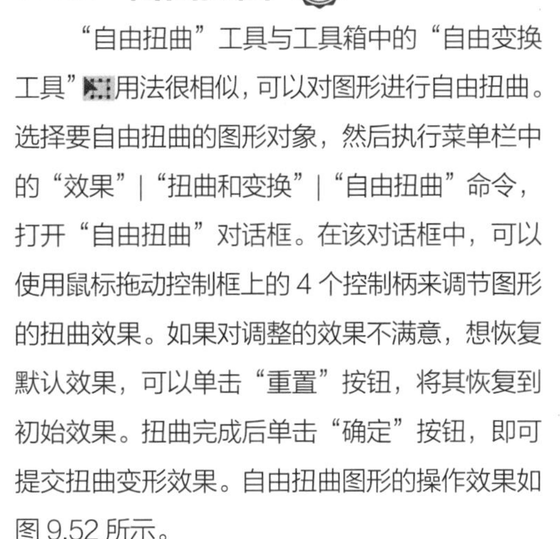

“自由扭曲”工具与工具箱中的“自由变换工具”用法很相似，可以对图形进行自由扭曲。选择要自由扭曲的图形对象，然后执行菜单栏中的“效果”|“扭曲和变换”|“自由扭曲”命令，打开“自由扭曲”对话框。在该对话框中，可以使用鼠标拖动控制框上的 4 个控制柄来调节图形的扭曲效果。如果对调整的效果不满意，想恢复默认效果，可以单击“重置”按钮，将其恢复到初始效果。扭曲完成后单击“确定”按钮，即可提交扭曲变形效果。自由扭曲图形的操作效果如图 9.52 所示。

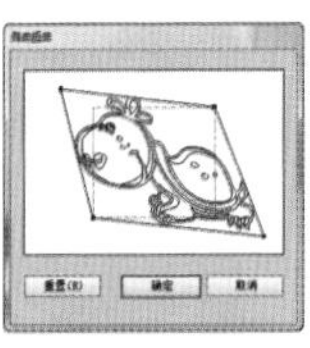

图9.52 自由扭曲图形的操作效果

9.4 风格化效果

“风格化”效果主要用来为图形对象添加特殊的图形效果，比如内发光、圆角、外发光、投影等效果。这些特效的应用可以为图形增添更加生动的艺术氛围。

9.4.1 内发光 重点

“内发光”命令可以在选定图形的内部添加光晕效果，与“外发光”效果正好相反。选择要添加内发光的图形对象，然后执行菜单栏中的“效果”|“风格化”|“内发光”命令，打开如图 9.53 所示的“内发光”对话框，即可对内发光进行详细的设置。

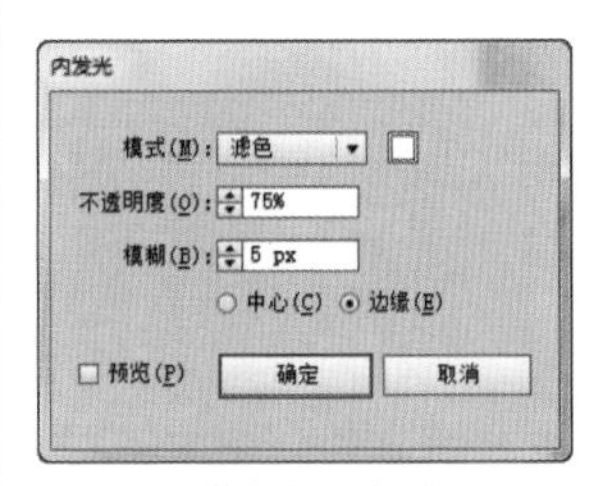

图9.53 “内发光”对话框

"内发光"对话框各选项的含义说明如下。

- **"模式"**：在右侧的下拉菜单中设置内发光颜色的混合模式。
- **"颜色块"**：控制内发光的颜色。单击颜色块区域，可以打开"拾色器"对话框，用来设置发光的颜色。
- **"不透明度"**：控制内发光颜色的不透明度。可以使用右侧的微调按钮调整不透明度值，也可以直接在文本框中输入一个需要的值。取值范围为0%~100%，值越大，内发光的颜色越不透明。
- **"模糊"**：设置内发光颜色的边缘柔和程度。值越大，边缘柔和的程度就越高。
- **"中心"和"边缘"**：控制发光的位置。选中"中心"单选按钮，表示发光的位置为图形的中心位置。选中"边缘"单选按钮，表示发光的位置为图形的边缘位置。

图9.54所示为图形应用内发光后的显示效果。

图9.54 应用内发光后的显示效果

9.4.2 圆角

"圆角"命令可以将图形对象的尖角变成为圆角效果。选择要应用"圆角"效果的图形对象，然后执行菜单栏中的"效果"|"风格化"|"圆角"命令，打开"圆角"对话框。通过修改"半径"的值，来确定图形圆角的大小。输入的值越大，图形对象的圆角也就越大。这里在"半径"文本框中输入"5mm"，然后单击"确定"按钮，即可完成圆角效果的应用。圆角效果应用过程如图 9.55 所示。

图9.55 圆角效果应用过程

9.4.3 外发光

"外发光"与"内发光"效果相似，只是"外发光"是在选定图形的外部添加光晕效果。要使用外发光，首先选择一个图形对象，然后执行菜单栏中的"效果"|"风格化"|"外发光"命令，打开"外发光"对话框，在该对话框中设置好外发光的相关参数，单击"确定"按钮，即可为选定的图形添加外发光效果。添加外发光效果的操作过程如图 9.56 所示。

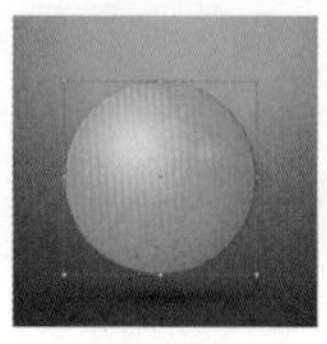
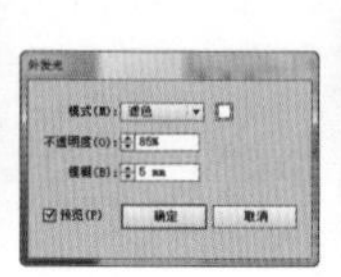

图9.56 添加外发光效果的操作过程

提示

"外发光"对话框中的相关参数与"内发光"参数相同，这里不再赘述，详情可参考"内发光"参数的讲解内容。

9.4.4 投影

"投影"命令可以为选择的图形对象添加一个阴影，以增强图形的立体效果。要为图形对象添加投影效果，首先选择该图形对象，然后执行菜单栏中的"效果"|"风格化"|"投影"命令，打开如图 9.57 所示的"投影"对话框，对图形的投影参数进行设置。

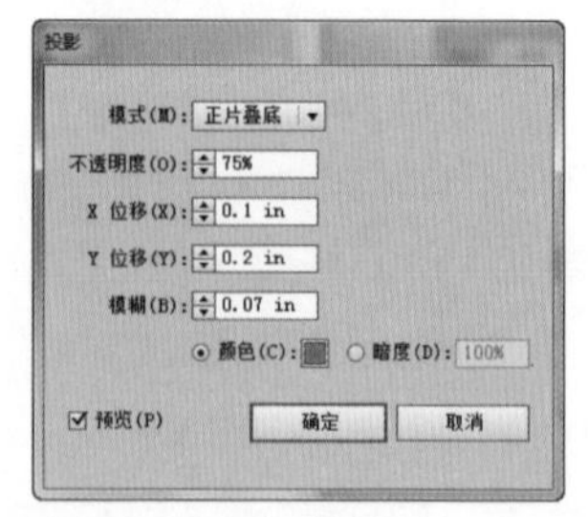

图9.57 "投影"对话框

"投影"对话框各选项的含义说明如下。

- **"模式"**：在右侧的下拉菜单中设置投影的混

合模式。

- **“不透明度”**：控制投影颜色的不透明度。可以使用右侧的微调按钮调整不透明度值，也可以直接在文本框中输入一个需要的值。取值范围为0%~100%，值越大，投影的颜色越不透明。
- **“X位移”**：控制阴影相对于原图形在X轴上的偏移量。输入正值，阴影向右偏移；输入负值，阴影向左偏移。
- **“Y位移”**：控制阴影相对于原图形在Y轴上的偏移量。输入正值，阴影向下偏移；输入负值，阴影向上偏移。
- **“模糊”**：设置阴影颜色的边缘柔和程度。值越大，边缘柔和的程度就越高。
- **“颜色”和“暗度”**：控制阴影的颜色。选中“颜色”单选按钮，可以单击右侧的颜色块，打开“拾色器”对话框来设置阴影的颜色。选中“暗度”单选按钮，可以在右侧的文本框中设置阴影的明暗程度。

图9.58所示为图形添加投影的操作过程。

图9.58 为图形添加投影的操作过程

9.4.5 涂抹 重点

“涂抹”命令可以将选定的图形对象转换成类似手动涂抹的手绘效果。选择要应用“涂抹”的图形对象，然后执行菜单栏中的“效果”|“风格化”|“涂抹”命令，打开如图 9.59 所示的“涂抹选项”对话框，即可对图形进行详细的涂抹设置。

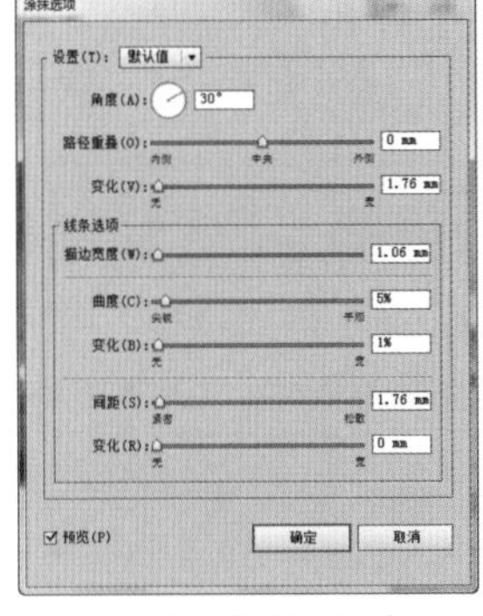

图9.59 “涂抹选项”对话框

“涂抹选项”对话框各选项的含义说明如下。

- **“设置”**：可以从右侧的下拉菜单中选择预设的涂抹效果，包括涂鸦、密集、松散、波纹、锐利、素描、缠结、泼溅、紧密和蜿蜒等多个选项。
- **“角度”**：指定涂抹效果的角度。
- **“路径重叠”**：设置涂抹线条在图形对象的内侧、中央或是外侧。当值小于0时，涂抹线条在图形对象的内侧；当值大于0时，涂抹线条在图形对象的外侧。如果想让涂抹线条重叠以产生随机的变化效果，可以修改下方的“变化”参数，值越大，重叠效果越明显。
- **“描边宽度”**：指定涂抹线条的粗细。
- **“曲度”**：指定涂抹线条的弯曲程度。如果想让涂抹线条的弯曲度产生随机的变化效果，可以修改下侧的“变化”参数，值越大，弯曲的随机化程度越明显。
- **“间距”**：指定涂抹线条的间距。如果想让线条的间距产生随机效果，可以修改下侧的“变化”参数，值越大，涂抹线条的间距变化越明显。

图9.60所示为几种常见的预设的涂抹效果。

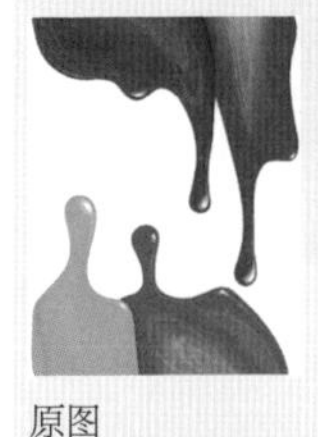
原图

默认值

涂鸦

密集 松散 波纹

锐利
素描

缠结

图9.60 几种常见的预设的涂抹效果

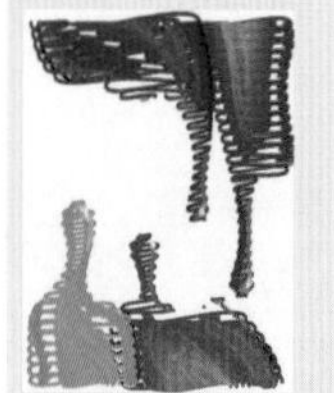
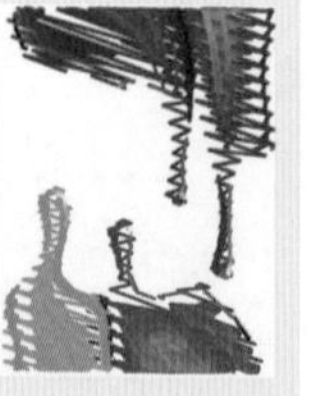
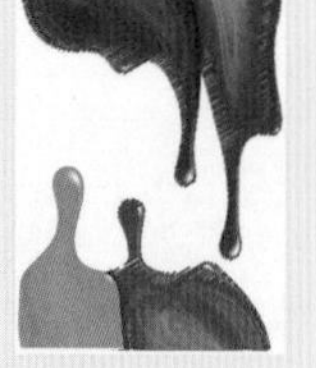

泼溅　　　　紧密　　　　蜿蜒

图9.60 几种常见的预设的涂抹效果（续）

练习9-4 利用“涂抹”命令制作粉笔字

难　　度：★
素材文件：无
案例文件：第 9 章\制作粉笔字 .ai
视频文件：第 9 章\练习 9-4 利用“涂抹”命令制作粉笔字 .avi

01 选择工具箱中的“矩形工具”，绘制1个与画板大小相同的矩形，将“填色”更改为深蓝色（R：40，G：55，B：60），“描边”为无。

02 选择工具箱中的“文字工具”，添加文字（汉仪书魂体简），如图9.61所示。

图9.61 添加文字

03 选中文字，执行菜单栏中的“效果”|“风格化”|“涂抹”命令，在弹出的对话框中将“角度”更改为30°，“路径重叠”更改为0.6，“变化”更改为0.2，“描边宽度”更改为0.04，“曲度”更改为15%，“变化”更改为10%，“间距”更改为0.05，“变化”更改为0.3，完成之后单击“确定”按钮，这样就完成了效果制作，最终效果如图9.62所示。

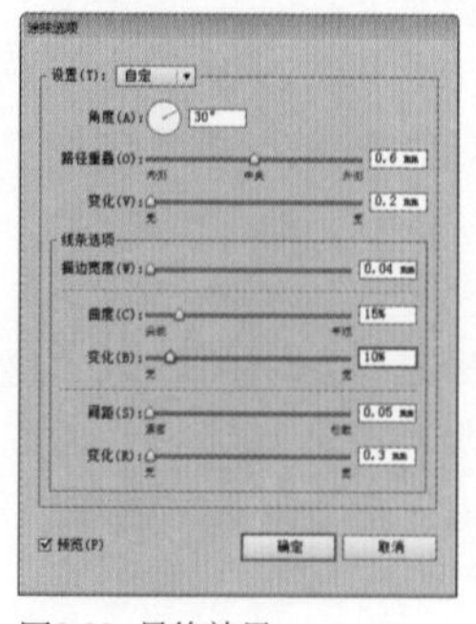

图9.62 最终效果

9.4.6 羽化

“羽化”命令主要用来为选定的图形对象创建柔和的边缘效果。选择要应用“羽化”命令的图形对象，然后执行菜单栏中的“效果”|“风格化”|“羽化”命令，打开“羽化”对话框，在“半径”文本框中输入一个羽化的数值，“半径”的值越大，图形的羽化程度越高。设置完成后，单击“确定”按钮，即可完成图形的羽化操作。羽化图形的操作效果如图 9.63 所示。

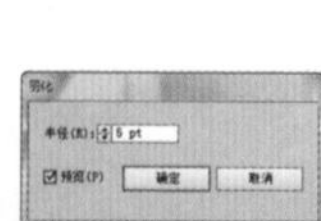

图9.63 羽化图形的操作效果

9.5 栅格化效果

“栅格化”命令主要是将矢量图形转化为位图，前面已经讲解过，有些效果是不能对矢量图应用的。如果想应用这些效果，就需要将矢量图转换为位图。

要想将矢量图转换为位图，首先选择要转换的矢量图形，然后执行菜单栏中的“效果”|“栅

格化”命令，打开如图 9.64 所示的“栅格化”对话框，对转换的参数进行设置。

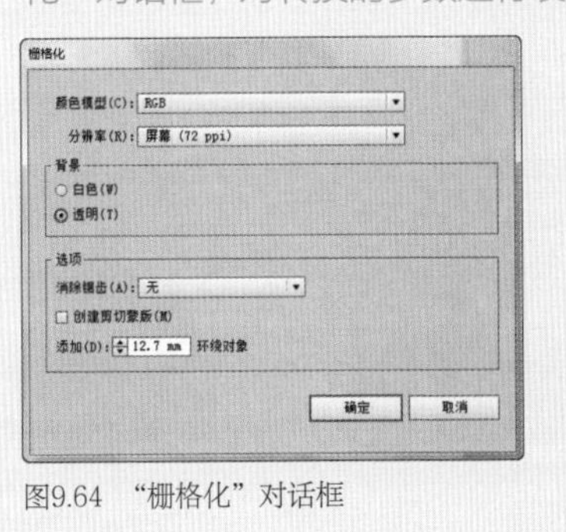

图9.64 “栅格化”对话框

提示

“效果”菜单中的“栅格化”命令与“对象”菜单中的“栅格化”命令是一样的。使用时要特别注意。

“栅格化”对话框各选项的含义说明如下。

- **“颜色模型”**：指定栅格化图形时使用的颜色模式，包括RGB、CMYK和位图3种模式。
- **“分辨率”**：指定栅格化的图形中每一寸图形中的像素数目。一般来说，网页的图像的分辨率为72 pixels/inch；一般的打印效果的图像分辨率为150 pixels/inch；精美画册的打印分辨率为300 pixels/inch。根据用途的不同，可以选择不同的分辨率，也可以选择“其他”，直接在文本框中输入一个需要的分辨率值。
- **“背景”**：指定矢量图形转换时空白区域的转换形式。选中“白色”单选按钮，会用白色来填充图形的空白区域；选中“透明”单选按钮，会将图形的空白区域转换为透明效果，并制作出一个Alpha通道，如果将图形转存到Photoshop软件中，这个Alpha通道将被保留下来。
- **“消除锯齿”**：指定在栅格化图形时使用哪种方式来消除锯齿效果，包括“无”“优化图稿（超像素取样）”和“优化文字（提示）”3个选项。选择“无”选项，表示不使用任何清除锯齿的方法；选择“优化图稿（超像素取样）”选项，表示以最优化线条图的形式消除锯齿现象；选择“优化文字（提示）”选项，表示以最适合文字优化的形式消除锯齿效果。
- **“创建剪切蒙版”**：勾选该复选框，将创建一个栅格化的图像来为透明的背景添加蒙版。
- **“添加……环绕对象”**：在右侧的文本框中输入数值，指定在栅格化后图形周围出现的环绕对象的范围大小。

9.6 像素化效果

使用“像素化”命令菜单下的命令可以使所组成图像的最小色彩单位——像素点在图像中按照不同的类型重新组合或有机地分布，使画面呈现出不同类型的像素组合效果。其下包括 4 个效果命令。

9.6.1 彩色半调 

“彩色半调”命令可以模拟在图像的每个通道上使用放大的半调网屏效果。“彩色半调”对话框如图 9.65 所示。

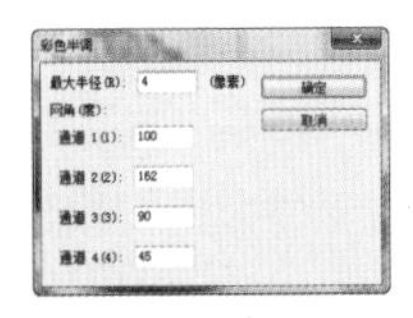

图9.65 “彩色半调”对话框

“彩色半调”对话框中各选项的含义说明如下。

- **“最大半径”**：输入半调网点的最大半径。
- **“网角”**：决定每个通道所指定的网屏角度。对于灰度模式的图像，只能使用通道1，对于RGB图像，使用通道1为红色通道，2为绿色通道，3为蓝色通道，对于CMYK 图像，使用通道1为青色，2为洋红，3为黄色，4为黑色。

图 9.66 所示为使用“彩色半调”命令前后的图像画面效果对比。

图9.66 使用“彩色半调”命令前后的图像画面效果对比

9.6.2 晶格化

“晶格化”命令可以使选定图形产生结晶体般的块状效果。选择要应用“晶格化”的图形对象，然后执行菜单栏中的“效果”|“像素化”|“晶格化”命令，打开“晶格化”对话框，通过修改“单元格大小”数值，确定晶格化图形的程度，数值越大，所产生的结晶体越大。图 9.67 所示为对图形使用“晶格化”命令进行操作的效果。

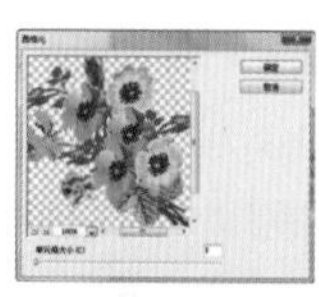

图9.67 使用“晶格化”命令操作的效果

9.6.3 点状化 重点

“点状化”命令可以将图像中的颜色分解为随机分布的网点，如同点状化绘画一样。在“点状化”对话框中，可通过设置“单元格大小”数值来修改点块的大小。数值越大，产生的点块越大。图 9.68 所示对图形使用“点状化”命令进行操作的效果。

图9.68 使用“点状化”命令操作的效果

9.6.4 铜版雕刻

“铜版雕刻”命令可以对图形使用各种点状、线条或描边效果。可以从“铜版雕刻”对话框中的“类型”下拉列表中选择铜版雕刻的类型。图 9.69 所示对图形使用“铜版雕刻”命令进行操作的效果。

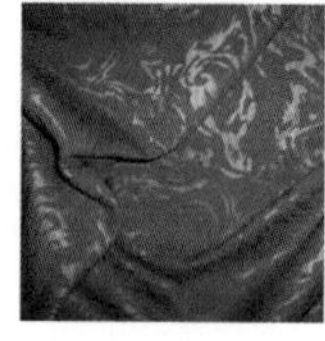

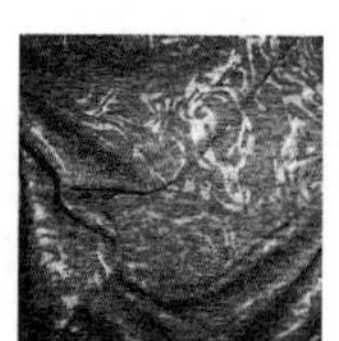

图9.69 使用“铜版雕刻”命令操作的效果

9.7 扭曲效果

“扭曲”效果主要功能是使图形产生扭曲效果其中，既有平面的扭曲效果，也有三维或其他变形效果。掌握扭曲效果的关键是搞清楚图像中像素扭曲前与扭曲后的位置变化，使用“扭曲”效果菜单下的命令可以对图像进行几何扭曲，从而使图像产生奇妙的艺术效果，包括 3 个扭曲命令。

9.7.1 扩散亮光

“扩散亮光”命令可以将图形渲染成如同透过一个柔和的扩散镜片来观看的效果，此命令将透明的白色杂色添加到图形中，并从中心向外渐隐亮光，该命令可以产生电影中常用的蒙太奇效果。“扩散亮光”对话框如图 9.70 所示。

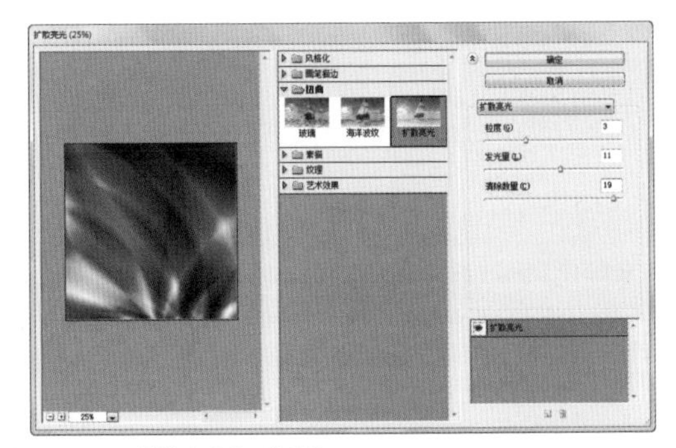

图9.70 “扩散亮光”对话框

“扩散亮光”对话框中各选项的含义说明如下。

- **“粒度”**：控制亮光中的颗粒密度。值越大，密度也就越大。
- **“发光量”**：控制图形发光强度的大小。
- **“清除数量”**：控制图形中受命令影响的范围。值越大，受到影响的范围越小，图形越清晰。

图 9.71 所示为使用“扩散亮光”命令前后的图形画面效果对比。

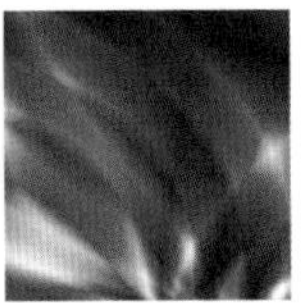

图9.71 使用“扩散亮光”命令前后的图形画面效果对比

9.7.2 海洋波纹

“海洋波纹”效果可以模拟海洋表面的波纹效果，其波纹比较细小，且边缘有很多的抖动。“海洋波纹”对话框如图 9.72 所示。

图9.72 “海洋波纹”对话框

“海洋波纹”对话框各选项的含义说明如下。

- **“波纹大小”**：控制生成波纹的大小。值越大，生成的波纹越大。
- **“波纹幅度”**：控制生成波纹的幅度和密度。值越大，生成的波纹幅度就越大。

图 9.73 所示为使用“海洋波纹”命令前后的图形画面效果对比。

图9.73 使用“海洋波纹”命令前后的图形画面效果对比

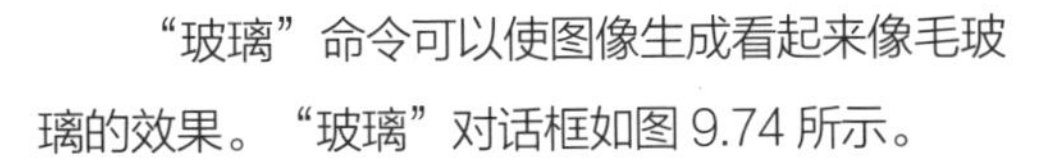

9.7.3 玻璃 重点

“玻璃”命令可以使图像生成看起来像毛玻璃的效果。“玻璃”对话框如图 9.74 所示。

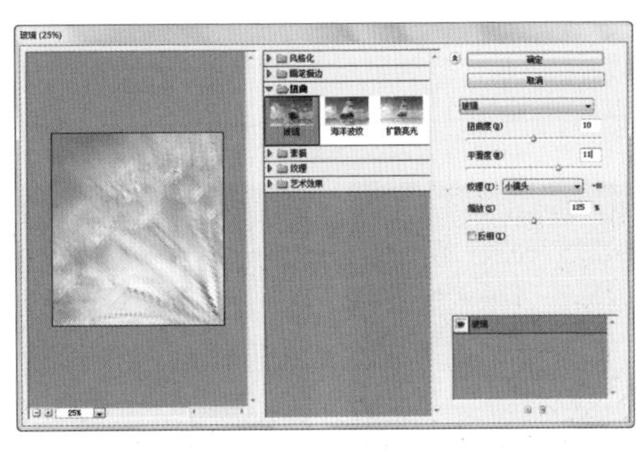

图9.74 “玻璃”对话框

“玻璃”对话框各选项的含义说明如下。

- **“扭曲度”**：控制图形的扭曲程度。值越大，图形扭曲越强烈。
- **“平滑度”**：控制图形的光滑程度。值越大，图形越光滑。
- **“纹理”**：控制图形的纹理效果。在右侧的下拉列表中可以选择不同的纹理效果，包括“块状”“画布”“磨砂”和“小镜头”4种效果。

- **“缩放”**：控制图形生成纹理的大小。值越大，生成的纹理也就越大。
- **“反相”**：勾选该复选框，可以将生成的纹理的凹凸面反转。

图 9.75 所示为使用“玻璃”命令前后的图形画面效果对比。

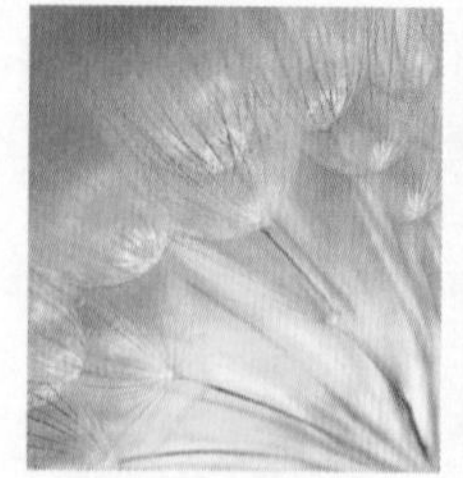

图9.75 使用“玻璃”命令前后的图形画面效果对比

9.8 其他效果

Illustrator CS6 不但提供了前面讲解的效果，还提供了模糊、画笔描边、纹理、艺术、视频和照亮边缘等效果，下面来讲解这些效果的应用。

9.8.1 模糊效果

“模糊”效果菜单下的命令可以对图形进行模糊处理，它通过平衡图形中已定义的线条和遮蔽区域清晰边缘旁边的像素，使其显得柔和，模糊效果在图形的设计与应用中相当重要。模糊效果主要包括“径向模糊”“特殊模糊”和“高斯模糊”3 种，各种模糊应用后的效果如图 9.76 所示。

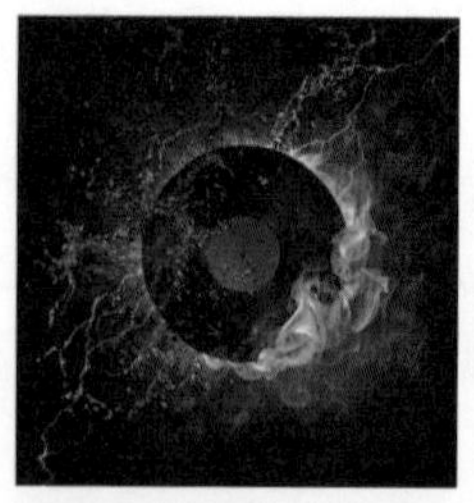

原图

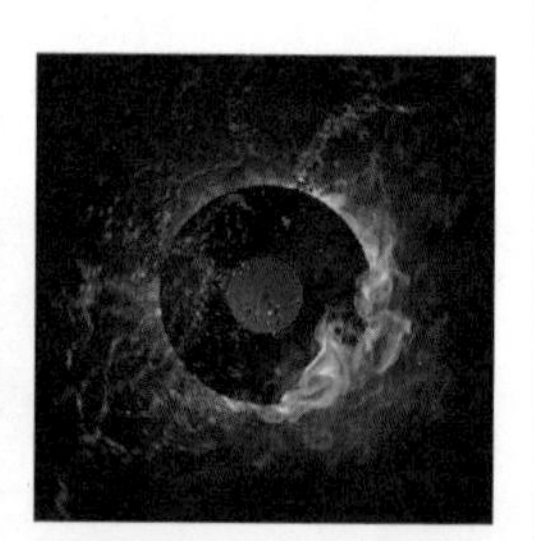

径向模糊

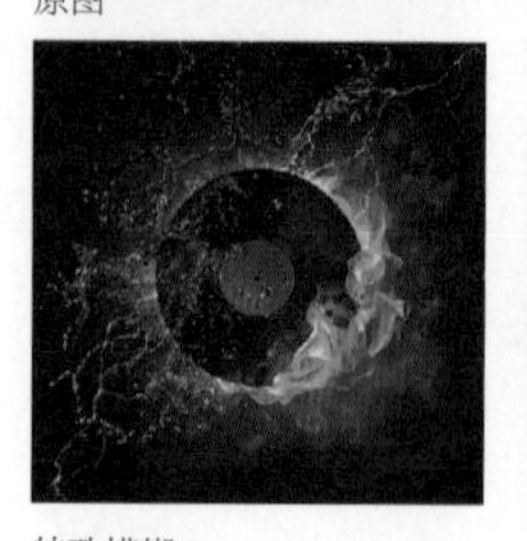

特殊模糊

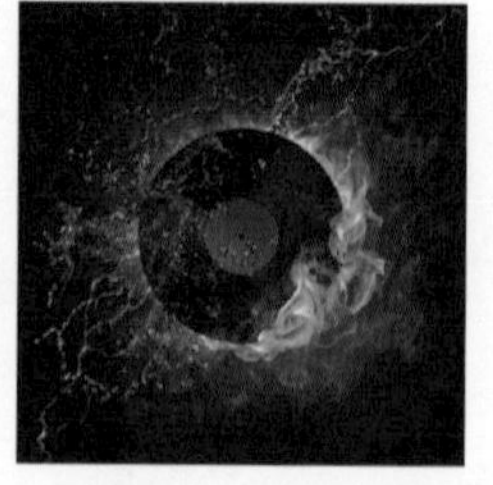

高斯模糊

图9.76 各种模糊效果

9.8.2 画笔描边效果

“画笔描边”菜单下的命令可以在图形中增加颗粒、杂色或纹理，从而使图像产生多样的绘画效果，创造出不同绘画效果的外观。它包括“喷溅”“喷色描边”“墨水轮廓”“强化的边缘”“成角的线条”“深色线条”“烟灰墨”和“阴影线”8 种效果，各个命令应用在图形中的效果如图 9.77 所示。

原图

喷溅

喷色描边

墨水轮廓

强化的边缘

成角的线条

深色线条

烟灰墨

阴影线

图9.77 各个“画笔描边”菜单命令应用在图形中的效果

9.8.3 素描效果

“素描”菜单命令主要用于给图形增加纹理，模拟素描、速写等艺术效果。它包括“便条纸”“半调图案”“图章”“基底凸现”“石膏效果”“影印”“撕边”“水彩画纸”“炭笔”“炭精笔”“粉笔和炭笔”“绘图笔”“网状”和“铬黄”14个命令。各个“素描”菜单命令应用效果如图9.78所示。

原图

便条纸

半调图案

图章

基底凸现

石膏效果

影印

撕边

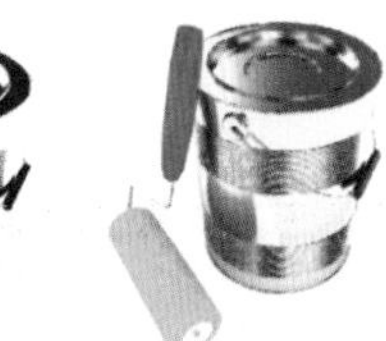
水彩画纸

炭笔

炭精笔

粉笔和炭笔

绘图笔

网状

铬黄

图9.78 各个“素描”菜单命令应用效果

9.8.4 纹理效果 

使用“纹理”菜单下的命令可使图形表面产生特殊的纹理或材质效果。它包括“拼缀图”“染色玻璃”“纹理化”“颗粒”“马赛克拼贴”和“龟裂缝”6个命令。各个“纹理”菜单命令应用效果如图9.79所示。

原图

拼缀图

染色玻璃

纹理化

颗粒

马赛克拼贴

龟裂缝

图9.79 各个“纹理”菜单命令应用效果

9.8.5 艺术效果

使用“艺术效果”菜单下的命令可以使图形产生多种不同风格的艺术效果。它包括“塑料包装”“壁画”“干画笔”“底纹效果”“彩色铅笔”“木刻”“水彩”“海报边缘”“海绵”“涂抹棒”“粗糙蜡笔”“绘画涂抹”“胶片颗粒”“调色刀”和“霓虹灯光”15个命令效果。各个“艺术效果”菜单命令应用效果如图9.80所示。

原图

塑料包装

图9.80 各个“艺术效果”菜单命令应用效果

壁画

干画笔

底纹效果

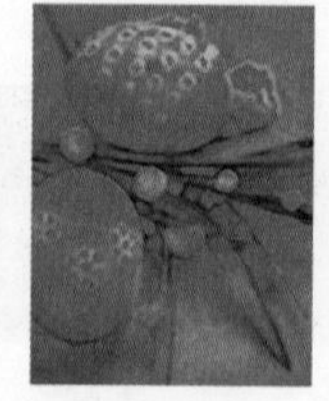
彩色铅笔

木刻

水彩

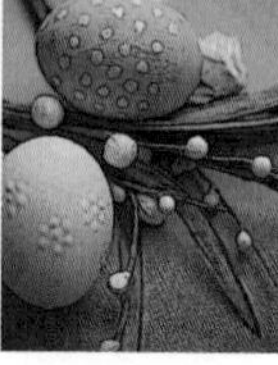
海报边缘

海绵

涂抹棒

粗糙蜡笔

绘画涂抹

胶片颗粒

调色刀

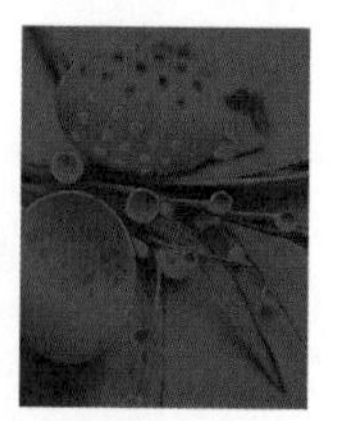
霓虹灯光

图9.80 各个“艺术效果”菜单命令应用效果（续）

9.8.6 视频

“视频”滤镜组属于Illustrator的外部接口程序，用来从摄像机输入图像或将图像输出到录像带上。它包括“NTSC颜色”和“逐行”两个滤镜。它可以将普通图像转换为视频图像，或将视频图像转换为普通图像。

“NTSC颜色”滤镜可以解决当使用NTSC方式向电视机输出图像时色域变窄的问题，可将色域限制为电视可接收的颜色，将某些饱和度过高的颜色转化成近似的颜色，降低饱和度，以匹配NTSC视频标准色域。

“逐行”滤镜可以消除视频图像中的奇数或偶数交错行，使在视频上捕捉的运动图像变得平滑、清晰。此滤镜用于在视频输入图像时消除混杂信号的干扰。

9.8.7 照亮边缘效果

“照亮边缘”命令可以对画面中的像素边缘进行搜索，然后使其产生类似霓虹灯光照亮的效果。照亮边缘前后效果如图9.81所示。

图9.81 照亮边缘前后效果

9.9 知识拓展

本章详细讲解了效果菜单中常见效果命令的使用方法，并通过几个具体的实例，将这些效果命令的实际应用方法展示给读者，使读者通过对基础与实战的学习，掌握效果命令的使用方法和技巧。

9.10 拓展训练

效果菜单中主要是 Illustrator 制作特效的一些命令，在特效制作中非常常用，鉴于它的重要性，本章有针对性地安排了 3 个特效设计案例，作为拓展训练以供练习，用于强化前面所学的知识，提升对效果菜单命令的认知能力。

训练9-1 利用“凸出和斜角”命令制作立体字

◆实例分析

本例主要讲解利用 3D 效果制作立体字。最终效果如图 9.82 所示。

难　　度：★★★
素材文件：无
案例文件：第 9 章 \ 制作立体字 .ai
视频文件：第 9 章 \ 训练 9-1 利用“凸出和斜角”命令制作立体字 .avi

图9.82 最终效果

◆本例知识点

1.“创建轮廓”“扩展”命令
2.“分割”命令
3.“凸出和斜角”命令

训练9-2 利用“收缩和膨胀”命令制作阳光下的气泡

◆实例分析

本例主要讲解利用“收缩和膨胀”命令制作阳光下的气泡。最终效果如图 9.83 所示。

难　　度：★★★
素材文件：无
案例文件：第 9 章 \ 制作阳光下的气泡 .ai
视频文件：第 9 章 \ 训练 9-2 利用“收缩和膨胀”命令制作阳光下的气泡 .avi

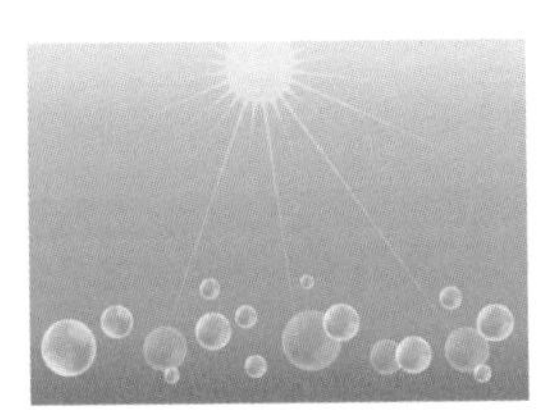
图9.83 最终效果

◆本例知识点

1.“椭圆工具”
2.“网格工具”
3.“收缩和膨胀”命令

训练9-3 用“外发光”命令与“叠加”混合模式制作精灵光线

◆实例分析

本例主要讲解使用“外发光”与“叠加”制作精灵光线。最终效果如图 9.84 所示。

难　　度：★★★★
素材文件：无
案例文件：第 9 章 \ 制作精灵光线 .ai
视频文件：第 9 章 \ 训练 9-3 利用“外发光”命令与“叠加”混合模式制作精灵光线 .avi

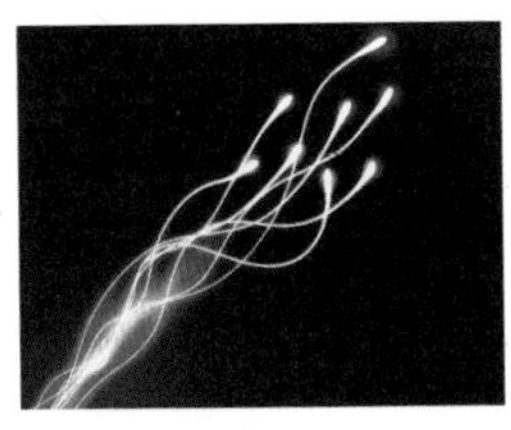
图9.84 最终效果

◆本例知识点

1.“叠加”混合模式
2.“外发光”命令
3.“透明度”面板
4.“高斯模糊”命令

实战篇

第10章

网店宣传广告设计

本章主要针对时下流行的网店装修而重点打造，通过几个重点的实例，包括专题设计、banner设计和轮播图设计，从详细的文字说明到直观的效果展示，全面解读网店装修中常用的手法及技巧，真正达到一针见血的学习目的。

教学目标

学习中秋美食广告图设计技巧 | 掌握波普主题广告图设计方法

掌握服饰广告图设计技巧

10.1 波普主题广告图设计

◆**实例分析**

本例讲解波普主题广告图设计，本例在设计过程中以波普文化作为主题，同时以此作为主视觉图像，整体的版式及色彩感很强，具有浓郁的时代气息，最终效果如图 10.1 所示。

难　　度：★★★
素材文件：第 10 章 \ 波普主题广告图设计
案例文件：第 10 章 \ 波普主题广告图设计 .ai
视频文件：第 10 章 \10.1 波普主题广告图设计 .avi

图10.1 最终效果

◆**本例知识点**

1. “直接选择工具”
2. “旋转工具”
3. “合并”
4. “钢笔工具”

10.1.1 制作波普主题背景

01 选择工具箱中的“矩形工具”，绘制1个与画板大小相同的矩形，将“填色”更改为浅蓝色（R：210，G：251，B：255），“描边”为无，以同样方法再绘制1个细长的白色矩形，如图10.2所示。

图10.2 绘制图形

02 选择工具箱中的“直接选择工具”，选中矩形左下角锚点并向右侧拖动，选中矩形右下角锚点并向左侧拖动，如图10.3所示。

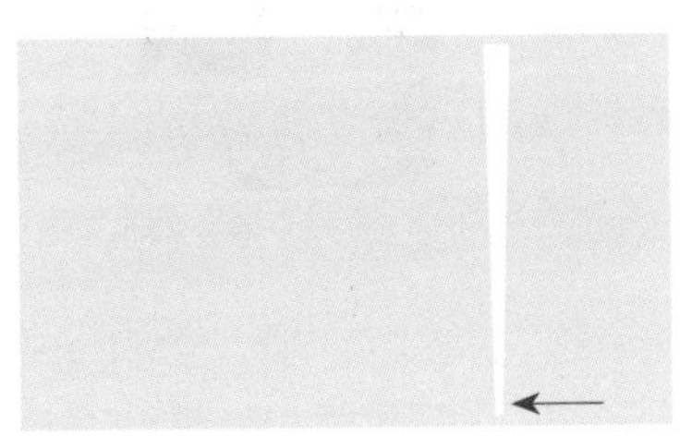

图10.3 拖动锚点

03 选中图形，再选择工具箱中的“旋转工具”，按住Alt键在图形底部单击，在弹出的对话框中将“角度”更改为-15°，再单击“复制”按钮，如图10.4所示。

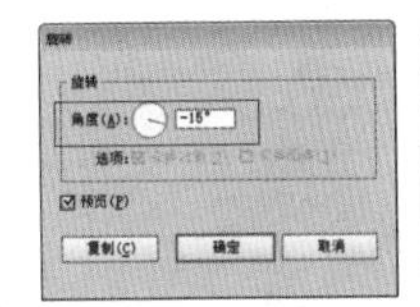

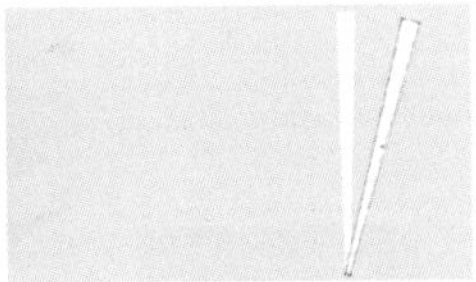

图10.4 复制图形

04 按Ctrl+D组合键多次，复制多份图形，同时选中所有放射图形，在“路径查找器”面板中单击“合并” 按钮，如图10.5所示。

05 选中放射图形，选择工具箱中的“自由变换工具”，将光标移至左上角控制点处，按住左键再按住Ctrl键拖动，使图形变形，如图10.6所示。

图10.5 复制图形

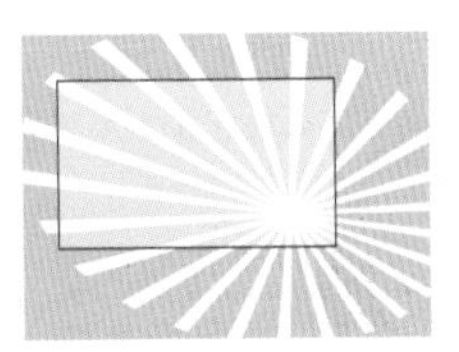

图10.6 使图形变形

06 选中已变形的放射图像，在“透明度”面板中将其“混合模式”更改为柔光，如图10.7所示。

07 执行菜单栏中的“文件”|“打开”命令，打

开“人物.png”文件，将打开的素材拖至画板靠左侧位置并适当缩小，如图10.8所示。

图10.7 更改混合模式

图10.8 添加素材

08 选择工具箱中的“钢笔工具”，绘制1个云朵图形，设置“填色”为深蓝色（R：93，G：103，B：138），“描边”为无，如图10.9所示。

09 同时选中人物图形及云朵图形，在“路径查找器”面板中单击“合并”按钮，如图10.10所示。

图10.9 绘制图形

图10.10 合并图形

10 选中图形，按Ctrl+C组合键将其复制，再按Ctrl+F组合键将其粘贴，将粘贴的图形“填色”更改为浅红色（R：254，G：220，B：211），再将图形等比缩小，如图10.11所示。

图10.11 复制图形

11 选择工具箱中的“钢笔工具”，在两个图形交叉的地方绘制1个小图形，制作出重叠效果，设置“填色”为深蓝色（R：93，G：103，B：138），“描边”为无，如图10.12所示。

图10.12 绘制小图形

10.1.2 添加文字信息

01 选择工具箱中的“文字工具”T，添加文字（方正正粗黑简体），如图10.13所示。

02 选中文字，选择工具箱中的“自由变换工具”，拖动文字，使其变形，如图10.14所示。

图10.13 添加文字

图10.14 使文字变形

03 执行菜单栏中的“文件”|“打开”命令，打开“口红.png”文件，将打开的素材拖至画板靠右侧文字下方位置并适当缩小，如图10.15所示。

图10.15 添加素材

04 选中最底部矩形，按Ctrl+C组合键将其复制，再按Ctrl+F组合键将其粘贴，按Ctrl+Shift+]组合键将对象移至所有对象上方，如图10.16所示。

图10.16 复制图形

05 同时选中所有对象，单击鼠标右键，从弹出的快捷菜单中选择“建立剪切蒙版”命令，将部分图像隐藏，这样就完成了效果制作，最终效果如图10.17所示。

图10.17 最终效果

10.2 服饰广告图设计

◆实例分析

本例讲解服饰广告图设计，本例在设计过程中将模特与服饰素材图像相结合，整个广告图表现出很强的主题风格，时尚流行的配色令整个广告图效果十分出色，最终效果如图 10.18 所示。

难　　度：★★★★
素材文件：第 10 章 \ 服饰广告图设计
案例文件：第 10 章 \ 服饰广告图设计 .ai
视频文件：第 10 章 \10.2 服饰广告图设计 .avi

图10.18 最终效果

◆本例知识点

1. “钢笔工具”
2. “投影”命令
3. “椭圆工具”

10.2.1 制作服饰主题背景

01 选择工具箱中的“矩形工具”，绘制1个与画板大小相同的矩形，将“填色”更改为浅紫色（R：223，G：210，B：255），“描边”为无。

02 选择工具箱中的“钢笔工具”，绘制1个三角形，设置“填色”为无，“描边”为浅青色（R：230，G：254，B：255），“描边粗细”为5 pt，如图10.19所示。

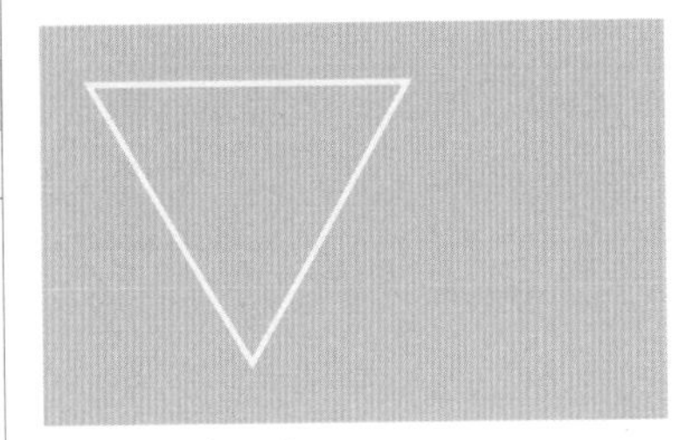

图10.19 绘制图形

03 选中三角形，按Ctrl+C组合键将其复制，再按Ctrl+F组合键将其粘贴，将粘贴的图形“描边”更改为黄色（R：255，G：250，B：82），“描边粗细”更改为20 pt，再将其向下移动，如图10.20所示。

04 执行菜单栏中的“文件”|“打开”命令，打开“人物.png、衣服.png、衣服2.png、衣服3.png”“衣服4.png”文件，将打开的素材拖至画板适当位置并适当缩小，如图10.21所示。

图10.20 复制图形

图10.21 添加素材

05 选中人物图像，执行菜单栏中的“效果”|“风格化”|“投影”命令，在弹出的对话框中将“X位移”更改为7 pt，“Y位移”更改为7 pt，“模糊”更改为5 pt，完成之后单击”确定“按钮，如图10.22所示。

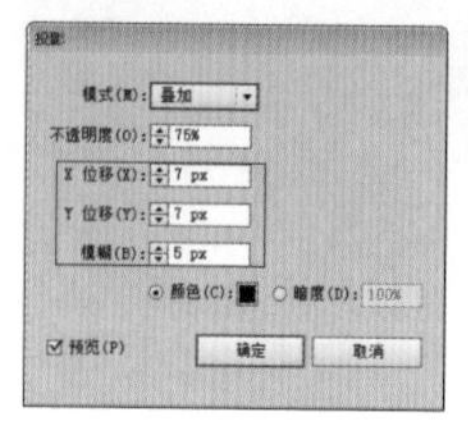

图10.22 设置投影

06 选择工具箱中的“钢笔工具”，绘制1个三角形，设置“填色”为浅青色（R：230，G：254，B：255），“描边”为无，如图10.23所示。

07 选中三角形，按住Alt键向右侧拖动，将图形复制，将复制生成的图形“填色”更改为蓝色（R：132，G：138，B：247），再将其等比缩小，如图10.24所示。

图10.23 绘制图形

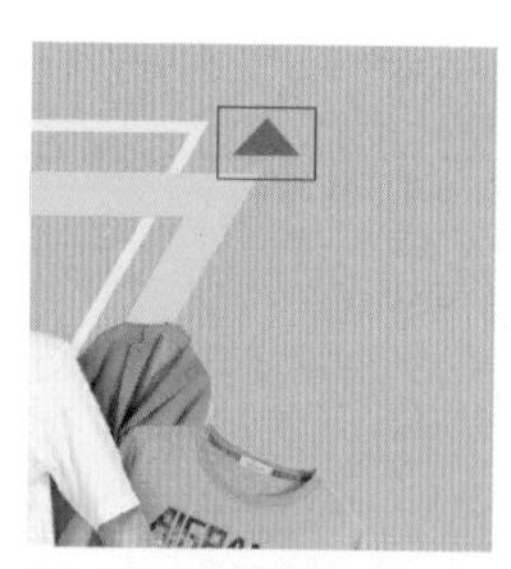

图10.24 复制图形

10.2.2 添加文字信息

01 选择工具箱中的“椭圆工具”，将“填色”更改为紫色（R：174，G：83，B：234），“描边”为无，在适当位置按住Shift键绘制一个圆形，如图10.25所示。

02 选择工具箱中的“钢笔工具”，在圆左下角绘制1个三角形，设置“填色”为紫色（R：174，G：83，B：234），“描边”为无，如图10.26所示。

图10.25 绘制圆

图10.26 绘制图形

03 同时选中三角形及圆形，在“路径查找器”面板中单击“合并” 按钮，在控制栏中将其“不透明度”更改为70%，如图10.27所示。

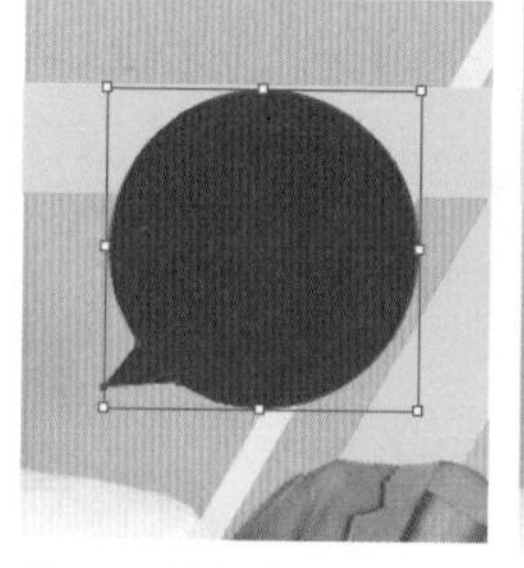

图10.27 更改不透明度

04 选择工具箱中的“文字工具”，添加文字（方正兰亭特黑_GBK、方正兰亭黑_GBK），如图10.28所示。

图10.28 添加文字

05 选择工具箱中的“椭圆工具”，将“填色”更改为无，“描边”为黄色（R：255，G：

250，B：82），“描边粗细”为10 pt，按住Shift键绘制一个圆形。

06 以同样方法在文字上方位置再次绘制1个圆形，将“填色”更改为无，“描边”更改为紫色（R：94，G：56，B：252），“描边粗细”为3 pt，如图10.29所示。

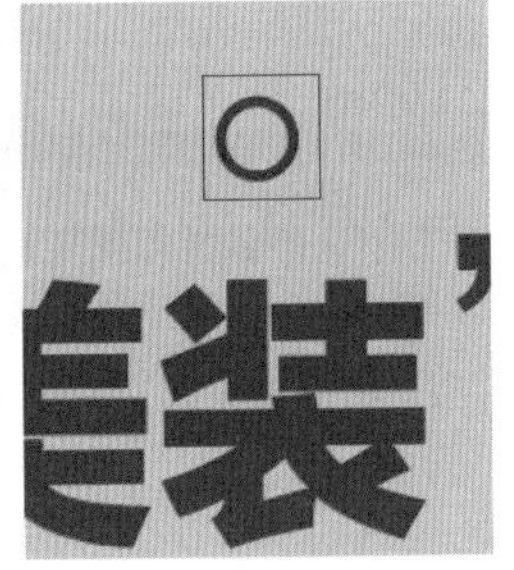

图10.29 绘制图形

07 选择工具箱中的“直线段工具”，在画板右下角位置绘制1条倾斜线段，设置“填色”为无，“描边”为白色，“描边粗细”为1 pt，如图10.30所示。

图10.30 绘制线段

08 选中线段，按住Alt键拖动，将线段复制数份，如图10.31所示。

图10.31 复制线段

09 选中矩形，按Ctrl+C组合键将其复制，再按Ctrl+F组合键将其粘贴，按Ctrl+Shift+]组合键将对象移至所有对象上方，如图10.32所示。

图10.32 复制图形

10 同时选中所有对象，单击鼠标右键，从弹出的快捷菜单中选择“建立剪切蒙版”命令，将部分图像隐藏，这样就完成了效果制作，最终效果如图10.33所示。

图10.33 最终效果

10.3 中秋美食广告图设计

◆实例分析

本例讲解中秋美食广告图设计，本例的设计过程比较简单，主要以圆形与素材图像相结合为主，通过绘制圆形制作出月亮效果，再与素材图像相结合，整个广告图主题十分明显，最终效果如图 10.34 所示。

难　　度：★★★
素材文件：第 10 章 \ 中秋美食广告图设计
案例文件：第 10 章 \ 中秋美食广告图设计 .ai
视频文件：第 10 章 \10.3 中秋美食广告图设计 .avi

图10.34 最终效果

◆**本例知识点**

1. “圆角矩形工具”
2. “投影”命令
3. “渐变工具”

10.3.1 制作服饰主题背景

01 选择工具箱中的“矩形工具”，绘制1个与画板大小相同的矩形，将“填色”更改为紫色（R：232，G：70，B：119），“描边”为无。

02 选择工具箱中的“圆角矩形工具”，绘制1个细长圆角矩形，设置“填色”为白色，“描边”为无，如图10.35所示。

图10.35 绘制图形

03 选中圆角矩形，在控制栏中将其“不透明度”更改为50%，如图10.36所示。

04 选中圆角矩形，在画板中按住Alt键拖动，将图形复制多份，如图10.37所示。

图10.36 绘制图形

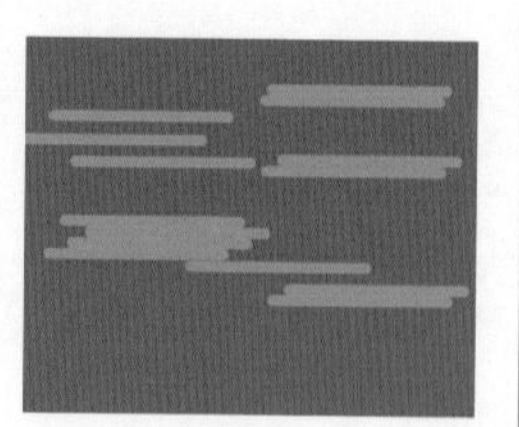

图10.37 复制图形

05 选择工具箱中的“椭圆工具”，将“填色”更改为白色，“描边”为无，按住Shift键绘制一个圆形，如图10.38所示。

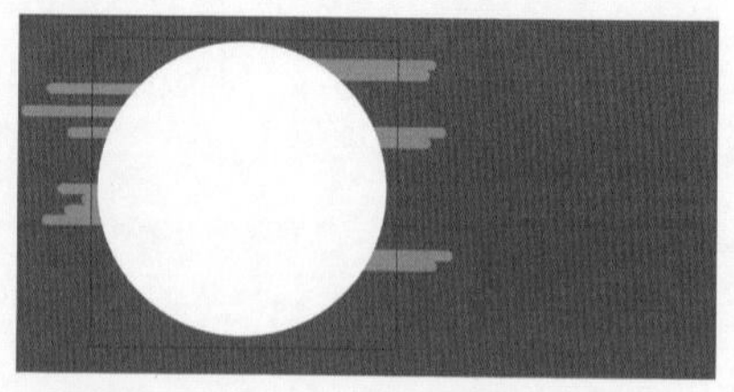

图10.38 绘制图形

06 选中圆形，执行菜单栏中的“效果”|“风格化”|“投影”命令，在弹出的对话框中将“X位移”更改为2 px，“Y位移”更改为2 px，“模糊”更改为2 px，完成之后单击“确定”按钮，如图10.39所示。

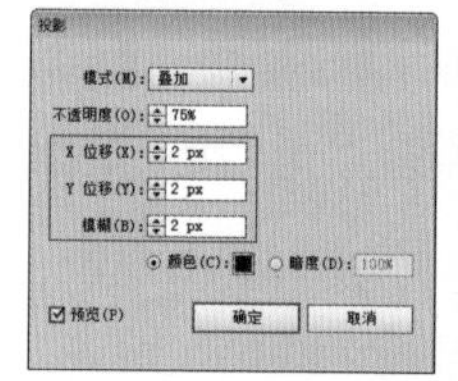

图10.39 设置投影

10.3.2 制作主题文字

01 选择工具箱中的“文字工具”，添加文字，如图10.40所示。

02 同时选中两个文字，在文字上单击鼠标右键，从弹出的快捷菜单中选择“创建轮廓”命令，如图10.41所示。

图10.40 添加文字

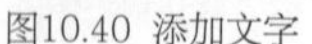

图10.41 创建轮廓

03 选择工具箱中的“渐变工具”，在图形上拖动，为其填充棕色（R：232，G：156，B：46）到深棕色（R：101，G：46，B：15）的径向渐变，如图10.42所示。

04 选择工具箱中的“文字工具”**T**，添加文字（方正兰亭黑_GBK），如图10.43所示。

图10.42 填充渐变

图10.43 添加文字

05 选择工具箱中的“椭圆工具”，将“填色”更改为无，“描边”为棕色（R：101，G：46，B：15），“描边粗细”为1 pt，按住Shift键绘制一个圆形，如图10.44所示。

06 选中圆形，按住Alt+Shift组合键向右侧拖动，按Ctrl+D键再复制两份，如图10.45所示。

图10.44 绘制图形　　图10.45 复制图形

07 选择工具箱中的“文字工具”**T**，在圆形内部添加文字（方正兰亭黑_GBK），如图10.46所示。

图10.46 添加文字

08 执行菜单栏中的“文件”|“打开”命令，打开“嫦娥.png”“月饼.png”文件，将打开的素材拖至画板适当位置并适当缩小，如图10.47所示。

图10.47 添加素材

09 选择工具箱中的“椭圆工具”，将“填色”更改为白色，“描边”为无，在画板左下角按住Shift键绘制一个圆形，如图10.48所示。

10 选中圆形，在控制栏中将“不透明度”更改为80%，如图10.49所示。

图10.48 绘制图形

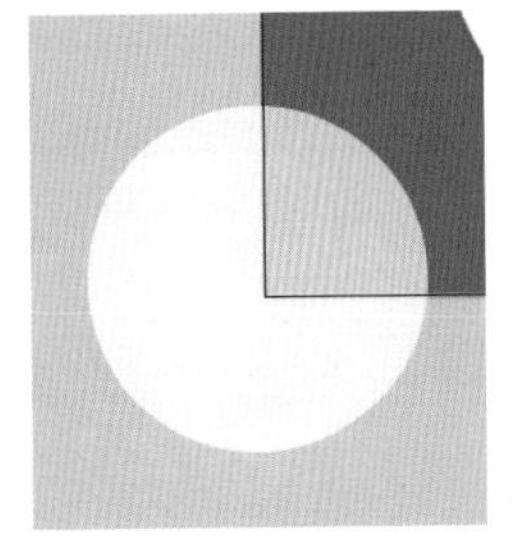

图10.49 更改不透明度

11 选中圆形，按住Alt键向右侧拖动，将图形复制多份，将部分图形等比放大，如图10.50所示。

图10.50 复制图形

12 选择工具箱中的“椭圆工具”，将“填色”更改为白色，“描边”为无，在画板左下角按住Shift键绘制一个圆形，以同样方法将图形复制多份，如图10.51所示。

图10.51 绘制及复制图形

13 选中最底部的矩形，按Ctrl+C组合键将其复制，再按Ctrl+F组合键将其粘贴，按Ctrl+Shift+]组合键将对象移至所有对象上方，如图10.52所示。

图10.52 复制图形

14 同时选中所有对象，单击鼠标右键，从弹出的快捷菜单中选择“建立剪切蒙版”命令，将部分图像隐藏，这样就完成了效果制作，最终效果如图10.53所示。

图10.53 最终效果

10.4 小包包广告主图设计

◆**实例分析**

本例讲解小包包广告主图设计，本例在设计过程中以高清色彩小包包素材图像作为主素材，通过时尚的图形与流行配色相结合，整个主图表现出很强的商品实用性，最终效果如图 10.54 所示。

难　　度：★★★★
素材文件：第 10 章 \ 小包包广告主图设计
案例文件：第 10 章 \ 小包包广告主图设计 .ai
视频文件：第 10 章 \10.4 小包包广告主图设计 .avi

图10.54 最终效果

◆**本例知识点**

1.“矩形工具”
2.“文字工具”
3.“直线段工具”

10.4.1 制作多彩背景

01 选择工具箱中的“矩形工具”，绘制1个与画板大小相同的矩形，将“填色”更改为紫色（R：134，G：112，B：238），“描边”为无。

02 在紫色矩形上绘制1个浅红色（R：254，G：132，B：207）矩形，并适当旋转，如图10.55所示。

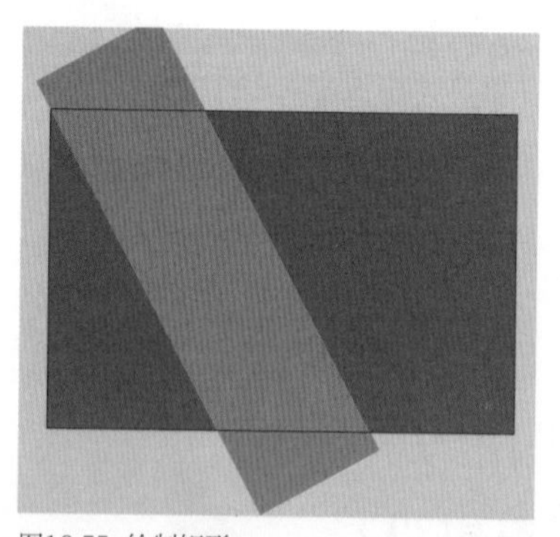

图10.55 绘制矩形

03 选中矩形，按住Alt+Shift组合键向右侧拖动，按Ctrl+D键再复制1份，分别将复制生成的两个矩形更改为黄色（R：223，G：255，B：92）及绿色（R：75，G：206，B：166），如图10.56所示。

图10.56 复制图形

04 选择工具箱中的“椭圆工具”，将“填色”更改为白色，“描边”为无，按住Shift键绘制一个圆形，按Ctrl+C组合键将其复制，如图10.57所示。

图10.57 绘制图形

05 选中圆形图像，执行菜单栏中的“效果”|“风格化”|“投影”命令，在弹出的对话框中将“X位移”更改为0 px，“Y位移”更改为12 px，“模糊”更改为0 px，完成之后“单击”确定按钮，如图10.58所示。

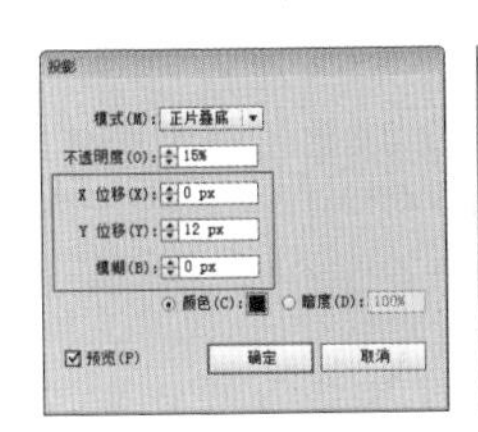

图10.58 设置投影

10.4.2 制作主题文字

01 按Ctrl+F组合键粘贴图形，按Ctrl+Shift+]组合键将图形移至所有对象上方，将其“填色”更改为无，“描边”更改为灰色（R：35，G：24，B：21），“描边粗细”为0.25 pt，再将其等比缩小，如图10.59所示。

02 选择工具箱中的“文字工具”T，添加文字（方正汉真广标简体），按Ctrl+C组合键将其复制，如图10.60所示。

图10.59 粘贴图形

图10.60 添加文字

03 选择工具箱中的“钢笔工具”，在文字左上角区域绘制1个三角形，设置“填色”为浅红色（R：254，G：132，B：207），“描边”为无，以同样方法在右下角绘制1个绿色（R：75，G：206，B：166）三角形，如图10.61所示。

图10.61 绘制图形

04 按Ctrl+F组合键粘贴文字，按Ctrl+Shift+]组合键将文字移至所有对象上方，如图10.62所示。

05 同时选中文字及两个三角形，单击鼠标右键，从弹出的快捷菜单中选择“建立剪切蒙版”命令，将部分图像隐藏，如图10.63所示。

图10.62 粘贴文字

图10.63 建立剪切蒙版

06 选择工具箱中的“钢笔工具”，绘制1个气泡对话框图形，设置“填色”为灰色（R：68，

G：68，B：68），“描边”为无，如图10.64所示。

07 选中图形，按Ctrl+C组合键将其复制，再按Ctrl+F组合键将其粘贴，将粘贴的图形“填色”更改为无，“描边”更改为白色，单击控制栏中的“描边”，在弹出的面板中勾选“虚线”复选框，将数值更改为2 pt，再将图形等比缩小，如图10.65所示。

图10.64 绘制图形

图10.65 缩小图形

08 选择工具箱中的“文字工具”T，添加文字，如图10.66所示。

图10.66 添加文字

09 选择工具箱中的“直线段工具”╱，在文字底部位置绘制1条水平线段，设置“填色”为无，“描边”为灰色（R：68，G：68，B：68），“描边粗细”为0.5 pt，如图10.67所示。将直线向下复制一份，如图10.68所示。

图10.67 绘制线段　图10.68 复制图形

10 选择工具箱中的“文字工具”T，添加文字（方正兰亭细黑_GBK），如图10.69所示。

图10.69 添加文字

10.4.3 添加素材及装饰

01 执行菜单栏中的“文件”|“打开”命令，打开“包包.jpg”“包包2.jpg”“包包3.jpg”“包包4.jpg”手机壳子.jpg”文件，将打开的素材拖至画板适当位置并适当缩小，如图10.70所示。

图10.70 添加素材

02 同时选中这些素材图像，按Ctrl+Shift+E组合键为其添加投影效果，如图10.71所示。

图10.71 添加投影

提示

按Ctrl+Shift+E组合键可以为当前选中的对象应用上一次效果。

03 选择工具箱中的“直线段工具”╱，在左下角位置绘制1条倾斜线段，设置“填色”为无，“描边”为白色，“描边粗细”为1 pt，单击控制栏中的“描边”，在弹出的面板中勾选“虚线”复选框，将数值更改为2 pt，如图10.72所示。

04 选择工具箱中的“椭圆工具”，将“填色”更改为白色，“描边”为无，在虚线左上角按住Shift键绘制一个圆形，如图10.73所示。

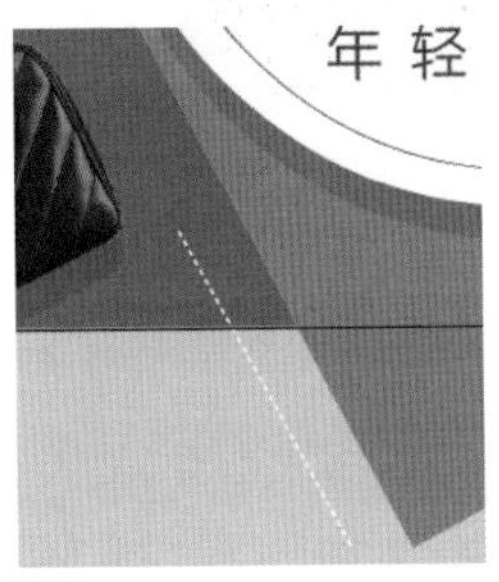

图10.72 绘制线段

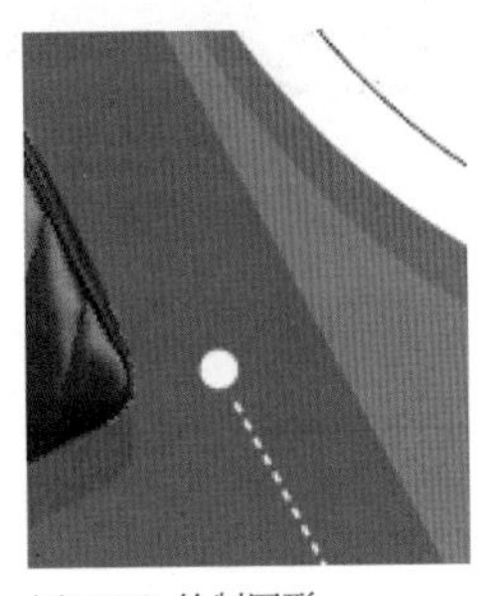

图10.73 绘制图形

05 同时选中圆形及虚线，按住Alt键拖动，将其复制数份，如图10.74所示。

图10.74 复制图形

06 选择工具箱中的“矩形工具”，绘制1个与画板大小相同的矩形，如图10.75所示。

图10.75 绘制图形

07 同时选中所有对象，单击鼠标右键，从弹出的快捷菜单中选择“建立剪切蒙版”命令，将部分图像隐藏，这样就完成了效果制作，最终效果如图10.76所示。

图10.76 最终效果

10.5 知识拓展

网店作为当下新兴的一种电子商务形式，十分新颖，它是随着科技、网络快速发展出现的一种全新的商品交易模式，越来越多的个人加入了开店的队伍，但很多人却不懂得如何装修自己的店面，本章精选了几个宣传广告实例，以直观的形式对店铺装修中常见的操作进行了讲解，只有通过实战才能做出更漂亮的装修效果。

10.6 拓展训练

本章通过 3 个拓展训练，全面、系统地练习网店装修中的实战方法，为网店宣传广告设计积累经验。

训练10-1 网店促销广告设计

◆**实例分析**

本例主要讲解的是网店促销图的制作，由于应用了放射背景，整个设计具有强烈的视觉冲击力，广告主体信息丰富，能够使人瞬间接收到促销信息，如图 10.77 所示。

难　　度：★★★★★
素材文件：第 10 章 \ 网店促销广告设计
案例文件：第 10 章 \ 网店促销广告设计 .ai
视频文件：第 10 章 \ 训练 10-1 网店促销广告设计 .avi

图10.77 最终效果

◆**本例知识点**

1. “渐变工具”
2. “旋转工具”
3. “剪切蒙版”命令
4. “透视扭曲”

训练10-2 服装上新banner设计

◆**实例分析**

本例讲解服装上新 banner 设计，本例在设计过程中以时尚图像作为背景，同时服装素材图像十分直观，利用线条及图形作装饰，使整个 banner 有很强的设计感。最终效果如图 10.78 所示。

难　　度：★★★
素材文件：第 10 章 \ 服装上新 banner 设计
案例文件：第 10 章 \ 服装上新 banner 设计 .ai
视频文件：第 10 章 \ 训练 10-2 服装上新 banner 设计 .avi

图10.78 最终效果

◆**本例知识点**

1. “矩形工具”
2. “直线段工具”
3. “投影”“建立剪切蒙版”命令

训练10-3 大促主题轮播图设计

◆**实例分析**

本例讲解大促主题轮播图设计，本例在制作过程中以大促作为主题，将立体文字与素材图像相结合，装饰图形的添加令整个画面更加漂亮出色。最终效果如图 10.79 所示。

难　　度：★★★
素材文件：第 10 章 \ 大促主题轮播图设计
案例文件：第 10 章 \ 大促主题轮播图设计 .ai
视频文件：第 10 章 \ 训练 10-3 大促主题轮播图设计 .avi

图10.79 最终效果

◆**本例知识点**

1. “椭圆工具”
2. “添加锚点工具”
3. “高斯模糊”“投影”“波纹效果”命令

第 **11** 章

移动用户界面设计

本章主要详解图标及用户界面的设计制作，图标是具有明确指代含义的计算机图形，在用户界面中主要指软件标识，是用户界面应用图形化的重要组成部分；界面就是设计师赋予物体的新面孔，用户和系统进行双向信息交互的支持软件、硬件以及方法的集合。不管是图标还是界面，在设计上要符合用户心理，在追求华丽的同时，也应当符合大众审美。

教学目标

了解图标及界面的含义 | 掌握界面的设计技巧

11.1 简洁音乐播放器界面设计

◆实例分析

本例讲解简洁音乐播放器界面设计，本例在设计过程中将简洁控件图形与装饰素材图像相结合，整个界面表现出很出色的简洁舒适特征，最终效果如图 11.1 所示。

难　　度：★★★
素材文件：第 11 章\简洁音乐播放器界面设计
案例文件：第 11 章\简洁音乐播放器界面设计 .ai
视频文件：第 11 章\11.1 简洁音乐播放器界面设计 .avi

图11.1 最终效果

◆本例知识点

1. “钢笔工具”
2. “投影”“外发光”命令
3. “透明度”面板
4. “镜像工具”

11.1.1 界面背景及主画面制作

01 选择工具箱中的“矩形工具”，绘制1个与画板大小相同的矩形，将“填色”更改为蓝色（R：32，G：45，B：89），“描边”为无。

02 选中矩形，按Ctrl+C组合键将其复制，再按Ctrl+F组合键将其粘贴，将粘贴的矩形更改为蓝色（R：43，G：59，B：111），再将其高度适当缩小，如图11.2所示。

图11.2 复制并粘贴图形

03 选择工具箱中的“钢笔工具”，在左上角绘制1个箭头，设置“填色”为无，“描边”为白色，“描边宽度”为5 pt，如图11.3所示。

04 选择工具箱中的“椭圆工具”，将“填色”更改为白色，“描边”为无，在右上角位置按住Shift键绘制一个小圆形，如图11.4所示。

图11.3 绘制图形

图11.4 绘制圆形

05 选中圆形，按住Alt+Shift组合键向右侧拖动，按Ctrl+D键再复制1份，如图11.5所示。

06 选择工具箱中的“文字工具”，添加文字（方正兰亭细黑_GBK），如图11.6所示。

图11.5 复制图形

图11.6 添加文字

07 执行菜单栏中的“文件”|“打开”命令，打开“专辑封面.jpg”文件，将打开的素材拖至画板适当位置并适当缩小，如图11.7所示。

图11.7 添加素材

08 选中图像，执行菜单栏中的“效果”|“风格化”|“投影”命令，在弹出的对话框中将“不透明度”更改为20%，“X位移”更改为0 px，“Y位移”更改为20 px，“模糊”更改为5 px，完成之后单击“确定”按钮，如图11.8所示。

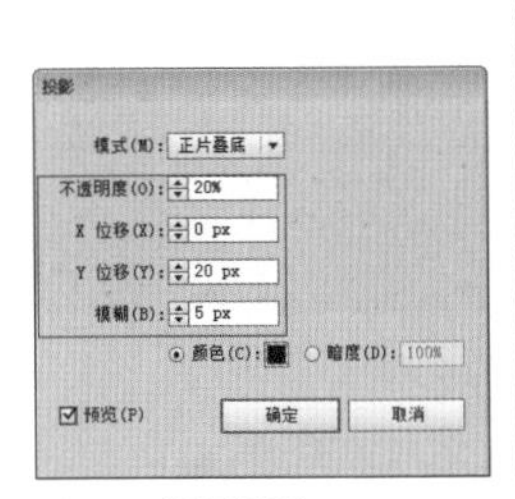

图11.8 设置投影

11.1.2 界面控件及细节制作

01 选择工具箱中的“直线段工具”，在专辑封面图像下方位置绘制1条水平线段，设置“填色”为无，“描边”为白色，“描边粗细”为5 pt，按Ctrl+C组合键将其复制，如图11.9所示。

02 选中线段，在“透明度”面板中将其混合模式更改为柔光，如图11.10所示。

图11.9 绘制线段

图11.10 更改混合模式

03 按Ctrl+F组合键粘贴线段，将粘贴的线段“描边”更改为蓝色（R：77，G：196，B：255），再将其长度适当缩短，如图11.11所示。

图11.11 粘贴并调整线段

04 选择工具箱中的“椭圆工具”，将“填色”更改为蓝色（R：77，G：196，B：255），“描边”为无，在两条线段交叉位置按住Shift键绘制一个圆形，按Ctrl+C组合键将其复制。

05 将圆形等比放大，再将其“不透明度”更改为30%，如图11.12所示。

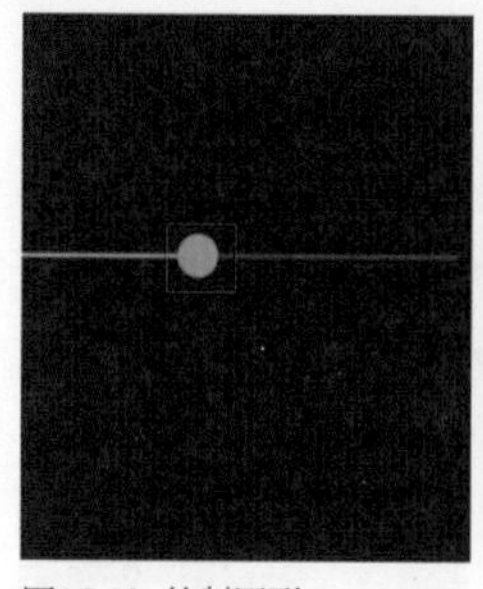

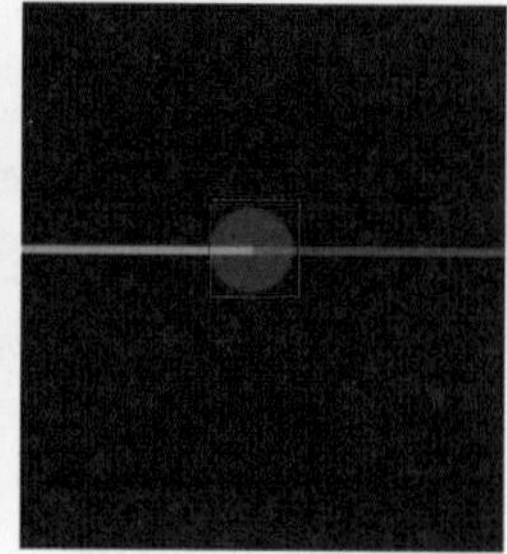

图11.12 绘制图形

06 按Ctrl+F组合键粘贴圆形，将粘贴的圆形等比缩小，如图11.13所示。

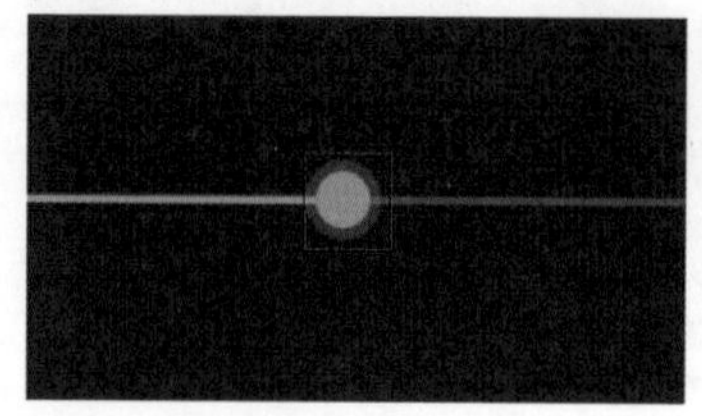

图11.13 粘贴图形

07 选中大圆形，执行菜单栏中的“效果”|“风格化”|“外发光”命令，在弹出的对话框中将“颜色”更改为蓝色（R：77，G：196，B：255），“不透明度”更改为100%，“模糊”更改为10 pt，完成之后单击“确定”按钮，如图11.14所示。

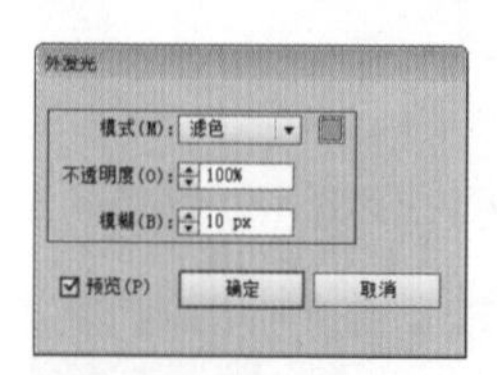

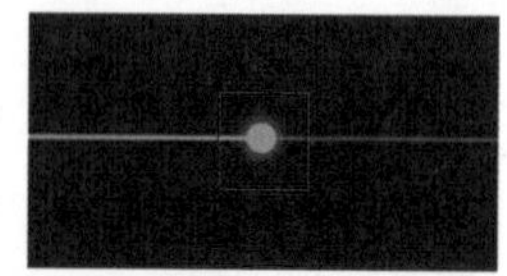

图11.14 设置外发光

08 选择工具箱中的“文字工具”T，添加文字，如图11.15所示。

09 同时选中部分文字，在“透明度”面板中将其混合模式更改为柔光，如图11.16所示。

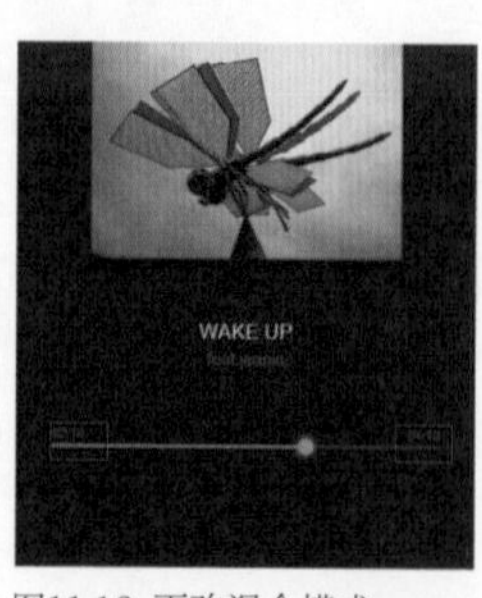

图11.15 添加文字　　图11.16 更改混合模式

10 选择工具箱中的“椭圆工具”，将“填色”更改为蓝色（R：77，G：196，B：255），“描边”为无，在画板底部按住Shift键绘制一个圆形，如图11.17所示。

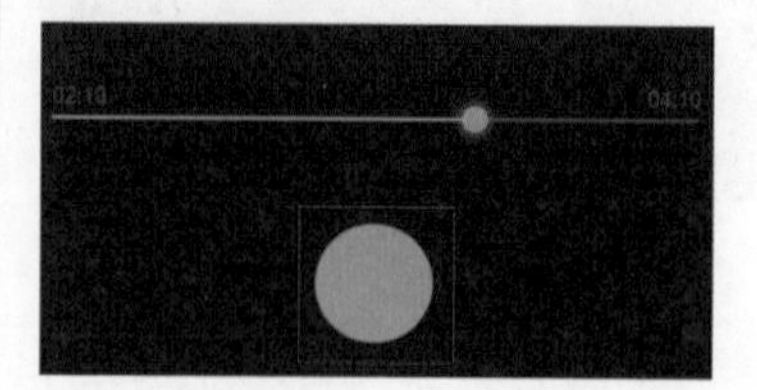

图11.17 绘制图形

11 选中圆形，执行菜单栏中的“效果”|“风格化”|“外发光”命令，在弹出的对话框中将“颜色”更改为蓝色（R：77，G：196，B：255），“不透明度”更改为20%，“模糊”更改为15 pt，完成之后单击“确定”按钮，如图11.18所示。

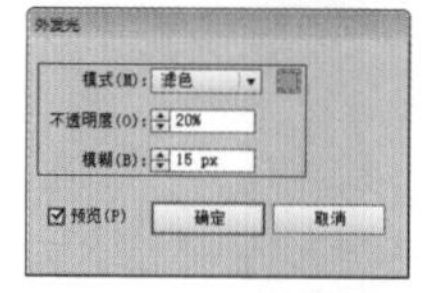

图11.18 设置外发光

12 选择工具箱中的“圆角矩形工具”，在圆形位置绘制1个圆角矩形，设置“填色”为白色，“描边”为无，如图11.19所示。

13 选中圆角矩形，按住Alt+Shift组合键向右侧拖动，如图11.20所示。

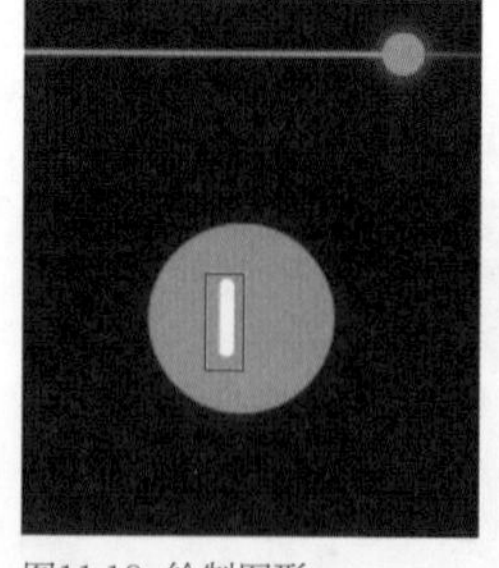

图11.19 绘制图形　　图11.20 复制图形

14 选择工具箱中的“圆角矩形工具”，在蓝色圆形左侧位置绘制1个白色圆角矩形，如图11.21所示。

15 选择工具箱中的“钢笔工具”，绘制1个三角形，设置“填色”为白色，“描边”为无，如图11.22所示。

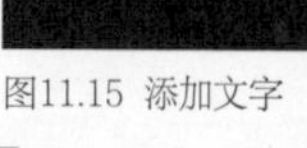

图11.21 绘制圆角矩形

图11.22 绘制三角形

16 同时选中圆角矩形及三角形，按Ctrl+C组合键将其复制，再按Ctrl+F组合键将其粘贴，双击工具箱中的“镜像工具”，在弹出的对话框中选中“垂直”单选按钮，完成之后单击“确定”按钮，将图形向右侧平移，这样就完成了效果制作，最终效果如图11.23所示。

图11.23 最终效果

11.2 银行卡管理界面设计

◆实例分析

本例讲解银行卡管理界面设计，本例在设计过程中以简洁的设计手法将图文的布局排版与整个界面相结合，以直观的形式表现出应用的特点，最终效果如图 11.24 所示。

难　　度：★★★
素材文件：无
案例文件：第 11 章 \ 银行卡管理界面设计 .ai
视频文件：第 11 章 \11.2 银行卡管理界面设计 .avi

图11.24 最终效果

◆本例知识点

1. “渐变工具”
2. “直接选择工具”
3. “高斯模糊”“外发光”命令
4. “旋转工具”

11.2.1 制作界面背景

01 选择工具箱中的“矩形工具”，绘制1个与画板大小相同的矩形，选择工具箱中的“渐变工具”，在图形上拖动为其填充浅蓝色（R：227，G：233，B：246）到浅蓝色（R：156，G：173，B：218）的线性渐变，如图11.25所示。

02 选择工具箱中的“矩形工具”，再绘制1个矩形，将“填色”更改为蓝色（R：48，G：60，B：89），“描边”为无，按Ctrl+C组合键将其复制，如图11.26所示。

图11.25 绘制图形

图11.26 绘制图形

03 按Ctrl+F组合键粘贴图形，将粘贴的图形“填色”更改为白色，再将其高度缩小，如图11.27所示。

04 选择工具箱中的“直接选择工具”，选中白色矩形右上角锚点并向上拖动，使图形变形，如图11.28所示。

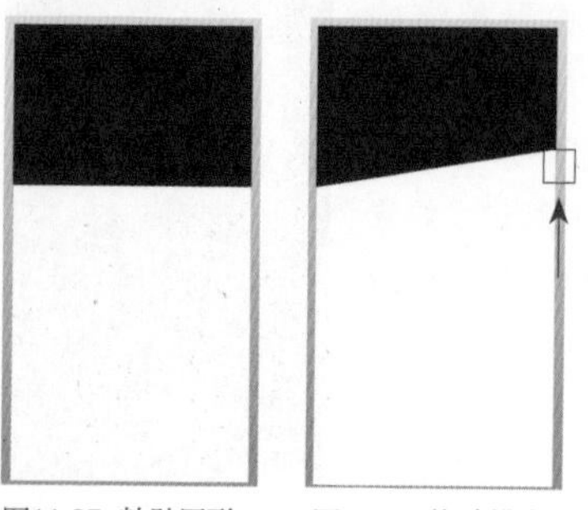

图11.27 粘贴图形　　图11.28 拖动锚点

05 选择工具箱中的“矩形工具”▇，绘制1个矩形，将“填色”更改为蓝色（R：27，G：133，B：191），“描边”为无，如图11.29所示。

06 选中矩形，按Ctrl+C组合键将其复制，再按Ctrl+F组合键将其粘贴，按Ctrl+Shift+]组合键将对象移至所有对象上方，将复制生成的矩形更改为蓝色（R：80，G：188，B：255），再将其等比放大，如图11.30所示。

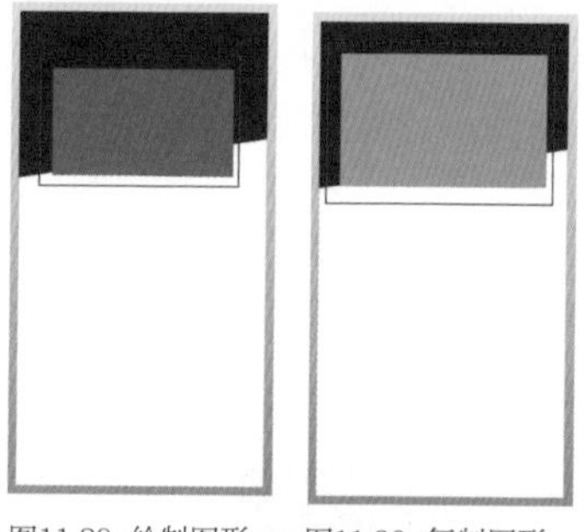

图11.29 绘制图形　图11.30 复制图形

07 选中原来的矩形，执行菜单栏中的“效果”|“模糊”|“高斯模糊”命令，在弹出的对话框中将“半径”更改为80像素，完成之后单击“确定”按钮，如图11.31所示。

图11.31 添加高斯模糊

08 选择工具箱中的“矩形工具”▇，在蓝色矩形左侧绘制1个矩形，将“填色”更改为紫色（R：255，G：85，B：186），“描边”为无，如图11.32所示。

09 选中矩形，按住Alt+Shift组合键向右侧拖动至相对位置将其复制，再将其“填色”更改为青色（R：38，G：221，B：221），如图11.33所示。

图11.32 绘制图形　　图11.33 复制图形

11.2.2 添加控件及详细信息

01 选择工具箱中的“矩形工具”▇，在界面左上角绘制1个细长小矩形，将“填色”更改为白色，“描边”为无，如图11.34所示。

02 选中细长小矩形，按Ctrl+C组合键将其复制，再按Ctrl+F组合键将其粘贴，按Ctrl+Shift+]组合键将对象移至所有对象上方，选择工具箱中的“旋转工具”，将图形旋转，如图11.35所示。

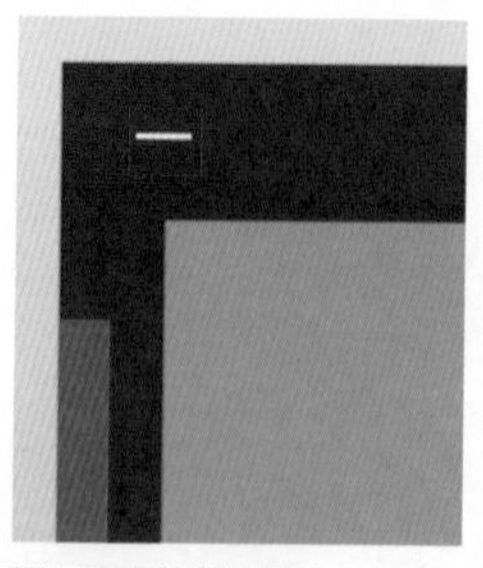

图11.34 绘制图形　　图11.35 复制图形

03 选择工具箱中的“矩形工具”▇，在界面右上角绘制1个细长小矩形，将“填色”更改为白色，“描边”为无，将矩形复制两份，并将中间矩形长度缩小，如图11.36所示。

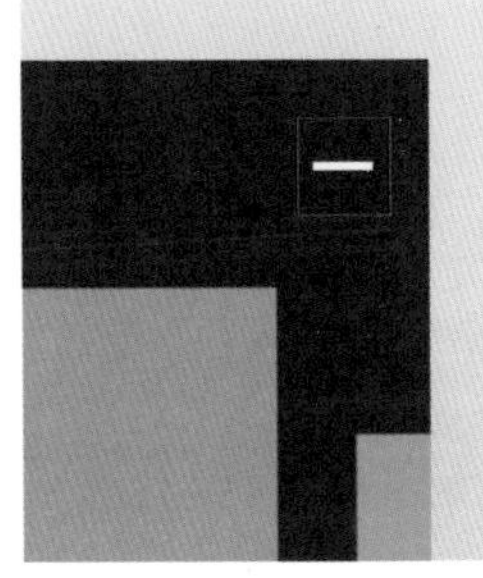

图11.36 复制图形

04 选择工具箱中的“文字工具”T，添加文字（方正兰亭黑_GBK），如图11.37所示。

05 选中部分文字，在“透明度”面板中将其混合模式更改为叠加，如图11.38所示。

图11.37 添加文字

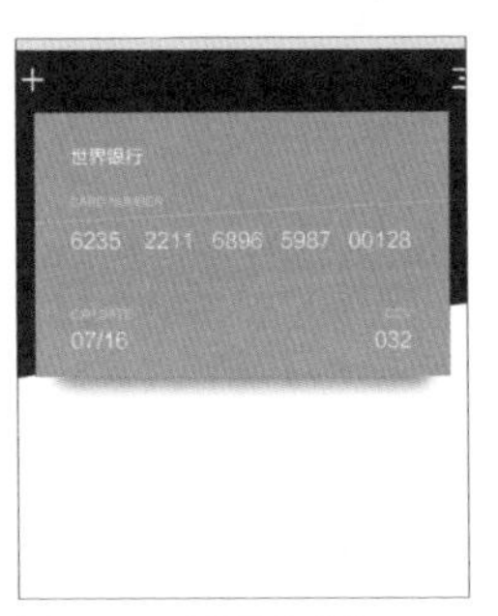

图11.38 更改混合模式

06 选择工具箱中的“圆角矩形工具”，在蓝色矩形下方绘制1个小圆角矩形，设置“填色”为灰色（R：221，G：221，B：221），“描边”为无，如图11.39所示。

07 选中圆角矩形，按住Alt+Shift组合键向右侧拖动，按Ctrl+D键再复制1份，将中间图形“填色”更改为蓝色（R：80，G：188，B：256），如图11.40所示。

图11.39 绘制图形

图11.40 复制图形

08 选择工具箱中的“矩形工具”，绘制1个矩形，将“填色”更改为白色，“描边”为无，如图11.41所示。

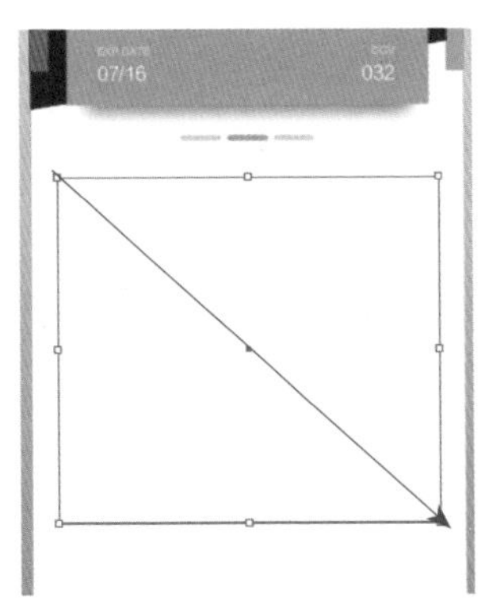

图11.41 绘制图形

09 选中矩形，执行菜单栏中的“效果”|“风格化”|“外发光”命令，在弹出的对话框中将“颜色”更改为深蓝色（R：0，G：37，B：51），“不透明度”更改为20%，“模糊”更改为20 px，完成之后单击“确定”按钮，如图11.42所示。

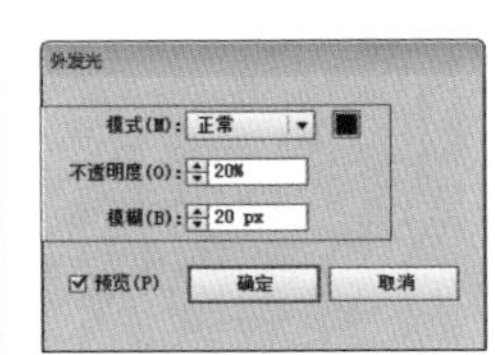

图11.42 设置外发光

10 选择工具箱中的“矩形工具”，绘制1个矩形，将“填色”更改为青色（R：61，G：235，B：249），“描边”为无，如图11.43所示。

11 选择工具箱中的“文字工具”T，添加文字（方正兰亭黑_GBK），如图11.44所示。

图11.43 绘制图形

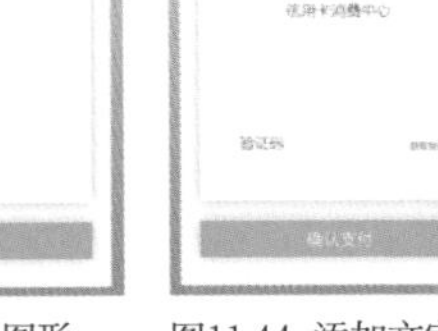

图11.44 添加文字

12 选择工具箱中的“矩形工具”▭，绘制1个矩形，将“填色”更改为灰色（R：237，G：237，B：237），“描边”为无，这样就完成了效果制作，最终效果如图11.45所示。

图11.45 最终效果

11.3 平板电脑应用界面设计

◆**实例分析**

本例讲解平板电脑应用界面设计，本例在设计过程中将绚丽的背景与直观的界面按钮相结合，整个界面的设计感很强，同时在色彩运用上与主题一致，最终的界面效果相当出色，最终效果如图 11.46 所示。

难　　度：★★★★
素材文件：第 11 章 \ 平板电脑应用界面
案例文件：第 11 章 \ 平板电脑应用界面 .ai
视频文件：第 11 章 \11.3 平板电脑应用界面设计 .avi

图11.46 最终效果

◆**本例知识点**

1.“高斯模糊”“投影”命令
2.“矩形工具”▭
3.“透明度”面板

11.3.1 制作界面背景

01 执行菜单栏中的“文件”|“打开”命令，打开“海水.jpg”文件，将打开的素材拖至画板适当位置并放大至与画板大小相同，如图11.47所示。

图11.47 添加素材

02 选中海水图像，执行菜单栏中的“效果”|“模糊”|“高斯模糊”命令，在弹出的对话框中将“半径”更改为80像素，完成之后单击“确定”按钮。

03 执行菜单栏中的“文件”|“打开”命令，打开“图标.ai”文件，将打开的素材拖至画板左上角位置，如图11.48所示。

图11.48 添加素材

04 选择工具箱中的“文字工具”**T**，添加文字（方正兰亭纤黑简体），如图11.49所示。

图11.49 添加文字

05 选择工具箱中的“椭圆工具”，将“填色”更改为无，“描边”为白色，“描边粗细”为1 pt，在右侧文字右上角按住Shift键绘制一个圆形，如图11.50所示。

图11.50 绘制图形

11.3.2 制作主界面图像

01 选择工具箱中的“矩形工具”，绘制1个矩形，将“填色”更改为黄色（R：252，G：210，B：0），“描边”为无，如图11.51所示。

图11.51 绘制图形

02 选中矩形，按Ctrl+C组合键将其复制，再按Ctrl+F组合键将其粘贴，按Ctrl+Shift+]组合键将对象移至所有对象上方，将粘贴的图形“填色”更改为白色，再将其高度缩小，如图11.52所示。

图11.52 复制图形

03 执行菜单栏中的“文件”|“打开”命令，打开“背景.jpg”文件，将打开的素材拖至画板中矩形位置，将图像移至白色矩形下方，如图11.53所示。

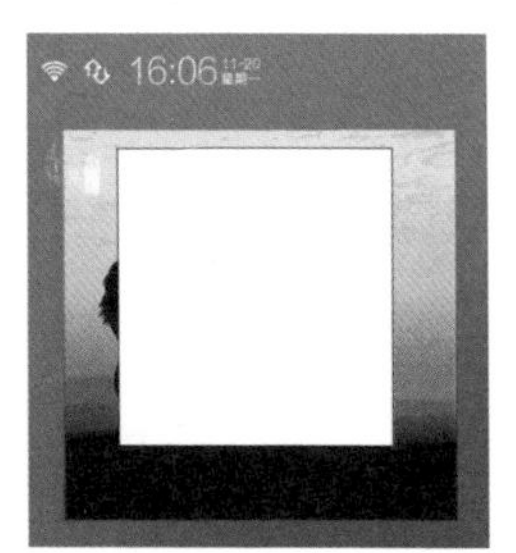

图11.53 添加素材

04 同时选中矩形及素材图像，单击鼠标右键，从弹出的快捷菜单中选择“建立剪切蒙版”命令，将部分图像隐藏，再将素材图像等比缩小，如图11.54所示。

图11.54 建立剪切蒙版

05 选择工具箱中的“椭圆工具”，将“填色”更改为白色，“描边”为无，按住Shift键绘制一个圆形，如图11.55所示。

06 选中圆形，按Ctrl+C组合键将其复制，再按Ctrl+F组合键将其粘贴，按Ctrl+Shift+]组合键将对象移至所有对象上方，再将复制生成的图形等比缩小，选择工具箱中的“渐变工具”，在图形上拖动，为其填充白色到灰色（R：82，G：82，B：82），如图11.56所示。

图11.55 绘制图形

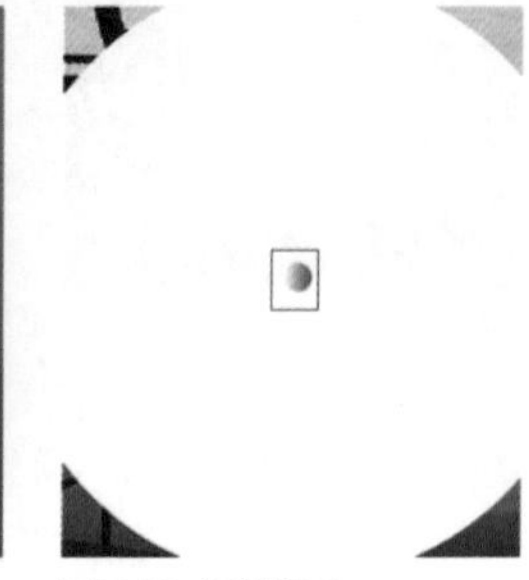

图11.56 复制图形

07 选择工具箱中的“矩形工具”，绘制1个矩形，将“填色”更改为灰色（R：35，G：24，B：21），“描边”为无。

08 以同样方法再次绘制1个细长矩形及1个细长的红色（R：255，G：48，B：0）矩形，如图11.57所示。

图11.57 绘制矩形

09 选择工具箱中的“矩形工具”，在圆左侧位置绘制1个小矩形，将“填色”更改为灰色（R：35，G：24，B：21），“描边”为无，如图11.58所示。

10 选中矩形，按住Alt+Shift组合键向右侧拖动，将图形复制，如图11.59所示。

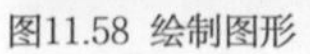

图11.58 绘制图形

图11.59 复制图形

11 以同样方法再次复制两份小矩形并旋转，分别放在圆形顶部及底部，如图11.60所示。

12 选择工具箱中的“文字工具”T，添加文字（方正兰亭纤黑简体），如图11.61所示。

图11.60 复制图形

图11.61 添加文字

13 选择工具箱中的“矩形工具”，绘制1个矩形，将“填色”更改为黄色（R：252，G：210，B：0），“描边”为无，如图11.62所示。

14 选中矩形，按Ctrl+C组合键将其复制，再按Ctrl+F组合键将其粘贴，按Ctrl+Shift+]组合键将对象移至所有对象上方，将粘贴的图形“填色”更改为白色，再将其高度缩小，如图11.63所示。

图11.62 绘制图形

图11.63 复制图形

15 执行菜单栏中的“文件”|“打开”命令，打开“背景2.jpg”文件，将打开的素材拖至画板中矩形位置，将图像移至白色矩形下方并创建剪切蒙版，如图11.64所示。

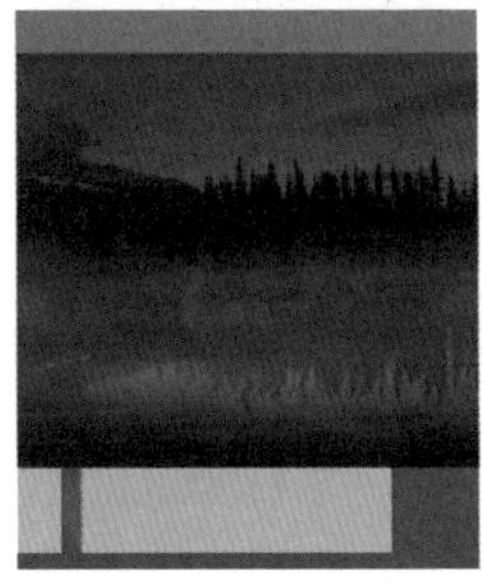
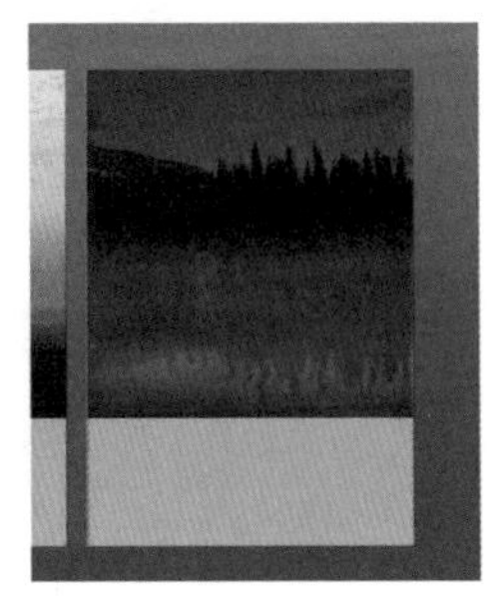

图11.64 添加素材并创建剪切蒙版

16 选择工具箱中的“文字工具”**T**，添加文字（方正兰亭纤黑简体），如图11.65所示。

图11.65 添加文字

17 选中风向及温度文字，执行菜单栏中的“效果”|“风格化”|“投影”命令，在弹出的对话框中将“X位移”更改为1 px，“Y位移”更改为1 px，“模糊”更改为2 px，“颜色”更改为深黄色（R：122，G：99，B：0），完成之后单击“确定”按钮，如图11.66所示。

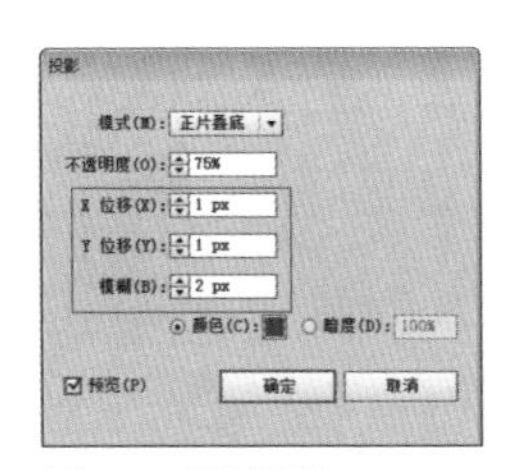

图11.66 设置投影

18 选择工具箱中的“椭圆工具”，将“填色”更改为无，“描边”为白色，“描边粗细”为1 pt，在部分文字右上角按住Shift键绘制一个圆形，如图11.67所示。

19 选中小圆形，按Ctrl+Shift+E组合键为其添加投影效果，如图11.68所示。

图11.67 绘制圆形

图11.68 添加投影

20 选中小圆形，按住Alt+Shift组合键向右侧拖动，将图形复制，如图11.69所示。

图11.69 复制图形

21 选择工具箱中的“矩形工具”，绘制1个矩形，将“填色”更改为青色（R：0，G：198，B：255），“描边”为无，如图11.70所示。

图11.70 绘制图形

22 选中矩形，按住Alt+Shift组合键拖动，将图形复制3份，并分别更改为不同颜色，如图11.71所示。

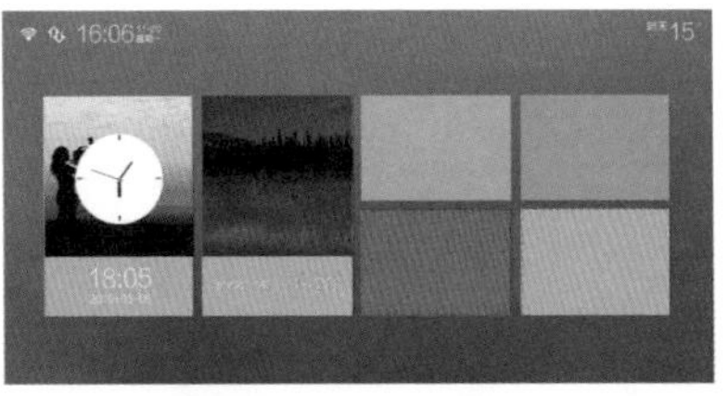

图11.71 复制图形

提示

在更改颜色时可随意，尽量保证颜色协调即可。

23 执行菜单栏中的“文件”|“打开”命令，打开“图标2.ai”文件，将打开的素材拖至画板中刚才绘制的图形位置并适当缩放，如图11.72所示。

24 选择工具箱中的“文字工具”**T**，添加文字（方正兰亭黑_GBK），如图11.73所示。

图11.72 添加素材

图11.73 添加文字

11.3.3 制作底部控件栏

01 选择工具箱中的“矩形工具”，在界面底部绘制1个与界面宽度相同的矩形，将“填色”更改为深蓝色（R：9，G：70，B：112），“描边”为无，如图11.74所示。

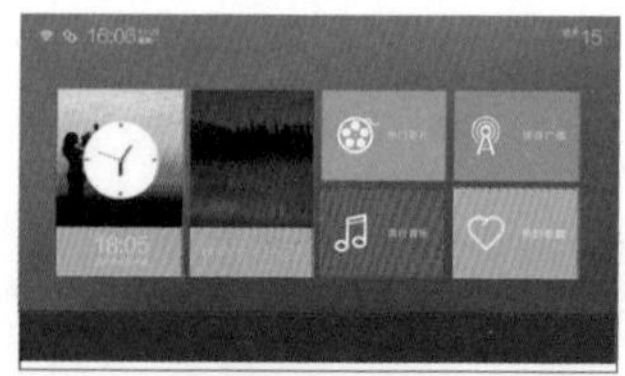

图11.74 复制矩形

02 选中矩形，将其“不透明度”更改为50%，如图11.75所示。

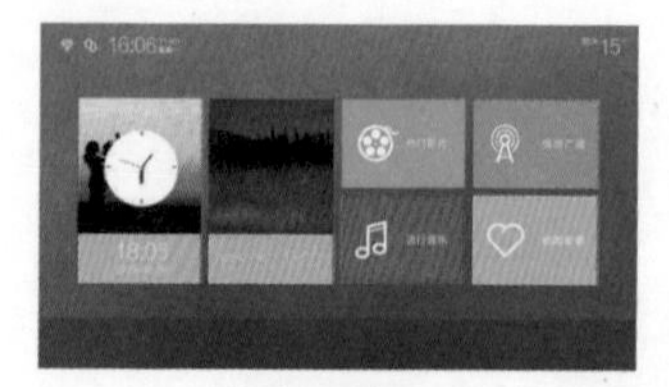

图11.75 更改不透明度

03 选择工具箱中的“圆角矩形工具”，在界面底部绘制1个圆角矩形，设置“填色”为白色，“描边”为无，如图11.76所示。

04 选中圆角矩形，在“透明度”面板中将其“混合模式”更改为叠加，“不透明度”更改为30%，如图11.77所示。

图11.76 绘制图形

图11.77 更改混合模式

05 选择工具箱中的“渐变工具”，在图形上拖动，为其填充透明到白色再到透明的线性渐变，如图11.78所示。

图11.78 填充渐变

06 选中圆角矩形，按住Alt+Shift组合键向右侧拖动，按Ctrl+D键再复制两份，如图11.79所示。

图11.79 复制图形

07 选择工具箱中的“文字工具”**T**，添加文字（方正兰亭黑_GBK），这样就完成了效果制作，最终效果如图11.80所示。

图11.80 最终效果

11.4 知识拓展

本章主要讲解图标及用户界面的设计方法，通过几个具体的实例详细讲解了如何利用Illustrator进行图标及界面的制作，在设计时要结合当前时代背景及流行趋势，这是UI设计的关键所在。

11.5 拓展训练

本章以两个界面实例作为拓展训练，帮助读者朋友了解图标和界面的设计技巧，巩固UI设计技能。

训练11-1 社交应用界面设计

◆实例分析

本例讲解社交应用界面设计，社交应用界面的表现形式多将突出个人资料为主，本例中的界面设计风格十分简洁，将简单的图形与精确的资料相结合，整体的设计过程也比较简单。最终效果如图11.81所示。

难　　度：★★★★
素材文件：第11章\社交应用界面设计
案例文件：第11章\社交应用界面设计.ai
视频文件：第11章\训练11-1 社交应用界面设计.avi

图11.81 最终效果

◆本例知识点

1. "渐变工具"
2. "矩形工具"
3. "星形工具"
4. "旋转工具"

训练11-2 娱乐应用界面设计

◆实例分析

本例讲解娱乐应用界面设计，此款界面的设计手法比较简单，主要用到了漂亮的素材图像以及舒适的配色，整体的最终效果非常漂亮，最终效果如图11.82所示。

难　　度：★★★★
素材文件：第11章\娱乐应用界面设计
案例文件：第11章\娱乐应用界面设计.ai
视频文件：第11章\训练11-2 娱乐应用界面设计.avi

图11.82 最终效果

◆本例知识点

1. "渐变工具"
2. "圆角矩形工具"
3. "投影"命令
4. "建立剪切蒙版"命令

第 **12** 章

精品封面装帧设计

本章讲解封面装帧设计，封面装帧设计可以直接理解为书籍生产过程中的装潢设计艺术，它是将书籍的主题内容、思想在封面中以和谐、美观的样式完美体现，其设计原则在于有效而恰当地反映书籍的内容、特色和著译者的意图，设计的好坏会在一定程度上影响人们的阅读欲望，本章通过数个实例的设计来帮助读者掌握封面装帧设计的思路，通过对本章的学习可以透彻地了解封面装帧设计艺术，同时掌握设计的重点及原则。

教学目标

掌握封面装帧设计中展开面的制作方法

掌握封面装帧立体效果的制作技巧

12.1 企业宣传册封面设计

◆实例分析

本例讲解企业宣传册封面设计，本例在设计过程中以简洁大气的商务素材图像为主视觉，同时将图形与文字信息相结合，整个宣传册表现出深厚的企业商务气息，最终效果如图 12.1 所示。

难　　度：★★★★
素材文件：第 12 章\企业宣传册封面设计
案例文件：第 12 章\企业宣传册封面平面效果 .ai、企业宣传册封面立体效果 .ai
视频文件：第 12 章\12.1 企业宣传册封面设计 .avi

图12.1 最终效果

◆本例知识点

1. “添加锚点工具”
2. “直接选择工具”
3. “渐变工具”
4. “镜像工具”

12.1.1 宣传册封面平面效果

01 执行菜单栏中的“文件”|“新建”命令，在弹出的对话框中设置“宽度”为425毫米，“高度”为297毫米，“颜色模式”为RGB，新建1个画板，选择工具箱中的“矩形工具”，绘制1个与画板大小相同的矩形，将“填色”更改为白色，“描边”为无。

02 在水平方向212.5毫米位置新建1条参考线，将画板平分。

03 选择工具箱中的“矩形工具”，绘制1个矩形，将“填色”更改为蓝色（R：54，G：62，B：75），“描边”为无，如图12.2所示。

图12.2 添加素材

04 以同样方法在矩形上方绘制1个灰色（R：232，G：232，B：234）矩形，如图12.3所示。

图12.3 绘制矩形

05 执行菜单栏中的“文件”|“打开”命令，打开“图像.jpg”文件，将打开的素材拖至画板适当位置并适当缩小，如图12.4所示。

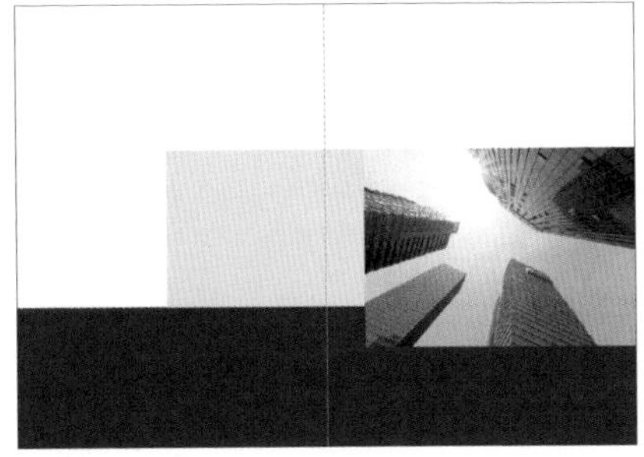
图12.4 添加素材

06 选择工具箱中的“矩形工具”，绘制1个矩形，将“填色”更改为无，“描边”为灰色（R：232，G：232，B：232），“描边粗细”为14 pt，如图12.5所示。

07 选中图形，按Ctrl+C组合键将其复制，再按Ctrl+F组合键将其粘贴，按Ctrl+Shift+]组合键将对象移至所有对象上方，再将其描边“颜色”更改为绿色（R：76，G：193，B：170），如图12.6所示。

图12.5 绘制图形

图12.6 复制图形

08 选择工具箱中的“添加锚点工具”，分别在绿色图形顶部和底部中间位置单击添加锚点，如图12.7所示。

09 选择工具箱中的“直接选择工具”，选中右半部分图形并按Delete键将其删除，如图12.8所示。

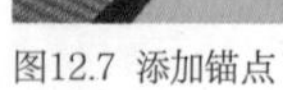
图12.7 添加锚点

图12.8 删除图形

10 选择工具箱中的“矩形工具”，绘制1个矩形，将“填色”更改为无，“描边”为绿色（R：76，G：193，B：170），“描边粗细”为2 pt，如图12.9所示。

11 选择工具箱中的“直线段工具”，在矩形顶部位置绘制1条水平线段，设置“填色”为无，“描边”为绿色（R：76，G：193，B：170），“描边粗细”为2 pt，如图12.10所示。

图12.9 绘制图形

图12.10 绘制线段

12 选择工具箱中的“矩形工具”，在线段右侧位置按住Shift键绘制1个矩形，将“填色”更改为无，“描边”为绿色（R：76，G：193，B：170），“描边粗细”为2 pt，如图12.11所示。

13 选择工具箱中的“文字工具”，添加文字，如图12.12所示。

图12.11 绘制图形

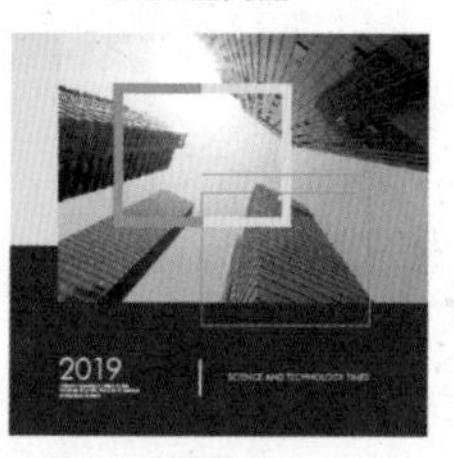

图12.12 添加文字

14 选择工具箱中的“矩形工具”，绘制1个矩形，将“填色”更改为任意颜色，“描边”为无，如图12.13所示。

15 执行菜单栏中的“文件”|“打开”命令，打开“图像2.jpg”文件，将打开的素材拖至画板适当位置并适当缩小，如图12.14所示。

图12.13 绘制图形

图12.14 添加素材

16 将素材图像移至矩形下方，再选中矩形及素材图像，单击鼠标右键，从弹出的快捷菜单中选择“建立剪切蒙版”命令，将部分图像隐藏，如图12.15所示。

图12.15 建立剪切蒙版

17 选择工具箱中的“矩形工具”，绘制1个矩形，将“填色”更改为无，“描边”为绿色（R：76，G：193，B：170），“描边粗细”为2 pt，如图12.16所示。

18 选择工具箱中的“文字工具”**T**，添加文字，如图12.17所示。

图12.16 绘制图形

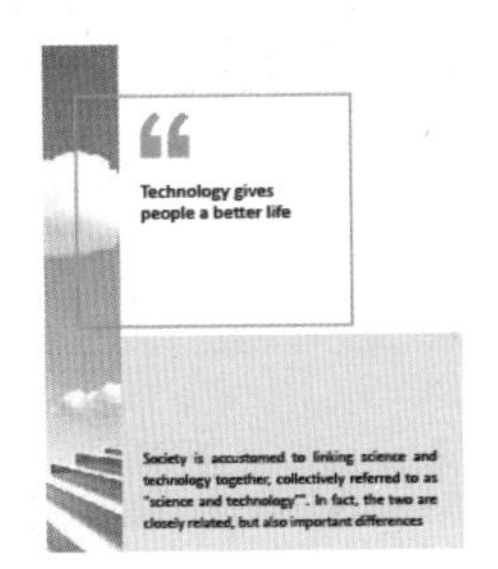

图12.17 添加文字

19 执行菜单栏中的“文件”|“打开”命令，打开“图标.ai”文件，将打开的素材拖至画板靠底部位置并适当缩小，如图12.18所示。

图12.18 添加素材

20 选择工具箱中的“椭圆工具”，将“填色”更改为无，“描边”为白色，“描边粗细”为3 pt，在图标位置按住Shift键绘制一个圆形，如图12.19所示。

21 选中圆，按住Alt+Shift组合键向右侧拖动，按Ctrl+D键再复制1份，如图12.20所示。

图12.19 绘制图形

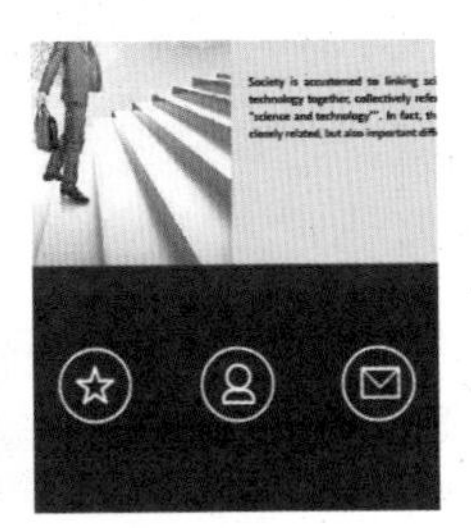

图12.20 复制图形

22 选择工具箱中的“文字工具”**T**，添加文字，如图12.21所示。

图12.21 添加文字

12.1.2 宣传册封面立体效果

01 执行菜单栏中的“文件”|“新建”命令，在弹出的对话框中设置“宽度”为400毫米，“高度”为300毫米，“颜色模式”为RGB，新建1个画板。

02 选择工具箱中的“矩形工具”，绘制1个与画板大小相同的矩形，将“填色”更改为深蓝色（R：28，G：33，B：40），“描边”为无。

03 以同样方法再绘制1个矩形，选择工具箱中的“渐变工具”，在图形上拖动，为其填充深蓝色（R：39，G：48，B：58）到深蓝色（R：3，G：5，B：7）的线性渐变，如图12.22所示。

图12.22 绘制矩形

04 执行菜单栏中的“文件”|“打开”命令，打开“封面平面.ai”文件，将打开的素材拖至画板适当位置并适当缩小，如图12.23所示。

图12.23 添加素材

05 选择工具箱中的“矩形工具”，绘制1个矩形，选择工具箱中的“渐变工具”，在图形上拖动，为其填充透明到黑色的线段渐变，将黑色色标“不透明度”更改为20%，如图12.24所示。

图12.24 绘制图形

06 同时选中所有和封面相关的图像，按Ctrl+C组合键将其复制，再按Ctrl+F组合键将其粘贴，双击工具箱中的“镜像工具”，在弹出的对话框中选中“水平”单选按钮，完成之后单击“确定”按钮，将图像向下方移动，如图12.25所示。

07 选择工具箱中的“矩形工具”，在下半部分图像位置绘制1个矩形将其覆盖，再将“填色”更改为黑色，“描边”为无，如图12.26所示。

图12.25 复制图像

图12.26 绘制图形

08 同时选中黑色矩形及其下方图像，在“透明度”面板中单击“制作蒙版”按钮，再单击蒙版缩览图，选择工具箱中的“渐变工具”，在图形上拖动，为其填充黑色到白色的渐变，制作出倒影效果，这样就完成了效果制作，最终效果如图12.27所示。

图12.27 最终效果

12.2 城市宣传册封面设计

◆**实例分析**

本例讲解城市宣传册封面设计，本例在设计过程中采用城市图像与主题元素装饰图像相结合的形式，制作出封面主视觉，同时与文字信息相结合，整个封面效果相当出色，最终效果如图12.28 所示。

难　　度：★★★
素材文件：第 12 章 \ 城市宣传册封面设计
案例文件：第 12 章 \ 城市宣传册封面平面设计 .ai、城市宣传册封面立体设计 .ai
视频文件：第 12 章 \12.2 城市宣传册封面设计 .avi

图12.28 最终效果

◆本例知识点

1. “文字工具”T
2. “钢笔工具”
3. “混合选项”“扩展”命令
4. “路径查找器”面板

12.2.1 封面平面效果

01 执行菜单栏中的“文件”|“新建”命令，在弹出的对话框中设置“宽度”为500毫米，“高度”为285毫米，“颜色模式”为RGB，新建1个画板，选择工具箱中的“矩形工具”，绘制1个与画板大小相同的矩形，将“填色”更改为白色，“描边”为无。

02 在水平方向212.5毫米位置新建1个参考线，将画板平分。

03 执行菜单栏中的“文件”|“打开”命令，打开“山.png”“山2.png”文件，将打开的素材拖至画板适当位置并适当缩小，如图12.29所示。

图12.29 添加素材

04 选择工具箱中的“文字工具”T，添加文字，如图12.30所示。

05 执行菜单栏中的“文件”|“打开”命令，打开“红章.png”文件，将打开的素材拖至画板适当位置并适当缩小，如图12.31所示。

图12.30 添加文字

图12.31 添加素材

06 选择工具箱中的“文字工具”T，在红章图像上添加文字，如图12.32所示。

07 选择工具箱中的“椭圆工具”，将“填色”更改为任意颜色，“描边”为无，按住Shift键绘制一个圆形，如图12.33所示。

图12.32 添加文字

图12.33 绘制图形

08 执行菜单栏中的“文件”|“打开”命令，打开“山景.jpg”文件，将打开的素材拖至画板适当位置并适当缩小，如图12.34所示。

09 选中素材图像，将其移至圆下方，再同时选中素材图像及圆形，单击鼠标右键，从弹出的快捷菜单中选择“建立剪切蒙版”命令，将部分图像隐藏，如图12.35所示。

图12.34 添加素材

图12.35 建立剪切蒙版

10 同时选中右上角文字及红章，按住Alt键向左上角拖动，将图文复制，如图12.36所示。

11 选择工具箱中的“文字工具”T，添加文字，如图12.37所示。

图12.36 复制图文

图12.37 添加文字

12 选择工具箱中的“矩形工具”■，按住Shift键绘制1个矩形，将“填色”更改为黑色，“描边”为无，如图12.38所示。

13 选中矩形，按住Alt+Shift组合键向右侧拖动，按Ctrl+D键再复制两份，如图12.39所示。

图12.38 绘制图形

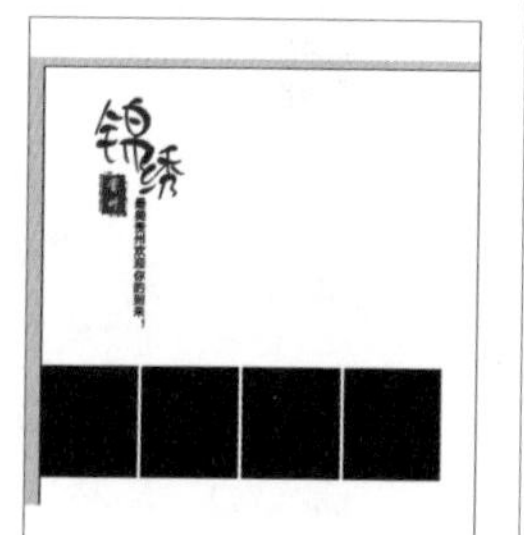
图12.39 复制图形

14 执行菜单栏中的“文件”|“打开”命令，打开“景点.jpg”文件，将打开的素材拖至画板中左侧矩形位置并适当缩小，再将素材图像移至矩形下方，如图12.40所示。

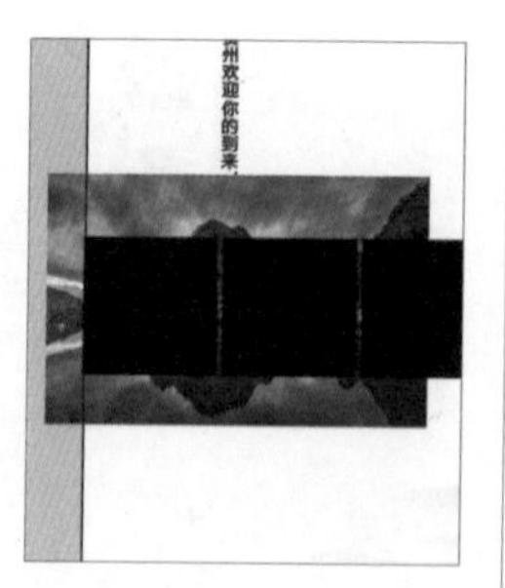
图12.40 添加素材

15 同时选中素材及矩形，单击鼠标右键，从弹出的快捷菜单中选择“建立剪切蒙版”命令，将部分图像隐藏，如图12.41所示。

图12.41 建立剪切蒙版

16 执行菜单栏中的“文件”|“打开”命令，打开“景点2.jpg”“景点3.jpg”“景点4.jpg”文件，将打开的素材拖至画板中矩形位置，如图12.42所示。

17 选择工具箱中的“矩形工具”■，在素材图像位置绘制1个矩形，将“填色”更改为黑色，“描边”为无，如图12.43所示。

图12.42 添加素材

图12.43 绘制图形

18 选择工具箱中的“圆角矩形工具”■，在黑色矩形左上角绘制1个稍小的圆角矩形，设置“填色”为任意颜色，“描边”为无，如图12.44所示。

19 选中圆角矩形，按住Alt+Shift组合键向右侧拖动，如图12.45所示。

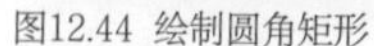
图12.44 绘制圆角矩形

图12.45 复制图形

20 同时选中两个圆角矩形，执行菜单栏中的“对象”|“混合”|“建立”命令，如图12.46所示。

图12.46 建立混合对象

21 选中图形，执行菜单栏中的“对象”|“混合”|“混合选项”命令，在弹出的对话框中将“间距”更改为指定的步数，将数值更改为50，完成之后单击“确定”按钮，如图12.47所示。

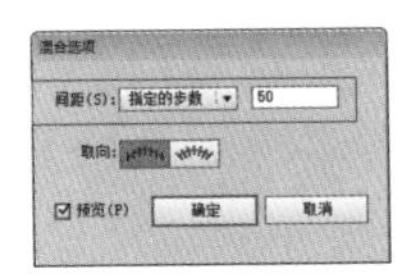

图12.47 更改混合选项

22 选中混合图形，执行菜单栏中的“对象”|“扩展”命令，在弹出的对话框中单击“确定”按钮，再按住Alt+Shift组合键向下方拖动，将其复制，如图12.48所示。

图12.48 复制图形

23 同时选中混合图像及黑色矩形，在“路径查找器”面板中单击“减去顶层”，再将图形移至素材图像下方，如图12.49所示。

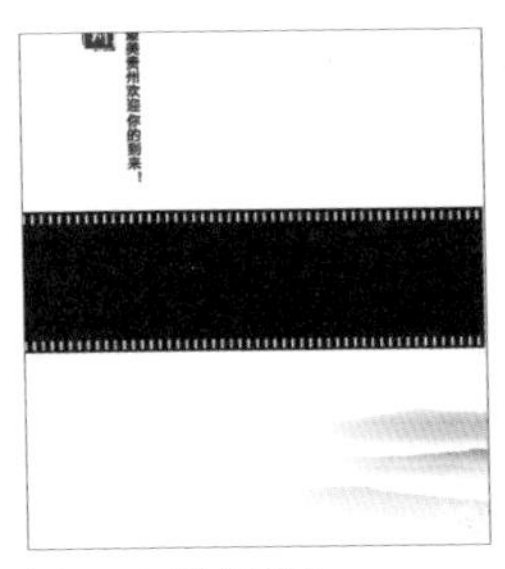

图12.49 减去顶层

24 执行菜单栏中的“文件”|“打开”命令，打开“条码.jpg”文件，将打开的素材拖至画板左下角位置并适当缩小，如图12.50所示。

图12.50 添加素材

12.2.2 封面立体效果

01 执行菜单栏中的“文件”|“新建”命令，在弹出的对话框中设置“宽度”为500毫米，“高度”为350毫米，“颜色模式”为RGB，新建1个画板，选择工具箱中的“矩形工具”，绘制1个与画板大小相同的矩形。

02 选择工具箱中的“渐变工具”，在图形上拖动，为其填充灰色（R：144，G：146，B：161）到灰色（R：23，G：26，B：29）的线性渐变，如图12.51所示。

图12.51 绘制图形

03 执行菜单栏中的“文件”|“打开”命令，打开“封面平面.jpg”文件，将打开的素材拖至画板适当位置并适当缩小，如图12.52所示。

04 选中封面图像，选择工具箱中的“自由变换工具”，将光标移至变形框右侧位置并向上拖动，使其斜切变形，如图12.53所示。

图12.52 添加素材　　图12.53 使图像变形

05 选择工具箱中的“钢笔工具”，在图像顶部绘制1个细长三角形，设置“填色”为紫色（R：195，G：171，B：255），“描边”为无，以同样方法再绘制数个相似的颜色不一的图形，如图12.54所示。

图12.54 绘制图形

06 选中封面图像，按Ctrl+C组合键将其复制，再按Ctrl+F组合键将其粘贴，双击工具箱中的“镜像工具”，在弹出的对话框中选中“水平”单选按钮，完成之后单击“确定”按钮，再将图像向下方移动，如图12.55所示。

07 选中左侧图像，选择工具箱中的“自由变换工具”，将光标移至变形框右侧位置并向上拖动，使其斜切变形，如图12.56所示。

图12.55 复制图像

图12.56 使图像变形

08 选择工具箱中的“钢笔工具”，绘制1个不规则图形，设置“填色”为黑色，“描边”为无，如图12.57所示。

09 同时选中黑色图形及其下方图像，单击鼠标右键，从弹出的快捷菜单中选择“建立剪切蒙版”命令，将部分图像隐藏，如图12.58所示。

图12.57 绘制图形

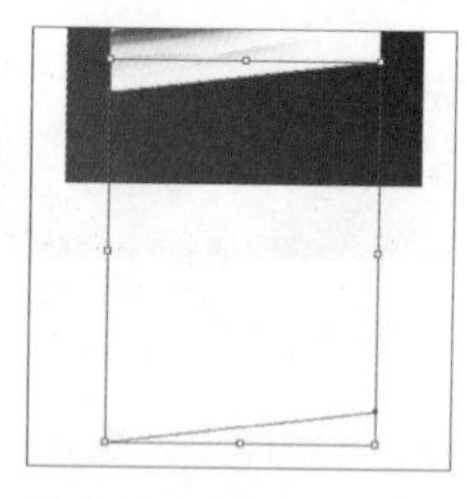

图12.58 建立剪切蒙版

10 同时选中黑色矩形及其下方图像，在“透明度”面板中单击“制作蒙版”按钮，再单击蒙版缩览图，选择工具箱中的“渐变工具”，在图形上拖动，为其填充黑色到白色的渐变，制作出倒影效果，如图12.59所示。

11 选择工具箱中的“钢笔工具”，在图像左侧位置绘制1个不规则图形，设置“填色”为黑色，“描边”为无，如图12.60所示。

图12.59 制作倒影

图12.60 绘制图形

12 选择工具箱中的“渐变工具”，在图形上拖动，为其填充透明到黑色的线性渐变，这样就完成了效果制作，最终效果如图12.61所示。

图12.61 最终效果

12.3 知识拓展

本章通过两个不同的封面平面及立体效果制作实例，详细讲解了封面装帧设计的方法，读者通过这些实例的制作，即可以掌握封面装帧设计的精髓。

12.4 拓展训练

书籍生产过程中的装潢设计工作又称书籍艺术。本章安排两个拓展训练供读者练习，以使读者巩固前面所学的知识，掌握封面装帧设计的方法和技巧。

训练12-1 时尚科技书籍封面设计

◆实例分析

本例讲解时尚科技书籍封面设计，本例在设计过程中将出色的版式与直观的文字信息相结合，整个封面表现出很强的科技感，其设计过程比较简单，最终效果如图 12.62 所示。

难　　度：★★★★
素材文件：第 12 章\时尚科技书籍封面设计
案例文件：第 12 章\时尚科技书籍封面平面设计 .ai、时尚科技书籍封面立体效果 .ai
视频文件：第 12 章\训练 12-1 时尚科技书籍封面设计 .avi

图12.62 最终效果

◆本例知识点

1. “自由变换工具”
2. “高斯模糊”命令
3. “镜像工具”

训练12-2 时尚杂志封面设计

◆实例分析

本例讲解时尚杂志封面设计，本例的设计手法比较简单，主要将时尚的装饰图形与模特素材图像相结合，整个封面表现出很强的时尚感，最终效果如图 12.63 所示。

难　　度：★★★★
素材文件：第 12 章\时尚杂志封面设计
案例文件：第 12 章\时尚杂志封面平面设计 .ai、时尚杂志封面立体设计 .ai
视频文件：第 12 章\训练 12-2 时尚杂志封面设计 .avi

图12.63 最终效果

◆本例知识点

1. “建立剪切蒙版”命令
2. “渐变工具”
3. “钢笔工具”

第 **13** 章

商业产品包装设计

本章讲解商业产品包装设计与制作，商业产品包装是品牌理念及产品特性的综合反映，它直接影响到消费者的购买欲，包装是建立在产品与消费者之间极具亲和力的手段，包装的功能是保护商品，提高产品附加值，通过对包装的规整设计令整个品牌效应持久及出色，包装的设计原则是体现品牌特点，传达直观印象、漂亮图案、品牌印象及产品特点等，通过对本章的学习，读者可以快速地掌握商业产品包装的设计与制作。

教学目标

学习环保手提袋包装设计技巧

掌握进口巧克力包装设计方法

掌握花椒调味料包装设计技巧

掌握果味饼干包装设计技巧

13.1 环保手提袋设计

◆实例分析

本例讲解环保手提袋设计，本例在设计过程中以直观的配图与信息相结合的手法直观地表现出手提袋的主题，绿叶装饰元素令整个手提袋的特征非常明显，最终效果如图 13.1 所示。

难　　度：★★★★★
素材文件：第 13 章 \ 环保手提袋设计
案例文件：第 13 章 \ 环保手提袋平面效果 .ai、环保手提袋立体效果 .ai
视频文件：第 13 章 \13.1 环保手提袋设计 .avi

图13.1 最终效果

◆本例知识点

1. “直接选择工具”
2. “渐变工具”
3. “高斯模糊”“建立剪切蒙版”命令
4. “自由变换工具”

13.1.1 手提袋平面效果

01 执行菜单栏中的“文件”|“新建”命令，在弹出的对话框中设置“宽度”为200毫米，“高度”为150毫米，“颜色模式”为RGB，新建1个画板。

02 选择工具箱中的“矩形工具”，在画板中绘制1个矩形，将“填色”更改为浅绿色（R：244，G：252，B：240），“描边”为无，如图13.2所示。

图13.2 绘制矩形

03 选中图形，按Ctrl+C组合键将其复制，再按Ctrl+F组合键将其粘贴，将粘贴的图形“填色”更改为绿色（R：232，G：247，B：223），将其宽度缩小后向左侧平移，选中矩形，按住Alt+Shift组合键向右侧拖动至相对位置，如图13.3所示。

图13.3 复制图形

04 执行菜单栏中的“文件”|“打开”命令，打开“叶子.png”文件，将打开的素材拖至画板适当位置并适当缩小，再将图像“不透明度”更改为30%，如图13.4所示。

图13.4 添加素材

05 选中图像，按住Alt键拖动，将图像复制数份，并将部分图像等比放大，如图13.5所示。

图13.5 复制图像

06 选择工具箱中的“矩形工具”▇，绘制1个矩形，将“填色”更改为绿色（R：131，G：196，B：106），“描边”为无，如图13.6所示。

07 选中矩形，按Ctrl+C组合键将其复制，再按Ctrl+F组合键将其粘贴，将粘贴的矩形更改为深绿色（R：53，G：71，B：46），再将其高度缩小，如图13.7所示。

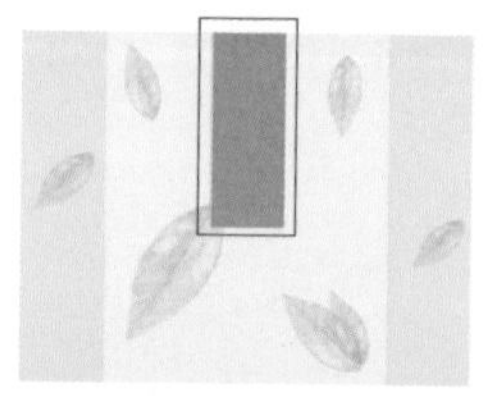

图13.6 绘制图形

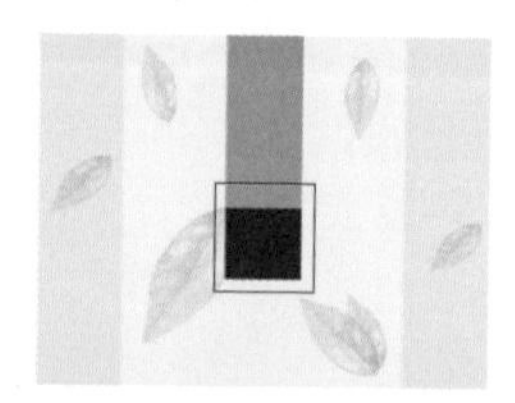

图13.7 复制图形

08 执行菜单栏中的“文件”|“打开”命令，打开“绿叶标志.png”文件，将打开的素材拖至画板中深绿色矩形位置并适当缩小，如图13.8所示。

图13.8 添加素材

09 选择工具箱中的“文字工具”T，添加文字（方正兰亭黑_GBK、Gabriola），如图13.9所示。

图13.9 添加文字

13.1.2 手提袋立体效果

01 执行菜单栏中的“文件”|“新建”命令，在弹出的对话框中设置“宽度”为200毫米，“高度”为150毫米，“颜色模式”为RGB，新建1个画板。

02 选择工具箱中的“矩形工具”▇，绘制1个矩形，选择工具箱中的“渐变工具”▇，在图形上拖动，为其填充绿色（R：65，G：87，B：59）到绿色（R：26，G：26，B：24）的径向渐变，如图13.10所示。

图13.10 绘制矩形

03 选中图形，按Ctrl+C组合键将其复制，再按Ctrl+F组合键将其粘贴，将粘贴的图形高度缩小，如图13.11所示。

图13.11 复制图形

04 选择工具箱中的“矩形工具”▇，绘制1个细长矩形，将“填色”更改为绿色（R：28，G：29，B：26），“描边”为无，如图13.12所示。

图13.12 绘制矩形

05 执行菜单栏中的“效果”|“模糊”|“高斯模糊”命令，在弹出的对话框中将“半径”更改为

8像素，完成之后单击“确定”按钮，如图13.13所示。

图13.13 添加高斯模糊

06 选择工具箱中的“矩形工具”，绘制1个与画板宽度相同的矩形，并将模糊矩形完全覆盖，如图13.14所示。

07 同时选中矩形及模糊图像，单击鼠标右键，从弹出的快捷菜单中选择“建立剪切蒙版”命令，将部分图像隐藏，如图13.15所示。

图13.14 绘制矩形

图13.15 建立剪切蒙版

08 执行菜单栏中的“文件”|“打开”命令，打开“环保手提袋平面.ai”文件，同时选中中间部分图像，按Ctrl+G组合键将其编组，再将其拖入画板并适当缩小，如图13.16所示。

09 选中图像，选择工具箱中的“自由变换工具”，将光标移至控制框4个角位置，按住Ctrl键拖动，使图像变形，如图13.17所示。

图13.16 添加素材

图13.17 使图像变形

10 在打开的素材文档中，选中右侧手提袋侧面图形，按Ctrl+G组合键将其编组并拖至画板中适当变形，如图13.18所示。选择工具箱中的“自由变换工具”，以同样方法使图像变形，如图13.19所示。

图13.18 添加素材

图13.19 使图像变形

11 选择工具箱中的“钢笔工具”，在包装底部绘制1个不规则图形，设置“填色”为深绿色（R：14，G：15，B：13），“描边”为无，再将图形移至包装底部位置，如图13.20所示。

图13.20 绘制图形

12 选中图形，执行菜单栏中的“效果”|“模糊”|“高斯模糊”命令，在弹出的对话框中将“半径”更改为2像素，完成之后单击“确定”按钮，如图13.21所示。

图13.21 添加高斯模糊

13 选择工具箱中的“矩形工具”，在图像底部绘制1个细长矩形，选择工具箱中的“渐变工具”，在图形上拖动，为其填充绿色（R：131，G：196，B：106）到绿色（R：26，

G：26，B：24）的线性渐变，如图13.22所示。

14 选中矩形，按住Alt+Shift组合键向右侧拖动，将图形复制，如图13.23所示。

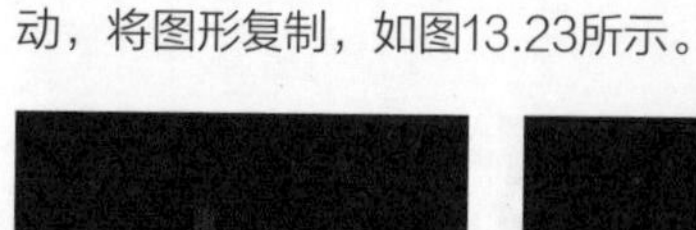

图13.22 绘制图形

图13.23 复制图形

15 选择工具箱中的“直接选择工具”，选中矩形左下角锚点并向下拖动，以同样方法拖动右侧矩形锚点，如图13.24所示。

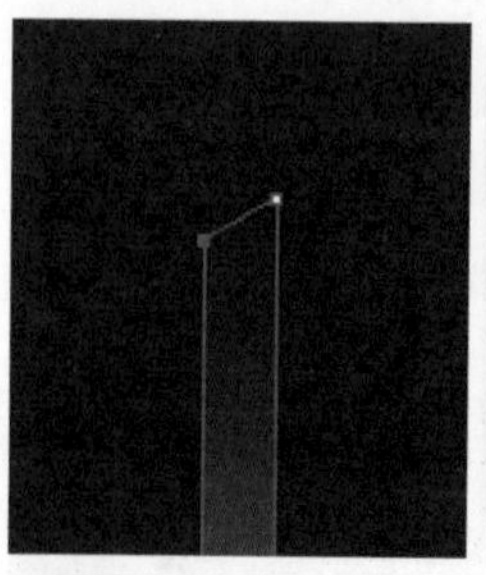
图13.24 拖动锚点

16 选择工具箱中的“钢笔工具”，在两个矩形顶部之间位置绘制1个细长矩形，选择工具箱中的“渐变工具”，在图形上拖动，为其填充绿色（R：131，G：196，B：106）到绿色（R：26，G：26，B：24）的线性渐变，如图13.25所示。

17 同时选中3个细长矩形，将其移至手提袋图像下方，再按住Alt键向右侧拖动，将图像复制，如图13.26所示。

图13.25 绘制图形

图13.26 复制图形

18 同时选中所有和手提袋相关的图像，按住Alt键向左侧拖动，将图像复制，再将复制生成的图像等比缩小，如图13.27所示。

图13.27 复制图像

19 选中左侧图像，执行菜单栏中的“效果”|“模糊”|“高斯模糊”命令，在弹出的对话框中将“半径”更改为3像素，完成之后单击“确定”按钮，这样就完成了效果制作，最终效果如图13.28所示。

图13.28 最终效果

13.2 进口巧克力包装设计

◆**实例分析**

本例讲解进口巧克力包装设计，本例的设计过程十分简单，主要由装饰图形及主题文字信息两部分组成，清爽的配色与简洁的版式令整个包装的品质感很强，最终效果如图 13.29 所示。

难　　度：★★★★
素材文件：第 13 章 \ 进口巧克力包装设计
案例文件：第 13 章 \ 进口巧克力包装平面设计 .ai、进口巧克力包装立体效果 .ai
视频文件：第 13 章 \13.2 进口巧克力包装设计 .avi

图13.29 最终效果

◆**本例知识点**

1. "文字工具" T
2. "钢笔工具"
3. "高斯模糊" "建立剪切蒙版" 命令

13.2.1 包装平面效果

01 执行菜单栏中的"文件"|"新建"命令，在弹出的对话框中设置"宽度"为65毫米，"高度"为100毫米，"颜色模式"为RGB，新建1个画板。

02 选择工具箱中的"矩形工具"，在画板中绘制1个与画板大小相同的矩形，将"填色"更改为白色，"描边"为无，选择工具箱中的"文字工具" T，添加文字，如图13.30所示。

03 同时选中所有文字，单击鼠标右键，从弹出的快捷菜单中选择"创建轮廓"命令，如图13.31所示。

图13.30 添加文字

图13.31 创建轮廓

04 选择工具箱中的"渐变工具"，在图形上拖动，为其填充黄色（R：221，G：183，B：100）到黄色（R：174，G：124，B：9）的径向渐变，如图13.32所示。

图13.32 填充渐变

05 选择工具箱中的"矩形工具"，在矩形顶部绘制1个矩形，将"填色"更改为紫色（R：239，G：89，B：139），"描边"为无，如图13.33所示。

06 选中矩形，按住Alt+Shift组合键向底部拖动，将图形复制，将复制生成的图形高度适当增大，如图13.34所示。

图13.33 绘制图形

图13.34 复制图形

13.2.2 包装立体效果

01 执行菜单栏中的"文件"|"新建"命令，在弹出的对话框中设置"宽度"为150毫米，"高度"为100毫米，"颜色模式"为RGB，新建1个画板。

02 选择工具箱中的"矩形工具"，绘制1个与画板大小相同的矩形，再选择工具箱中的"渐变工具"，在图形上拖动，为其填充黄色（R：254，G：185，B：19）到黄色（R：207，G：140，B：23）的径向渐变，如图13.35所示。

图13.35 绘制图形

03 执行菜单栏中的“文件”|“打开”命令，打开“包装平面.ai”文件，将打开的素材拖至画板适当位置并适当缩小，如图13.36所示。

图13.36 添加素材

04 选择工具箱中的“钢笔工具”，在包装左侧位置绘制1个细长不规则图形，选择工具箱中的“渐变工具”，在图形上拖动，为其填充白色到灰色（R：35，G：24，B：21）的线性渐变。

05 以同样方法在包装底部再次绘制1个细长不规则图形，如图13.37所示。

图13.37 绘制图形

06 选择工具箱中的“钢笔工具”，绘制1个与包装相似的矩形，设置“填色”为深黄色（R：35，G：24，B：21），再将其移至包装下方，如图13.38所示。

图13.38 绘制图形

07 执行菜单栏中的“效果”|“模糊”|“高斯模糊”命令，在弹出的对话框中将“半径”更改为2像素，完成之后单击“确定”按钮，再将其“不透明度”更改为40%，如图13.39所示。

图13.39 添加高斯模糊

08 选中包装，按住Alt键拖动，将图像复制两份，如图13.40所示。

图13.40 复制图像

09 选中包装上的图形，更改其颜色，如图13.41所示。

图13.41 更改图形颜色

10 选中最底部矩形，按Ctrl+C组合键将其复制，再按Ctrl+F组合键将其粘贴，按Ctrl+Shift+]组合键将对象移至所有对象上方，如图13.42所示。

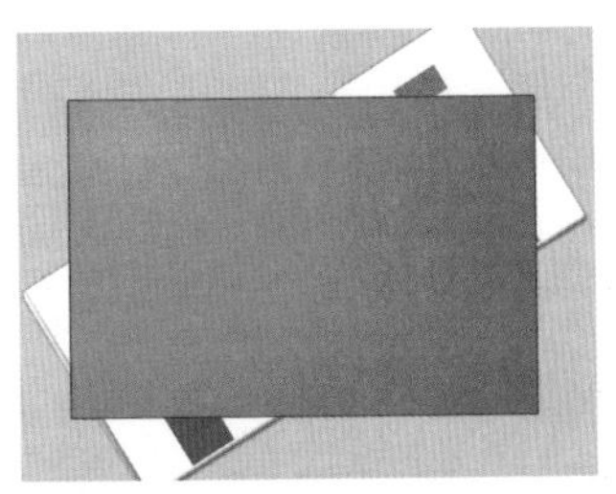

图13.42 复制图形

11 同时选中所有对象，单击鼠标右键，从弹出的快捷菜单中选择"建立剪切蒙版"命令，将部分图像隐藏，这样就完成了效果制作，最终效果如图13.43所示。

图13.43 最终效果

13.3 花椒调味料包装设计

◆实例分析

本例讲解花椒调味料包装设计，本例的设计过程比较简单，在整个设计过程中以花椒叶素材为主视觉图像，与花椒素材图像相结合，整个包装的主题特征十分明显，最终效果如图 13.44 所示。

难　　度：★★★★★
素材文件：第 13 章 \ 花椒调味料包装设计
案例文件：第 13 章 \ 花椒调味料包装平面设计 .ai、花椒调味料包装立体设计 .ai
视频文件：第 13 章 \13.3 花椒调味料包装设计 .avi

图13.44 最终效果

◆本例知识点

1. "矩形工具"
2. "钢笔工具"
3. "高斯模糊" "建立剪切蒙版" 命令

13.3.1 花椒包装平面效果

01 执行菜单栏中的"文件"|"新建"命令，在弹出的对话框中设置"宽度"为80毫米，"高度"为100毫米，"颜色模式"为RGB，新建1个画板。

02 选择工具箱中的"矩形工具"，在画板中绘制1个与画板大小相同的矩形，将"填色"更改为白色，"描边"为无。

03 执行菜单栏中的"文件"|"打开"命令，打开"花椒叶.png"文件，将打开的素材拖至画板适当位置并适当缩小，如图13.45所示。

图13.45 添加素材

04 选择工具箱中的"矩形工具"，绘制1个矩形，将"填色"更改为色（R：162，G：206，B：78），"描边"为无，如图13.46所示。

图13.46 绘制图形

05 选择工具箱中的“椭圆工具”，按住Shift键绘制一个圆形，按Ctrl+C组合键将其复制，如图13.47所示。

06 执行菜单栏中的“文件”|“打开”命令，打开“花椒.jpg”文件，将打开的素材拖至画板适当位置并适当缩小，如图13.48所示。

图13.47 绘制图形

图13.48 添加素材

07 选中花椒图像，将其移至圆形下方，同时选中花椒及圆形，单击鼠标右键，从弹出的快捷菜单中选择“建立剪切蒙版”命令，将部分图像隐藏，如图13.49所示。

图13.49 建立剪切蒙版

08 按Ctrl+F组合键粘贴图形，将图形“填色”更改为白色，再将其移至花椒图像下方，如图13.50所示。

09 选择工具箱中的“文字工具”T，添加文字（方正正粗黑简体、方正兰亭黑_GBK），如图13.51所示。

图13.50 粘贴图形

图13.51 添加文字

10 选择工具箱中的“矩形工具”，绘制1个与画板大小相同的矩形，将“填色”更改为白色，“描边”为无，如图13.52所示。

11 同时选中所有对象，单击鼠标右键，从弹出的快捷菜单中选择“建立剪切蒙版”命令，将部分图像隐藏，如图13.53所示。

图13.52 绘制图形

图13.53 建立剪切蒙版

13.3.2 花椒包装立体效果

01 执行菜单栏中的“文件”|“新建”命令，在弹出的对话框中设置“宽度”为200毫米，“高度”为150毫米，“颜色模式”为RGB，新建1个画板。

02 选择工具箱中的“矩形工具”，绘制1个矩形，选择工具箱中的“渐变工具”，在图形上拖动，为其填充绿色（R：176，G：173，B：

42）到绿色（R：12，G：25，B：0）的径向渐变，如图13.54所示。

图13.54 绘制图形

03 执行菜单栏中的“文件”|“打开”命令，打开“包装平面效果.ai”文件，将打开的素材拖至画板适当位置并适当缩小，如图13.55所示。

图13.55 添加素材

04 选择工具箱中的“矩形工具”，在包装顶部绘制1个矩形，将“填色”更改为黑色，“描边”为无，如图13.56所示。

05 选中图形，执行菜单栏中的“效果”|“模糊”|“高斯模糊”命令，在弹出的对话框中将“半径”更改为20像素，完成之后单击“确定”按钮，如图13.57所示。

图13.56 绘制图形

图13.57 添加高斯模糊

06 选中图像，将其“不透明度”更改为20%，如图13.58所示。

07 选中图像，按住Alt+Shift组合键向下方拖动至包装底部位置，如图13.59所示。

图13.58 更改不透明度

图13.59 复制图像

08 以同样方法将图像再复制两份，并分别放在包装左右两侧位置，如图13.60所示。

图13.60 复制图像

09 选择工具箱中的“钢笔工具”，绘制1个不规则图形，设置“填色”为黑色，“描边”为无，如图13.61所示。

10 选中图形，执行菜单栏中的“效果”|“模糊”|“高斯模糊”命令，在弹出的对话框中将“半径”更改为20像素，完成之后单击“确定”按钮，如图13.62所示。

图13.61 绘制图形

图13.62 添加高斯模糊

11 选择工具箱中的“矩形工具”，绘制1个与包装大小相同的矩形，将“填色”更改为黑色，“描边”为无，如图13.63所示。

12 同时选中矩形及包装，单击鼠标右键，从弹出的快捷菜单中选择“建立剪切蒙版”命令，将部分图像隐藏，如图13.64所示。

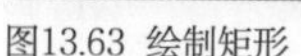

图13.63 绘制矩形

图13.64 建立剪切蒙版

13 选择工具箱中的“钢笔工具”，绘制1个不规则图形，设置“填色”为白色，“描边”为无，如图13.65所示。

14 选中图形，执行菜单栏中的“效果”|“模糊”|“高斯模糊”命令，在弹出的对话框中将“半径”更改为20像素，完成之后单击“确定”按钮，如图13.66所示。

图13.65 绘制图形

图13.66 添加高斯模糊

15 选中模糊图像，将其“不透明度”更改为40%，如图13.67所示。

图13.67 更改不透明度

16 选择工具箱中的“矩形工具”，绘制1个矩形，将“填色”更改为绿色（R：12，G：25，B：0），“描边”为无，再将矩形移至包装下方，如图13.68所示。

图13.68 绘制图形

17 执行菜单栏中的“效果”|“模糊”|“高斯模糊”命令，在弹出的对话框中将“半径”更改为80像素，完成之后单击“确定”按钮，这样就完成了效果制作，最终效果如图13.69所示。

图13.69 最终效果

13.4 果味饼干包装设计

◆实例分析

本例讲解果味饼干包装设计，本例在设计过程中采用水果与饼干素材图像相结合的形式，直观地表现出饼干的特点，并与文字信息相结合，整个包装十分有特色，最终效果如图 13.70 所示。

难　　度：★★★★★
素材文件：第 13 章 \ 果味饼干包装设计
案例文件：第 13 章 \ 果味饼干包装平面设计 .ai、果味饼干包装立体设计 .ai
视频文件：第 13 章 \13.4 果味饼干包装设计 .avi

图13.70 最终效果

◆本例知识点

1.“矩形工具”
2.“椭圆工具”
3.“自由变换工具”
4.“高斯模糊”命令

13.4.1 饼干包装平面效果

01 执行菜单栏中的“文件”|“新建”命令，在弹出的对话框中设置“宽度”为65毫米，“高度”为100毫米，“颜色模式”为RGB，新建1个画板。

02 选择工具箱中的“矩形工具”，在画板中绘制1个与画板大小相同的矩形，将“填色”更改为白色，“描边”为无。

03 选择工具箱中的“椭圆工具”，将“填色”更改为无，“描边”为紫色（R：226，G：108，B：255），“描边粗细”为20 pt，按住Shift键绘制一个圆形，如图13.71所示。

04 执行菜单栏中的“效果”|“模糊”|“高斯模糊”命令，在弹出的对话框中将“半径”更改为80像素，完成之后单击“确定”按钮，如图13.72所示。

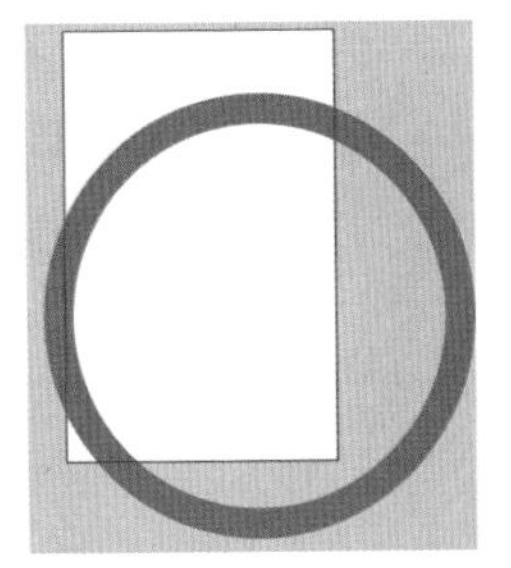

图13.71 绘制图形

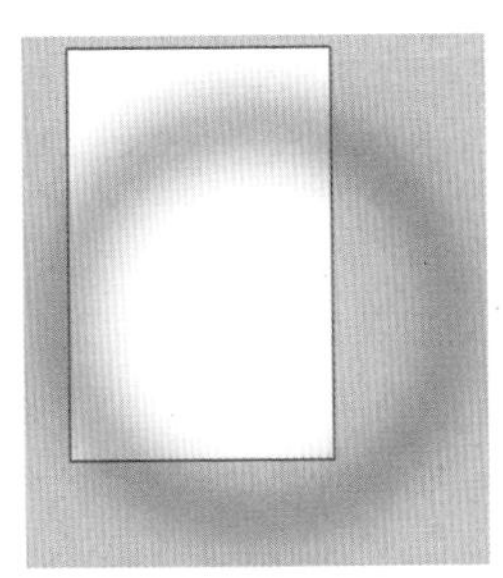

图13.72 添加高斯模糊

05 选择工具箱中的“钢笔工具”，绘制1个不规则图形，设置“填色”为绿色（R：134，G：201，B：63），“描边”为无，以同样方法再绘制1个紫色（R：137，G：56，B：214）图形，如图13.73所示。

图13.73 绘制图形

06 选择工具箱中的“椭圆工具”，将“填色”更改为绿色（R：134，G：201，B：63），“描边”为无，按住Shift键绘制一个圆形，如图13.74所示。

07 选中图形，按Ctrl+C组合键将其复制，再按Ctrl+F组合键将其粘贴，将粘贴的图形“填色”更改为白色，如图13.75所示。

图13.74 绘制图形

图13.75 复制图形

08 选中白色图形，将其等比缩小，如图13.76所示。

09 执行菜单栏中的“文件”|“打开”命令，打开“蓝莓.png”文件，将打开的素材拖至画板中圆形位置并适当缩小，如图13.77所示。

图13.76 缩小图形

图13.77 添加素材

10 以同样方法打开“饼干.png”素材文件，将打开的素材拖至画板中适当位置并适当缩小，如图13.78所示。

图13.78 添加饼干素材

11 选择工具箱中的“椭圆工具”，将“填色”更改为无，“描边”为紫色（R：137，G：56，B：214），“描边粗细”为1 pt，按住Shift键绘制一个圆形，如图13.79所示。

12 选中圆环，按住Alt键拖动，将图形复制两份，如图13.80所示。

图13.79 绘制图形

图13.80 复制图形

13 选择工具箱中的“文字工具”T，添加文字（方正兰亭细黑_GBK），如图13.81所示。

14 执行菜单栏中的“文件”|“打开”命令，打开“标志.png”文件，将打开的素材拖至画板左上角位置并适当缩小，如图13.82所示。

图13.81 添加文字

图13.82 添加素材

15 选择工具箱中的“矩形工具”，绘制1个与画板大小相同的矩形，如图13.83所示。

16 同时选中所有对象，单击鼠标右键，从弹出的快捷菜单中选择“建立剪切蒙版”命令，将部分图像隐藏，如图13.84所示。

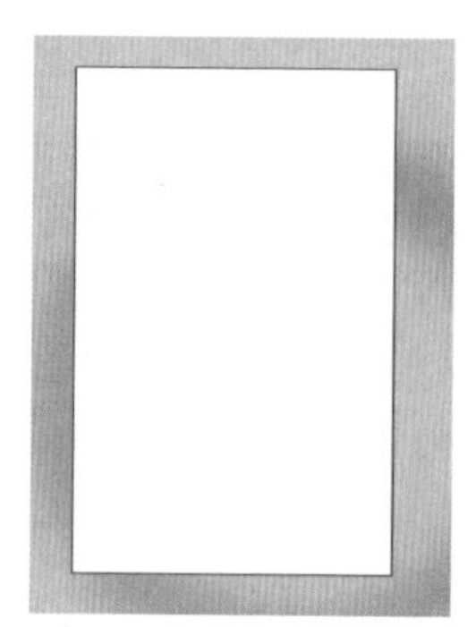

图13.83 绘制矩形

图13.84 建立剪切蒙版

13.4.2 饼干包装立体效果

01 执行菜单栏中的“文件”|“新建”命令，在弹出的对话框中设置“宽度”为500毫米，“高度”为350毫米，“颜色模式”为RGB，新建1个画板。

02 选择工具箱中的“矩形工具”，绘制1个矩形，选择工具箱中的“渐变工具”，在图形上拖动，为其填充紫色（R：153，G：128，B：221）到紫色（R：11，G：0，B：42）的径向渐变，如图13.85所示。

图13.85 绘制图形

03 执行菜单栏中的“文件”|“打开”命令，打开“包装平面.ai”文件，将打开的素材拖至画板并适当缩小，如图13.86所示。

04 选中素材图像，选择工具箱中的“自由变换工具”，将光标移至变形框右侧位置并按住Ctrl+Shift组合键向上拖动，使其斜切变形，如图13.87所示。

图13.86 添加素材

图13.87 使图像变形

05 选择工具箱中的“钢笔工具”，在图像顶部绘制1个不规则图形，设置“填色”为紫色（R：153，G：76，B：242），“描边”为无，以同样方法在图像右侧再绘制1个紫色（R：81，G：27，B：158）不规则图形，如图13.88所示。

图13.88 绘制图形

06 选择工具箱中的“钢笔工具”，在图像底部绘制1个不规则图形，设置“填色”为深紫色（R：21，G：0，B：53），“描边”为无，如图13.89所示。

07 执行菜单栏中的“效果”|“模糊”|“高斯模糊”命令，在弹出的对话框中将“半径”更改为10像素，完成之后单击“确定”按钮，如图13.90所示。

图13.89 绘制图形

图13.90 添加高斯模糊

08 选择工具箱中的“钢笔工具”，在图像底部绘制1个不规则图形，设置“填色”为深紫色（R：21，G：0，B：53），“描边”为无，再将图形移至包装图像下方，如图13.91所示。

图13.91 绘制图形

09 选择工具箱中的“渐变工具”，在图形上拖动，为其填充深紫色（R：21，G：0，B：53）到透明的线性渐变，这样就完成了效果制作，最终效果如图13.92所示。

图13.92 最终效果

13.5 知识拓展

在当今信息相当重要的时代，包装设计是企业宣传的重要手段。本章精选了几个商业产品包装设计案例，真实再现了设计过程。希望读者充分掌握本章内容，为以后的商业产品包装设计打下基础。

13.6 拓展训练

在经济全球化的今天，包装与商品已融为一体。包装作为实现商品价值和使用价值的手段，在生产、流通、销售和消费领域中发挥着极其重要的作用，本章特意安排了两个不同类型的包装设计拓展训练，使读者通过这些练习更加深入地学习包装设计的方法和技巧。

训练13-1 红酒包装设计

◆实例分析

通过本例的制作，学习“钢笔工具”“矩形工具”的使用，学习“羽化”“高斯模糊”“镜像”“比例缩放”“变形选项”对话框的使用方法，学习“路径查找器”面板的使用，掌握瓶式结构包装设计技巧。最终效果如图 13.93 所示。

难　　度：★★★★
素材文件：第 13 章\红酒包装设计
案例文件：第 13 章\红酒包装设计 .ai
视频文件：第 13 章\训练 13-1 红酒包装设计 .avi

图13.93 最终效果

◆本例知识点

1. “转换锚点工具” ⊾
2. “路径查找器”面板
3. “透明度”面板
4. “羽化”命令

训练13-2 保健米醋包装设计

◆实例分析

通过本例的制作，学习“钢笔工具”“矩形工具”“画笔工具”的使用，学习“羽化”“变形选项”对话框的使用方法，学习色板的新建和改变符号的描边颜色的方法，掌握瓶式结构包装设计技巧。最终效果如图 13.94 所示。

难　　度：★★★★★
素材文件：第 13 章\保健米醋包装设计
案例文件：第 13 章\米醋包装展开面设计 .ai、米醋包装立体效果设计 .ai
视频文件：第 13 章\训练 13-2 保健米醋包装设计 .avi

图13.94 最终效果

◆本例知识点

1. “符号”面板
2. “艺术纹理”命令
3. “路径查找器”面板
4. “圆角”命令

第 **14** 章

商业海报招贴设计

本章讲解商业海报设计。海报是视觉传达的表现形式之一，作为招徕顾客的张贴物，在大多数情况下张贴于人们易见的地方，所以其广告性色彩极其浓厚，在制作过程中以传播的重点为制作中心，在使人们理解及接纳的同时提升海报主题知名度，通过对本章的学习，读者可以掌握海报的设计重点及制作技巧。

教学目标

了解海报的特点及功能 ｜ 学习美食海报的设计方法

掌握促销主题海报的设计技巧 ｜ 掌握宠物保健主题海报的设计技巧

掌握甜蜜蛋糕海报的设计技巧

14.1 美食主题海报设计

◆实例分析

本例讲解美食主题海报设计，本例在设计过程中采用手绘素材图像与醒目的标题文字相结合的形式，将两种元素完美结合，给人传达直观的海报信息，最终效果如图 14.1 所示。

难　　度：★★★
素材文件：第 14 章 \ 美食主题海报设计
案例文件：第 14 章 \ 美食主题海报设计 .ai
视频文件：第 14 章 \14.1 美食主题海报设计 .avi

图14.1 最终效果

◆本例知识点

1. "文字工具" T
2. "钢笔工具"
3. "投影" "扭转" "旗形" 命令

14.1.1 制作主题图文

01 执行菜单栏中的"文件" | "新建"命令，在弹出的对话框中设置"宽度"为8厘米，"高度"为10厘米，"颜色模式"为RGB，新建1个画板。

02 选择工具箱中的"矩形工具"，绘制1个与画板大小相同的矩形，将"填色"更改为红色（R：178，G：48，B：35），"描边"为无。

03 执行菜单栏中的"文件" | "打开"命令，打开"插图.png"文件，将打开的素材拖至画板靠底部位置并适当缩小，如图14.2所示。

图14.2 添加素材

04 选择工具箱中的"钢笔工具"，绘制1个不规则图形，设置"填色"为黄色（R：255，G：224，B：0），"描边"为无，以同样方法在图形左侧绘制1个白色相似图形，如图14.3所示。

图14.3 绘制图形

05 选择工具箱中的"文字工具" T，添加文字，如图14.4所示。

06 选中文字，按Ctrl+C组合键将其复制，再将原文字"描边"更改为灰色（R：53，G：51，B：50），"描边粗细"更改为3 pt，按Ctrl+F组合键粘贴文字，按Ctrl+Shift+]组合键将粘贴的文字移至所有对象上方，如图14.5所示。

图14.4 添加文字

图14.5 复制文字

07 选中描了边的文字，执行菜单栏中的“效果”|“风格化”|“投影”命令，在弹出的对话框中将“X位移”更改为0.06 cm，“Y位移”更改为0.08 cm，“模糊”更改为0 cm，“颜色”更改为深黄色（R：122，G：99，B：0），完成之后单击“确定”按钮，如图14.6所示。

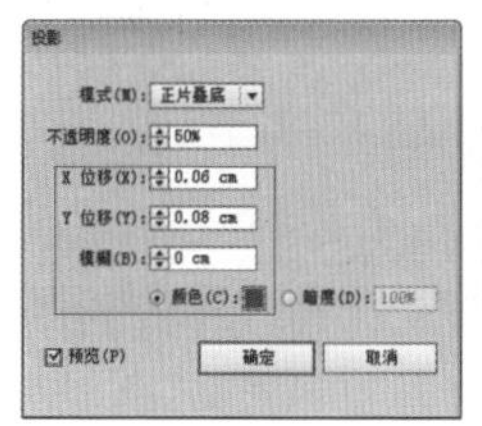

图14.6 添加投影

14.1.2 添加细节装饰

01 选择工具箱中的“矩形工具”，绘制1个矩形，将“填色”更改为橙色（R：255，G：136，B：17），“描边”为无，如图14.7所示。

图14.7 绘制图形

02 选中矩形，执行菜单栏中的“扭曲和变换”|“扭转”命令，在弹出的对话框中将“角度”更改为-8°，完成之后单击“确定”按钮，如图14.8所示。

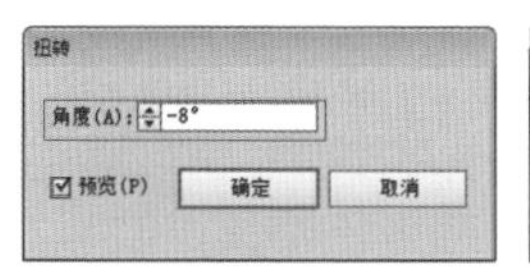

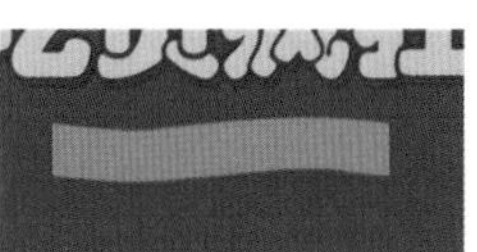

图14.8 扭转图形

03 选择工具箱中的“钢笔工具”，在扭转后的矩形左侧绘制1个不规则图形，设置“填色”为橙色（R：226，G：107，B：10），“描边”为无，在两个图形之间再绘制1个稍小的深橙色（R：124，G：53，B：5）不规则图形，如图14.9所示。

图14.9 绘制图形

04 同时选中两个图形，按Ctrl+C组合键将其复制，再按Ctrl+F组合键将其粘贴，双击工具箱中的“镜像工具”，在弹出的对话框中选中“垂直”单选按钮，完成之后单击“确定”按钮，将图形向右侧平移，如图14.10所示。

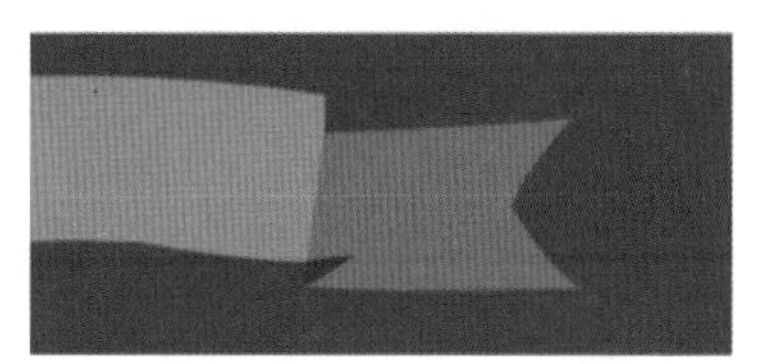

图14.10 复制图形

05 选择工具箱中的“文字工具”，添加文字（方正正粗黑简体），如图14.11所示。

06 在文字上单击鼠标右键，从弹出的快捷菜单中选择“创建轮廓”命令，如图14.12所示。

图14.11 添加文字　　图14.12 创建轮廓

07 选中文字，执行菜单栏中的“效果”|“变形”|“旗形”命令，在弹出的对话框中将“弯曲”更改为30%，完成之后单击“确定”按钮，如图14.13所示。

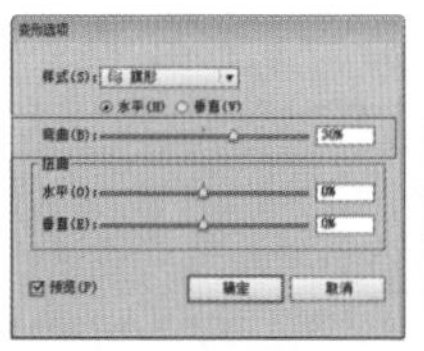

图14.13 将文字变形

08 选择工具箱中的“文字工具”T，添加文字（方正正粗黑简体），如图14.14所示。

图14.14 添加文字

09 选择工具箱中的“直线段工具”，在文字左侧位置绘制1条水平线段，设置“填色”为无，“描边”为橙色（R：255，G：136，B：17），“描边粗细”为1 pt，如图14.15所示。

10 选中线段，按住Alt+Shift组合键向右侧拖动至与原图形相对位置，如图14.16所示。

图14.15 绘制图形

图14.16 复制图形

14.2 宠物保健主题海报设计

◆**实例分析**

本例讲解宠物保健主题海报设计，本例在设计过程中采用真实的可爱猫咪图像作为主视觉，以卡通文字作为主题信息，同时添加装饰图形元素完成整个主题海报设计，最终效果如图 14.17 所示。

难　　度：★★★★
素材文件：第 14 章 \ 宠物保健主题海报设计
案例文件：第 14 章 \ 宠物保健主题海报设计 .ai
视频文件：第 14 章 \14.2 宠物保健主题海报设计 .avi

图14.17 最终效果

◆**本例知识点**

1.“椭圆工具”
2.“直线段工具”
3.“混合选项”命令

14.2.1 制作主题图文

01 执行菜单栏中的“文件”|“新建”命令，在弹出的对话框中设置“宽度”为8厘米，“高度”为10厘米，“颜色模式”为RGB，新建1个画板。

02 选择工具箱中的“矩形工具”，绘制1个与画板大小相同的矩形，选择工具箱中的“渐变工具”，在图形上拖动，为其填充青色（R：144，G：196，B：192）到青色（R：100，G：152，B：143）的线性渐变，如图14.18所示。

03 执行菜单栏中的“文件”|“打开”命令，打开“猫咪.png”文件，将打开的素材拖至画板靠底部位置并适当缩小，如图14.19所示。

图14.18 绘制图形

图14.19 添加素材

04 选择工具箱中的“文字工具”T，添加文字（汉仪小麦体简 Regular），如图14.20所示。

05 选中所有文字，按Ctrl+C组合键将其复制，再将文字“描边”更改为黄色（R：255，G：170，B：0），“描边粗细”更改为3 pt，如图14.21所示。

图14.20 添加文字　　图14.21 添加描边

06 按Ctrl+F组合键粘贴文字，按Ctrl+Shift+]组合键将粘贴的文字移至所有对象上方，如图14.22所示。

图14.22 复制文字

07 执行菜单栏中的“文件”|“打开”命令，打开“小猫咪.png”“猫爪.png”文件，将打开的素材拖至画板中文字上方位置并适当缩小，如图14.23所示。

图14.23 添加素材

08 选择工具箱中的“矩形工具”，绘制1个矩形，将“填色”更改为无，“描边”为白色，“描边粗细”为1 pt，如图14.24所示。

09 选择工具箱中的“文字工具”T，添加文字（方正正粗黑简体），如图14.25所示。

图14.24 绘制图形　　图14.25 添加文字

10 选择工具箱中的“椭圆工具”，将“填色”更改为白色，“描边”为无，在刚才绘制的矩形左上角按住Shift键绘制一个圆形，将圆形复制多份，并将部分图形等比缩小，如图14.26所示。

图14.26 绘制及复制图形

11 选择工具箱中的“文字工具”T，添加文字（方正兰亭黑_GBK），如图14.27所示。

图14.27 添加文字

12 选择工具箱中的“矩形工具”，绘制1个矩形，将“填色”更改为无，“描边”为白色，“描边粗细”为1 pt，如图14.28所示。

图14.28 绘制图形

13 选择工具箱中的“添加锚点工具”，在矩形顶部位置单击添加两个锚点，如图14.29所示。

图14.29 添加锚点

14 选择工具箱中的“直接选择工具”，选中添加的两个锚点之间的线段，按Delete键删除，如图14.30所示。

图14.30 删除部分线段

15 以同样方法将图形右下角部分线段删除，如图14.31所示。

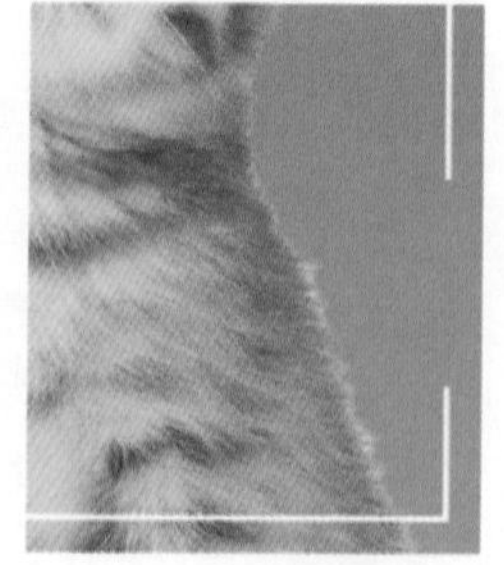

图14.31 删除线段

14.2.2 添加细节信息

01 选择工具箱中的“矩形工具”，在右下角位置绘制1个矩形，将“填色”更改为黄色（R：255，G：170，B：0），“描边”为无，如图14.32所示。

02 执行菜单栏中的“文件”|“打开”命令，打开“小猫咪2.png”文件，将打开的素材拖至画板中右下角矩形位置并适当缩小，如图14.33所示。

图14.32 绘制图形

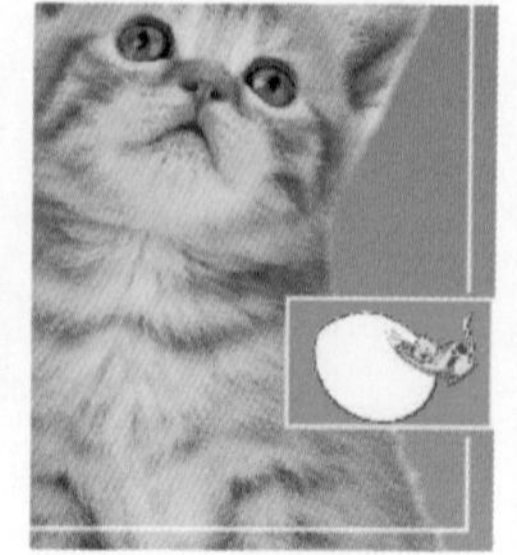

图14.33 添加素材

03 选择工具箱中的“文字工具”T，添加文字（汉仪小麦体简Regular），如图14.34所示。

图14.34 添加文字

04 选择工具箱中的“直线段工具”，在图像左下角位置绘制1条稍短线段，设置“填色”为无，“描边”为白色，“描边粗细”为0.75 pt，如图14.35所示。

05 选中线段，按住Alt+Shift组合键向下方拖动，如图14.36所示。

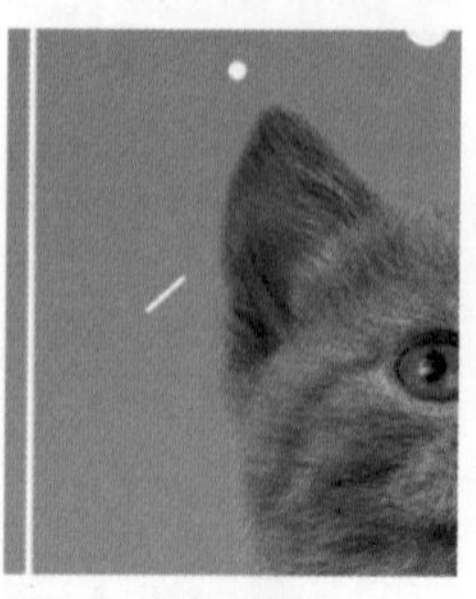

图14.35 绘制线段

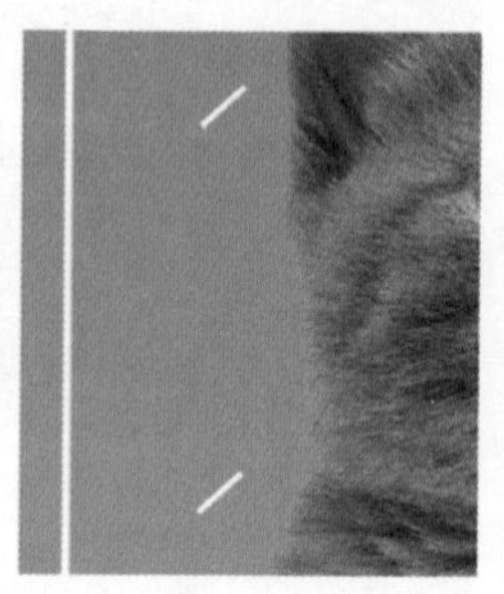

图14.36 复制线段

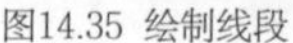

06 同时选中两个线段，执行菜单栏中的“对象”|“混合”|“建立”命令，如图14.37所示。

图14.37 混合对象

07 选中混合后的线段，执行菜单栏中的“对象”|“混合”|“混合选项”命令，在弹出的对话框中将“间距”更改为指定的步数，将数值更改为10，完成之后单击“确定”按钮，如图14.38所示。

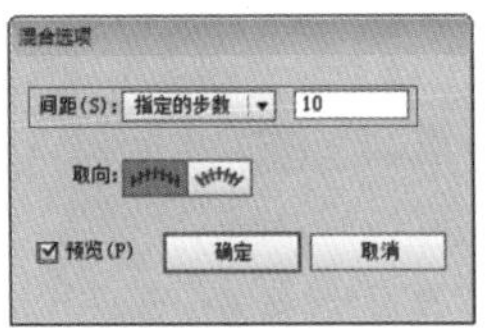

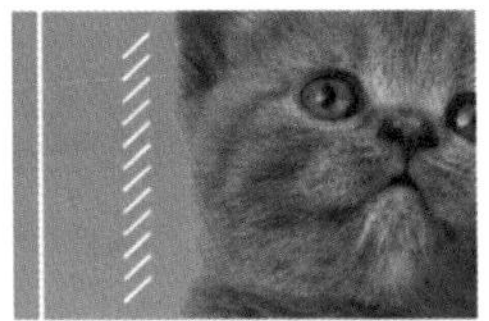

图14.38 设置混合选项

08 选中混合图形，按住Alt键拖动将图形复制两份，如图14.39所示。

09 选中最大矩形，按Ctrl+C组合键将其复制，再按Ctrl+F组合键将其粘贴，按Ctrl+Shift+]组合键将对象移至所有对象上方，如图14.40所示。

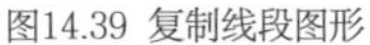

图14.39 复制线段图形　　图14.40 复制图形

10 同时选中所有对象，单击鼠标右键，从弹出的快捷菜单中选择“建立剪切蒙版”命令，将部分图像隐藏，这样就完成了效果制作，最终效果如图14.41所示。

图14.41 最终效果

14.3 甜蜜蛋糕海报设计

◆实例分析

本例讲解甜蜜蛋糕海报设计，本例中海报在设计过程中以出色的素材与文字信息搭配为主，将高清的素材图像与直观的文字信息相结合，整个海报表现出很强的版式效果，最终效果如图 14.42 所示。

图14.42 最终效果

难　　度：★★★
素材文件：第 14 章 \ 甜蜜蛋糕海报设计
案例文件：第 14 章 \ 甜蜜蛋糕海报设计 .ai
视频文件：第 14 章 \14.3 甜蜜蛋糕海报设计 .avi

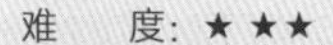

◆本例知识点

1.“渐变工具”
2.“直接选择工具”
3.“镜像工具”

14.3.1 制作主视觉图像

01 执行菜单栏中的“文件”|“新建”命令，在弹出的对话框中设置“宽度”为7.5厘米，“高度”为10厘米，“颜色模式”为RGB，新建1个画板。

02 选择工具箱中的“矩形工具”，绘制1个与画板大小相同的矩形，选择工具箱中的“渐变工具”，在图形上拖动为其填充浅红色（R：255，G：243，B：255）到白色再到浅红色（R：255，G：243，B：255）的线性渐变，如图14.43所示。

03 执行菜单栏中的“文件”|“打开”命令，打开“蛋糕.png”“草莓.png”文件，将打开的素材拖至画板适当位置并适当缩放，如图14.44所示。

图14.43 绘制图形

图14.44 添加素材

04 选中草莓图像，按住Alt键向右下角拖动将其复制，如图14.45所示。

05 选择工具箱中的“文字工具”，添加文字，如图14.46所示。

图14.45 复制图像

图14.46 添加文字

14.3.2 添加细节元素

01 选择工具箱中的“矩形工具”，绘制1个矩形，将“填色”更改为红色（R：165，G：4，B：23），“描边”为无，如图14.47所示。

02 执行菜单栏中的“文件”|“打开”命令，打开“文字.png”文件，将打开的素材拖至画板顶部位置并适当缩小，如图14.48所示。

图14.47 绘制图形

图14.48 添加素材

03 选择工具箱中的“矩形工具”，绘制1个矩形，将“填色”更改为红色（R：165，G：4，B：23），“描边”为无，如图14.49所示。

04 选择工具箱中的“文字工具”，添加文字，如图14.50所示。

图14.49 绘制图形

图14.50 添加文字

05 选择工具箱中的“矩形工具”，在文字左上角绘制1个矩形，将“填色”更改为无，“描边”为白色，“描边粗细”为0.5 pt，如图14.51所示。

06 选择工具箱中的“直接选择工具”，选中右下角锚点并按Delete键将其删除，如图14.52所示。

图14.51 绘制图形

图14.52 删除锚点

07 以同样方法在文字右下角绘制1个相似图形，如图14.53所示。

图14.53 绘制图形

08 选择工具箱中的“直线段工具”，在文字之间位置绘制1条倾斜线段，设置“填色”为无，“描边”为白色，“描边粗细”为0.5 pt，如图14.54所示。

09 选中线段，按Ctrl+C组合键将其复制，再按Ctrl+F组合键将其粘贴，双击工具箱中的“镜像工具”，在弹出的对话框中选中“垂直”单选按钮，将线段向右侧平移，如图14.55所示。

图14.54 绘制线段

图14.55 复制线段

10 选择工具箱中的“文字工具”T，添加文字，如图14.56所示。

图14.56 添加文字

11 选中最开始绘制的矩形，按Ctrl+C组合键将其复制，再按Ctrl+F组合键将其粘贴，按Ctrl+Shift+]组合键将对象移至所有对象上方，如图14.57所示。

12 同时选中所有对象，单击鼠标右键，从弹出的快捷菜单中选择“建立剪切蒙版”命令，将部分图像隐藏，这样就完成了效果制作，最终效果如图14.58所示。

图14.57 复制图形

图14.58 最终效果

14.4 爱牙主题海报设计

◆实例分析

本例讲解爱牙主题海报设计，本例在设计过程中采用形象卡通化素材图像，将文字信息与之相结合，整个海报表现出很出色的海报主题，最终效果如图 14.59 所示。

难　　度：★★★
素材文件：第 14 章 \ 爱牙主题海报设计
案例文件：第 14 章 \ 爱牙主题海报设计 .ai
视频文件：第 14 章 \14.4 爱牙主题海报设计 .avi

图14.59 最终效果

◆本例知识点

1．“矩形工具”
2．“混合选项”命令
3．“旋转工具”
4．“透明度”面板

14.4.1 制作主题背景

01 执行菜单栏中的“文件”|“新建”命令，在弹出的对话框中设置“宽度”为7.5厘米，“高度”为10厘米，“颜色模式”为RGB，新建1个画板。

02 选择工具箱中的“矩形工具”，绘制1个与画板大小相同的矩形，设置“填色”为青色（R：153，G：233，B：218），选中矩形，按Ctrl+C组合键将其复制，再按Ctrl+F组合键将其粘贴，按Ctrl+Shift+]组合键将对象移至上方后将其“填色”更改为浅红色（R：243，G：178，B：184），再将其高度减小，如图14.60所示。

03 执行菜单栏中的“文件”|“打开”命令，打开“牙齿.png”文件，将打开的素材拖至画板适当位置并适当缩小，如图14.61所示。

图14.60 复制图形

图14.61 添加素材

04 选择工具箱中的“椭圆工具”，将“填色”更改为白色，“描边”为无，在素材图像上方按住Shift键绘制一个圆形，如图14.62所示。

05 选中圆形，按住Alt+Shift组合键向上方拖动，将图形复制，将复制生成的图形等比缩小，如图14.63所示。

图14.62 绘制图形

图14.63 复制图形

06 同时选中两个圆形，执行菜单栏中的“对象”|“混合”|“建立”命令，如图14.64所示。

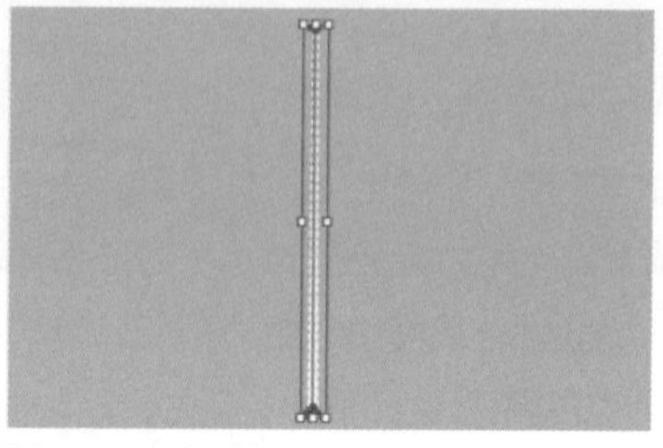

图14.64 混合对象

07 选中混合后的图形，执行菜单栏中的“对象”|“混合”|“混合选项”命令，在弹出的对话框中将“间距”更改为指定的步数，将数值更改为20，完成之后单击“确定”按钮，如图14.65所示。

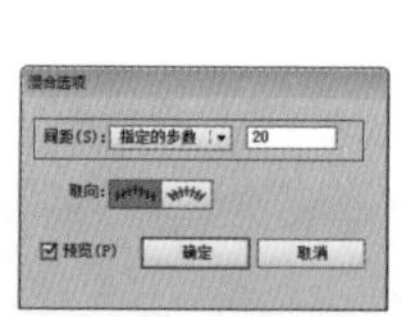

图14.65 设置混合选项

08 选中图形，选择工具箱中的“旋转工具”，在图像中按住Alt键在图形底部单击，在弹出的对话框中将“角度”更改为5°，完成之后单击“复制”按钮，如图14.66所示。

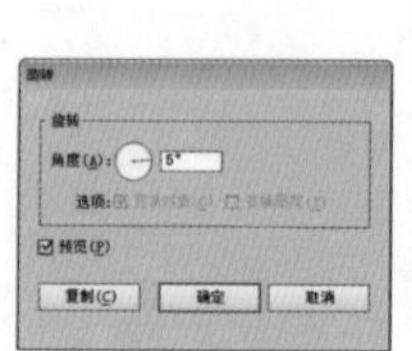

图14.66 设置旋转

09 按Ctrl+D键将图形复制多份，再同时选中所有图形并将其移至素材图像下方，如图14.67所示。

图14.67 复制图形

14.4.2 添加装饰元素

01 执行菜单栏中的“文件”|“打开”命令，打开“装饰.png”“装饰2.png”“装饰3.png”“装饰4.png”“装饰5.png”“装饰6.png”文件，将打开的素材拖至画板适当位置并适当缩小，如图14.68所示。

02 同时选中所有装饰素材图像，在“透明度”面板中将其混合模式更改为柔光，如图14.69所示。

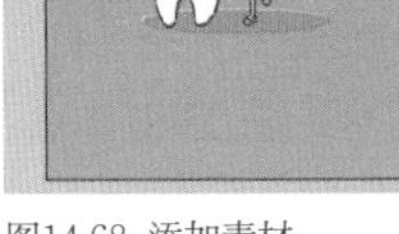

图14.68 添加素材

图14.69 更改混合模式

03 选择工具箱中的“文字工具”**T**，添加文字（方正汉真广标简体），如图14.70所示。

图14.70 添加文字

04 选中强字，执行菜单栏中的“效果”|“风格化”|“投影”命令，在弹出的对话框中将“X位移”更改为0.05cm，“Y位移”更改为0cm，“模糊”更改为0.08cm，“颜色”更改为深青色（R：28，G：108，B：114），完成之后单击“确定”按钮，如图14.71所示。

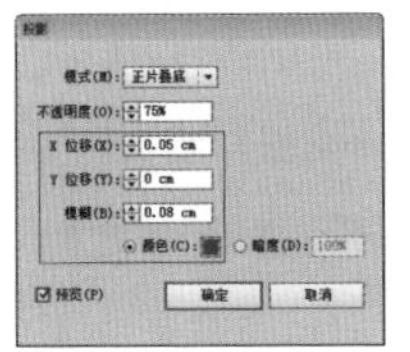

图14.71 设置投影

05 同时选中其他几个文字，按Ctrl+Shift+E组合键为其添加相同投影效果，如图14.72所示。

06 依次更改文字前后顺序，并适当调整文字间距，使其形成前后立体效果，如图14.73所示。

图14.72 添加投影

图14.73 调整文字间距

07 选择工具箱中的“文字工具”**T**，添加文字（方正兰亭黑_GBK、Berlin Sans FB），如图14.74所示。

08 选择工具箱中的“矩形工具”■，绘制1个与画板大小相同的矩形，如图14.75所示。

图14.74 添加文字

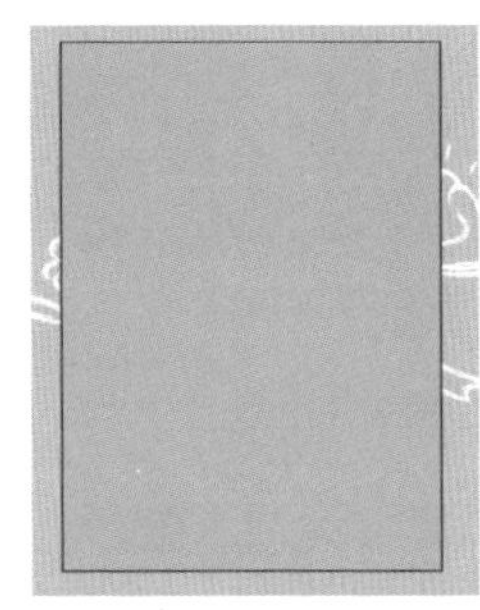

图14.75 绘制图形

09 同时选中所有对象，单击鼠标右键，从弹出的快捷菜单中选择“建立剪切蒙版”命令，将部分图像隐藏，这样就完成了效果制作，最终效果如图14.76所示。

图14.76 最终效果

14.5 促销主题海报设计

◆实例分析

本例讲解促销主题海报设计，此款海报的主题性很强，在设计过程中主要用文字作为整个海报的主视觉，将文字与装饰图形相结合，整个海报十分直观易读，最终效果如图14.77所示。

难　　度：★★★★
素材文件：无
案例文件：第14章\促销主题海报设计.ai
视频文件：第14章\14.5 促销主题海报设计.avi

图14.77 最终效果

◆本例知识点

1. “渐变工具”
2. “椭圆工具”
3. “高斯模糊”“投影”命令
4. “路径查找器”面板

14.5.1 制作海报背景

01 执行菜单栏中的“文件”|“新建”命令，在弹出的对话框中设置“宽度”为7.5厘米，“高度”为10厘米，“颜色模式”为RGB，新建1个画板。

02 选择工具箱中的“矩形工具”，绘制1个与画板大小相同的矩形，选择工具箱中的“渐变工具”，在图形上拖动，为其填充橙色（R：242，G：147，B：10）到橙色（R：230，G：90，B：0）的径向渐变，如图14.78所示。

03 选择工具箱中的“椭圆工具”，按住Shift键绘制1个圆形，选择工具箱中的“渐变工具”，在图形上拖动，为其填充橙色（R：255，G：207，B：15）到红色（R：250，G：88，B：77）的线性渐变，如图14.79所示。

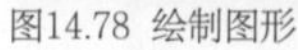
图14.78 绘制图形

图14.79 绘制圆形

04 选中圆形，按住Alt键拖动，将图形复制数份，并将部分图形等比放大，如图14.80所示。

图14.80 复制图形

05 选中左上角圆形，执行菜单栏中的“效果”|“模糊”|“高斯模糊”命令，在弹出的对话框中将“半径”更改为10像素，完成之后单击“确定”按钮，如图14.81所示。

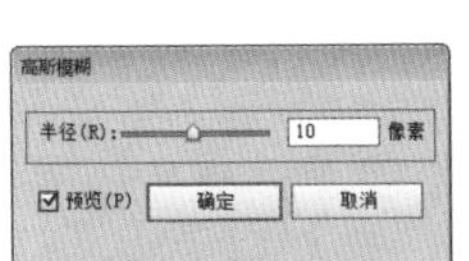

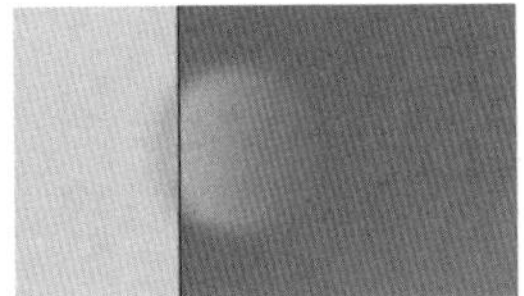

图14.81 添加高斯模糊

06 以同样方法选中右下角图形，按Ctrl+Shift+E组合键为其添加高斯模糊效果，如图14.82所示。

07 选择工具箱中的“矩形工具”，绘制1个矩形，将“填色”更改为无，“描边”为白色，“描边粗细”为4 pt，如图14.83所示。

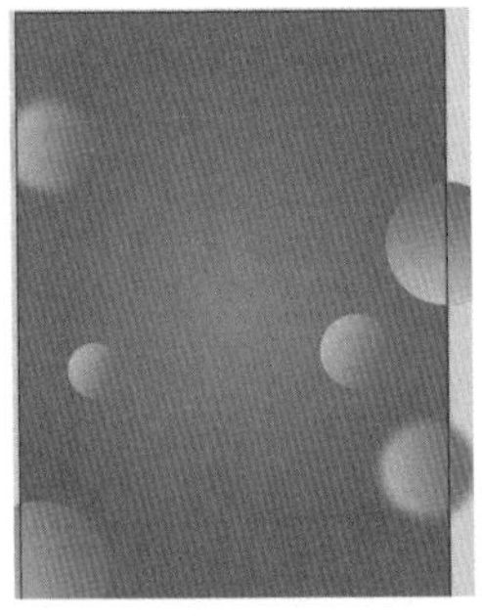

图14.82 添加高斯模糊效果　图14.83 绘制图形

08 选择工具箱中的“添加锚点工具”，在矩形左侧位置单击添加两个锚点，以同样方法在右侧位置添加两个锚点，如图14.84所示。

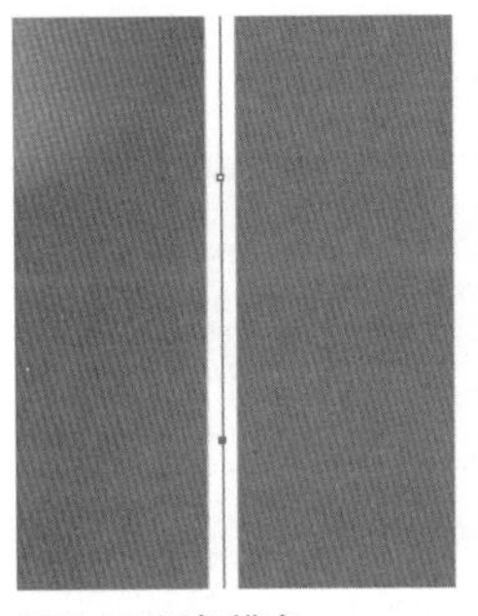

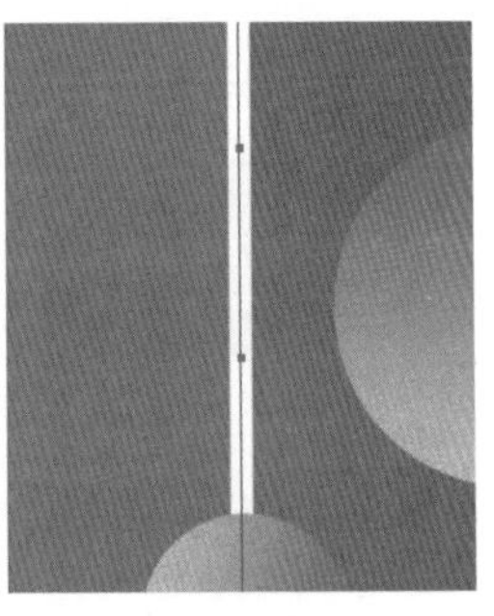

图14.84 添加锚点

09 同时选中左右两侧添加的两个锚点之间的线段，按Delete键将其删除，如图14.85所示。

图14.85 删除线段

10 选中矩形，执行菜单栏中的“效果”|“风格化”|“投影”命令，在弹出的对话框中将“模式”更改为叠加，“不透明度”更改为20%，“X位移”更改为0.08 cm，“Y位移”更改为0.05 cm，“模糊”更改为0 cm，完成之后单击“确定”按钮，如图14.86所示。

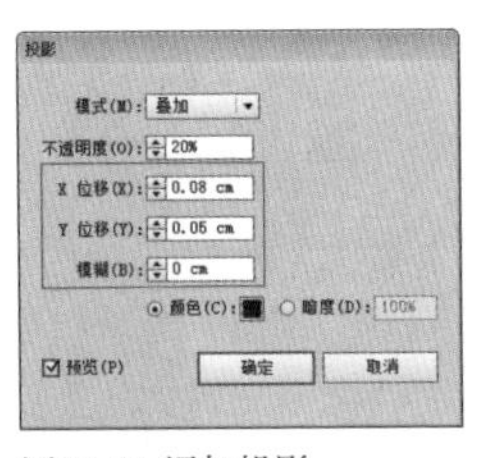

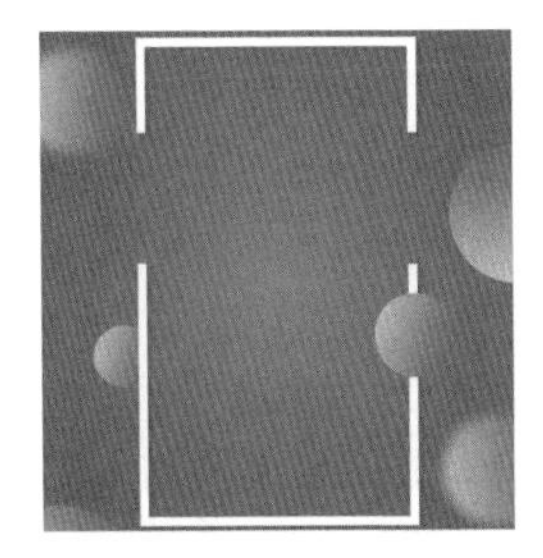

图14.86 添加投影

14.5.2 制作主视觉艺术字

01 选择工具箱中的“文字工具”T，添加文字，如图14.87所示。

02 同时选中部分文字，按Ctrl+Shift+E组合键为其添加投影效果，如图14.88所示。

图14.87 添加文字

图14.88 添加投影

03 选择工具箱中的“文字工具”T，添加文字，如图14.89所示。

04 选择工具箱中的“圆角矩形工具”▢，绘制1个圆角矩形，设置“填色”为无，“描边”为白色，“描边粗细”为0.75 pt，如图14.90所示。

图14.89 添加文字

图14.90 绘制图形

05 选择工具箱中的“文字工具”T，添加文字，如图14.91所示。

06 同时选中部分文字，按Ctrl+Shift+E组合键为其添加投影效果，如图14.92所示。

图14.91 添加文字

图14.92 添加投影

14.5.3 添加装饰信息

01 选择工具箱中的“矩形工具”■，在靠底部位置绘制1个矩形，将“填色”更改为无，“描边”为红色（R：229，G：46，B：46），“描边粗细”为1 pt，在矩形框右侧位置再绘制1个红色（R：229，G：46，B：46）矩形，如图14.93所示。

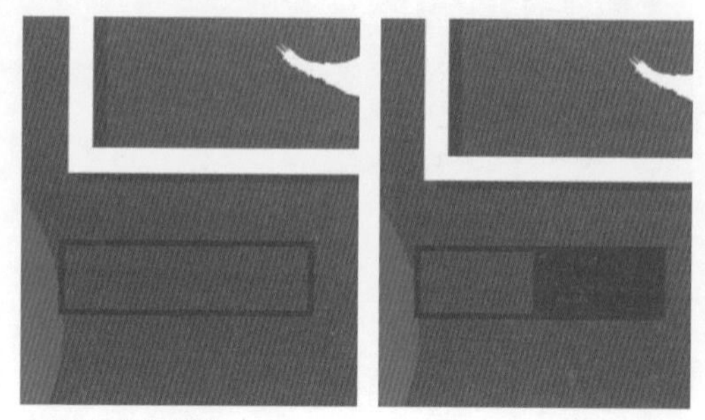

图14.93 绘制图形

02 选择工具箱中的“文字工具”T，添加文字，如图14.94所示。

03 同时选中图形及文字信息，按住Alt+Shift组合键向右侧拖动，更改部分文字信息，如图14.95所示。

图14.94 添加文字

图14.95 复制图文

04 选择工具箱中的“椭圆工具”●，将“填色”更改为橙色（R：252，G：130，B：55），“描边”为无，在右上角区域按住Shift键绘制一个圆形，如图14.96所示。

图14.96 绘制图形

05 选择工具箱中的“矩形工具”■，在圆形左上角绘制1个细长矩形，如图14.97所示。

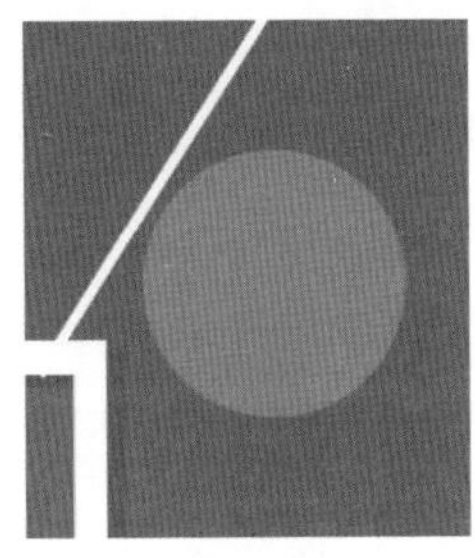

图14.97 绘制矩形

06 选中细长矩形，按住Alt键向右下角拖动，将图形复制，如图14.98所示。

07 同时选中两个线段，执行菜单栏中的“对象”|“混合”|“建立”命令，如图14.99所示。

图14.98 复制图形

图14.99 混合对象

08 选中混合后的线段，执行菜单栏中的“对象”|“混合”|“混合选项”命令，在弹出的对话框中将“间距”更改为指定的步数，将数值更改为8，完成之后单击“确定”按钮，如图14.100所示。

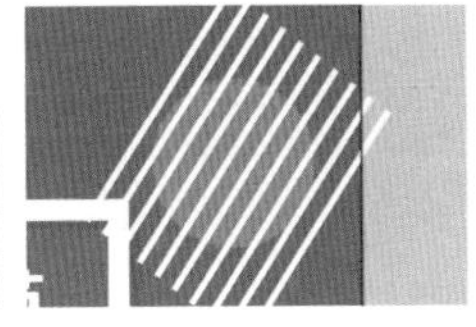

图14.100 设置混合选项

09 选中混合图形，执行菜单栏中的“对象”|“扩展”命令，在弹出的对话框中单击“确定”按钮，同时选中混合图形及圆形，在“路径查找器”面板中单击“减去顶层”，如图14.101所示。

10 选中减去顶层后的图形，按住Alt键向左上角拖动，将图形复制，将复制生成的图形等比缩小，如图14.102所示。

图14.101 减去顶层

图14.102 复制图形

11 选中最开始绘制的矩形，按Ctrl+C组合键将其复制，再按Ctrl+F组合键将其粘贴，按Ctrl+Shift+]组合键将对象移至所有对象上方，如图14.103所示。

12 同时选中所有对象，单击鼠标右键，从弹出的快捷菜单中选择“建立剪切蒙版”命令，将部分图像隐藏，这样就完成了效果制作，最终效果如图14.104所示。

图14.103 复制图形

图14.104 建立剪切蒙版

14.6 知识拓展

海报招贴是以图形、文字、色彩等诸多视觉元素为表现手段，迅速直观地传递政策、商业、文化等各类信息的一种视觉传媒。本章通过 5 个精选实例讲解了海报的制作过程，通过对本章的学习，读者可以掌握商业海报招贴的设计技巧。

14.7 拓展训练

海报招贴是视觉传达的表现形式之一，通过版面的构成在第一时间内将人们的目光吸引住，并使人们获得瞬间的刺激。本章安排了两个拓展训练供读者练习，以巩固本章所学到的知识。

训练14-1 音乐海报设计

◆实例分析

利用“直线段工具”制作出怀旧的绳子，利用“文字工具”和“旋转工具”制作出变动的字母及人物剪影来表现主题，使整个海报充满动感和激情，更能唤起人们心中那份对音乐的迷恋！最终效果如图14.105所示。

难　　度：★★★★
素材文件：第14章\音乐海报设计
案例文件：第14章\音乐海报设计.ai
视频文件：第14章\训练14-1音乐海报设计.avi

图14.105 最终效果

◆本例知识点

1. “轮廓化描边”命令
2. “文字工具” T
3. “直线段工具” /

训练14-2 4G网络宣传招贴设计

◆实例分析

本例学习采用夸张表现手法设计4G网络宣传招贴，设计师大胆地将雨伞过分夸大，产生升空的效果，并以“矩形工具”和“粗糙化”命令制作出飘带的形式，详细列出4G网络的应用，展现新奇之处与变化。最终效果如图14.106所示。

难　　度：★★★★★
素材文件：第14章\4G网络宣传招贴设计
案例文件：第14章\4G网络宣传招贴设计.ai
视频文件：第14章\训练14-2 4G网络宣传招贴设计.avi

图14.106 最终效果

◆本例知识点

1. “直线段工具” /
2. “粗糙化”命令
3. “透明度”面板